U0415904

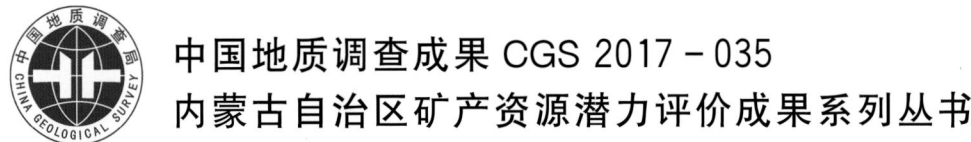

中国地质调查成果 CGS 2017-035

内蒙古自治区矿产资源潜力评价成果系列丛书

内蒙古自治区铁铝金铜钨锑铅锌稀土典型矿床地质—地球物理图集

NEIMENGGU ZIZHIQU TIE LÜ JIN TONG WU TI QIAN XIN XITU DIANXING KUANGCHUANG DIZHI – DIQIU WULI TUJI

吴艳君　范亚丽　孙会玲　苏美霞　常忠耀　阴曼宁　李红威　孟晓玲　等著

图书在版编目(CIP)数据

内蒙古自治区铁铝金铜钨锑铅锌稀土典型矿床地质-地球物理图集/吴艳君等著．—武汉：中国地质大学出版社，2017.12
（内蒙古自治区矿产资源潜力评价成果系列丛书）
ISBN 978-7-5625-4109-7

Ⅰ.①内…
Ⅱ.①吴…
Ⅲ.①区域地质-矿床-地球物理图-内蒙古-图集
Ⅳ.①P562.26-64

中国版本图书馆CIP数据核字(2017)第203795号

内蒙古自治区铁铝金铜钨锑铅锌稀土典型矿床地质-地球物理图集		吴艳君　范亚丽　孙会玲　苏美霞　常忠耀　阴曼宁　李红威　孟晓玲　等著
责任编辑：张燕霞　刘桂涛	选题策划：毕克成　刘桂涛	责任校对：张咏梅
出版发行：中国地质大学出版社(武汉市洪山区鲁磨路388号)		邮政编码：430074
电　话：(027)67883511　　传　真：67883580		E-mail:cbb@cug.edu.cn
经　销：全国新华书店		http://cugp.cug.edu.cn
开本：787毫米×1 092毫米 1/8		字数：614千字　印张：24
版次：2017年12月第1版		印次：2017年12月第1次印刷
印刷：武汉中远印务有限公司		印数：1—900册
ISBN 978-7-5625-4109-7		定价：298.00元

如有印装质量问题请与印刷厂联系调换

《内蒙古自治区矿产资源潜力评价成果》
出版编撰委员会

主　　任：张利平

副 主 任：张　宏　赵保胜　高　华

委　　员：（按姓氏笔画排列）

　　　　　于跃生　王文龙　王志刚　王博峰　乌　恩　田　力　刘建勋
　　　　　刘海明　杨文海　杨永宽　李玉洁　李志青　辛　盛　宋　华
　　　　　张　忠　陈志勇　邵和明　邵积东　武　文　武　健　赵士宝
　　　　　赵文涛　莫若平　黄建勋　韩雪峰　路宝玲　褚立国

项目负责：许立权　张　彤　陈志勇

总　　编：宋　华　张　宏

副 总 编：许立权　张　彤　陈志勇　赵文涛　苏美霞　吴之理　方　曙
　　　　　任亦萍　张　青　张　浩　贾金富　陈信民　孙月君　杨继贤
　　　　　田　俊　杜　刚　孟令伟

《内蒙古自治区铁铝金铜钨锑铅锌稀土典型矿床地质-地球物理图集》

课题负责：赵文涛　苏美霞

主　　编：吴艳君　范亚丽　孙会玲

副 主 编：苏美霞　常忠耀　阴曼宁　李红威　孟晓玲

编著人员(编写人员)：吴艳君　范亚丽　孙会玲　苏美霞　常忠耀
　　　　　　　　　　　阴曼宁　李红威　孟晓玲　贾瑞娟　薛书印
　　　　　　　　　　　王志利　杨建军　陈江均　贾大为　王　鑫

项目负责单位：中国地质调查局　内蒙古自治区国土资源厅

编撰单位：内蒙古自治区国土资源厅

主编单位：内蒙古自治区地质调查院

序

2006年，国土资源部为贯彻落实《国务院关于加强地质工作决定》中提出的"积极开展矿产远景调查评价和综合研究，科学评估区域矿产资源潜力，为科学部署矿产资源勘查提供依据"的精神要求，在全国统一部署了"全国矿产资源潜力评价"项目，"内蒙古自治区矿产资源潜力评价"项目是其子项目之一。

"内蒙古自治区矿产资源潜力评价"项目2006年启动，2013年结束，历时8年，由中国地质调查局和内蒙古自治区政府共同出资完成。为此，内蒙古自治区国土资源厅专门成立了以厅长为组长的项目领导小组和技术委员会，指导监督内蒙古自治区地质调查院、内蒙古自治区地质矿产勘查开发局、内蒙古自治区煤田地质局以及中化地质矿山总局内蒙古自治区地质勘查院等7家地勘单位的各项工作。我作为自治区聘请的国土资源顾问，全程参与了该项目的实施，亲历了内蒙古自治区新老地质工作者对内蒙古自治区地质工作的认真与执着。他们对内蒙古自治区地质的那种探索和不懈追求精神，给我留下了深刻的印象。

为了完成"内蒙古自治区矿产资源潜力评价"项目，先后有270多名地质工作者参与了这项工作，这是继20世纪80年代完成的《内蒙古自治区地质志》《内蒙古自治区矿产总结》之后集区域地质背景、区域成矿规律研究，物探、化探、自然重砂、遥感综合信息研究以及全区矿产预测、数据库建设之大成的又一巨型重大成果。这是内蒙古自治区国土资源厅高度重视、完整的组织保障和坚实的资金支撑的结果，更是内蒙古自治区地质工作者八年辛勤汗水的结晶。

"内蒙古自治区矿产资源潜力评价"项目共完成各类图件万余幅，建立成果数据库数千个，提交结题报告百余份。以板块构造和大陆动力学理论为指导，建立了内蒙古自治区大地构造构架。研究和探讨了内蒙古自治区大地构造演化及其特征，为全区成矿规律的总结和矿产预测奠定了坚实的地质基础。其中提出了"阿拉善地块"归属华北陆块，乌拉山岩群、集宁岩群的时代及其对孔兹岩系归属的认识、索伦山-西拉木伦河断裂厘定为华北板块与西伯利亚板块的界线等，体现了内蒙古自治区地质工作者对内蒙古自治区大地构造演化和地质背景的新认识。项目对内蒙古自治区煤、铁、铝土矿、铜、铅锌、金、钨、锑、稀土、钼、银、锰、镍、磷、硫、萤石、重晶石、菱镁矿等矿种，划分了矿产预测类型；结合全区重力、磁测、化探、遥感、自然重砂资料的研究应用，分别对其资源潜力进行了科学的潜力评价，预测的资源潜力可信度高。这些数据有力地说明了内蒙古自治区地质找矿潜力巨大，寻找国家急需矿产资源，内蒙古自治区大有可为，成为国家矿产资源的后备基地已具备了坚实的地质基础。同时，也极大地鼓舞了内蒙古自治区地质找矿的信心。

"内蒙古自治区矿产资源潜力评价"是内蒙古自治区第一次大规模对全区重要矿产资源现状及潜力进行摸底评价，不仅汇总整理了原1∶20万相关地质资料，还系统整理补充了近年来1∶5万区域地质调查资料和最新获得的矿产、物化探、遥感等资料。期待着"内蒙古自治区矿产资源潜力评价"项目形成的系统的成果资料在今后的基础地质研究、找矿预测研究、矿产勘查部署、农业土壤污染治理、地质环境治理等诸多方面得到广泛应用。

2017年3月

前　言

典型矿床地质-地球物理图集(以下简称"典型矿床图集")是依据"全国矿产资源潜力评价项目——内蒙古自治区矿产资源潜力评价——物探、化探、遥感、自然重砂综合信息评价课题重力资料应用专题研究"成果汇总编制而成。

"全国矿产资源潜力评价"项目为国土资源大调查项目,为了贯彻落实《国务院关于加强地质工作的决定》中提出的"积极开展矿产远景调查和综合研究,科学评估区域矿产资源潜力,为科学部署矿产资源勘查提供依据"的要求和精神,国土资源部部署了全国矿产资源潜力评价工作。"内蒙古自治区矿产资源潜力评价"项目为省级项目Ⅱ级课题。

"内蒙古自治区矿产资源潜力评价"项目由内蒙古自治区地质调查院承担,参加单位有内蒙古自治区地质矿产勘查院、内蒙古自治区国土资源信息院、内蒙古自治区国土资源勘查院、内蒙古自治区第十地质矿产勘查开发院、中化地质矿山总局内蒙古自治区地质勘查院、内蒙古自治区煤田地质局。项目最终完成历时8年(2006—2013年)。

典型矿床图集,是依据全区铁、铝、金、铜、铅、锌、稀土、钨、锑、磷、银、铬、锰、镍、锡、钼、硫、萤石、菱镁矿、重晶石20种重要矿产的160个典型矿床所在区域地质环境及航磁、重力场特征综合编制而成。该项成果对典型矿床所在区域的地质、地球物理特征进行了系统的总结和研究,并重点研究了重力异常与成矿的关系。该项目是在重点研究解剖典型矿床所处地质构造环境和地球物理异常特征的基础上,提取找矿标志,最终建立了适合重力异常解释的地质-地球物理模型,编制了地质-地球物理系列图集。该项成果在内蒙古自治区尚属首次,对重力资料在成矿规律、矿产预测等研究工作中的应用有重要意义。

建立地质-地球物理模型的方法是在开展典型矿床研究的基础上,编制每一种矿产预测类型不同矿种的地质构造图和地球物理系列图件,并总结预测要素及其重要性。内蒙古自治区重力测量由于没有大比例尺资料,所以本图集只编制了典型矿床区域地质-地球物理系列图。

通过充分研究内蒙古自治区矿产地质特征,本次矿产资源潜力评价共确定了以下6种预测类型。

(1)沉积型:与沉积作用有关的矿产。

(2)侵入岩体型:与侵入岩体有空间关系的矿产,一般在岩体与围岩的内、外接触带或侵入体热流体影响范围内成矿的矿产。

(3)变质型:由变质作用定位、定时的矿产。

(4)火山岩型:与火山作用有关的矿产。

(5)层控内生型:指与侵入作用时空定位有关,又受特定层位控制的矿产。

(6)复合内生型:指与沉积建造、变质建造及侵入岩、变形构造都有关的矿产。

依据每个预测类型初步确定1~2个典型矿床的原则,全区20种重要矿产共选取典型矿床160个,典型矿床图集编制即是基于160个典型矿床完成的,共分2册:《内蒙古自治区铁铝金铜钨锑铅锌稀土典型矿床地质-地球物理图集》和《内蒙古自治区银锰锡钼镍铬磷萤石硫铁菱镁重晶石典型矿床地质-地球物理图集》。图件编制主要由范亚丽、贾瑞娟、薛书印等人完成。文字总结由苏美霞、孙会玲、吴艳君、阴曼宁、李红威、孟晓玲等人完成,详细分工见下表。

图集编写人员分工一览表

内蒙古自治区铁铝金铜钨锑铅锌稀土典型矿床地质-地球物理图集	图件编制	文字编写	内蒙古自治区银锰锡钼镍铬磷萤石硫铁菱镁重晶石典型矿床地质-地球物理图集	图件编制	文字编写
铁、铝土典型矿床	范亚丽 贾瑞娟 薛书印	范亚丽 苏美霞 孟晓玲	银、锰、锡典型矿床	孟晓玲 吴艳君 范亚丽	吴艳君 苏美霞 孟晓玲
金典型矿床	孙会玲 陈江均 范亚丽 贾瑞娟	孙会玲 苏美霞 陈江均	钼、镍、铬典型矿床	吴艳君 张永旺	孙会玲 阴曼宁 吴艳君 张永财
铜、钨、锑典型矿床	王志利 范亚丽 吴艳君 贾大为	吴艳君 阴曼宁 王志利 贾大为	磷、萤石、硫铁、菱镁、重晶石典型矿床	李红威 孙会玲 邓　琰 吴艳君	孙会玲 李红威
铅锌、稀土典型矿床	杨建军 贾瑞娟 王　鑫	李红威 常忠耀 杨建军 王　鑫			

许立权、张彤、贾和义、贺峰、张明、张玉清、张永清、吴之理、孙月军等提供了图册中地质部分的相关资料。

本图集是基于重力资料应用专题成果汇总完成的,在重力专题完成过程中多次受到张明华、雷受旻、乔计花、赵更新、邵积东、丁天才、滕菲等专家的悉心指导,在此一并表示感谢!

技术说明

1. 编图采用原始资料精度

地质图:采用1:50万构造建造图简化而成。

航磁类图件:采用航磁2km×2km网格化数据编制了ΔT等值线平面图、ΔT化极等值线平面图、ΔT化极垂向一阶导数图。

　　　网格化数据由1:20万、1:10万、1:5万航测原始数据集成。

重力类图件:采用重力2km×2km网格化数据编制了布格重力异常图、剩余重力异常图、推断地质构造图。

　　　网格化数据由1:20万、1:50万、1:100万重力测量数据集成。

2. 编图比例尺

图集中"地质矿产及物探剖析图"编图比例尺为1:50万,编图范围以能完整反映典型矿床所在区域的区域成矿地质背景及区域地球物理场特征为目标而选定。

3. 编图使用软件

采用MapGIS6.X软件。

图 例

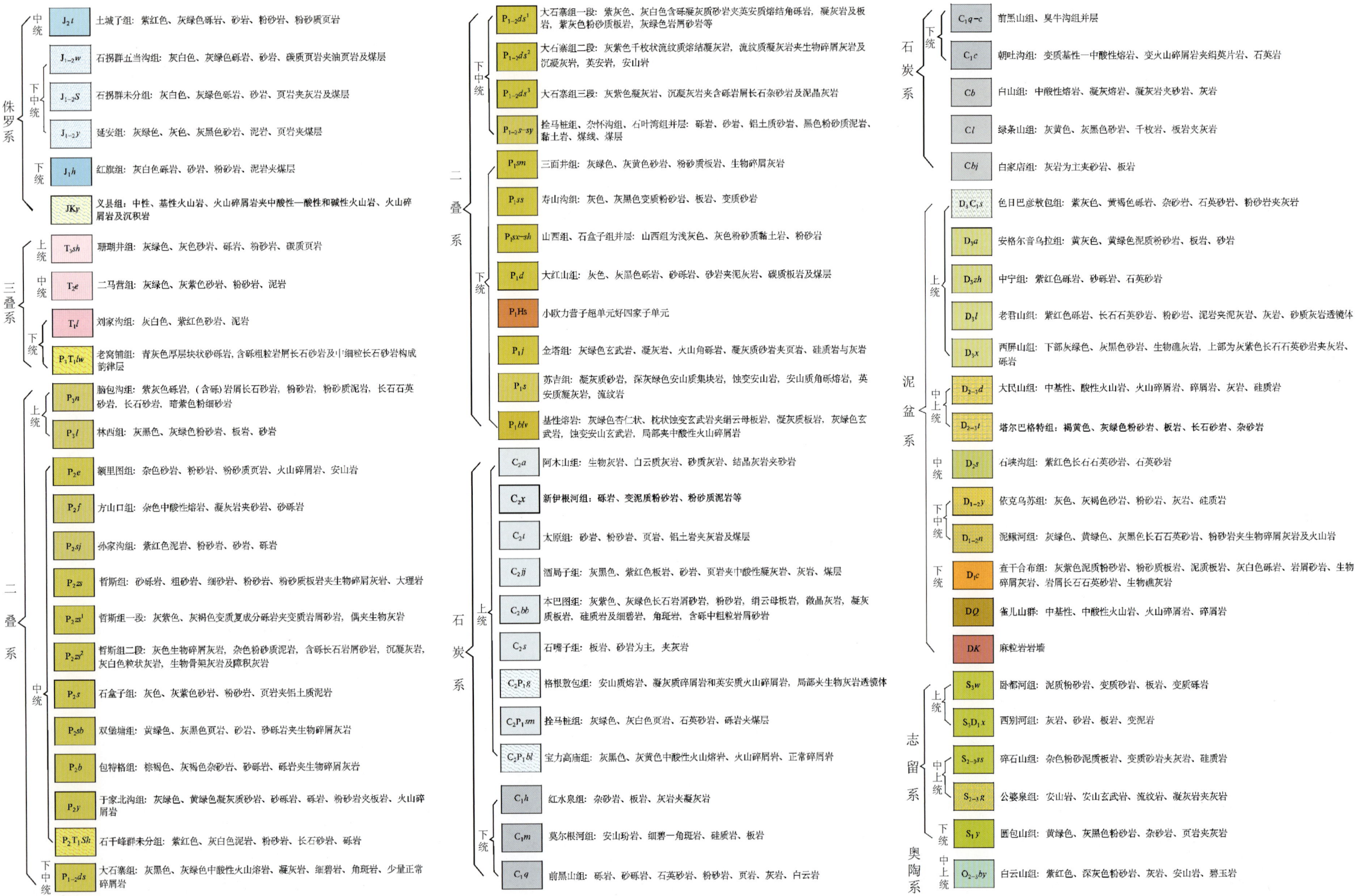

系	统	代号	组/群	岩性描述
奥陶系	中上统	$O_{2-3}lh$	裸河组	变质砂岩、板岩、变泥岩、千枚状粉砂岩
		$O_{2-3}wh$	乌兰胡洞组	厚层灰岩、瘤状灰岩夹少量泥质、砂质灰岩等
	中统	O_2x	咸水湖组	安山岩、安山玄武岩、流纹岩夹灰岩、板岩
		O_2k-l	克里摩里组、乌拉力克组、拉什仲组并层	由下而上为薄层灰岩夹黑色页岩、黑色碳质、硅质页岩、灰绿色粉砂岩、细砂岩夹灰岩、灰岩
	下中统	$O_{1-2}mb$	米钵山组	杂砂质石英砂岩、粉砂质板岩
		$O_{1-2}m$	马家沟组	厚层灰岩夹石英砂岩及白云岩
		$O_{1-2}l$	罗雅楚山组	长石石英砂岩、杂砂岩、粉砂岩、板岩夹泥岩、硅质岩
		$O_{1-2}w$	乌宾敖包组	灰绿色、灰紫色板岩夹粉砂岩、灰岩
		$O_{1-2}d$	多宝山组	安山岩、流纹岩、细碧-角斑岩、凝灰岩夹凝灰质砂岩、板岩
		$O_{1-2}h$	哈拉组	流纹岩、英安岩、玄武岩、细碧岩、蚀变安山岩、安山质凝灰岩、安山岩集块熔岩
		$O_{1-2}hh$	呼和艾力更组	灰白色细粒石英砂岩、二云片岩、绢云粉砂质板岩、结晶灰岩、浅粒岩、硅质板岩等
		$O_{1-2}b$	巴彦呼舒组	长石砂岩、石英砂岩、粉砂岩、变泥岩为主,夹少量板岩、灰岩透镜体534
		$O_{1-2}t-d$	铜山组、多宝山组并层	铜山组为正常沉积碎屑岩;多宝山组为中酸性火山岩
	下统	O_1s-wh	山黑拉组、二哈公组、乌兰胡洞组并层	山黑拉组为块状灰岩;二哈公组为白云质灰岩、白云岩;乌兰胡洞组为厚层灰岩
寒武系	上统	ϵ_3c	炒米店组	薄层灰岩、竹叶状灰岩、鲕状灰岩、页岩
	中统	ϵ_2X	香山群	灰绿色变质长石砂岩、板岩、千枚岩、砾岩、白云岩、硅质岩
		ϵ_2m-z	馒头组、张夏组并层	厚层鲕状灰岩,燧石条带白云质灰岩
		ϵ_2O_1c-s	炒米店组、三山子组并层	炒米店组以薄层灰岩为主;三山子组为白云岩、白云质灰岩
		ϵ_2O_1x	西双鹰山组	碎屑灰岩、结晶灰岩、白云质灰岩、硅质岩、硅质板岩
	下统	ϵ_1s	苏中组	灰白色、深灰色结晶灰岩夹黑色页岩
		ϵ_1O_1m-s	馒头组、张夏组、炒米店组、三山子组并层	由下而上为砂页岩夹灰岩、鲕状、竹叶状灰岩、薄层灰岩、薄层泥岩、白云岩、白云质灰岩
		$\epsilon m-c$	馒头组、张夏组、炒米店组并层	由下而上为砂页岩夹灰岩、白云岩、鲕状、竹叶状灰岩、薄层灰岩、薄层泥岩
		$\epsilon s-l$	色麻沟组、老孤山组并层	色麻沟组为石麻岩、砂砾岩、页岩、粉砂岩;老孤山组为微晶灰岩、灰质白云岩
		$\epsilon-O$	寒武系-奥陶系未分	石英砂岩、白云岩和生物碎屑灰岩、碎屑灰岩、厚层鲕状、燧石条带白云质灰岩、砂砾岩、粉砂岩
震旦系		ZS	什那干群	砾岩、石英砂岩、燧石条带灰岩、白云质灰岩、硅质、泥质灰岩
		ZH	酵母山群	下部烧火筒组为冰碛砾岩、含砾粉砂质板岩;上部草大坂组为结晶灰岩、白云岩
		ZX	洗肠井群	冰碛砾岩、泥砾岩、板岩、白云质灰岩
		Zs	腮林忽洞组	下部灰色砂岩、含长石石英砂岩、灰绿色粉砂质板岩;中上部含粉砂微粉晶白云岩、硅质条带微晶灰岩、粉晶白云岩
		Ze	额尔古纳河组	大理岩、白云岩夹变质粉砂岩、千枚状板岩、云母片岩
青白口系		Qbb	白乃庙组	绢云石英片岩、绿泥方解石片岩、变质砂岩、千枚岩夹结晶灰岩
		Qba	艾勒格庙组	灰白色大理岩、结晶灰岩、石英片岩、变质砂岩、板岩
		$Qbhy$	白云鄂博群白音宝拉格组	灰绿色、灰色石英岩、变质粉砂岩、板岩
		$Qbhj$	白云鄂博群呼吉尔图组	深灰色泥晶灰岩、绿帘石岩、变质砂岩
		$Qb-Zw$	王全口组	灰岩、白云质灰岩、白云岩
		$Qbb-h$	白音布拉格组、呼吉尔图组并层	浅灰色变质砂岩、粉晶灰岩、长石石英砂岩、绢云母板岩、钙硅角岩、凸起角岩、浅灰色大理岩
蓟县系		Jxb	比鲁特组	灰黑色板岩、细粒石英砂岩
		Jxh	哈拉霍疙特组	变质砾岩、变质砂岩、变质粉砂岩、灰岩
		$Jxh-b$	哈拉霍疙特组、比鲁特组并层	浅灰色藻礁灰岩、钙质中细粒石英杂砂岩、晶质灰岩、含砾灰岩、斑点板岩、变质砂岩、硅质阳起石板岩
		JxD	墩子沟群	下部紫红色、灰白色变长石英砂岩、变含砾砂岩、变砾岩;中部硅质岩;上部灰绿色千枚岩夹石英岩
		Jxa	阿古鲁沟组	含碳质粉砂岩绢云母板岩、含碳质板岩、陆屑纹层板岩、白云母板岩、变质砂岩、绢云母板岩
		$Jxhr$	温都尔庙群哈尔哈达组	石英片岩、含铁石英岩、大理岩
长城系		Cha	渣尔泰山群阿古鲁沟组	暗色板岩、碳质粉砂质板岩、泥质结晶灰岩
		Chd	都拉哈拉组	灰白色变质石英砂岩夹砾岩、石英岩
		Chj	尖山组	黑色、灰黑色板岩、硅质板岩、变质砂岩、灰岩
		Chs	书记沟组	深灰色中厚层变质细粒长石砂岩、灰色变质石英砂岩、变质含砾粗粒长石石英砂岩、砾岩
		Chz	增隆昌组	灰色、灰白色泥岩、结晶灰岩、白云质灰岩
		Chc	常州沟组	石英岩质砾岩、砾质石英岩、云安斜长石粉砂岩
		$Chs-z$	书记沟组、增隆昌组并层	深灰色变质长石砂岩、灰色变质粉砂岩、砾岩、灰质白云岩、泥灰岩、泥质粉砂岩、含碳质粉砂泥岩
长城系		$Chd-j$	都拉哈拉组、尖山组并层	灰色变质长石石英砂岩、浅灰色变质细砾岩、粉砂质板岩、绢云母板岩、深灰色含碳泥质板岩、变质粉砂岩
		$Chs-a$	书记沟组、阿古鲁沟组并层	深灰色中厚层变质细粒长石砂岩、灰色变质石英砂岩、变质含砾粗粒长石石英砂岩、砾岩
		$Ch-QnZh$	渣尔泰山群	碎屑岩、碳质页岩、粉砂岩、碳酸盐岩
		$Ch-QbB$	白云鄂博群未分组	
		$Chch-d$	常州沟组、串岭沟组、团山子组、大红峪组未分	碎屑岩、硅质板岩、结晶灰岩、粉砂岩
		$Ch-JxW$	温都尔庙群	变质拉斑玄武岩、变质辉绿岩、石英片岩、含铁石英岩
元古宇		Pt_3a	阿牙登组	暗灰色粉砂岩、粉砂质泥晶灰岩、角砾状粉晶白云质灰岩、细晶灰质白云岩、细晶钙质白云岩角砾岩,上部夹含粉砂质板岩
		$Pt_{2-3}Y$	圆藻山群	大理岩、结晶灰岩、白云质灰岩、白云岩
		Pt_2G	古硐井群	变质石英砂岩、变质砂岩、粉砂岩、板岩、千枚岩
		Pt_2s	桑达来呼都格组	变质拉斑玄武岩、绿片岩
		Pt_2D	墩子沟群	变质砾岩、变质砂岩、千枚岩、结晶灰岩
		Pt_1By	宝音图岩群	黑云母片岩夹含石榴十字二云石英片岩、石英片岩、大理岩、阳起石片岩、角闪片岩、蓝晶白云母片岩、斜长变粒岩等
		Pt_1E	二道凹岩群	各类片岩、大理岩、变粒岩,底部变质砾岩
		Pt_1B	北山群	各种片岩、大理岩、石英岩
太古宇		Ar_3d	东五分子岩组	黑云斜长片岩夹角闪磁铁石英岩、二云长石石英片岩、蛇纹石化含橄榄透辉大理岩、斜长角闪岩、阳起片岩
		Ar_3l	柳树沟岩组	灰黑色黑云石英片岩、黑云角闪斜长片岩、石英岩、黑云斜长变粒岩、斜长角闪岩、含阳起石浅粒岩、阳起片岩、黑云斜长片麻岩
		Ar_3S	色尔腾山岩群	糜棱岩化片岩、斜长角闪片岩、斜长角闪岩、磁铁石英岩、大理岩、变粒岩
		Ar_3b	北召岩组	灰黑色黑云片岩、长英片岩、二云斜长片岩、角闪片岩、绿帘黑云片岩含透闪大理岩、绢云片岩等
		Ar_3dl	点力素岩组	白云粗晶大理岩、青灰色蛇纹石化橄榄大理岩、石英、黑色透辉黑云母片岩、长英角闪岩、二长变粒岩
		Ar_3-Pt_1L	龙首山岩群	各种混合岩、混合片麻岩、大理岩、斜长角闪岩、片岩、变粒岩、浅粒岩、石英岩、变中酸性火山岩
		Ar_3-Pt_1Dh	敦煌杂岩	各种片麻岩、混合岩、花岗片麻岩、各种片岩、大理岩夹石英岩
		Ar_2W	乌拉山岩群	角闪(黑云)斜长片麻岩、矽线石榴片麻岩、斜长角闪岩、石墨片岩、磁铁石英岩、大理岩、变粒岩
		Ar_2J	集宁岩群	矽线石榴钾长(二长)片麻岩、黑云斜长片麻岩、石墨片麻岩、大理岩、浅粒岩
		Ar_1X	兴和岩组	灰黄色石榴黑云二辉斜长麻粒岩、石榴二辉斜长麻粒岩、角闪透辉石岩、含铁石英岩、长英麻粒岩

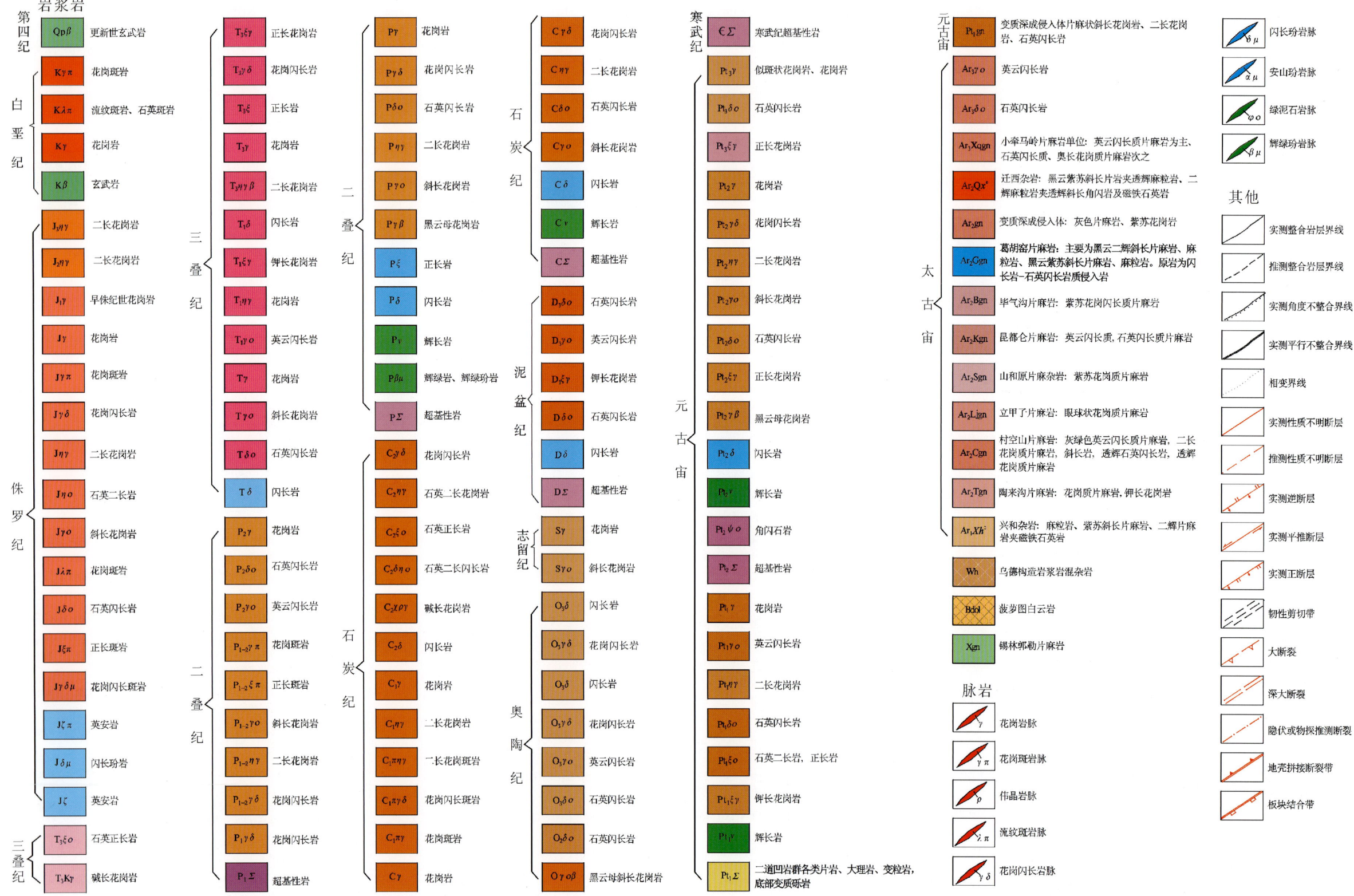

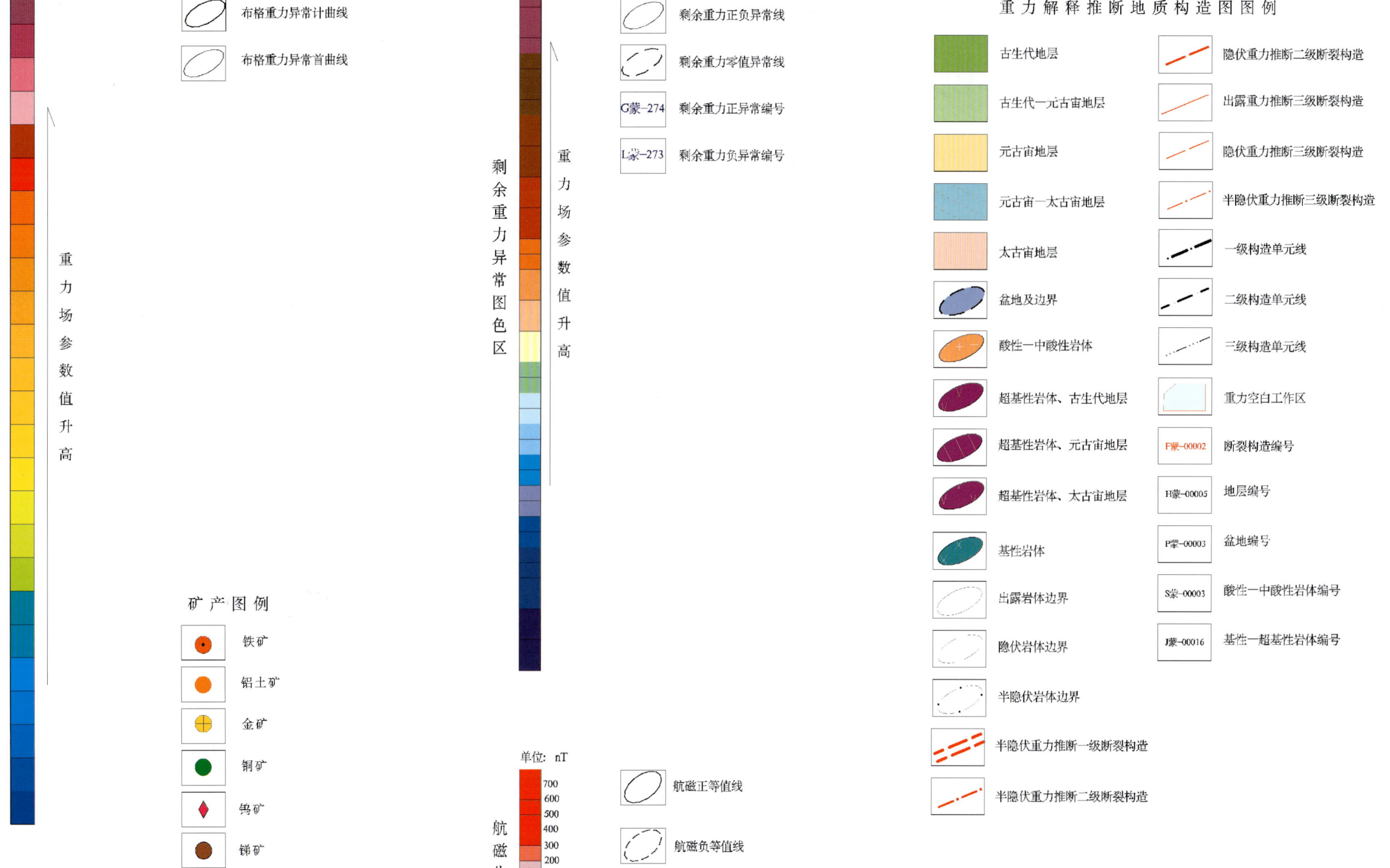

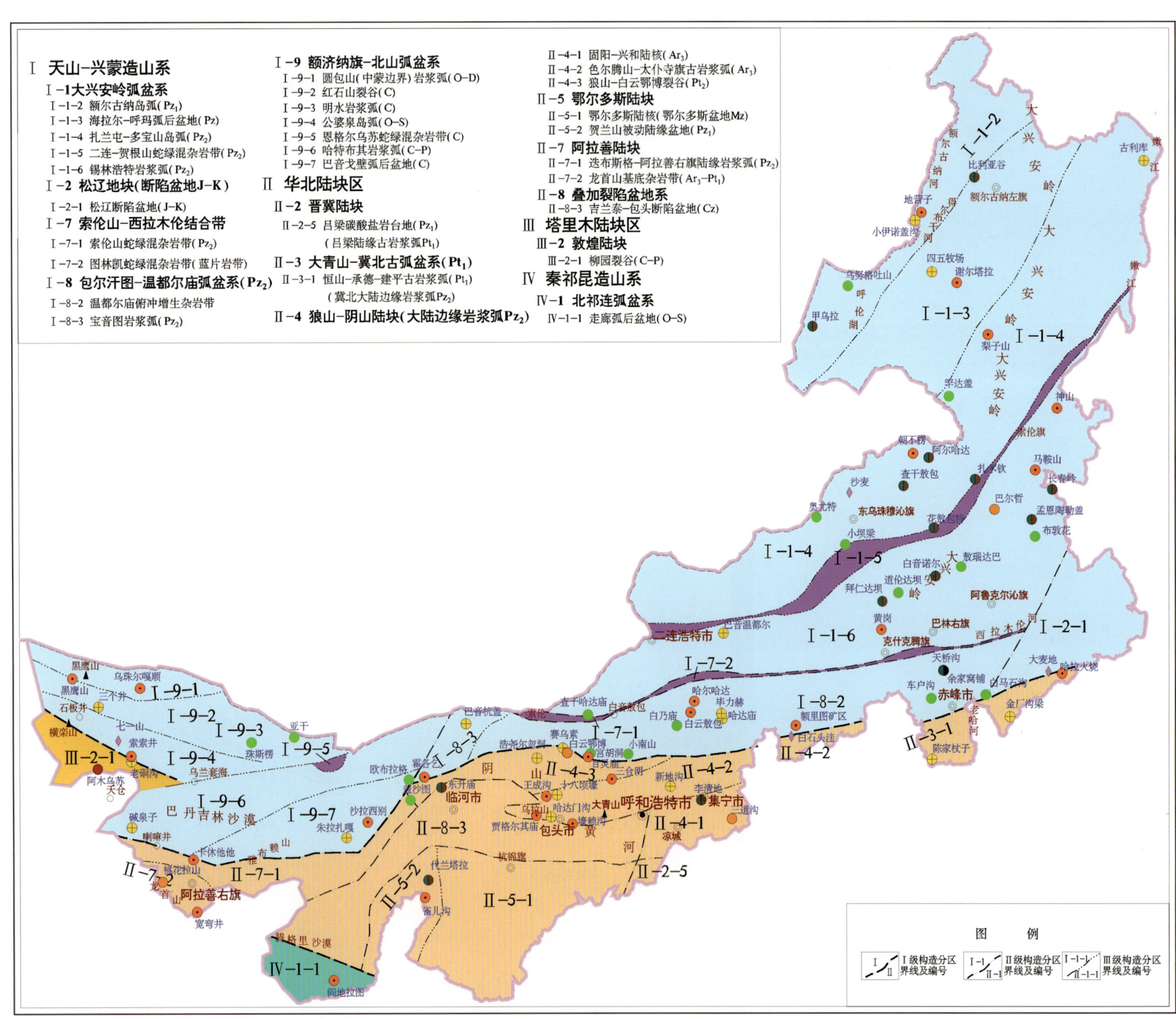

内蒙古自治区大地构造分区示意图

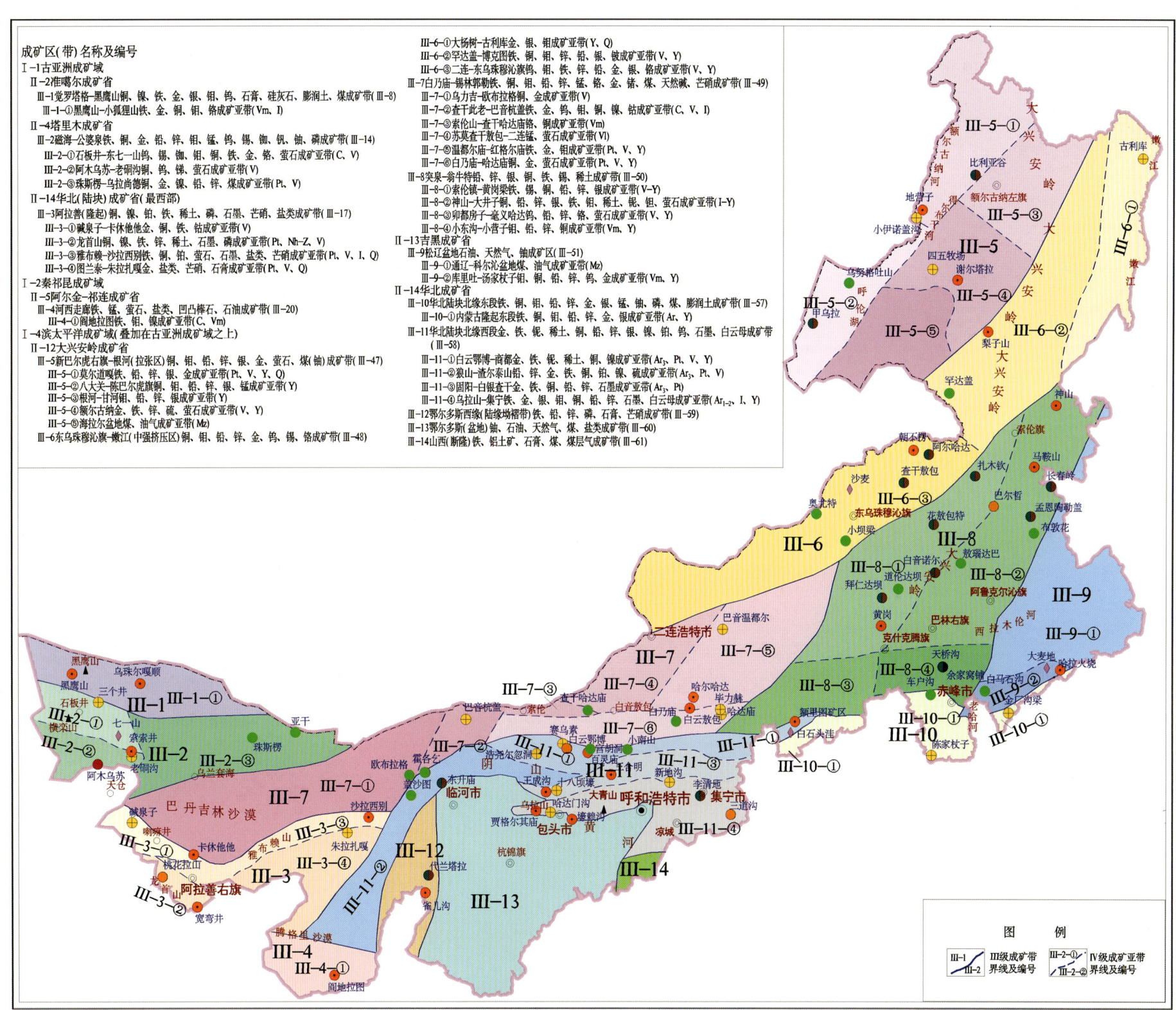

内蒙古自治区成矿区（带）划分示意图

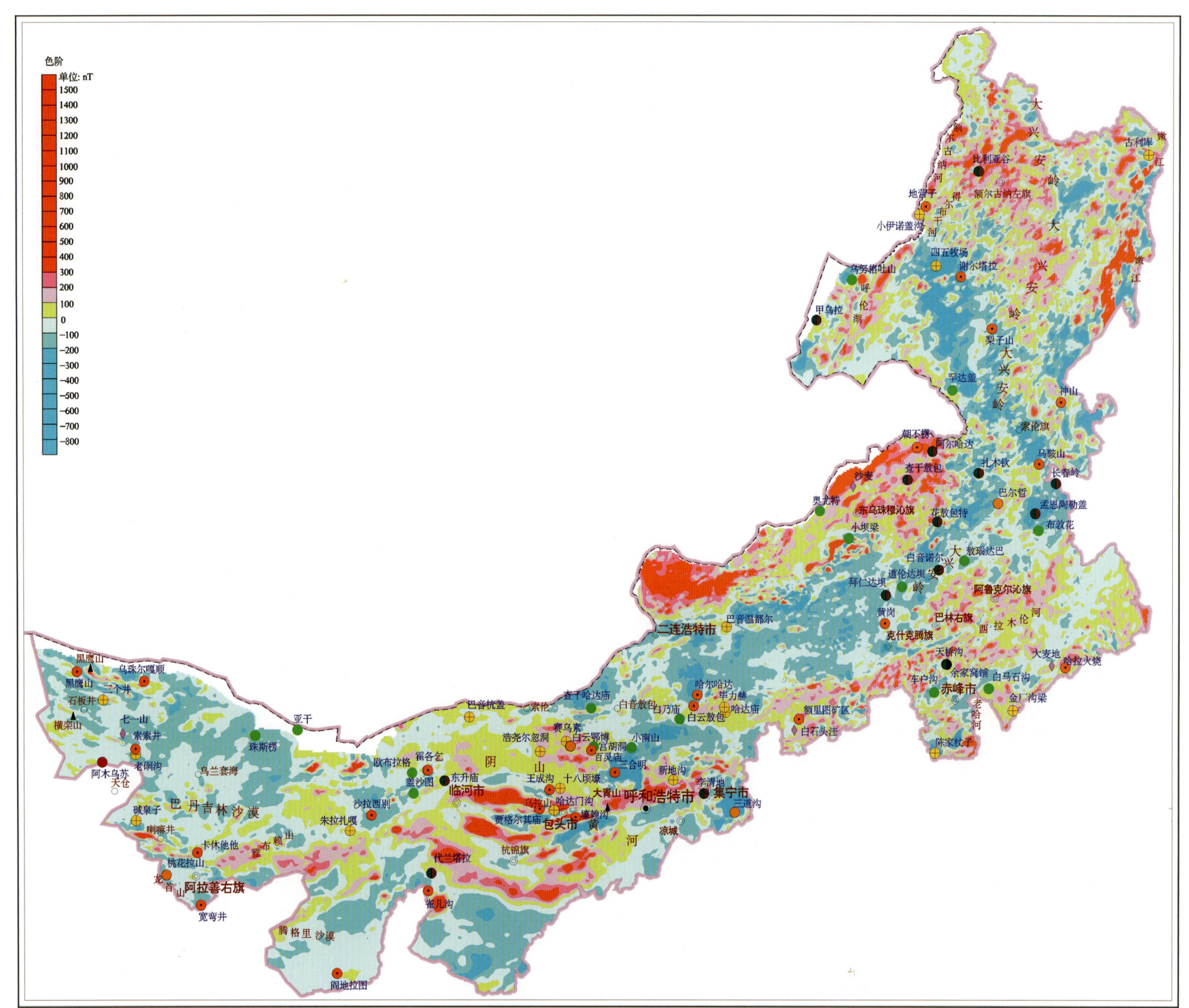

内蒙古自治区航磁 ΔT 化极等值线平面示意图

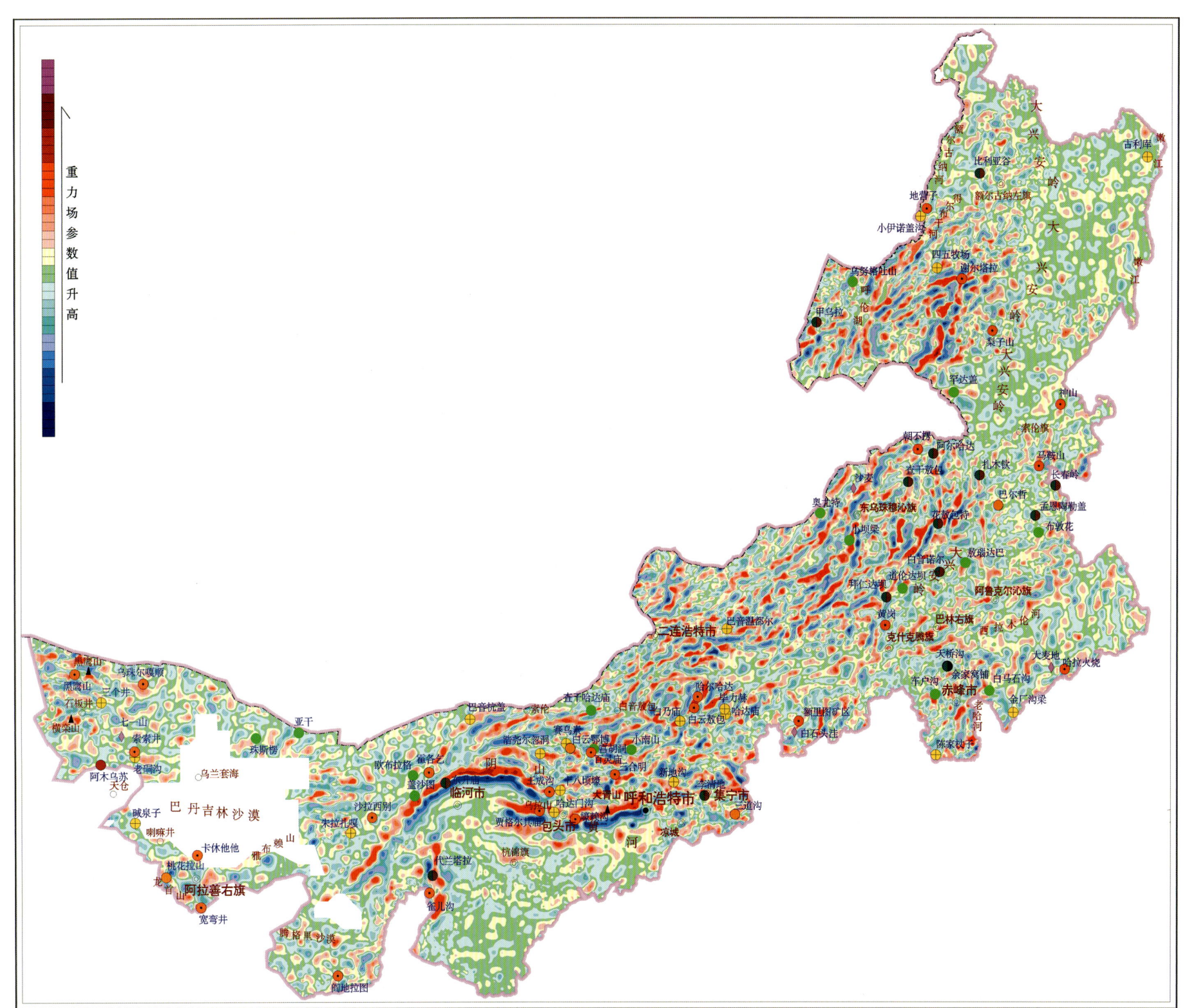

内蒙古自治区剩余重力异常平面示意图

内蒙古自治区铁铝金铜钨锑铅锌稀土典型矿床基本信息一览表

矿种	序号	典型矿床名称	成因类型	预测方法类型	成矿时代	矿种	序号	典型矿床名称	成因类型	预测方法类型	成矿时代	矿种	序号	典型矿床名称	成因类型	预测方法类型	成矿时代
铁矿	1	白云鄂博	沉积型	沉积型	中元古代	金矿	7	巴彦温都尔	热液型	复合内生型	晚二叠世—早三叠世	铜矿	18	盖沙图	矽卡岩型	复合内生型	二叠纪
	2	百灵庙	矽卡岩型	复合内生型	海西期		8	白乃庙	热液型	复合内生型	海西晚期	铅锌矿	1	东升庙	海相火山喷流沉积型	沉积型	中—新元古代
	3	壕赖沟	沉积变质型	变质型	古太古代		9	金厂沟梁	热液型	复合内生型	燕山晚期		2	查干敖包	矽卡岩型	侵入岩体型	燕山早期
	4	三合明	沉积变质型	变质型	新太古代		10	毕力赫	斑岩型	复合内生型	燕山期		3	甲乌拉	火山热液型	侵入岩体型	燕山晚期
	5	雀儿沟	沉积型	沉积岩	海西中期		11	小伊诺盖沟	热液型	侵入岩体型	中侏罗世		4	阿尔哈达	热液型	侵入岩体型	燕山早中期
	6	梨子山	矽卡岩型	侵入岩体型	海西中期		12	碱泉子	热液型	侵入岩体型	海西中期		5	长春岭	中温岩浆热液型	侵入岩体型	早二叠世
	7	额里图	矽卡岩型	侵入岩体型	燕山早期		13	巴音杭盖	石英脉型	侵入岩体型	海西中期		6	拜仁达坝	热液型	侵入岩体型	海西期
	8	朝不楞	矽卡岩型	侵入岩体型	燕山晚期		14	三个井	热液型	侵入岩体型	海西晚期		7	孟恩陶勒盖	热液型	侵入岩体型	侏罗纪
	9	黄岗	矽卡岩型	侵入岩体型	燕山晚期		15	新地沟	变质热液（绿岩）型	变质型	新太古代—古元古代		8	白音诺尔	矽卡岩型	侵入岩体型	燕山早期
	10	卡休他他	矽卡岩型	侵入岩体型	晚石炭世		16	四五牧场	隐爆角砾岩型	火山岩型	侏罗纪—白垩纪		9	余家窝铺	矽卡岩型	接触交代型	燕山晚期
	11	沙拉西别	矽卡岩型	侵入岩体型	晚石炭世		17	陈家杖子	火山隐爆角砾岩型	火山岩型	燕山期		10	天桥沟	热液型	侵入岩体型	燕山期
	12	乌珠尔嘎顺	矽卡岩型	侵入岩体型	海西期		18	古利库	火山岩型	火山岩型	早白垩世		11	比利亚谷	火山岩型	火山岩型	中侏罗世
	13	黑鹰山	海相火山沉积型	火山岩型	石炭纪	铜矿	1	霍各乞	喷流沉积型	沉积型	中元古代		12	扎木钦	火山热液型	火山岩型	燕山期
	14	索索井	矽卡岩型	侵入岩体型	三叠纪		2	查干哈达庙	块状硫化物型	沉积型	海西中晚期		13	李清地	热液型	复合内生型	燕山期
	15	哈拉火烧	矽卡岩型	侵入岩体型	燕山期		3	白乃庙	沉积型	沉积型	海西晚期		14	花敖包特	热液型	复合内生型	晚侏罗世
	16	谢尔塔拉	火山沉积型	火山岩型	早石炭世		4	乌努格吐山	斑岩型	侵入岩体型	燕山早期		15	代兰塔拉	热液型	侵入岩体型	早侏罗世
	17	神山	矽卡岩型	侵入岩体型	燕山早期		5	敖瑞达巴	斑岩型	侵入岩体型	晚侏罗世—早白垩世	稀土矿	1	白云鄂博	沉积型	沉积型	中元古代
	18	白云敖包	海相火山岩型	火山岩型	中元古代		6	车户沟	斑岩型	侵入岩体型	晚侏罗世		2	巴尔哲	岩浆晚期分异型	侵入岩体型	燕山期
	19	地营子	热液型	复合内生型	海西晚期—燕山早期		7	小南山	岩浆型	侵入岩体型	中元古代		3	桃花拉山	沉积变质型	沉积型	古元古代
	20	马鞍山	热液型	复合内生型	燕山早期		8	珠斯楞	斑岩型	侵入岩体型	石炭纪—二叠纪		4	三道沟	岩浆晚期分异型	复合内生型	新太古代—古元古代
	21	贾格尔其庙	变质型	变质型	中太古代		9	亚干	岩浆型	侵入岩体型	新元古代	钨矿	1	沙麦	热液脉型	侵入岩体型	晚侏罗世
	22	霍各乞	沉积型	沉积型	中元古代		10	奥尤特	次火山热液型	火山岩型	晚侏罗世		2	白石头洼	热液型	侵入岩体型	燕山期
铝土矿	1	清水河城坡	胶体化学沉积型	沉积型	石炭纪		11	小坝梁	海相火山岩型	火山岩型	二叠纪		3	七一山	热液脉型	侵入岩体型	燕山期
金矿	1	朱拉扎嘎	沉积热液改造型	层控内生型	晚元古代		12	欧布拉格	热液型	复合内生型	海西期		4	大麦地	热液型	侵入岩体型	燕山期
	2	浩尧尔忽洞	热液型	层控内生型	燕山期		13	宫胡洞	接触交代型	复合内生型	二叠纪—三叠纪		5	乌日尼图	热液型	侵入岩体型	燕山期
	3	赛乌素	热液型	层控内生型	海西期		14	罕达盖	矽卡岩型	复合内生型	石炭纪	锑矿	1	阿木乌苏	热液型	侵入岩体型	早二叠世—早白垩世
	4	十八顷壕	破碎-蚀变岩型	层控内生型	印支期		15	白马石沟	热液型	复合内生型	三叠纪—侏罗纪						
	5	老硐沟	热液-氧化淋滤型	层控内生型	海西晚期		16	布敦花	热液型	复合内生型	燕山期						
	6	乌拉山	热液型	复合内生型	1922Ma		17	道伦达坝	热液型	复合内生型	二叠纪—三叠纪						

目 录

白云鄂博式沉积型铁矿地质、地球物理特征一览表 ……………………………………（1）
白云鄂博式沉积型铁典型矿床所在区域地质矿产及物探剖析图 …………………（2）
百灵庙式矽卡岩型铁矿地质、地球物理特征一览表 ………………………………（3）
百灵庙式矽卡岩型铁典型矿床所在区域地质矿产及物探剖析图 …………………（4）
壕赖沟式沉积变质型铁矿地质、地球物理特征一览表 ……………………………（5）
壕赖沟式沉积变质型铁典型矿床所在区域地质矿产及物探剖析图 ………………（6）
三合明式沉积变质型铁矿地质、地球物理特征一览表 ……………………………（7）
三合明式沉积变质型铁典型矿床所在区域地质矿产及物探剖析图 ………………（8）
雀儿沟式沉积型铁矿地质、地球物理特征一览表 …………………………………（9）
雀儿沟式沉积型铁典型矿床所在区域地质矿产及物探剖析图 ……………………（10）
梨子山式矽卡岩型铁矿地质、地球物理特征一览表 ………………………………（11）
梨子山式矽卡岩型铁典型矿床所在区域地质矿产及物探剖析图 …………………（12）
额里图式矽卡岩型铁矿地质、地球物理特征一览表 ………………………………（13）
额里图式矽卡岩型铁典型矿床所在区域地质矿产及物探剖析图 …………………（14）
朝不楞式矽卡岩型铁矿地质、地球物理特征一览表 ………………………………（15）
朝不楞式矽卡岩型铁典型矿床所在区域地质矿产及物探剖析图 …………………（16）
黄岗式矽卡岩型铁矿地质、地球物理特征一览表 …………………………………（17）
黄岗式矽卡岩型铁典型矿床所在区域地质矿产及物探剖析图 ……………………（18）
卡休他他式矽卡岩型铁矿地质、地球物理特征一览表 ……………………………（19）
卡休他他式矽卡岩型铁典型矿床所在区域地质矿产及物探剖析图 ………………（20）
沙拉西别式矽卡岩型铁矿地质、地球物理特征一览表 ……………………………（21）
沙拉西别式矽卡岩型铁典型矿床所在区域地质矿产及物探剖析图 ………………（22）
乌珠尔嘎顺式矽卡岩型铁矿地质、地球物理特征一览表 …………………………（23）
乌珠尔嘎顺式矽卡岩型铁典型矿床所在区域地质矿产及物探剖析图 ……………（24）
黑鹰山式海相火山沉积型铁矿地质、地球物理特征一览表 ………………………（25）
黑鹰山式海相火山沉积型铁典型矿床所在区域地质矿产及物探剖析图 …………（26）
索索井式矽卡岩型铁矿地质、地球物理特征一览表 ………………………………（27）
索索井式矽卡岩型铁典型矿床所在区域地质矿产及物探剖析图 …………………（28）
哈拉火烧式矽卡岩型铁矿地质、地球物理特征一览表 ……………………………（29）
哈拉火烧式矽卡岩型铁典型矿床所在区域地质矿产及物探剖析图 ………………（30）
谢尔塔拉式火山沉积型铁矿地质、地球物理特征一览表 …………………………（31）
谢尔塔拉式火山沉积型铁典型矿床所在区域地质矿产及物探剖析图 ……………（32）
神山式矽卡岩型铁矿地质、地球物理特征一览表 …………………………………（33）
神山式矽卡岩型铁典型矿床所在区域地质矿产及物探剖析图 ……………………（34）
白云敖包式海相火山岩型铁矿地质、地球物理特征一览表 ………………………（35）
白云敖包式海相火山岩型铁典型矿床所在区域地质矿产及物探剖析图 …………（36）
地营子式热液型铁矿地质、地球物理特征一览表 …………………………………（37）
地营子式热液型铁典型矿床所在区域地质矿产及物探剖析图 ……………………（38）
马鞍山式热液型铁矿地质、地球物理特征一览表 …………………………………（39）
马鞍山式热液型铁典型矿床所在区域地质矿产及物探剖析图 ……………………（40）
贾格尔其庙式变质型铁矿地质、地球物理特征一览表 ……………………………（41）
贾格尔其庙式变质型铁典型矿床所在区域地质矿产及物探剖析图 ………………（42）
霍各乞式沉积型铁矿地质、地球物理特征一览表 …………………………………（43）
霍各乞式沉积型铁典型矿床所在区域地质矿产及物探剖析图 ……………………（44）
清水河城坡式胶体化学沉积型铝土矿地质、地球物理特征一览表 ………………（45）
清水河式胶体化学沉积型铝土典型矿床所在区域地质矿产及物探剖析图 ………（46）
朱拉扎嘎式沉积-热液改造型金矿地质、地球物理特征一览表 …………………（47）
朱拉扎嘎式沉积-热液改造型金典型矿床所在区域地质矿产及物探剖析图 ……（48）
浩尧尔忽洞式热液型金矿地质、地球物理特征一览表 ……………………………（49）
浩尧尔忽洞式热液型金典型矿床所在区域地质矿产及物探剖析图 ………………（50）

赛乌素式热液型金矿地质、地球物理特征一览表 …………………… (51)	古利库式火山岩型金典型矿床所在区域地质矿产及物探剖析图 ………… (82)
赛乌素式热液型金典型矿床所在区域地质矿产及物探剖析图 ………… (52)	霍各乞式喷流沉积型铜矿地质、地球物理特征一览表 ………………… (83)
十八顷壕式破碎-蚀变岩型金矿地质、地球物理特征一览表 …………… (53)	霍各乞式喷流沉积型铜典型矿床所在区域地质矿产及物探剖析图 ……… (84)
十八顷壕式破碎-蚀变岩型金典型矿床所在区域地质矿产及物探剖析图 … (54)	查干哈达庙式块状硫化物型铜矿地质、地球物理特征一览表 ………… (85)
老硐沟式热液-氧化淋滤型金矿地质、地球物理特征一览表 …………… (55)	查干哈达庙式块状硫化物型铜典型矿床所在区域地质矿产及物探剖析图 … (86)
老硐沟式热液-氧化淋滤型金典型矿床所在区域地质矿产及物探剖析图 … (56)	白乃庙式沉积型铜矿床地质、地球物理特征一览表 …………………… (87)
乌拉山式热液型金矿地质、地球物理特征一览表 ………………………… (57)	白乃庙式沉积型铜多金属典型矿床所在区域地质矿产及物探剖析图 …… (88)
乌拉山式热液型金典型矿床所在区域地质矿产及物探剖析图 ………… (58)	乌努格吐山式斑岩型铜钼矿地质、地球物理特征一览表 ……………… (89)
巴彦温多尔式热液型金矿地质、地球物理特征一览表 …………………… (59)	乌努格吐山式斑岩型铜典型矿床所在区域地质矿产及物探剖析图 ……… (90)
巴彦温多尔式热液型金典型矿床所在区域地质矿产及物探剖析图 …… (60)	敖瑙达巴式斑岩型铜矿地质、地球物理特征一览表 …………………… (91)
白乃庙式热液型金矿地质、地球物理特征一览表 ……………………… (61)	敖瑙达巴式斑岩型铜典型矿床所在区域地质矿产及物探剖析图 ……… (92)
白乃庙式热液型金典型矿床所在区域地质矿产及物探剖析图 ………… (62)	车户沟式斑岩型铜矿地质、地球物理特征一览表 ……………………… (93)
金厂沟梁式热液型金矿地质、地球物理特征一览表 ……………………… (63)	车户沟式斑岩型铜钼典型矿床所在区域地质矿产及物探剖析图 ……… (94)
金厂沟梁式热液型金典型矿床所在区域地质矿产及物探剖析图 ……… (64)	小南山式岩浆型铜矿地质、地球物理特征一览表 ……………………… (95)
毕力赫式斑岩型金矿地质、地球物理特征一览表 ……………………… (65)	小南山式岩浆型铜镍典型矿床所在区域地质矿产及物探剖析图 ……… (96)
毕力赫式斑岩型金典型矿床所在区域地质矿产及物探剖析图 ………… (66)	珠斯楞式斑岩型铜矿地质、地球物理特征一览表 ……………………… (97)
小伊诺盖沟式热液型金矿地质、地球物理特征一览表 ………………… (67)	珠斯楞式斑岩型铜典型矿床所在区域地质矿产及物探剖析图 ………… (98)
小伊诺盖沟式热液型金典型矿床所在区域地质矿产及物探剖析图 …… (68)	亚干式岩浆型铜矿地质、地球物理特征一览表 ………………………… (99)
碱泉子式热液型金矿地质、地球物理特征一览表 ……………………… (69)	亚干式岩浆型铜镍钴典型矿床所在区域地质矿产及物探剖析图 ……… (100)
碱泉子式热液型金典型矿床所在区域地质矿产及物探剖析图 ………… (70)	奥尤特式次火山热液型铜矿地质、地球物理特征一览表 ……………… (101)
巴音杭盖式石英脉型金矿地质、地球物理特征一览表 ………………… (71)	奥尤特式次火山热液型铜典型矿床所在区域地质矿产及物探剖析图 … (102)
巴音杭盖式石英脉型金典型矿床所在区域地质矿产及物探剖析图 …… (72)	小坝梁式海相火山岩型铜矿地质、地球物理特征一览表 ……………… (103)
三个井式热液型金矿地质、地球物理特征一览表 ……………………… (73)	小坝梁式海相火山岩型铜典型矿床所在区域地质矿产及物探剖析图 … (104)
三个井式热液型金典型矿床所在区域地质矿产及物探剖析图 ………… (74)	欧布拉格式热液型铜矿地质、地球物理特征一览表 …………………… (105)
新地沟式变质热液(绿岩)型金矿地质、地球物理特征一览表 ………… (75)	欧布拉格式热液型铜典型矿床所在区域地质矿产及物探剖析图 ……… (106)
新地沟式变质热液(绿岩)型金典型矿床所在区域地质矿产及物探剖析图 … (76)	宫胡洞式接触交代型铜矿地质、地球物理特征一览表 ………………… (107)
四五牧场式隐爆角砾岩型金矿地质、地球物理特征一览表 …………… (77)	宫胡洞式接触交代型铜典型矿床所在区域地质矿产及物探剖析图 …… (108)
四五牧场式隐爆角砾岩型金典型矿床所在区域地质矿产及物探剖析图 … (78)	罕达盖式矽卡岩型铜矿地质、地球物理特征一览表 …………………… (109)
陈家杖子式火山隐爆角砾岩型金矿地质、地球物理特征一览表 ……… (79)	罕达盖式矽卡岩型铜典型矿床所在区域地质矿产及物探剖析图 ……… (110)
陈家杖子式火山隐爆角砾岩型金典型矿床所在区域地质矿产及物探剖析图 … (80)	白马石沟式热液型铜矿地质、地球物理特征表 ………………………… (111)
古利库式火山岩型金矿地质、地球物理特征一览表 …………………… (81)	白马石沟式热液型铜典型矿床所在区域地质矿产及物探剖析图 ……… (112)

布敦花式热液型铜矿地质、地球物理特征一览表 …………………………… (113)	扎木钦式火山热液型铅锌矿地质、地球物理特征一览表 ……………………… (141)
布敦花式热液型铜典型矿床所在区域地质矿产及物探剖析图 ………………… (114)	扎木钦式火山热液型铅锌典型矿床所在区域地质矿产及物探剖析图 ………… (142)
道伦达坝式热液型铜矿地质、地球物理特征一览表 …………………………… (115)	李清地式热液型铅锌矿地质、地球物理特征一览表 …………………………… (143)
道伦达坝式热液型铜典型矿床所在区域地质矿产及物探剖析图 ……………… (116)	李清地式热液型铅锌典型矿床所在区域地质矿产及物探剖析图 ……………… (144)
盖沙图式矽卡岩型铜矿地质、地球物理一览表 ………………………………… (117)	花敖包特式中低温热液铅锌矿地质、地球物理特征一览表 …………………… (145)
盖沙图式矽卡岩型铜典型矿床所在区域地质矿产及物探剖析图 ……………… (118)	花敖包特式中低温热液型铅锌典型矿床所在区域地质矿产及物探剖析图 …… (146)
东升庙式海相火山喷流沉积型铅锌矿地质、地球物理特征一览表 …………… (119)	代兰塔拉式热液型铅锌矿地质、地球物理特征一览表 ………………………… (147)
东升庙式海相火山喷流沉积型铅锌典型矿床所在区域地质矿产及物探剖析图 ………………………………………………………………………………… (120)	代兰塔拉式热液型铅锌典型矿床所在区域地质矿产及物探剖析图 …………… (148)
	白云鄂博式沉积型稀土矿地质、地球物理特征一览表 ………………………… (149)
查干敖包式矽卡岩型铅锌矿地质、地球物理特征一览表 ……………………… (121)	白云鄂博式沉积型稀土典型矿床所在区域地质矿产及物探剖析图 …………… (150)
查干敖包式矽卡岩铅锌典型矿床所在区域地质矿产及物探剖析图 …………… (122)	巴尔哲式岩浆晚期分异型稀土矿地质、地球物理特征一览表 ………………… (151)
甲乌拉式火山热液型铅锌矿地质、地球物理特征一览表 ……………………… (123)	巴尔哲式岩浆晚期分异型稀土典型矿床所在区域地质矿产及物探剖析图 …… (152)
甲乌拉式火山热液型铅锌典型矿床所在区域地质矿产及物探剖析图 ………… (124)	桃花拉山式沉积变质型稀土矿地质、地球物理特征一览表 …………………… (153)
阿尔哈达式热液型铅锌银矿地质、地球物理特征一览表 ……………………… (125)	桃花拉山式沉积变质型稀土典型矿床所在区域地质矿产及物探剖析图 ……… (154)
阿尔哈达式热液型铅锌银典型矿床所在区域地质矿产及物探剖析图 ………… (126)	三道沟式岩浆晚期分异型稀土矿地质、地球物理特征一览表 ………………… (155)
长春岭式中温岩浆热液型铅锌矿地质、地球物理特征一览表 ………………… (127)	三道沟式岩浆晚期分异型稀土典型矿床所在区域地质矿产及物探剖析图 …… (156)
长春岭式中温岩浆热液型铅锌典型矿床所在区域地质矿产及物探剖析图 …… (128)	沙麦式热液脉型钨矿地质、地球物理特征一览表 ……………………………… (157)
拜仁达坝式热液型铅锌矿地质、地球物理特征一览表 ………………………… (129)	沙麦式热液脉型钨典型矿床所在区域地质矿产及物探剖析图 ………………… (158)
拜仁达坝式热液型铅锌典型矿床所在区域地质矿产及物探剖析图 …………… (130)	白石头洼式热液型钨矿地质、地球物理特征一览表 …………………………… (159)
孟恩陶勒盖式热液型铅锌矿地质、地球物理特征一览表 ……………………… (131)	白石头洼式热液型钨典型矿床所在区域地质矿产及物探剖析图 ……………… (160)
孟恩陶勒盖式热液型铅锌典型矿床所在区域地质矿产及物探剖析图 ………… (132)	七一山式热液脉型钨矿地质、地球物理特征一览表 …………………………… (161)
白音诺尔式矽卡岩型铅锌矿地质、地球物理特征一览表 ……………………… (133)	七一山式热液脉型钨典型矿床所在区域地质矿产及物探剖析图 ……………… (162)
白音诺尔式矽卡岩型铅锌典型矿床所在区域地质矿产及物探剖析图 ………… (134)	大麦地式热液型钨矿地质、地球物理特征一览表 ……………………………… (163)
余家窝铺式矽卡岩型铅锌矿地质、地球物理特征一览表 ……………………… (135)	大麦地式热液型脉状钨典型矿床所在区域地质矿产及物探剖析图 …………… (164)
余家窝铺式矽卡岩型铅锌典型矿床所在区域地质矿产及物探剖析图 ………… (136)	乌日尼图式热液型钨矿地质、地球物理特征一览表 …………………………… (165)
天桥沟式热液型铅锌矿地质、地球物理特征一览表 …………………………… (137)	乌日尼图式热液型钨典型矿床所在区域地质矿产及物探剖析图 ……………… (166)
天桥沟式热液型铅锌典型矿床所在区域地质矿产及物探剖析图 ……………… (138)	阿木乌苏式热液型锑矿地质、地球物理特征一览表 …………………………… (167)
比利亚谷式火山岩型铅锌矿典型矿床成矿要素表 ……………………………… (139)	阿木乌苏式热液型锑典型矿床所在区域地质矿产及物探剖析图 ……………… (168)
比利亚谷式火山岩型铅锌典型矿床所在区域地质矿产及物探剖析图 ………… (140)	

白云鄂博式沉积型铁矿地质、地球物理特征一览表

成矿要素		描述内容		
储量		146 849.9×10⁴t	平均品位	TFe 33.19%～35.57%
特征描述		海底喷流沉积-热液改造型铁矿床		
地质环境	构造背景	华北陆块区,狼山-阴山陆块,狼山-白云鄂博裂谷(Pt_2)		
	成矿环境	成矿区带属滨太平洋成矿域(叠加在古亚洲成矿域之上),华北成矿省,华北陆块北缘西段金、铁、铌、稀土、铜、铅、锌、银、镍、铂、钨、石墨、白云母成矿带,白云鄂博-商都金、铁、铌、稀土、铜、镍成矿亚带(Ar_3、Pt、V、Y)。结晶基底为新太古界色尔腾山岩群,岩性为黑云斜长片麻岩、变粒岩等;准盖层为中元古界白云鄂博群。岩浆活动频繁,从元古宙到古生代均有岩浆岩侵入,褶皱、断裂构造发育。矿床主要赋存于向斜两翼及其核部或地层与海西期侵入岩的接触带上		
	成矿时代	中元古代		
矿床特征	矿体形态	东矿矿体地表形态东宽西窄,整体如寻状,其西部呈棒状,东部为锯齿状;主矿体总体呈一个南平北凸的透镜体;西矿铁矿体为层状、似层状或透镜状,规模大小不一,呈东西向分布		
	岩石类型	哈拉霍疙特组含磁铁石英岩,含磁铁细晶白云岩夹含磁铁矿粉晶灰岩、中晶灰岩,萤石化细晶白云岩		
	岩石结构	中粗粒结构、中细粒结构、等粒结构		
	矿物组合	含铁矿物:磁铁矿、赤铁矿、镜铁矿、磁赤铁矿等。 稀土矿物:氟碳铈矿、独居石、氟碳钙铈矿等。 铌矿物:铌铁金红石、铌铁矿、烧绿石、易解石等。 共生矿物:萤石、磷灰石、重晶石、白云石等		
	矿石结构构造	结构:粒状变晶结构、粉尘状结构、交代结构和固溶体分离结构等。 构造:块状构造、浸染状构造、条带状构造、层纹状构造、斑杂状构造和角砾状构造等		
	围岩蚀变	矿床的围岩蚀变广泛而强烈,并具多阶段、多期次特征,发育长石化、萤石化、霓石化、碱性角闪石化、黑云母化、金云母化、磷灰石化、矽卡岩化等		
	控矿因素	褶皱控矿,向斜,断层		
地球物理特征	重力场特征	位于呈北西向展布的布格重力异常相对高值区,Δg 为$(-160\sim-154)\times10^{-5}$ m/s²。在其北部存在北西向重力梯级带,推断有北西向断裂存在。梯级带多处发生同向扭曲,与次级断裂有关。对应布格重力异常高值区,形成北西向展布的剩余重力正异常区,编号G蒙-630,由两个椭圆状的单异常组成,Δg 极值变化范围为$(4.72\sim9.84)\times10^{-5}$ m/s²。正异常区为太古宇和元古宇分布区,两处局部剩余重力异常的鞍部,对应侵入岩分区。正异常带南北两侧的负异常 L蒙-632、L蒙-637,地表分布白垩纪地层,推断与断陷盆地有关。白云鄂博铁矿位于G蒙-630北侧局部异常带的边部等值线转弯处,为岩体地层的外接触带部位,曲线扭曲可能显示有次级构造存在。以上重力场特征主要反映矿床的成矿地质环境		
	磁场特征	由航磁等值线图可知,白云鄂博铁矿床处于北西向展布的正磁异常区,磁场强度最大达500nT。航磁异常图是 2km×2km 网络化数据编制,数据精度为 1:20万,所以异常强度明显减弱,但异常清晰可见		

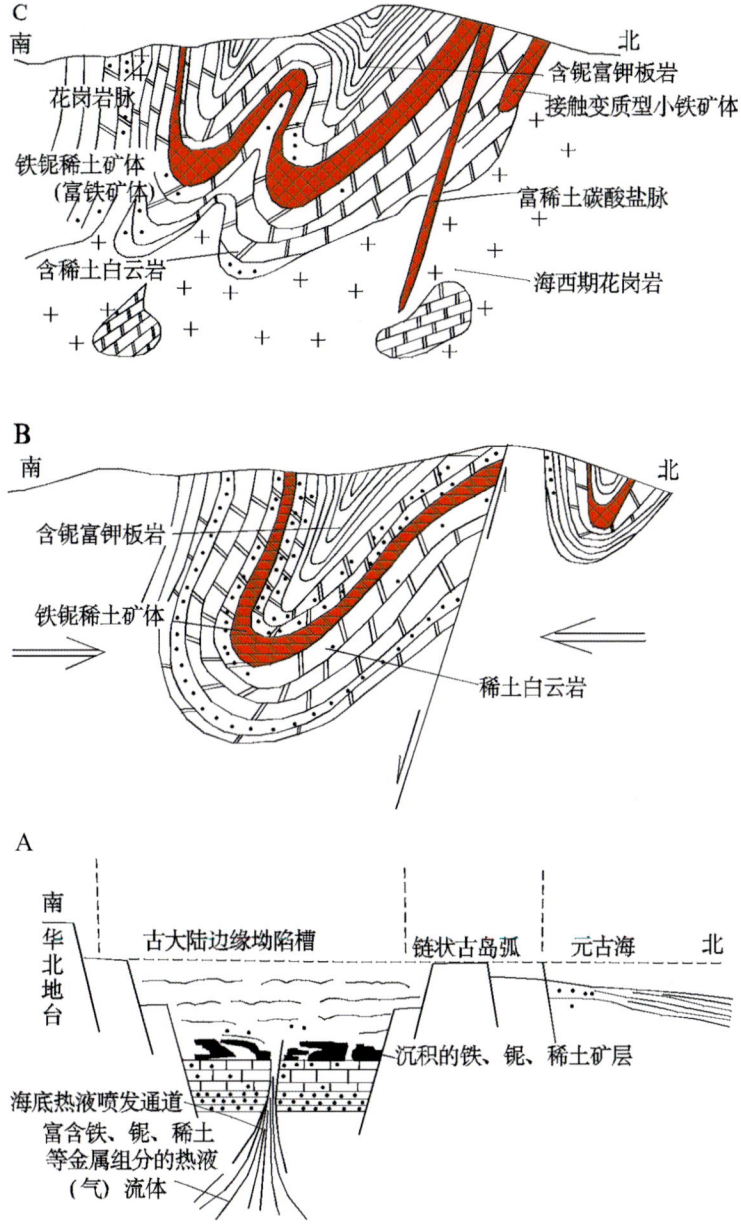

白云鄂博式沉积型铁、铌、稀土矿床成矿演化概念模式图

A. 沉积成矿期概念模式;B. 区域变质变形期概念模式;C. 构造-岩浆热液期概念模式

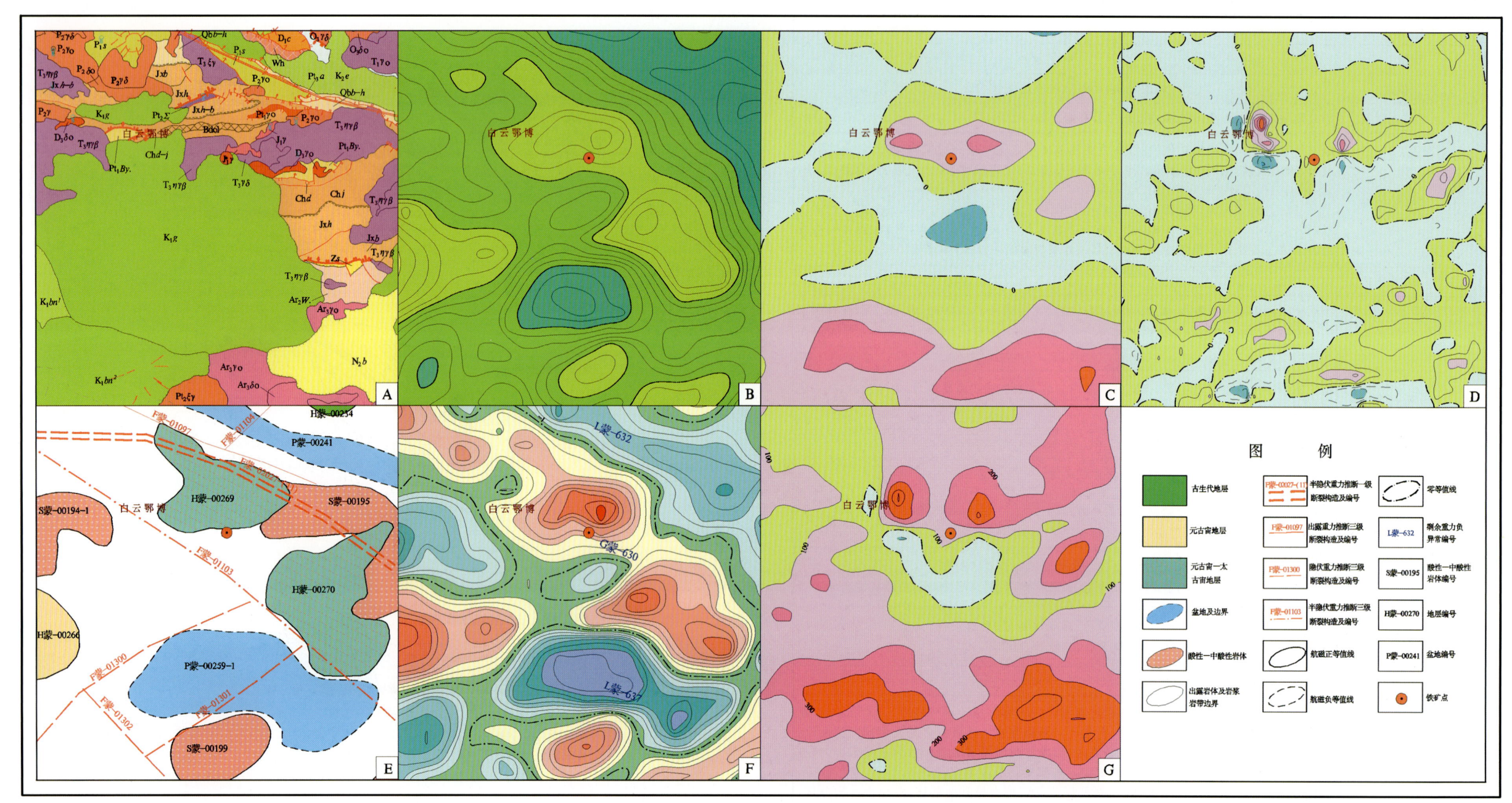

白云鄂博式沉积型铁典型矿床所在区域地质矿产及物探剖析图

A. 地质矿产图；B. 布格重力异常图；C. 航磁 ΔT 等值线平面图；D. 航磁 ΔT 化极垂向一阶导数等值线平面图；E. 重力推断地质构造图；F. 剩余重力异常图；G. 航磁 ΔT 化极等值线平面图

百灵庙式矽卡岩型铁矿地质、地球物理特征一览表

成矿要素		描述内容		
储量		330 000t	平均品位	TFe 30%～40%
特征描述		矽卡岩型铁矿床		
地质环境	构造背景	华北陆块区,狼山-阴山陆块,狼山-白云鄂博裂谷(Pt_2)		
	成矿环境	成矿区带属滨太平洋成矿域,华北成矿省,华北陆块北缘西段金、铁、铌、稀土、铜、铅、锌、银、镍、铂、钨、石墨、白云母成矿带,白云鄂博-商都金、铁、铌、稀土、铜、镍成矿亚带(Ar_3、Pt、V、Y)。矿区出露主要为中元古代白云鄂博群尖山组,矿区北部与西南部有大面积的花岗岩分布,矿区内有小规模的闪长岩产出,此外尚有少量的中酸性岩脉。断裂较发育,褶皱不明显,系单斜构造;地层走向北东,倾向北西		
	成矿时代	海西期		
矿床特征	矿体形态	呈层状或脉状产出;矿体长500m,宽5～20m		
	岩石类型	白云鄂博群尖山组泥质粉砂质板岩、绢云母板岩、结晶灰岩等。海西期闪长岩类		
	岩石结构	沉积岩结构为碎屑结构和变晶结构,侵入岩结构为细粒结构		
	矿物组合	矿石矿物:主要为褐铁矿、针铁矿、赤铁矿。脉石矿物:主要为石英、方解石		
	矿石结构构造	结构:他形—半自形粒状结构、他形晶粒状结构、细脉填充结构、交代残余结构、乳滴状结构、斑状角砾结构。构造:块状构造、条带状构造、浸染状构造、细脉状构造、蜂窝状构造、土状构造		
	围岩蚀变	矽卡岩化		
	控矿因素	矿体受东西向裂隙控制		
地球物理特征	重力场特征	由布格重力异常图可知,百灵庙铁矿床位于近东西向展布的布格重力异常相对低值区,处在该异常南侧的重力梯级带上,Δg为$(-178.00\sim-170.00)\times10^{-5}m/s^2$。剩余重力异常图上,百灵庙铁矿床位于剩余重力正异常G蒙-638与剩余重力负异常L蒙-565的交接带上,G蒙-638的剩余重力极值Δg为$(3.00\sim13.62)\times10^{-5}m/s^2$,对应于元古宙基底隆起区;百灵庙铁矿床位于L蒙-565边部,其剩余重力极值Δg为$(-12.66\sim-8.68)\times10^{-5}m/s^2$,该负异常区对应于近东西向展布的酸性侵入岩分布区。正负异常的交界处为岩体与地层的接触带位置		
	磁场特征	由区域航磁等值线图可知,百灵庙铁矿床所在处区域磁场以低缓正磁场为背景,磁场强度为0～400nT,其南侧分布圆团状正磁异常,重磁场特征显示该区域有东西向和北东向断裂通过,东西向重力低异常带是三叠纪石英二长黑云母花岗岩的反映		

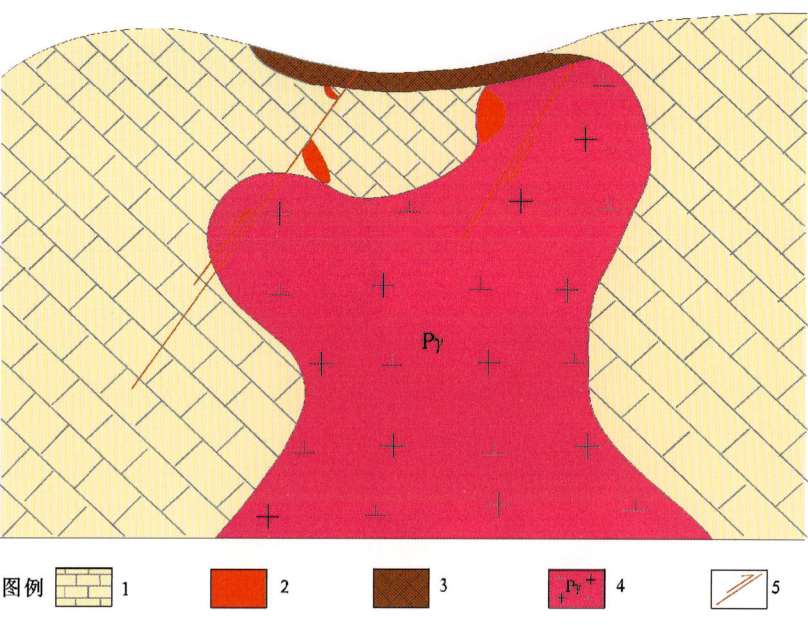

百灵庙式矽卡岩型铁矿成矿模式图

1.矽卡岩化灰岩;2.赤铁矿、褐铁矿;3.风化淋滤铁矿层;4.花岗闪长岩;5.断裂

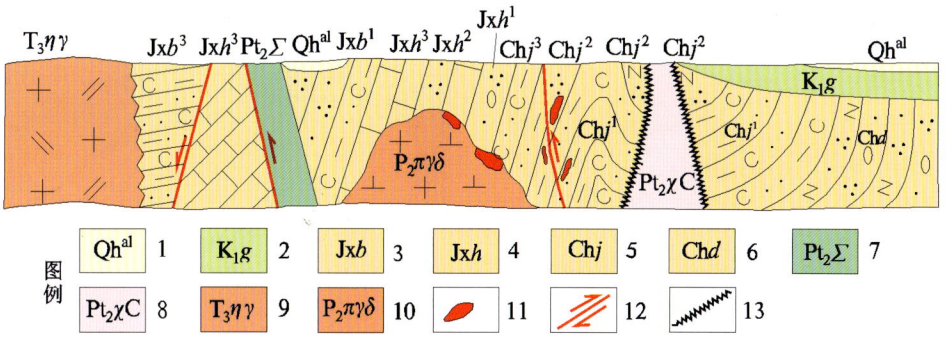

百灵庙式矽卡岩型铁矿区域成矿模式图

1.第四系;2.固阳组;3.比鲁特组;4.哈拉霍疙特组;5.尖山组;6.都拉哈拉组;7.超基性岩;8.白云质碳酸岩;9.似斑状花岗岩;10.似斑状花岗闪长岩;11.矿体;12.实测平推断层;13.不整合界线

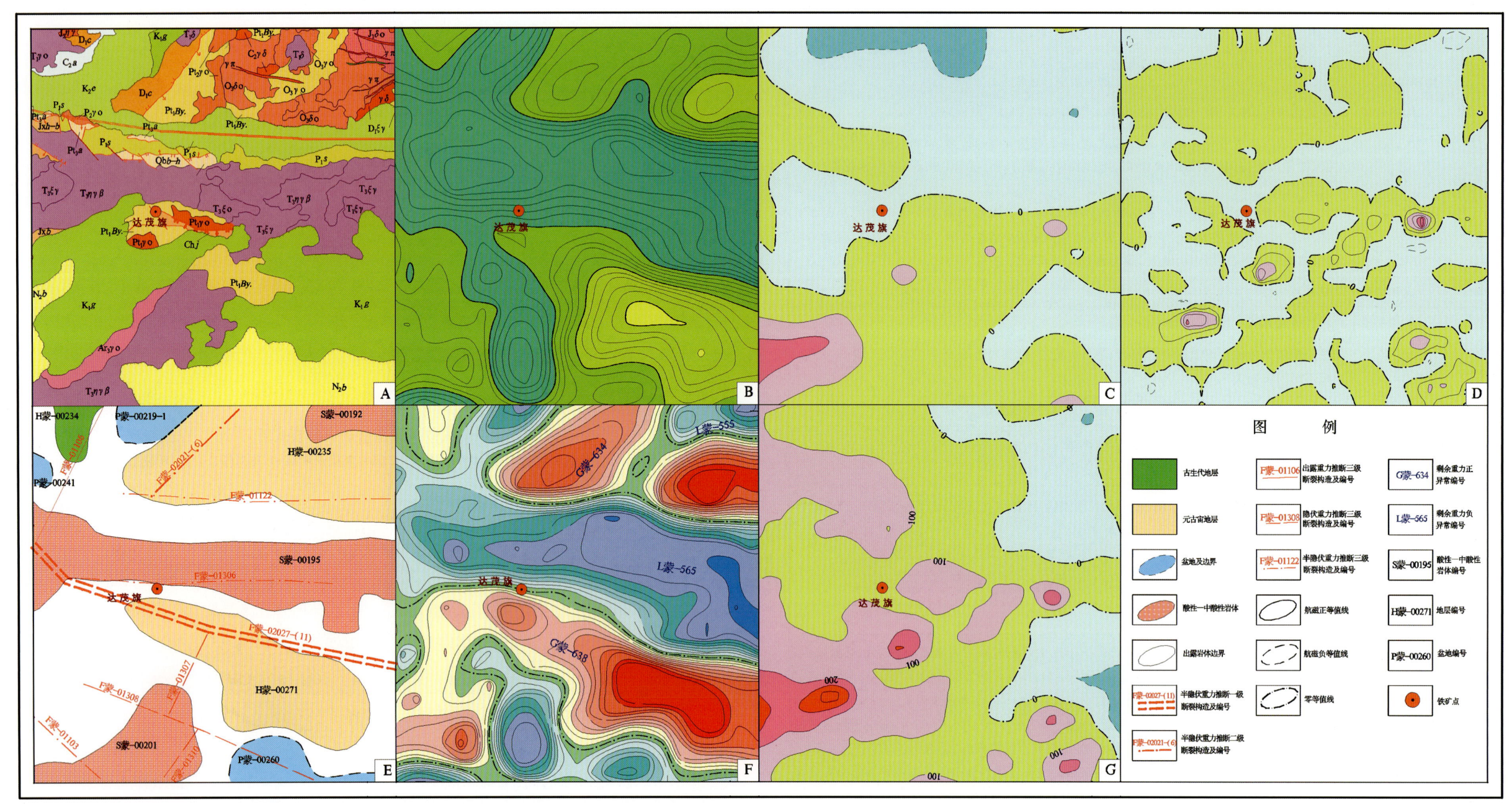

百灵庙式矽卡岩型铁典型矿床所在区域地质矿产及物探剖析图

A. 地质矿产图;B. 布格重力异常图;C. 航磁 ΔT 等值线平面图;D. 航磁 ΔT 化极垂向一阶导数等值线平面图;E. 重力推断地质构造图;F. 剩余重力异常图;G. 航磁 ΔT 化极等值线平面图

壕赖沟式沉积变质型铁矿地质、地球物理特征一览表

成矿要素		描述内容		
储量		38 134 000t	平均品位	TFe 29.48%
特征描述		沉积变质型铁矿床		
地质环境	构造背景	华北陆块区、狼山-阴山陆块（大陆边缘岩浆弧 Pz_2），色尔腾山-太仆寺旗古岩浆弧（Ar_3）		
	成矿环境	成矿区带属华北成矿省，华北陆块北缘西段金、铁、铌、稀土、铜、铅、锌、银、镍、铂、钨、石墨、白云母成矿带，乌拉山-集宁铁、金、银、钼、铜、铅、锌、石墨、白云母成矿亚带（Ar_{1-2}、I、Y）。含矿地层为古太古界兴和岩群，以钾长（二长）辉斜片麻岩为主，夹透镜状辉斜麻粒岩。岩浆岩主要为片麻状花岗岩和辉石辉长岩。矿区构造简单，为北东-南西走向，倾向南东的单斜构造，断裂构造发育		
	成矿时代	古太古代		
矿床特征	矿体形态	矿体形态呈层状、似层状		
	岩石类型	含矿地层为古太古界兴和岩群，根据岩性组合，由下到上分为4个岩组：①石榴黑云辉斜片麻岩夹薄层辉斜片麻岩；②二长片麻岩夹辉石二长片麻岩及黑云二长片麻岩；③辉斜片麻岩；④二长片麻岩、辉斜麻粒岩互层夹石榴辉斜片麻岩及铁矿层		
	岩石结构	花岗变晶结构、粒状变晶结构		
	矿物组合	矿石矿物：主要为磁铁矿，少量磁赤铁矿，微量钛铁矿、黄铜矿及黄铁矿。		
		脉石矿物：主要为石英、辉石，次为次闪石、石榴石、黑云母、绿泥石、磷灰石、长石及碳酸盐矿物		
	矿石结构构造	结构：花岗变晶结构、粒状变晶结构、碎斑胶结结构、交代结构等。构造：条带状、片麻状构造，次有角砾状及浸染状构造等		
	控矿因素	古太古界兴和岩群第四岩组		
地球物理特征	重力场特征	由布格重力异常图可知，壕赖沟铁矿床所在处区域重力场显示为布格重力高背景，位于布格重力异常相对高值区南侧的梯级带上，布格重力异常极小值 $\Delta g_{max}=-122.85\times10^{-5}m/s^2$，该异常南侧为布格重力相对低值区，这一梯级带为新生代断陷盆地与太古宙基底隆起的边界，区域性近东西向大断裂 F蒙-02048 从该区域穿过。由剩余重力异常图可知，剩余重力正负异常区与布格重力高低异常区对应较好，壕赖沟铁矿床位于剩余重力正异常 G蒙-649 上，$\Delta g_{max}=12.86\times10^{-5}m/s^2$，峰值相对较高，异常总体呈明显的条带状展布，由多个椭圆状的单异常组成。结合地质资料可知，该剩余重力正异常主要是由古太古界兴和岩群（Ar_1X）老地层及老变质岩体（Ar_2Sgn、Ar_2Ljgn）引起。壕赖沟铁矿的含矿地层为古太古界兴和岩群，说明壕赖沟铁矿受地层层位控制，间接反映了该类型铁矿床的成矿地质环境，即在该预测峰值较高的剩余重力正异常区应是铁矿床形成的有利地区		
	磁场特征	区域航磁等值线图显示，壕赖沟铁矿床位于近东西走向的正磁异常带上，磁场强度最高达 1000nT。推断该区域正磁场由太古宙老变质岩体（Ar_2Sgn、Ar_2Ljgn）所引起		

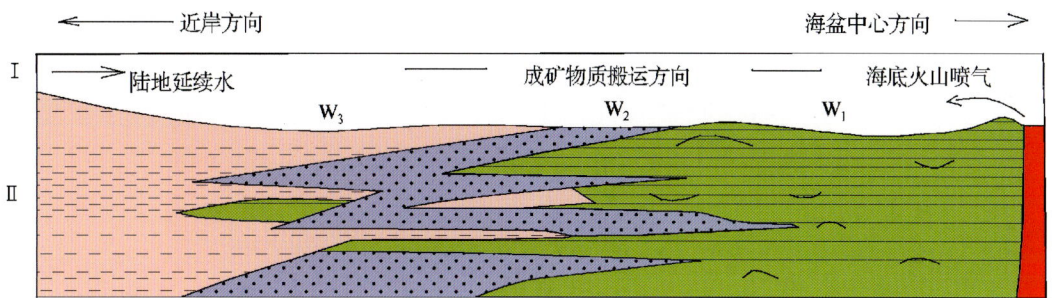

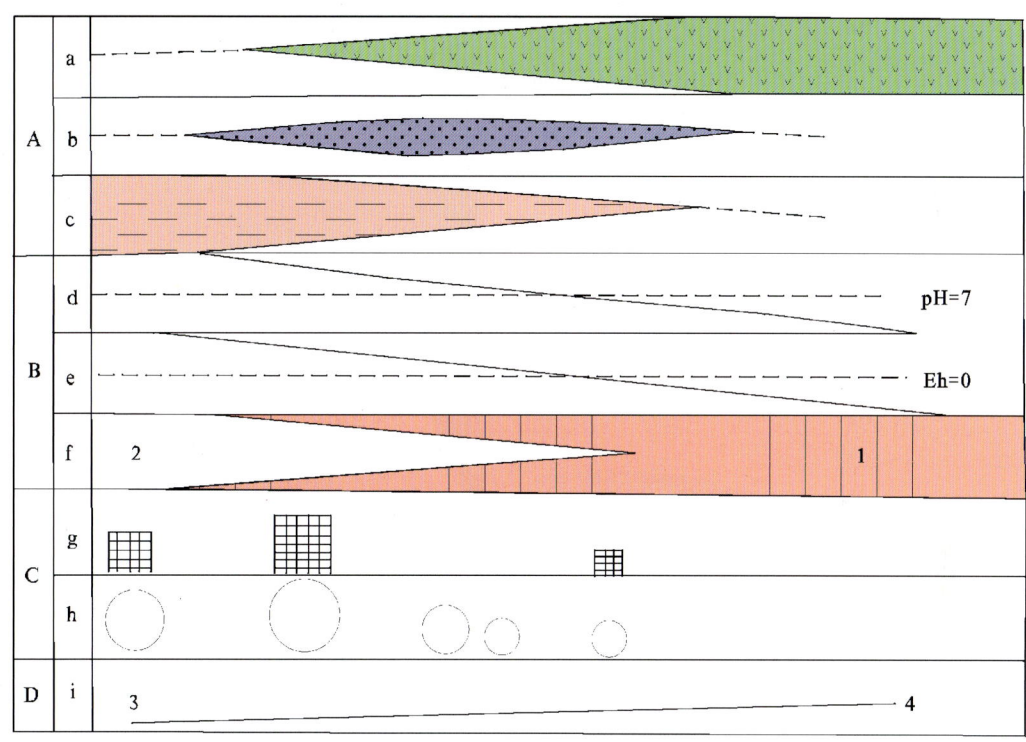

太古宇活动带与 BIF 有关的（壕赖沟式）铁矿床模式图

Ⅰ．沉积成矿水体环境。W_1．强酸性水环境；W_2．酸碱性交替环境；W_3．中性—弱碱性水环境。Ⅱ．地层原岩建造剖面。A．地层原岩组成（a．海底火山喷发的基性火山岩；b．海底火山喷发的中酸性凝灰质火山岩；c．陆原泥质-粉砂质沉积岩）；B．沉积水体特征（d．水体的酸碱性；e．水体的氧化电位；f．水体成分；1．受海底火山影响的酸性水；2．受陆源水体影响的中酸—弱碱性水）；C．铁矿床发育特征（g．矿石储量；h．矿床规模）；D(i)．铁矿石成分（3．矿石 Fe_2O_3+FeO 含量；4．矿石 $Al_2O_3+MgO+CaO$ 含量）

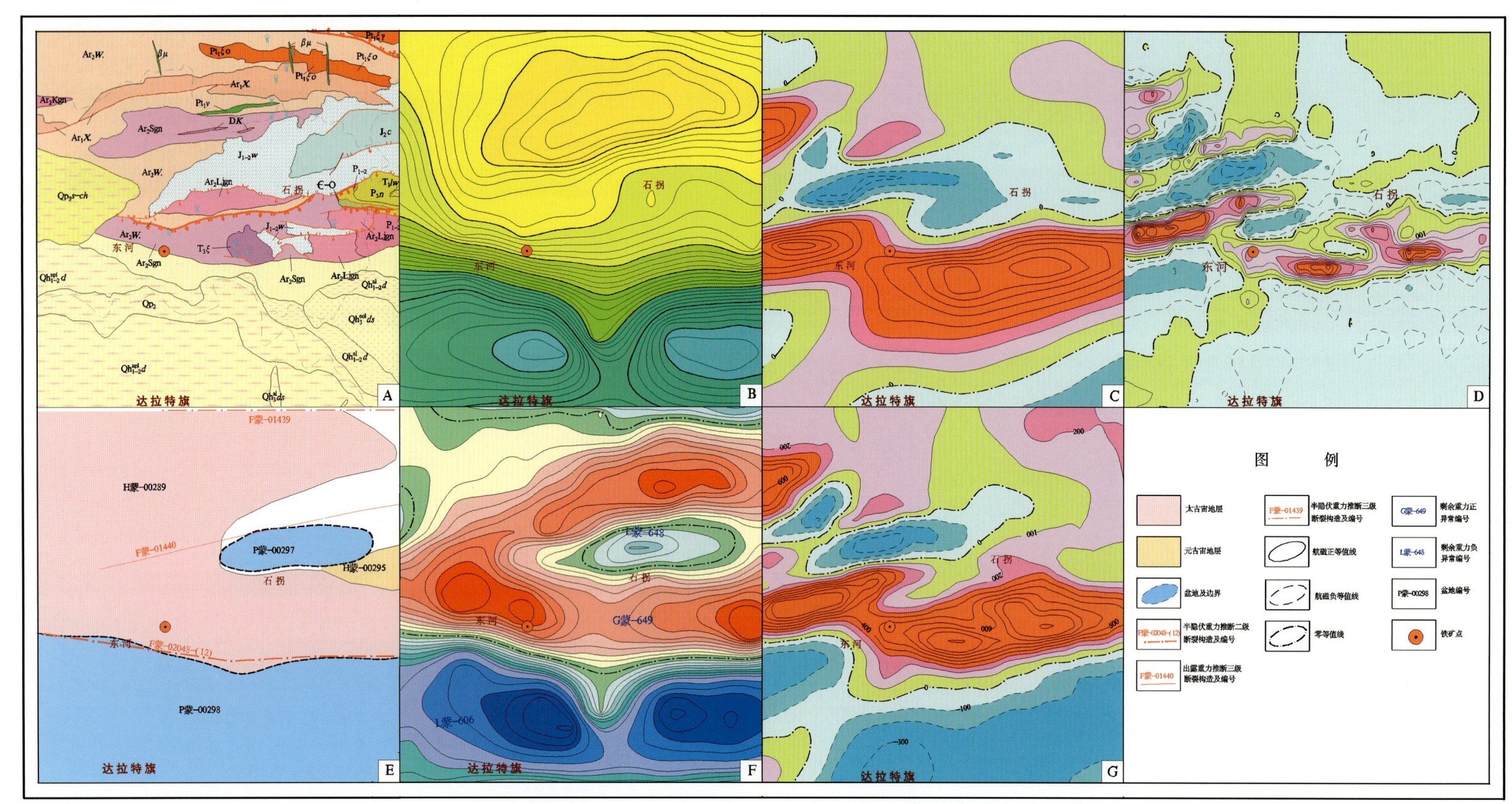

壕赖沟式沉积变质型铁典型矿床所在区域地质矿产及物探剖析图

A. 地质矿产图；B. 布格重力异常图；C. 航磁 ΔT 等值线平面图；D. 航磁 ΔT 化极垂向一阶导数等值线平面图；E. 重力推断地质构造图；F. 剩余重力异常图；G. 航磁 ΔT 化极等值线平面图

三合明式沉积变质型铁矿地质、地球物理特征一览表

成矿要素		描述内容		
储量		$16\,573.75\times10^4$ t	平均品位	TFe 34.53%
特征描述		沉积变质型铁矿床		
地质环境	构造背景	华北陆块区，狼山-阴山陆块（大陆边缘岩浆弧 Pz_2），狼山-白云鄂博裂谷（Pt_2）		
	成矿环境	成矿区带属华北成矿省，华北陆块北缘西段金、铁、铌、稀土、铜、铅、锌、银、镍、铂、钨、石墨、白云母成矿带，固阳-白银查干金、铁、铜、铅、锌、石墨成矿亚带（Ar_3、Pt）。出露色尔腾山岩群，主要为以斜长角闪岩为主的变基性火山岩建造，条带状硅铁建造。铁矿体赋存于角闪岩系中。矿区内未见有大的侵入岩，仅有几处脉岩。区域构造方向总体为近东西向，表现为被挠曲构造复杂化了的单斜构造，总体向南倾斜，矿区内断裂构造发育		
	成矿时代	新太古代		
矿床特征	矿体形态	东部异常区呈透镜状夹在磁铁透闪片岩中；西异常区有2个主矿体，矿体呈似层状		
	岩石类型	斜长角闪岩、辉闪岩、黑云斜长片麻岩、片岩、绢云石英片岩、绿泥片岩		
	矿物组合	矿石矿物以磁铁矿为主，其次为假象赤铁矿、半假象赤铁矿及褐铁矿。脉石矿物以铁闪石、镁闪石和石英为主，其次有极少量黑云母、金云母、石榴石、黄铁矿、绿泥石、榍石等		
	矿石结构构造	结构：自形—半自形粒状变晶结构，纤维状、束状、放射状变晶结构，包含变晶结构，交代溶蚀结构。构造：条带状、条痕状构造、皱纹状构造，细脉浸染状构造		
	控矿因素	新太古界色尔腾山岩群		
地球物理特征	重力场特征	由布格重力异常图可知，三合明铁矿床位于布格重力异常高值区边部由南北转为东西向的梯级带上，布格重力异常极值 Δg 变化范围为 $(-160\sim-150)\times10^{-5}$ m/s^2，变化率为每千米 3×10^{-5} m/s^2。梯级带处推断有近南北向、东西向的断裂带，三合明铁矿床恰好处在断裂交会处。由剩余重力异常图可知，三合明铁矿床位于剩余重力负异常 L 蒙-573 与剩余重力正异常 G 蒙-582 的交接带上，异常多呈近东西向展布，与区域构造线方向一致。负异常对应酸性岩体分布区，正异常则为太古宙基底隆起所致，正负异常交界处与岩体和地层的接触带相对应，同时也反映了断裂构造的存在		
	磁场特征	由 1∶20 万航磁 ΔT 化极等值线图可知，三合明铁矿床位于以低缓负磁场为背景的圆团状正磁异常中心部位，磁场强度最高达 200nT		

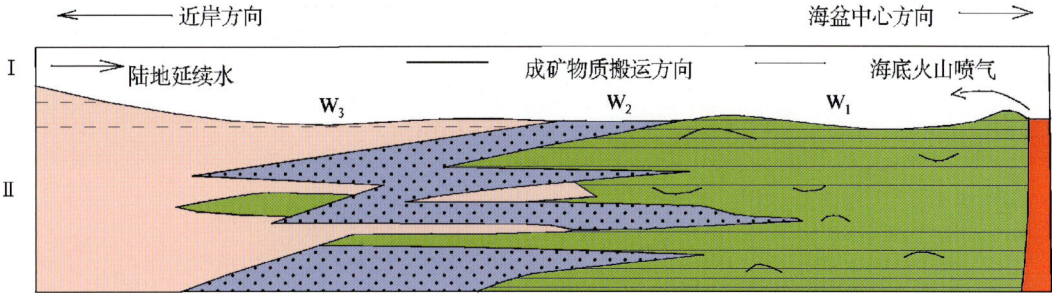

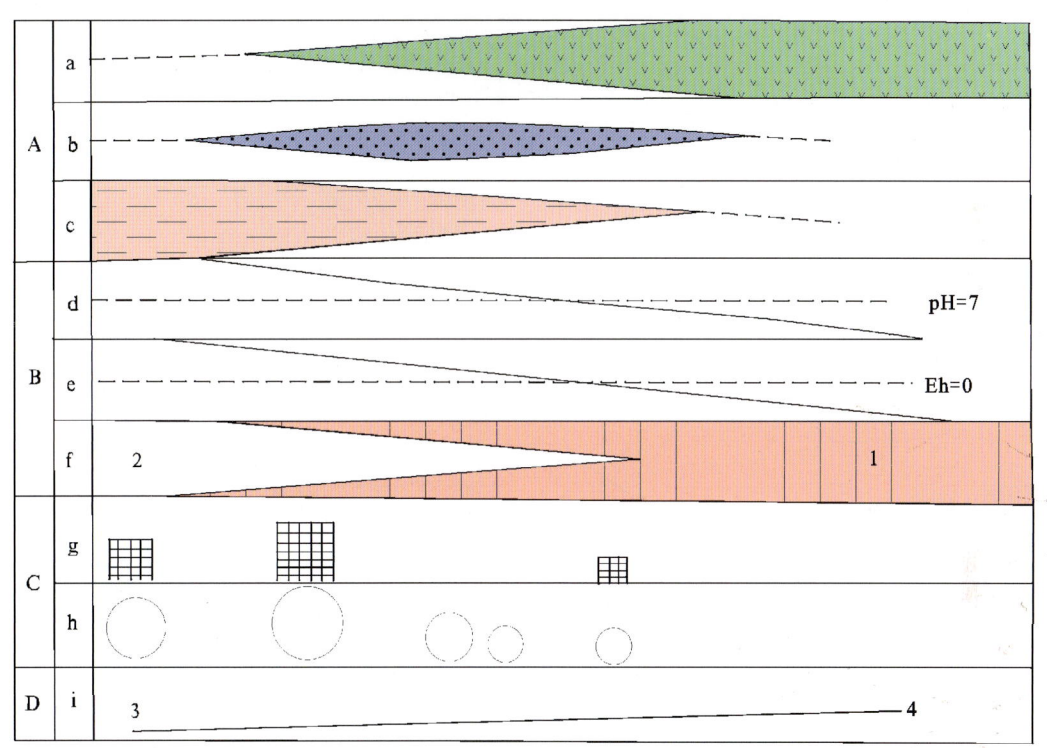

太古宙活动带与 BIF 有关的（三合明式）铁矿床模式图

Ⅰ. 沉积成矿水体环境。W_1. 强酸性水环境；W_2. 酸碱性交替环境；W_3. 中性—弱碱性水环境。Ⅱ. 地层原岩建造剖面。A. 地层原岩组成（a. 海底火山喷发的基性火山岩；b. 海底火山喷发的中酸性凝灰质火山岩；c. 陆原泥质-粉砂质沉积岩）；B. 沉积水体特征（d. 水体的酸碱性；e. 水体的氧化电位；f. 水体成分；1. 受海底火山影响的酸性水；2. 受陆源水体影响的中酸—弱碱性水）；C. 铁矿床发育特征（g. 矿石储量；h. 矿床规模）；D(i). 铁矿石成分（3. 矿石 Fe_2O_3+FeO 含量；4. 矿石 $Al_2O_3+MgO+CaO$ 含量）

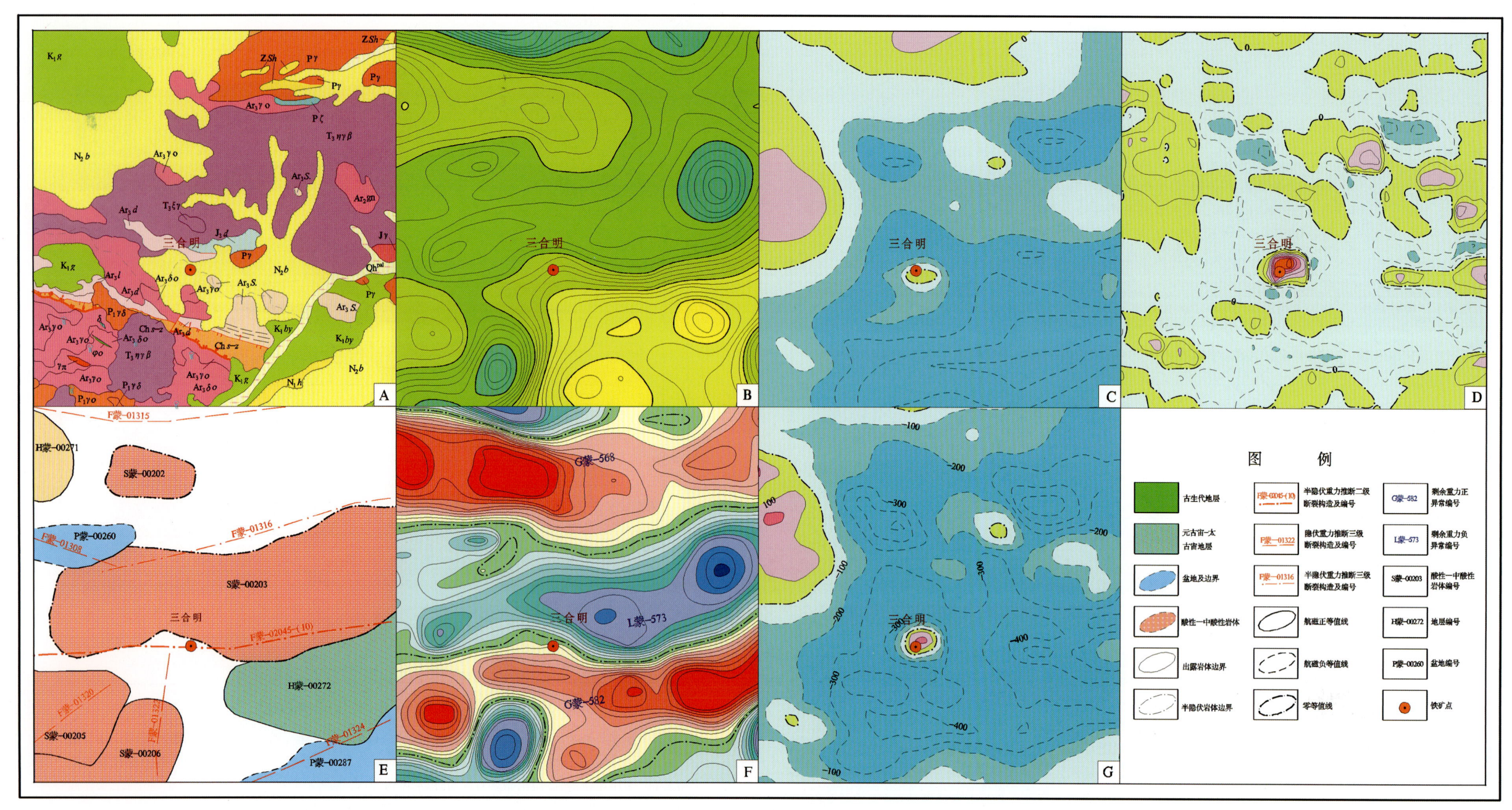

三合明式沉积变质型铁典型矿床所在区域地质矿产及物探剖析图

A. 地质矿产图；B. 布格重力异常图；C. 航磁 ΔT 等值线平面图；D. 航磁 ΔT 化极垂向一阶导数等值线平面图；E. 重力推断地质构造图；F. 剩余重力异常图；G. 航磁 ΔT 化极等值线平面图

雀儿沟式沉积型铁矿地质、地球物理特征一览表

成矿要素		描述内容		
储量		89 978t	平均品位	TFe 30.76%～40.60%
特征描述		陆相沉积型铁矿床		
地质环境	构造背景	华北陆块区,鄂尔多斯陆块,贺兰山被动陆缘盆地(Pz_1)		
	成矿环境	成矿区带属滨太平洋成矿域(叠加在古亚洲成矿域之上),华北成矿省,鄂尔多斯西缘(陆缘坳褶带)铁、铅、锌、磷、石膏、芒硝成矿带。矿区出露中元古界西勒图组、王全口组,寒武系馒头组、张夏组、炒米店组,奥陶系马家沟组、克里摩里组、乌拉力克组和拉什仲组,石炭系太原组,二叠系,三叠系,第三系(古近系+新近系)和第四系。太原组为灰色石英砂岩、灰黑色页岩及煤层,局部夹褐铁矿、含铁砂岩和含铁砂砾岩透镜体。矿区内断层较发育,大致可分成两组:一组为南北走向断层,均以正断层出现,倾角为75°;另一组为呈东西向的横切断层,倾角在70°以上,多以正断层出现		
	成矿时代	海西中期		
矿床特征	矿体形态	似层状和透镜状。多数矿体近水平产出		
	岩石类型	太原组为灰色石英砂岩、灰黑色页岩及煤层,局部夹褐铁矿含铁砂岩和含铁砂砾岩透镜体		
	岩石结构	沉积岩为碎屑结构和泥质结构		
	矿物组合	矿石矿物为褐铁矿。脉石矿物主要为石英		
	控矿因素	太原组石英砂岩		
地球物理特征	重力场特征	由布格重力异常图可知,雀儿沟铁矿床位于呈南北向展布的布格重力相对高值区西侧的梯级带上,其东南侧布格重力异常极值$\Delta g_{max}=-115.18\times 10^{-5}m/s^2$,对应剩余重力正异常为G蒙-677,雀儿沟铁矿位于该剩余重力异常主体异常西侧的小异常区,该剩余重力异常呈轴状,峰值相对不高,Δg为$(1\sim 3.37)\times 10^{-5}m/s^2$。该区域主要出露石炭纪、奥陶纪和寒武纪地层,显然该剩余重力正异常是对古生代地层的反映。雀儿沟铁矿床与太原组的含铁砂砾岩有关,可见该区的剩余重力正异常在某种程度上反映了其成矿地质环境。在与雀儿沟铁矿相似的成矿地质环境中,中等强度的剩余重力正异常可为找矿提供重要的信息		
	磁场特征	雀儿沟铁矿床位于磁场以$-100\sim 0nT$的低缓负磁场区内,其矿床东南方向有一面积较大的正磁异常区,磁场值变化范围在$0\sim 800nT$之间		

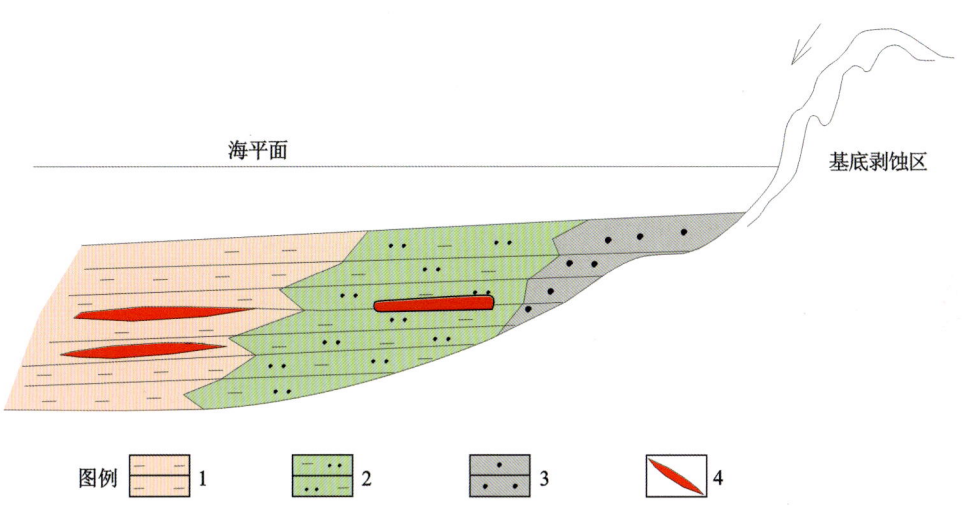

雀儿沟式沉积型铁矿成矿模式图

1. 深海沉积(泥岩);2. 浅海沉积(砂岩、粉砂岩);3. 滨海沉积(粗碎屑岩);4. 铁矿

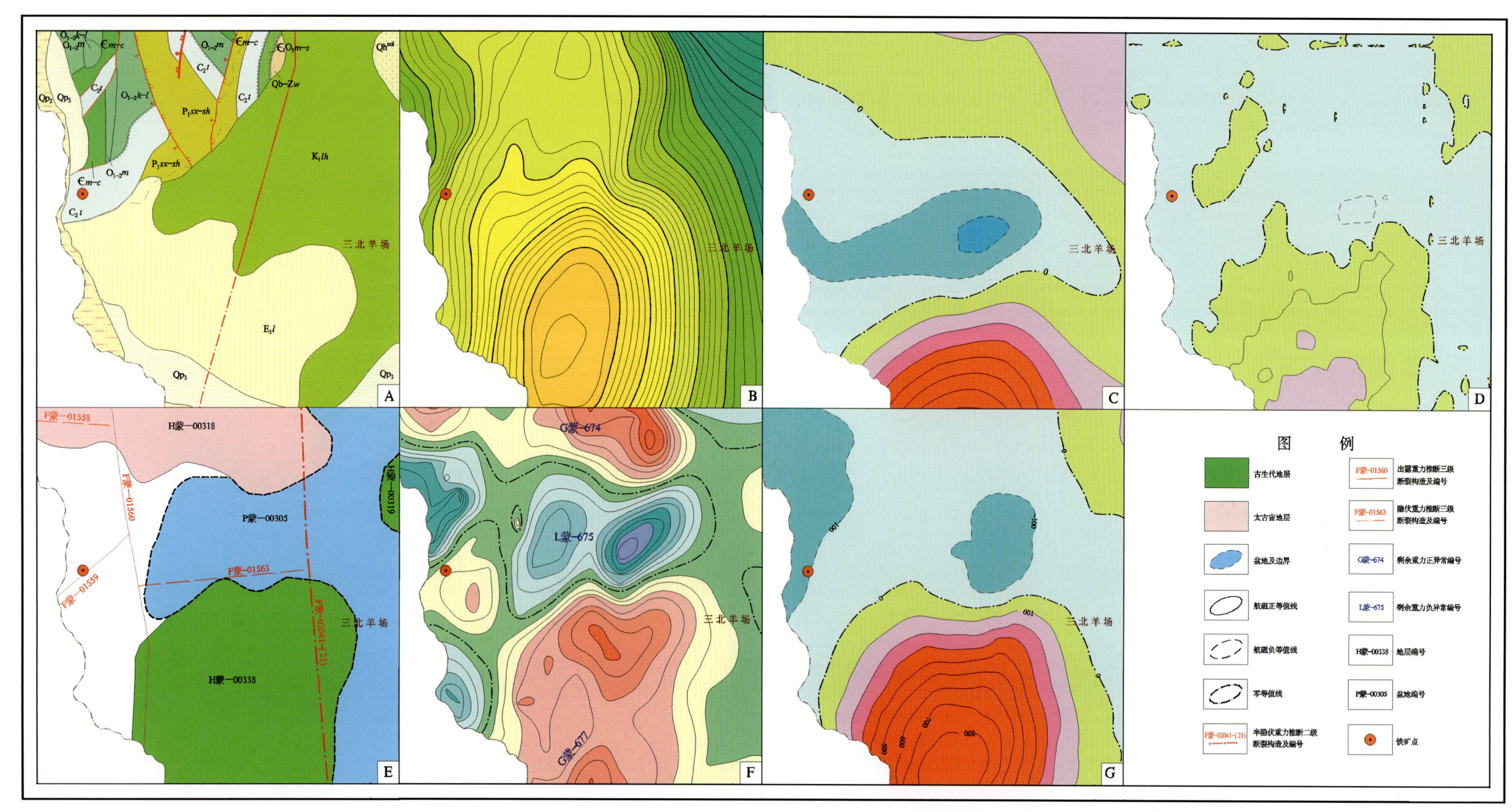

雀儿沟式沉积型铁典型矿床所在区域地质矿产及物探剖析图

A. 地质矿产图；B. 布格重力异常图；C. 航磁 ΔT 等值线平面图；D. 航磁 ΔT 化极垂向一阶导数等值线平面图；E. 重力推断地质构造图；F. 剩余重力异常图；G. 航磁 ΔT 化极等值线平面图

梨子山式矽卡岩型铁矿地质、地球物理特征一览表

成矿要素		描述内容		
储量		690.7×10^4 t	平均品位	TFe 34.84%
特征描述		矽卡岩型铁矿床		
地质环境	构造背景	天山-兴蒙造山系,大兴安岭弧盆系,扎兰屯-多宝山岛弧		
	成矿环境	成矿区带属滨太平洋成矿域(叠加在古亚洲成矿域之上),大兴安岭成矿省,东乌珠穆沁旗-嫩江(中强挤压区)铜、钼、铅、锌、金、钨、锡、铬成矿带,罕达盖-博克图铁、铜、铅、锌、铅、银、铍成矿亚带(V、Y)。 矿区出露地层主要有奥陶系多宝山组,侏罗系火山岩及第四系。侵入岩比较发育,以海西期和燕山期为主。海西期尤其是石炭纪花岗岩(白岗岩、钾长花岗岩、花岗闪长岩等)和二长闪长岩与梨子山式矽卡岩铁矿关系密切,多呈大的岩基出露。燕山期侵入岩多以小岩株或次火山岩产出		
	成矿时代	海西中期		
矿床特征	矿体形态	铁矿体平面上呈透镜状、脉状、似薄层状;剖面上呈楔状、镰刀状		
	岩石类型	大理岩、黑云母石英角岩、白岗质花岗岩		
	岩石结构	碎屑结构、变晶结构、中细粒结构		
	矿物组合	矿石矿物:磁铁矿、赤铁矿、辉钼矿、黄铁矿、闪锌矿、镜铁矿、褐铁矿、针铁矿、黄铜矿、方铅矿等。 脉石矿物:透辉石、石榴石、方解石、石英、金云母、绿帘石、绿泥石、符山石等		
	矿石结构构造	结构:他形-半自形粒状结构、他形晶粒状结构、细脉填充结构、交代残余结构、乳滴状结构、斑状角砾结构。 构造:块状构造、条带状构造、浸染状构造、细脉状构造、蜂窝状构造、土状构造		
	围岩蚀变	广泛发育矽卡岩化,从南西向北东矽卡岩变弱,随之矿化减弱。本区矽卡岩属于简单钙质矽卡岩,当出现石榴石矽卡岩与透辉石矽卡岩,磁铁矿化随之出现;出现符山石石榴石矽卡岩时,有色金属钼、铅、锌等发生矿化		
	控矿因素	控矿构造:北东东转北东方向的扭张-压扭性层间裂隙控矿构造带。 控矿地层:奥陶纪多宝山组。 控矿侵入岩:海西中期石炭纪白岗岩、花岗岩、石英二长闪长岩等		
地球物理特征	重力场特征	由布格重力异常图可知,梨子山铁矿位于布格重力异常相对低值区,布格重力异常极值 Δg 为 -102.41×10^{-5} m/s^2,其东侧为大兴安岭-太行山-武陵山北东向巨型宽条带状梯级带,西侧是布格重力异常相对高值区。由剩余重力异常图可知,梨子山铁矿位于等轴状负异常区北侧边部,Δg 为 -5.31×10^{-5} m/s^2。该负异常区地表大面积出露石炭纪、二叠纪酸性岩,在其边部零星出露奥陶系,推断该异常为古生代酸性侵入岩引起。梨子山铁矿附近推断有北东向和北北东向断裂		
	磁场特征	由航磁等值线图可知,矿区以低缓的负磁场为背景,梨子山铁矿所在处磁场强度 ΔT 为 $-200 \sim -100$ nT,磁异常走向总体呈北东向延伸。重磁场特征显示该区有北东向断裂通过		

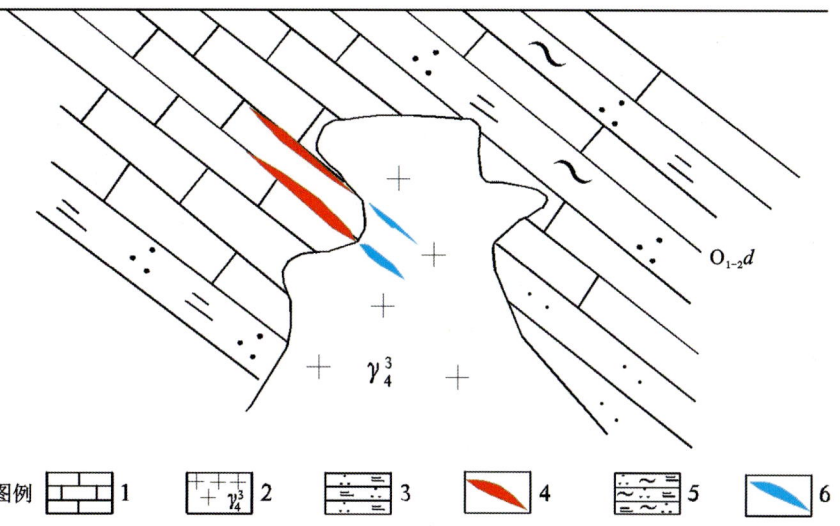

梨子山式矽卡岩型铁矿成矿模式图

1.下中奥陶统多宝山组灰岩;2.海西晚期花岗岩;3.绢云母石英砂岩;4.铁矿体;5.绢云母绿泥石英砂岩;6.钼矿体

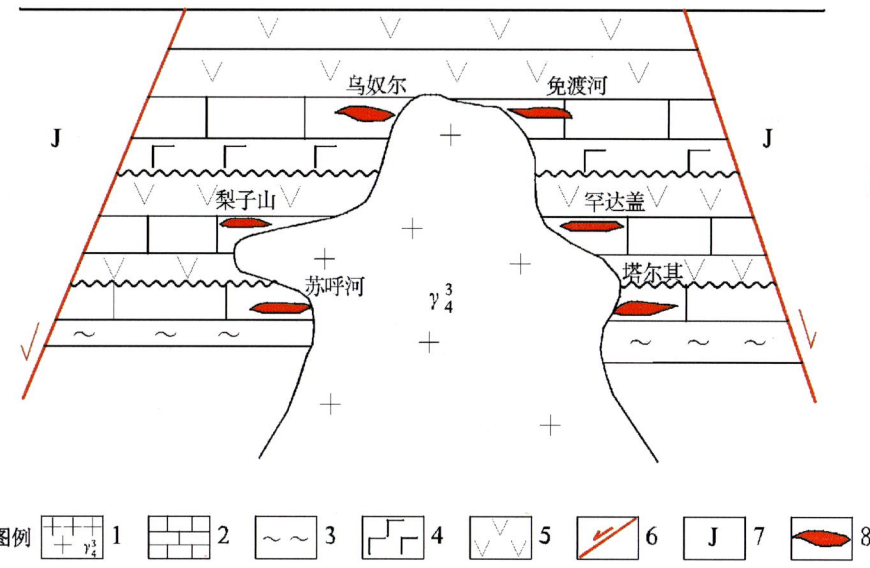

梨子山式矽卡岩型铁矿区域成矿模式图

1.海西晚期花岗岩类;2.灰岩;3.斜长绿泥石片岩;4.玄武岩;5.安山岩;6.断裂;7.侏罗系地层;8.钼矿体

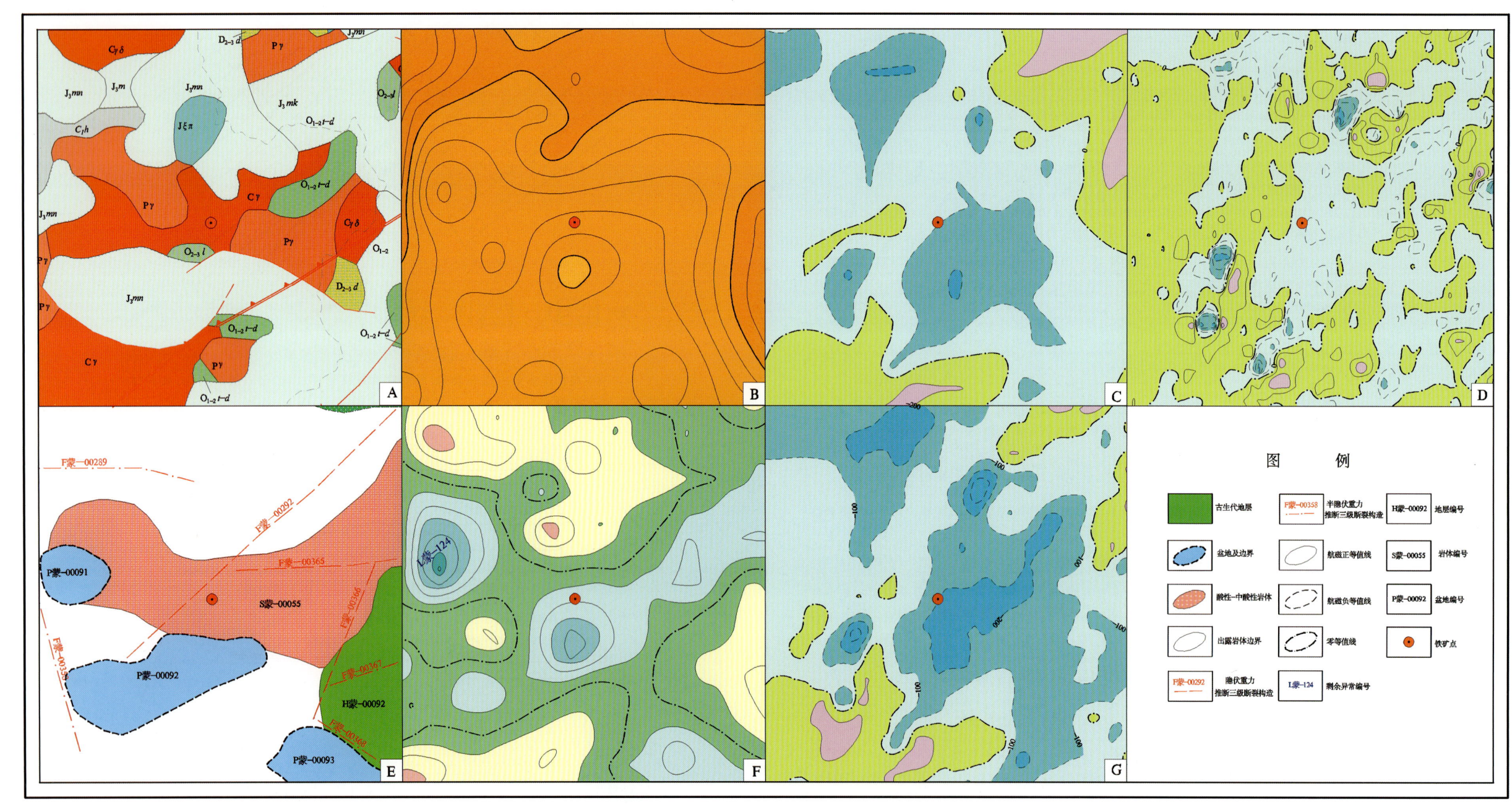

梨子山式矽卡岩型铁典型矿床所在区域地质矿产及物探剖析图

A. 地质矿产图;B. 布格重力异常图;C. 航磁 ΔT 等值线平面图;D. 航磁 ΔT 化极垂向一阶导数等值线平面图;E. 重力推断地质构造图;F. 剩余重力异常图;G. 航磁 ΔT 化极等值线平面图

额里图式矽卡岩型铁矿地质、地球物理特征一览表

成矿要素		描述内容		
储量		325.67×10^4 t	平均品位	TFe 40.43%
特征描述		矽卡岩型铁矿床		
地质环境	构造背景	华北陆块区,狼山-阴山陆块,色尔腾山-太仆寺旗古岩浆弧		
	成矿环境	成矿区带属华北陆块北缘西段金、铁、铌、稀土、铜、铅、锌、银、镍、铂、钨、石墨、白云母成矿带,白云鄂博-商都金、铁、铌、稀土、铜、镍成矿亚带(Ar_3、Pt、V、Y)。 与成矿有关的地层为中太古界乌拉山岩群深变质岩、晚古生代二叠纪海陆交互相火山岩及沉积岩。中生代晚侏罗世火山岩均出露于矿区外围。以燕山早期中酸性岩浆活动较为频繁,主要有花岗岩、闪长岩、闪长玢岩、流纹斑岩等。矿区所在位置构造复杂,中太古界乌拉山岩群深变质岩为华北陆块基底,褶皱轴向复杂,总体方向为北东东向。断裂主要以北西向和近东西向为主,近东西向断裂受多期构造影响表现为硅化破碎带,规模一般较大		
	成矿时代	燕山早期		
矿床特征	矿体形态	走向近东西,倾向南,矿体是盲矿体,埋深近百米。通过磁测及钻探验证推断矿体为透镜状		
	岩石类型	中酸性岩浆岩和碳酸盐岩		
	岩石结构构造	中粗粒变晶结构、鳞片花岗变晶结构、花岗变晶结构,片麻状构造		
	矿物组合	金属矿物:磁铁矿、赤铁矿、黄铁矿。 非金属矿物:石榴石、透辉石、绿帘石、方解石、透闪石、石英、长石、角闪石		
	矿石结构构造	结构:半自形—他形结构、粒状结构。 构造:带状、团块状、浸染状、不规则状及角砾状构造等		
	围岩蚀变	岩石矽卡岩化、硅化、磁铁矿化强烈		
	控矿因素	近东西向断裂构造,地表规模大的硅化破碎带;中太古界乌拉山岩群深变质岩;燕山早期中酸性岩浆岩		
地球物理特征	重力场特征	由布格重力异常图可知,额里图铁矿床位于北东向、窄条状展布的布格重力相对高值带上,异常极值为-145.35×10^{-5} m/s^2。其南侧为布格重力相对低值区。由剩余重力异常图可知,额里图铁矿床位于呈北东向带状展布的剩余重力正异常 G 蒙-467 北东侧边部,该异常极值 Δg 变化范围为$(8.46 \sim 9.42) \times 10^{-5}$ m/s^2。该异常区局部出露太古宙的深变质岩,显然该剩余重力正异常与分布的太古宙老地层有关。额里图铁矿床赋存于太古宙的深变质岩中,可见该剩余重力正异常是对额里图铁矿床所处地质环境的客观反映		
	磁场特征	从 1:20 万航磁 ΔT 化极等值线图可知,该区反映 0~300nT 的正磁场背景,额里图铁矿床位于北东向展布的正磁异常带边部,重磁场特征反映该区域有北西向和北东向断裂通过		

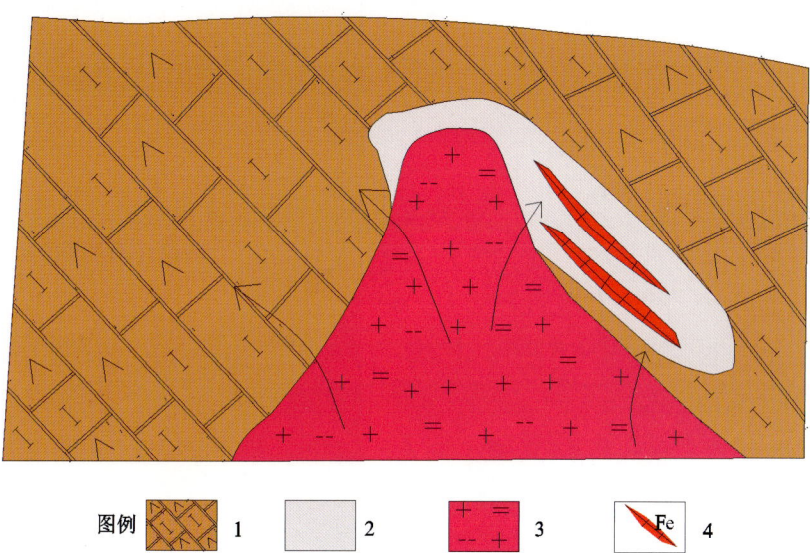

图例 1　2　3　4 Fe

额里图式矽卡岩型铁矿成矿模式图

1.角闪黑云斜长变粒岩、石榴黑云斜长变粒岩、石榴斜长浅粒岩夹斜长角闪岩、透辉石大理岩;2.矽卡岩;3.二云花岗岩;4.铁矿体

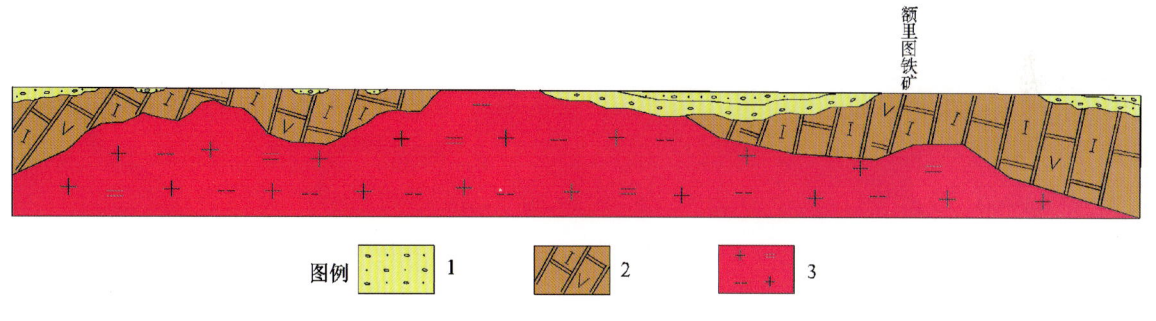

图例 1　2　3

额里图式矽卡岩型铁矿区域成矿模式图

1.新近系宝格达乌拉组;2.乌拉山岩群:角闪黑云斜长变粒岩、石榴黑云斜长变粒岩、石榴斜长浅粒岩夹斜长角闪岩、透辉石大理岩;3.二云花岗岩

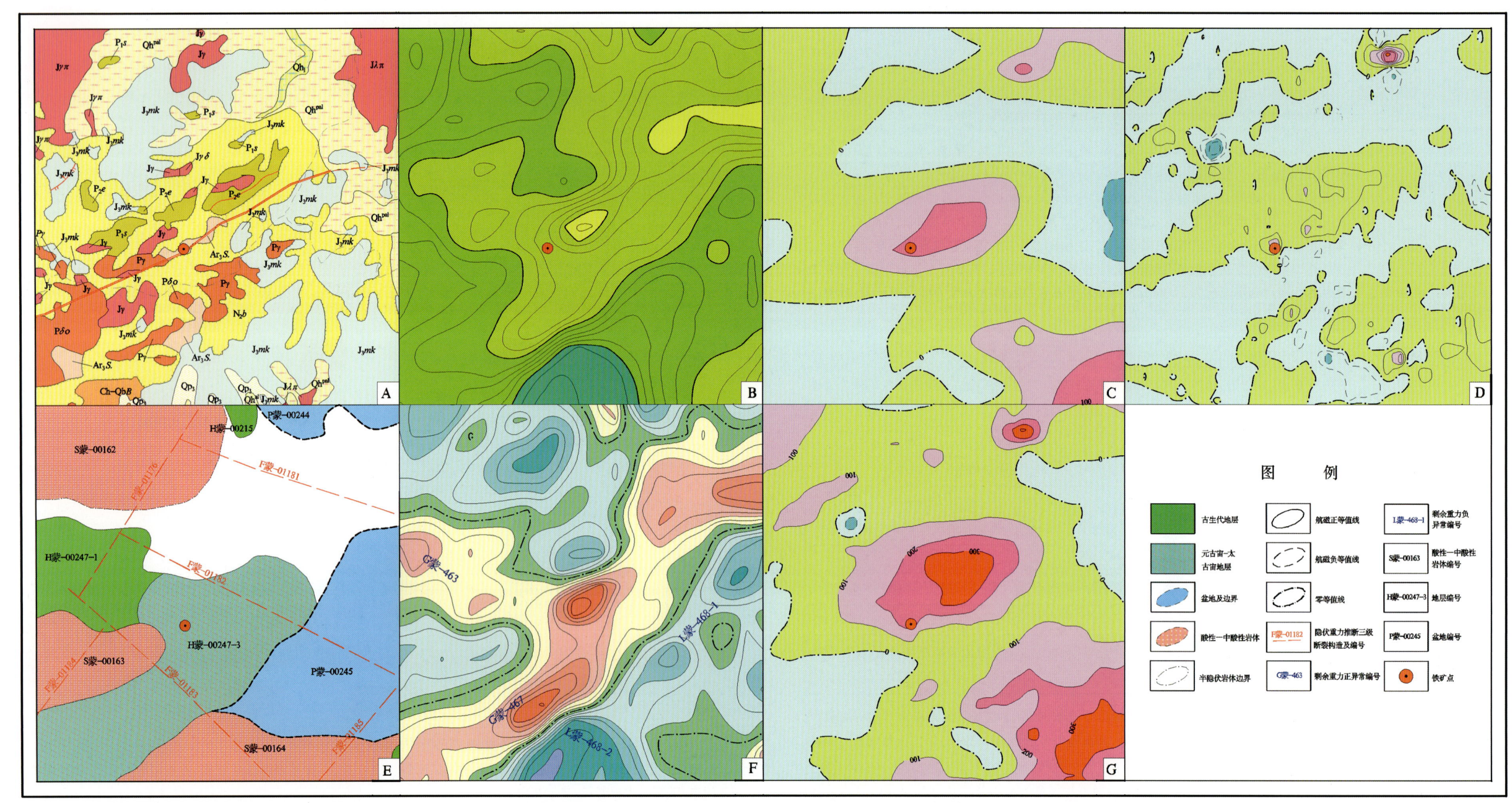

额里图式矽卡岩型铁典型矿床所在区域地质矿产及物探剖析图

A. 地质矿产图；B. 布格重力异常图；C. 航磁 ΔT 等值线平面图；D. 航磁 ΔT 化极垂向一阶导数等值线平面图；E. 重力推断地质构造图；F. 剩余重力异常图；G. 航磁 ΔT 化极等值线平面图

朝不楞式矽卡岩型铁矿地质、地球物理特征一览表

成矿要素		描述内容		
储量		$18\,879.93\times10^4\,t$	平均品位	TFe 36.30%
特征描述		矽卡岩型铁矿床		
地质环境	构造背景	天山-兴蒙造山系,大兴安岭弧盆系,扎兰屯-多宝山岛弧		
	成矿环境	成矿区带属滨太平洋成矿域(叠加在古亚洲成矿域之上),大兴安岭成矿省,东乌珠穆沁旗-嫩江(中强挤压区)铜、钼、铅、锌、金、钨、锡、铬成矿带,二连-东乌珠穆沁旗钨、钼、铁、锌、铅、金、银、铬成矿亚带。 矿区主要发育中上泥盆统塔尔巴格特组,周边所有地层除新生界外,还零星出露上侏罗统白音高老组酸性火山岩。矿区内发育一条北东向长期多次活动的区域性断裂,该断裂控制了侵入岩的侵位及展布方向。在中上泥盆统塔尔巴格特组与中酸性侵入岩接触带中形成了本矿区矽卡岩型的铁多金属矿床。断裂构造长期多次活动为矿液的上升运移创造了良好的通道		
	成矿时代	燕山晚期		
矿床特征	矿体形态	扁豆状、团块状、枝叉状、豆荚状、条带状、似筝状及不规则状等		
	岩石类型	侵入岩有黑云母花岗岩、石英闪长岩、闪长岩及其派生脉岩等;喷出岩有中泥盆世的海相火山碎屑岩和晚侏罗世的陆相火山岩		
	矿物组合	矿石矿物以磁铁矿为主,闪锌矿少量,次要矿物有赤铁矿、镜铁矿、褐铁矿、磁黄铁矿、黄铁矿、白铁矿、黄铜矿等。 脉石矿物以钙铁榴石为主,透辉石次之,次要矿物还有黑云母、角闪石、石英等		
	矿石结构构造	结构:他形晶粒结构、半自形晶粒结构、自形晶粒结构、反应边结构、压碎结构、固溶体分解结构等。 构造:浸染状构造、条带状构造、斑杂状构造、斑点状构造、块状构造、角砾状构造等		
	围岩蚀变	矽卡岩化、角岩化		
	控矿因素	北东向长期活动的断裂构造及其边部的次级羽状断裂		
地球物理特征	重力场特征	由布格重力异常图可知,朝不楞铁矿床大致位于布格重力相对高值区与相对低值区过渡带的扭曲部位,对应形成一条北东向梯级带(编号 F蒙-00460)和一条近东西向梯级带(编号 F蒙-00459)。异常极值 Δg 变化范围为$(-111.12\sim-86.16)\times10^{-5}\,m/s^2$,朝不楞铁矿床附近布格重力等值线值为$-100.00\times10^{-5}\,m/s^2$。由剩余重力异常图可知,朝不楞铁矿床位于剩余重力正异常 G蒙-171 与负异常 L蒙-173 交界处且靠近正异常一侧。剩余重力正异常 G蒙-171 极值 Δg 为 $9.84\times10^{-5}\,m/s^2$,与泥盆纪(D_{2-3})基底隆起有关;剩余重力负异常 L蒙-173 极值 Δg 为 $-5.38\times10^{-5}\,m/s^2$,为酸性侵入岩引起。正负异常交界处的等值线密集部位推断有断裂构造存在。可见朝不楞铁矿位于古生代基底隆起区与花岗岩体接触带上		
	磁场特征	朝不楞铁矿床位于北东向条带状正磁异常场背景区内,其正磁场异常南、北两侧伴有低缓负磁异常,在航磁 ΔT 等值线图中,朝不楞铁矿的磁异常变化范围为$200\sim400\,nT$,在航磁 ΔT 化极等值线图中,磁异常变化范围为$300\sim600\,nT$。重磁场特征反映该区有北东东向和北北东向断裂通过		

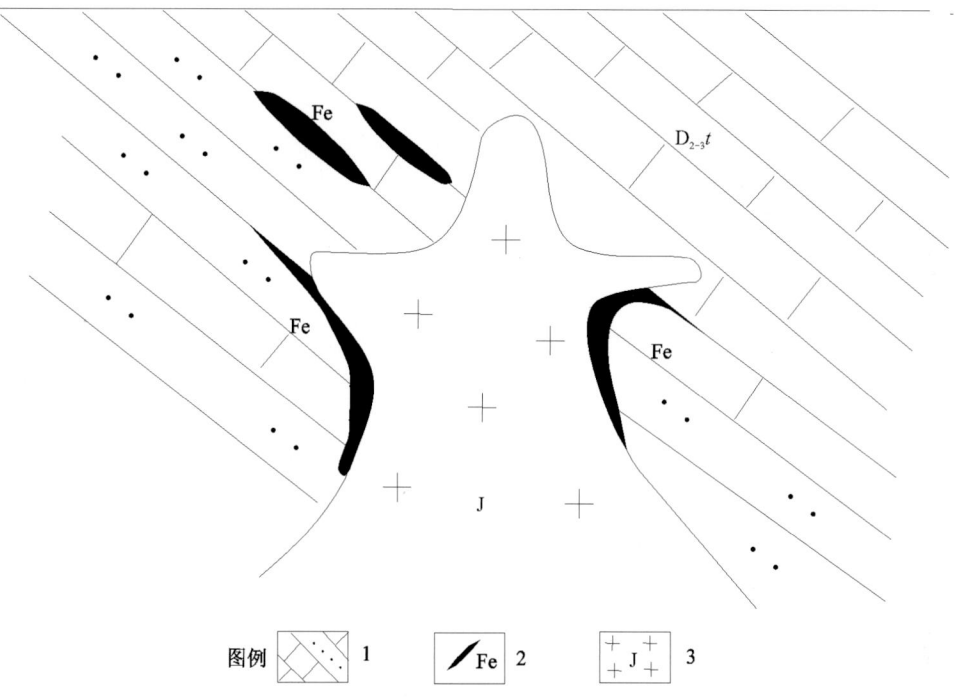

朝不楞式矽卡岩型铁矿成矿模式图

1.中上泥盆统塔尔巴格特组:变质砂岩、粉砂岩、板岩、凝灰岩夹结晶灰岩透镜体,具矽卡岩型磁铁矿化、铜矿化;2.铁矿体;3.燕山期花岗岩

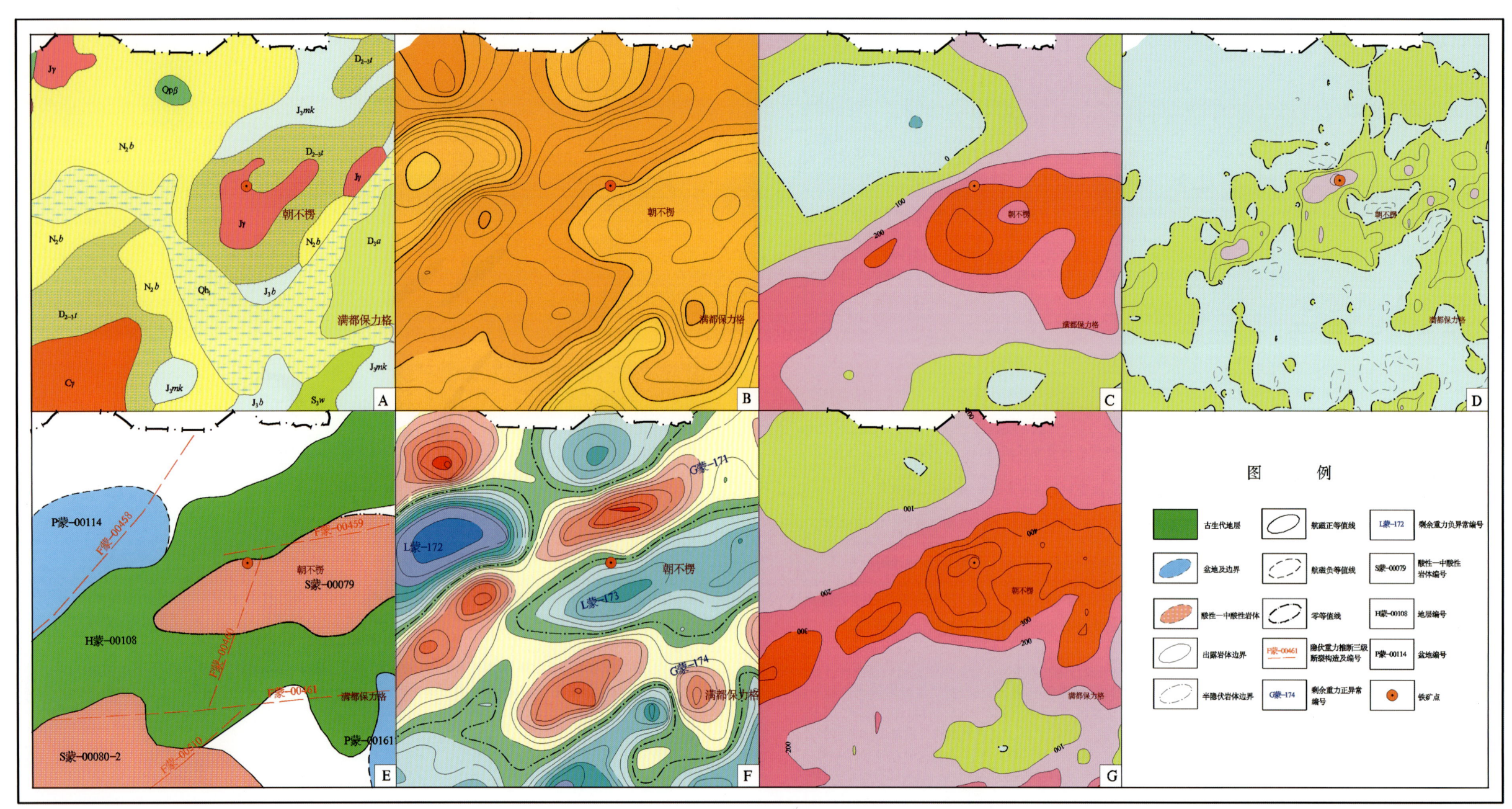

朝不楞式矽卡岩型铁典型矿床所在区域地质矿产及物探剖析图
A. 地质矿产图；B. 布格重力异常图；C. 航磁 ΔT 等值线平面图；D. 航磁 ΔT 化极垂向一阶导数等值线平面图；E. 重力推断地质构造图；F. 剩余重力异常图；G. 航磁 ΔT 化极等值线平面图

黄岗式矽卡岩型铁矿地质、地球物理特征一览表

成矿要素		描述内容		
储量		9605.9×10^4 t	平均品位	TFe 34.84%
特征描述		矽卡岩型铁矿床		
地质环境	构造背景	天山-兴蒙造山系,大兴安岭弧盆系,锡林浩特岩浆弧(Pz_2)		
	成矿环境	成矿区带属滨太平洋成矿域(叠加在古亚洲成矿域之上),大兴安岭成矿省,突泉-翁牛特铅、锌、银、铜、铁、锡、稀土成矿带,索伦镇-黄岗梁铁、锡、铜、铅、锌、银成矿亚带(V-Y)。下二叠统是赋矿地层;北东向的一组压性为主兼扭性断裂及其所形成的层间裂隙是控矿的有利部位;北西向张性为主兼扭性断裂控矿性能较差。富含碱质及挥发组分的钾长花岗岩及后期气水溶液交代了围岩中有益成分并在有利部位富集成矿		
	成矿时代	燕山晚期		
矿床特征	矿体形态	矿体呈似层状、透镜状、马鞍状及楔状		
	岩石类型	下中二叠统大石寨组上部安山岩和中二叠统哲斯组碳酸盐岩,燕山早期(黑云母)钾长花岗岩		
	岩石结构	沉积岩为碎屑结构和变晶结构,侵入岩为中细粒结构		
	矿物组合	金属矿物以磁铁矿、锡石、锡酸矿、闪锌矿、黄铜矿、斜方砷铁矿、白钨矿、辉钼矿为主,其次是毒砂、辉铜矿、斑铜矿、辉铋矿、方铅矿、黄铁矿。非金属矿物主要有石榴石、透辉石、角闪石,其次为萤石、云母类、绿泥石、石英、方解石、符山石等		
	矿石结构构造	结构:根据磁铁矿结晶程度和粒级分自形粒状结构、半自形粒状结构、他形—半自形粒状结构;根据磁铁矿形成方式分交代残余结构、假像结构。构造:块状构造、浸染状构造、条带状构造、角砾状构造、斑杂状构造		
	围岩蚀变	矽卡岩化强烈,钠长石化广泛,角岩化普遍,其次有绿帘石化、绿泥石化、硅化、萤石化、碳酸盐化、蛇纹石化等多种蚀变		
	控矿因素	北东向压性兼扭性断裂,矽卡岩		
地球物理特征	重力场特征	由布格重力异常图可知,黄岗铁矿床位于布格重力相对高值带与低值带交界处的梯级带上,异常极值 Δg 由 -147.81×10^{-5} m/s^2 升高到 -132.87×10^{-5} m/s^2,黄岗铁矿床所在处的布格重力异常值 Δg 为 -142×10^{-5} m/s^2。这一相对重力异常低值带与酸性侵入岩有关,梯级带与酸性侵入岩和古生代地层(二叠系)的接触带对应。对应剩余重力异常图上,黄岗铁锡矿床位于剩余重力负异常 L蒙-420 与正异常 G蒙-415 的交界处。结合地质资料和物性资料可知,矿区正异常为古生代基底隆起所致,负异常由地表出露的侏罗纪酸性岩体所引起		
	磁场特征	由航磁等值线图可知,黄岗铁锡矿所在区域为平稳负磁场区,其东侧的局部正磁异常主要与地表出露的侏罗系玛尼吐组(J_3mn)的中基性火山岩有关		

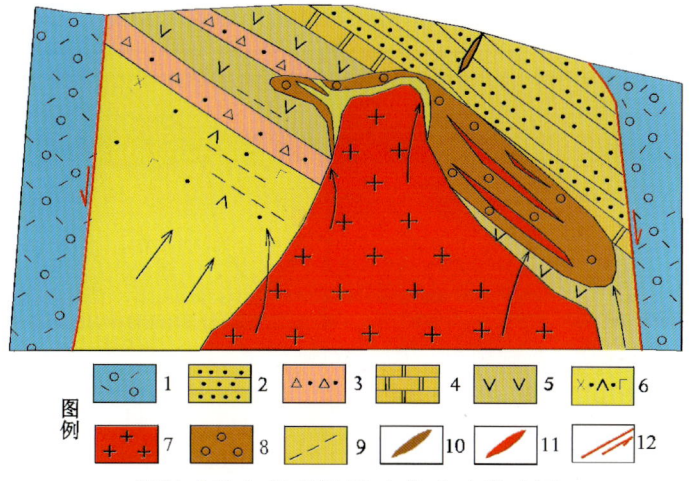

黄岗式矽卡岩型铁锡矿床成矿模式图

1.晚侏罗世断陷盆地中火山岩;2~6.基底地层(2.砂岩;3.火山碎屑岩;4.大理岩;5.安山岩;6.细碧角斑岩);7.燕山早期花岗岩;8.矽卡岩;9.早二叠世火山喷发沉积贫铁矿层;10.锡矿体;11.铁锡多金属矿体;12.断层

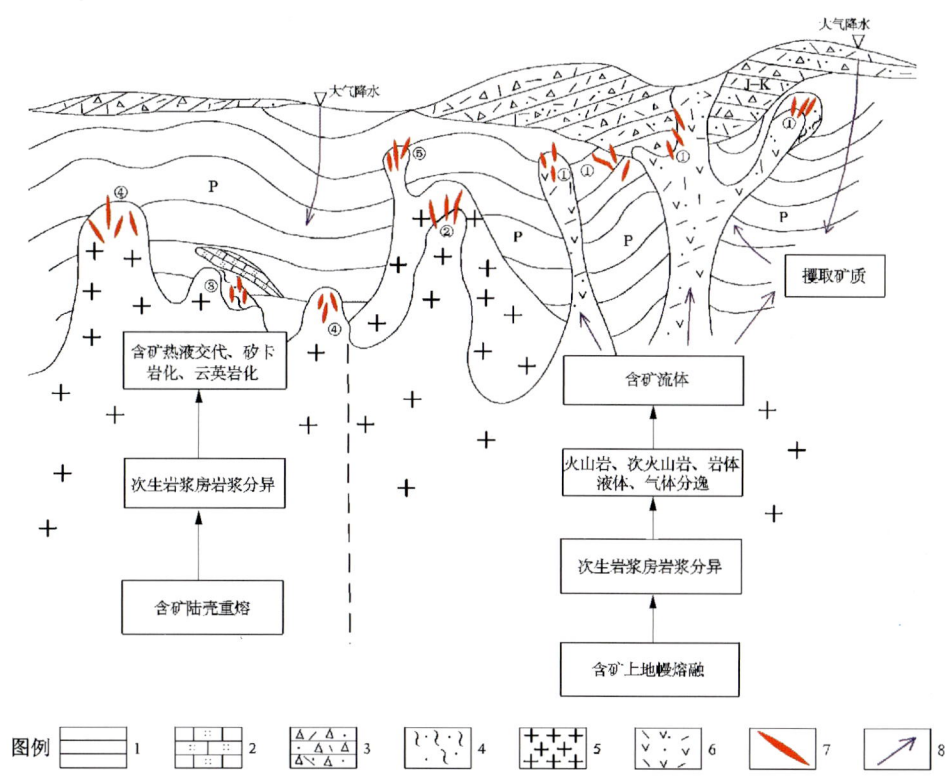

黄岗式矽卡岩型铁矿区域成矿模式图

1.二叠纪碎屑岩夹中基—中酸性火山岩;2.二叠纪碎屑岩夹碳酸盐岩透镜体;3.侏罗纪—白垩纪火山角砾凝灰岩、熔岩;4.矽卡岩;5.花岗岩;6.英安斑岩、安山玢岩;7.矿床:①大井式(火山岩-次火山岩中)、②孟恩陶勒盖式(岩体内接触带中)、③黄岗式(矽卡岩中)、④宝盖沟式(岩体顶部、接触带中)、⑤胡家店式(岩体顶部、边部);8.热液及大气水运移方向

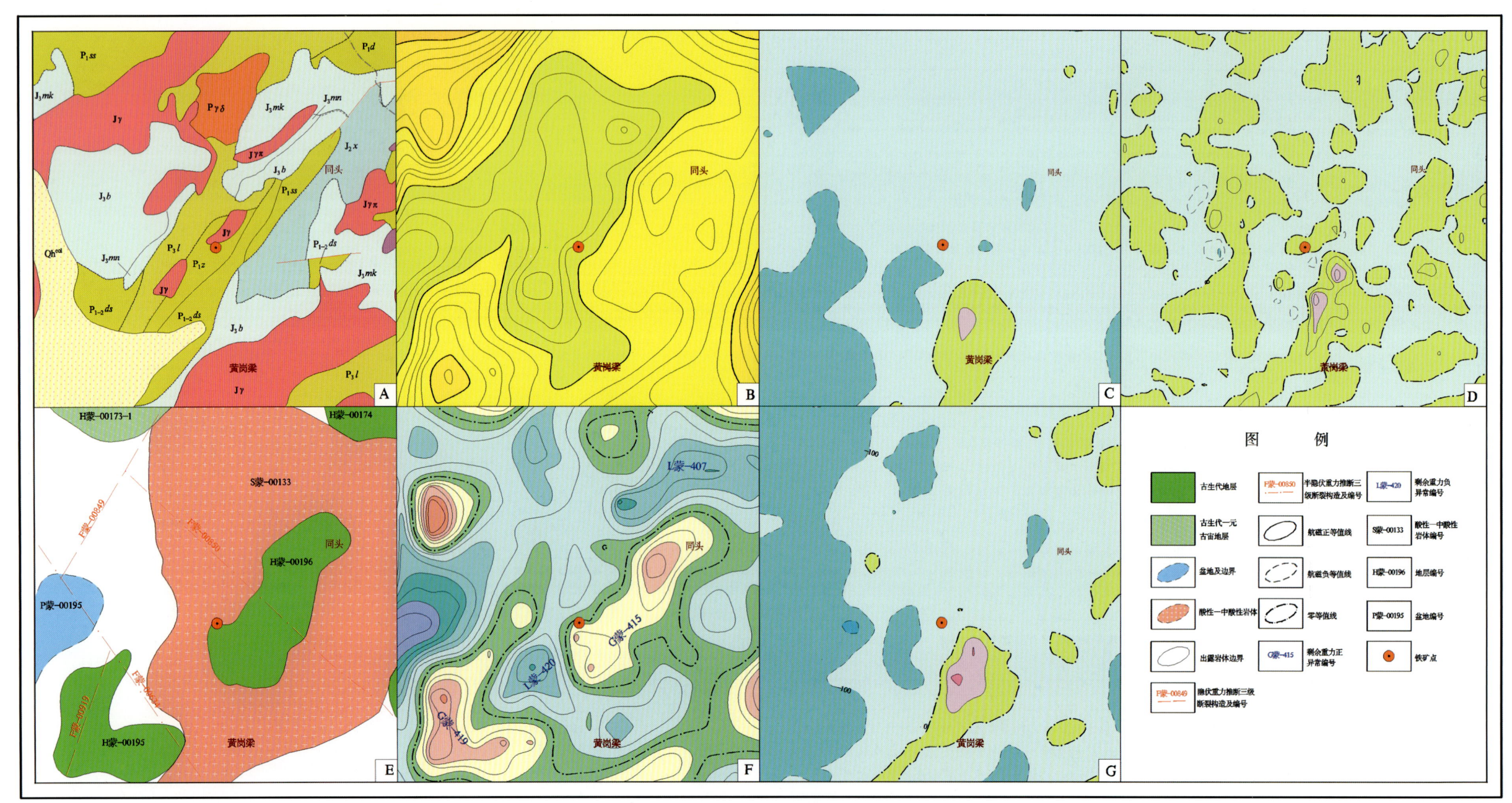

黄岗式矽卡岩型铁典型矿床所在区域地质矿产及物探剖析图

A. 地质矿产图；B. 布格重力异常图；C. 航磁 ΔT 等值线平面图；D. 航磁 ΔT 化极垂向一阶导数等值线平面图；E. 重力推断地质构造图；F. 剩余重力异常图；G. 航磁 ΔT 化极等值线平面图

卡休他他式矽卡岩型铁矿地质、地球物理特征一览表

成矿要素		描述内容		
储量		9605.9×10^4 t	平均品位	TFe 34.84%
特征描述		矽卡岩型铁矿床		
地质环境	构造背景	华北陆块区,阿拉善陆块,迭布斯格-阿拉善右旗陆缘岩浆弧(Pz_2)		
	成矿环境	成矿区带属古亚洲成矿域,华北(陆块)成矿省(最西部),阿拉善(隆起)铜、镍、铂、铁、稀土、磷、石墨、芒硝、盐类成矿带,碱泉子-卡休他他金、铜、铁、铂成矿亚带(V)。辉长岩、角闪辉长岩是与成矿有关的主要侵入岩。矿床主要赋存在辉长岩与震旦系的外接触带。近东西向的断裂构造为成矿前构造,对控矿有一定的影响,NE30°方向的断裂构造为成矿后构造,对矿体的破坏较大		
	成矿时代	晚石炭世		
矿床特征	矿体形态	似层状、透镜状		
	岩石类型	大理岩、黑云母石英千枚岩、角岩化千枚岩、透闪透辉石英角岩、矽卡岩;晚石炭世辉长岩、角闪辉长岩		
	岩石结构	中细粒辉长结构,细粒结构		
	矿物组合	磁铁矿为矿石的主要矿石矿物,斜方砷钴矿、辉钴矿、镍质辉钴矿、钴毒砂为主要含钴矿物。脉石矿物主要为透辉石、石榴石、阳起石、绿泥石等		
	矿石结构构造	结构:主要为半自形晶粒状结构、交代格架结构及交代残余结构。构造:致密块状、稠密浸染状、浸染状构造为主,次为稀疏浸染状、木纹状、条带状、角砾状、脉块状构造		
	围岩蚀变	主要为矽卡岩化,其次是角岩化、绿泥石化等		
	控矿因素	受震旦系与晚石炭世辉长岩外接触带控制,与北东东向(近东西向)断裂构造有一定关系		
地球物理特征	重力场特征	由布格重力异常图可知,卡休他他铁矿床所在区域为布格重力相对高值区,重力异常值Δg变化范围为$(-208.00 \sim -206.00) \times 10^{-5}$ m/s²,其南侧为布格重力低值区,形成明显重力梯级带,异常极值Δg为$(-243.19 \sim -207.89) \times 10^{-5}$ m/s²。由剩余重力异常图可知,卡休他他铁矿床位于剩余重力正异常G蒙-808的东部边缘,Δg为$(3.55 \sim 8.65) \times 10^{-5}$ m/s²,结合地质资料可知,该异常区对应元古宇和超基性岩体分布区		
	磁场特征	由航磁等值线图可知,卡休他他铁矿处于以低缓磁场为背景的正磁异常带,其长轴近东西向展布,磁异常强度为$0 \sim 300$ nT。重磁场特征显示有北东向、北西向断裂通过该区域		

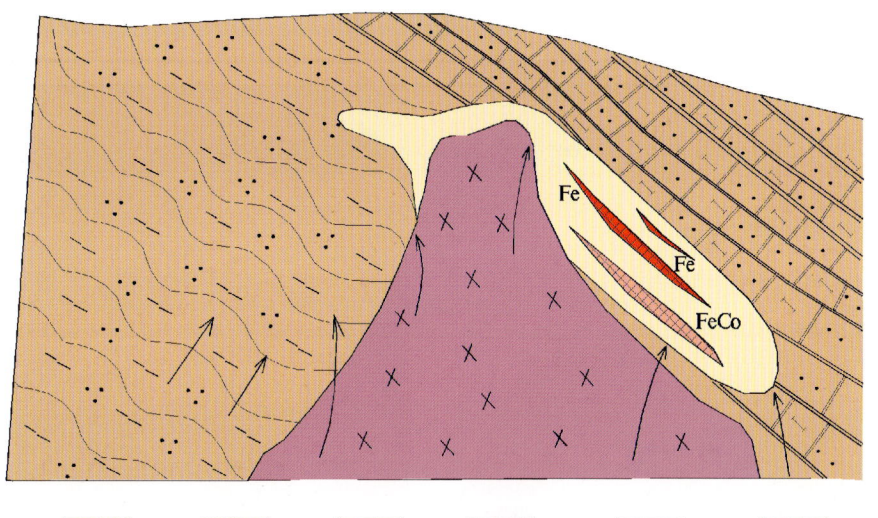

卡休他他式矽卡岩型铁矿成矿模式图

1.黑云石英片岩;2.大理岩、透辉石岩;3.矽卡岩;4.辉长岩;5.铁铜矿体;6.铁矿体

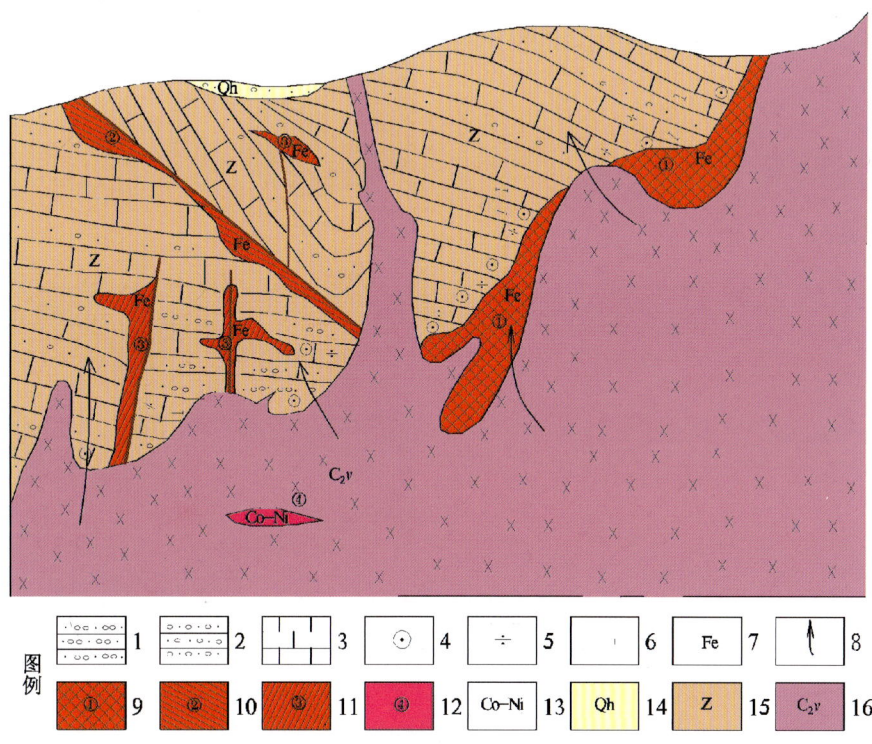

卡休他他式矽卡岩型铁矿区域成矿模式图

1.砂砾石层;2.砂砾岩;3.灰岩;4.石榴石;5.透闪石;6.透辉石;7.铁矿体;8.热液运移方向;9.矽卡岩型矿床;10.裂隙充填型矿床;11.热液型矿床;12.岩浆分异型矿床;13.钴镍矿;14.全新统;15.震旦系;16.晚石炭世辉长岩

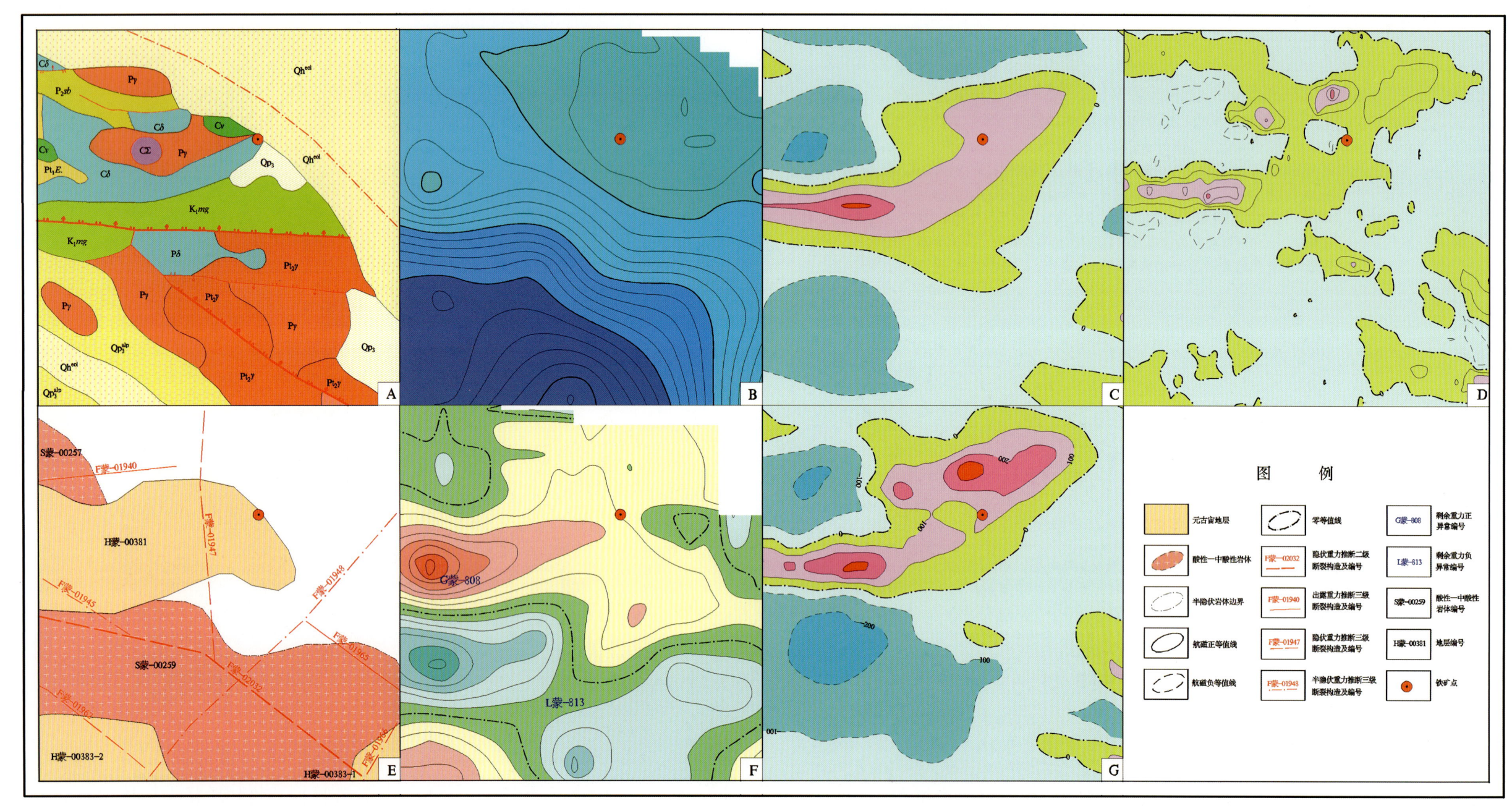

卡休他他式矽卡岩型铁典型矿床所在区域地质矿产及物探剖析图

A. 地质矿产图；B. 布格重力异常图；C. 航磁 ΔT 等值线平面图；D. 航磁 ΔT 化极垂向一阶导数等值线平面图；E. 重力推断地质构造图；F. 剩余重力异常图；G. 航磁 ΔT 化极等值线平面图

沙拉西别式矽卡岩型铁矿地质、地球物理特征一览表

成矿要素		描述内容		
储量		78.00×10^4 t	平均品位	TFe 45.68%
特征描述		矽卡岩型铁矿床		
地质环境	构造背景	华北陆块区,阿拉善陆块,迭布斯格-阿拉善右旗陆缘岩浆弧		
	成矿环境	成矿区带属华北(陆块)成矿省(最西部),阿拉善(隆起)铜、镍、铂、铁、稀土、磷、石墨、芒硝、盐类成矿带,雅布赖-沙拉西别铁、铜、铂、萤石、石墨、盐类、芒硝成矿亚带(Pt、V、I、Q)。 以中太古代云母石英片岩及片麻岩、大理岩、千枚岩等老地层,组成本区的基底;矿区主要出露古元古宇增隆昌组。侵入岩为晚石炭世石英闪长岩,形成了一条总体呈北东东向展布的岩浆岩带。区内北北东向—近东西向断裂比较发育,为晚石炭世岩浆活动、成矿组分的运移提供了通道		
	成矿时代	晚石炭世		
矿床特征	矿体形态	透镜状和似层状		
	岩石类型	长石石英砂岩、白云质灰岩、硅质条带结晶灰岩、硅质板岩、粉砂质板岩。石英闪长岩、花岗闪长岩和斜长花岗岩,含石英闪长岩		
	矿物组合	主要矿石矿物为磁铁矿,伴生成分以磁黄铁矿、黄铁矿为主,其次为黄铜矿、方铅矿、闪锌矿和毒砂等。次生矿物为孔雀石、蓝铜矿、赤铜矿和假象赤铁矿,还有褐铁矿和大量黄铁钾矾。 脉石矿物为透辉石、符山石、蛇纹石、方解石和绿泥石		
	矿石构造	铁矿石以块状构造为主,局部具条带状或浸染状构造。硫铁矿石为致密块状构造		
	围岩蚀变	以透辉石化、矽卡岩化、钠长石化、钾长石化、绿泥石化为主		
	控矿因素	主要受增隆昌组与晚石炭世闪长岩外接触带控制,与北东东向(近东西向)断裂构造有一定关系		
地球物理特征	重力场特征	在区域布格重力异常图上,沙拉西别铁矿处在布格重力异常相对低值区,Δg 为 -177.71×10^{-5} m/s²。其东侧即为因太古宙、元古宙基底隆起引起的北东向展布的布格重力异常相对高值带。重力高与重力低交界处形成明显梯级带,该梯级带为宝音图群断裂[F蒙-02035-(23)]所在处,亦为两个构造单元的分界处。正因如此,布格重力异常多呈北东向展布。由剩余重力异常图可知,沙拉西别铁矿位于呈北东向展布,由3个局部异常组成的负异常区边部,剩余重力异常极值 Δg 变化范围为 $(-5.89 \sim -5.75) \times 10^{-5}$ m/s²。其南侧为北东向展布的剩余重力正异常。该负异常主要由酸性侵入岩引起,正异常则与太古宙基底隆起及超基性岩侵入有关		
	磁场特征	由航磁等值线图可知,沙拉西别铁矿床所在处为低缓的负磁背景场		

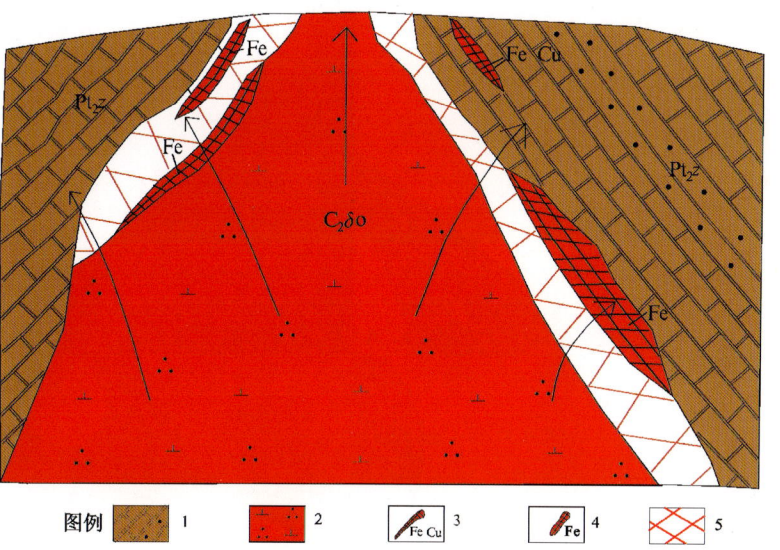

沙拉西别式矽卡岩型铁矿成矿模式图

1. 白云质大理夹变粒岩、片岩;2. 石英闪长岩;3. 铁铜矿体;4. 铁矿体;
5. 接触带

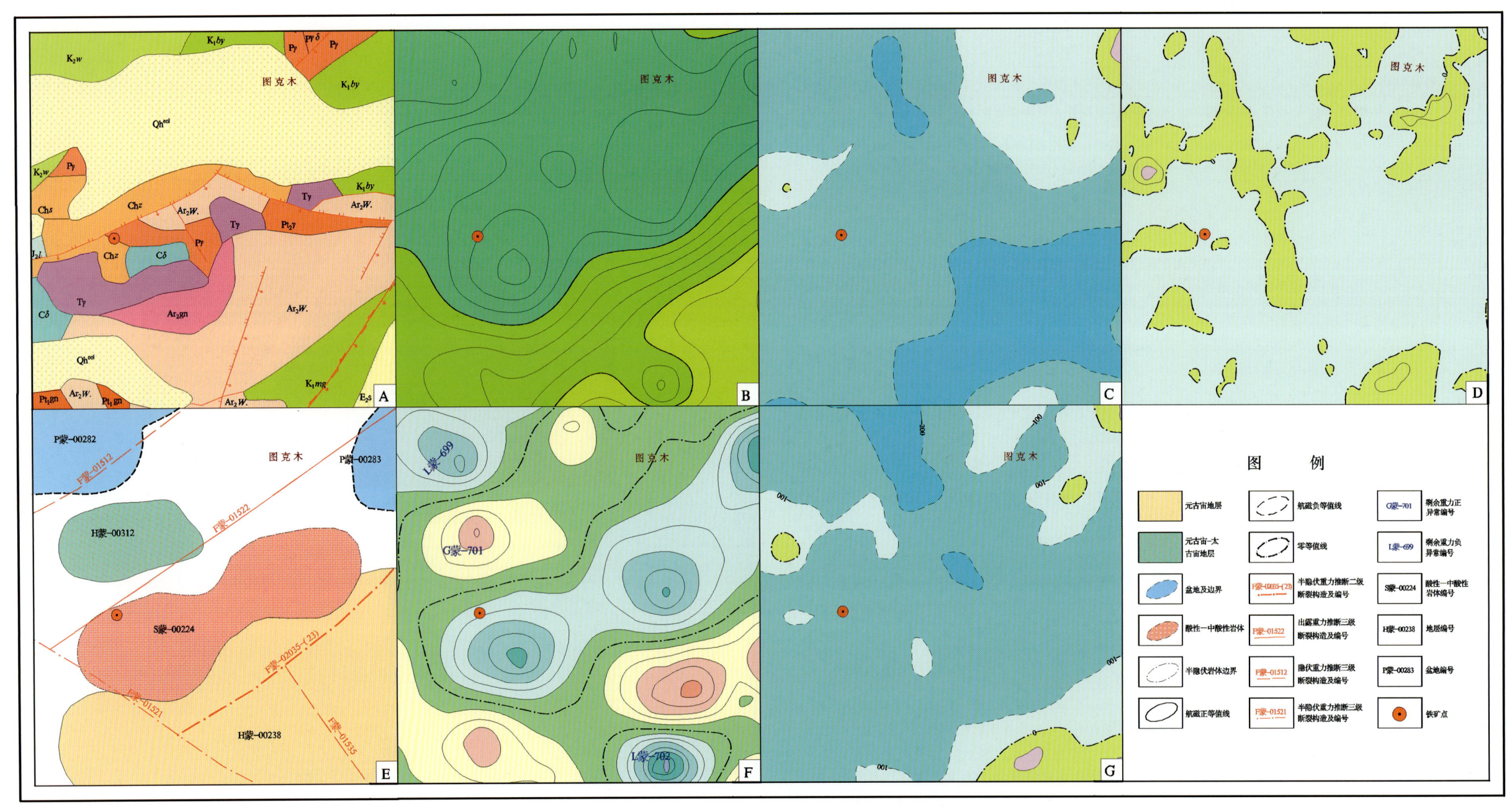

沙拉西别式矽卡岩型铁典型矿床所在区域地质矿产及物探剖析图

A. 地质矿产图；B. 布格重力异常图；C. 航磁 ΔT 等值线平面图；D. 航磁 ΔT 化极垂向一阶导数等值线平面图；E. 重力推断地质构造图；F. 剩余重力异常图；G. 航磁 ΔT 化极等值线平面图

乌珠尔嘎顺式矽卡岩型铁矿地质、地球物理特征一览表

成矿要素		描述内容		
储量		$241.5×10^4$ t	平均品位	TFe 50.00%
特征描述		矽卡岩型铁矿床		
地质环境	构造背景	天山-兴蒙造山系,额济纳旗-北山弧盆系的北侧,圆包山(中蒙边界)岩浆弧(O—D)		
	成矿环境	成矿区带属古亚洲成矿域,准噶尔成矿省,觉罗塔格-黑鹰山铜、镍、铁、金、银、钼、钨、石膏、硅灰石、膨润土、煤成矿带,黑鹰山-小狐狸山铁、金、铜、钼、铬成矿亚带(Vm,I)。控矿地层为中奥陶统咸水湖组火山岩,北东向构造破碎带是铁矿体的主要控矿构造,近东西向裂隙是次一级控矿构造。与矿有关的岩浆岩为海西期二长花岗岩体		
	成矿时代	海西期		
矿床特征	矿体形态	脉状、透镜状		
	岩石类型	奥陶系咸水湖组石榴石矽卡岩、石榴石矽卡岩化英安岩、英安斑岩、流纹质英安岩等。侵入岩有二长花岗岩、斜长花岗岩、花岗正长岩和斜长花岗斑岩		
	岩石结构	火山岩为斑状结构和隐晶结构,侵入岩为细粒结构		
	矿物组合	主要矿石矿物有磁铁矿、赤铁矿、褐铁矿;次要矿物有黄铁矿、黄铜矿、磁黄铁矿等。脉石矿物有石英、石榴石、透辉石、绿帘石等		
	矿石结构构造	结构:以粒状结构为主,交代残余结构、交代溶蚀结构次之。构造:致密块状构造、花斑状构造		
	围岩蚀变	矽卡岩化、高岭土化、碳酸盐化		
	控矿因素	北东向构造破碎带是铁矿体的主要控矿构造,近东西向裂隙是次一级控矿构造		
地球物理特征	重力场特征	乌珠尔嘎顺铁矿位于布格重力异常相对高值区,对应剩余重力正异常 G 蒙-838,该异常呈北西向条带状展布,最高值 Δg 为 $6.98×10^{-5}$ m/s²,乌珠尔嘎顺铁矿位于其北侧边部,在该剩余重力异常区主要分布有古生代奥陶纪地层和石炭纪酸性侵入岩体,显然该异常与奥陶系有关		
	磁场特征	由航磁等值线平面图可知,乌珠尔噶顺铁矿位于宽缓的正磁场背景区内,其西南侧为较强的正磁异常,长轴呈北西西向展布,磁场强度最高达 500nT,该正磁异常区与地表出露的中奥陶统咸水湖组火山岩和超基性岩体有关。综上重磁场特征推断有北东向和北西向断裂通过该区域		

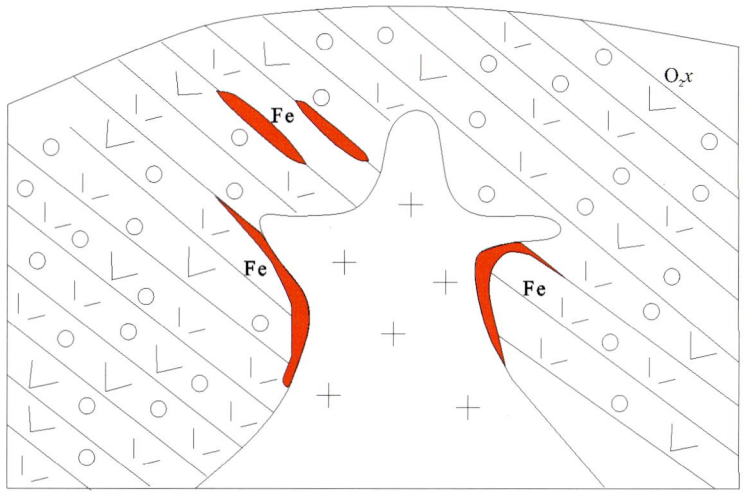

图例  1 2  3

乌珠尔嘎顺式矽卡岩型矿床成矿模式图

1.咸水湖组火山岩;2.铁矿;3.花岗岩

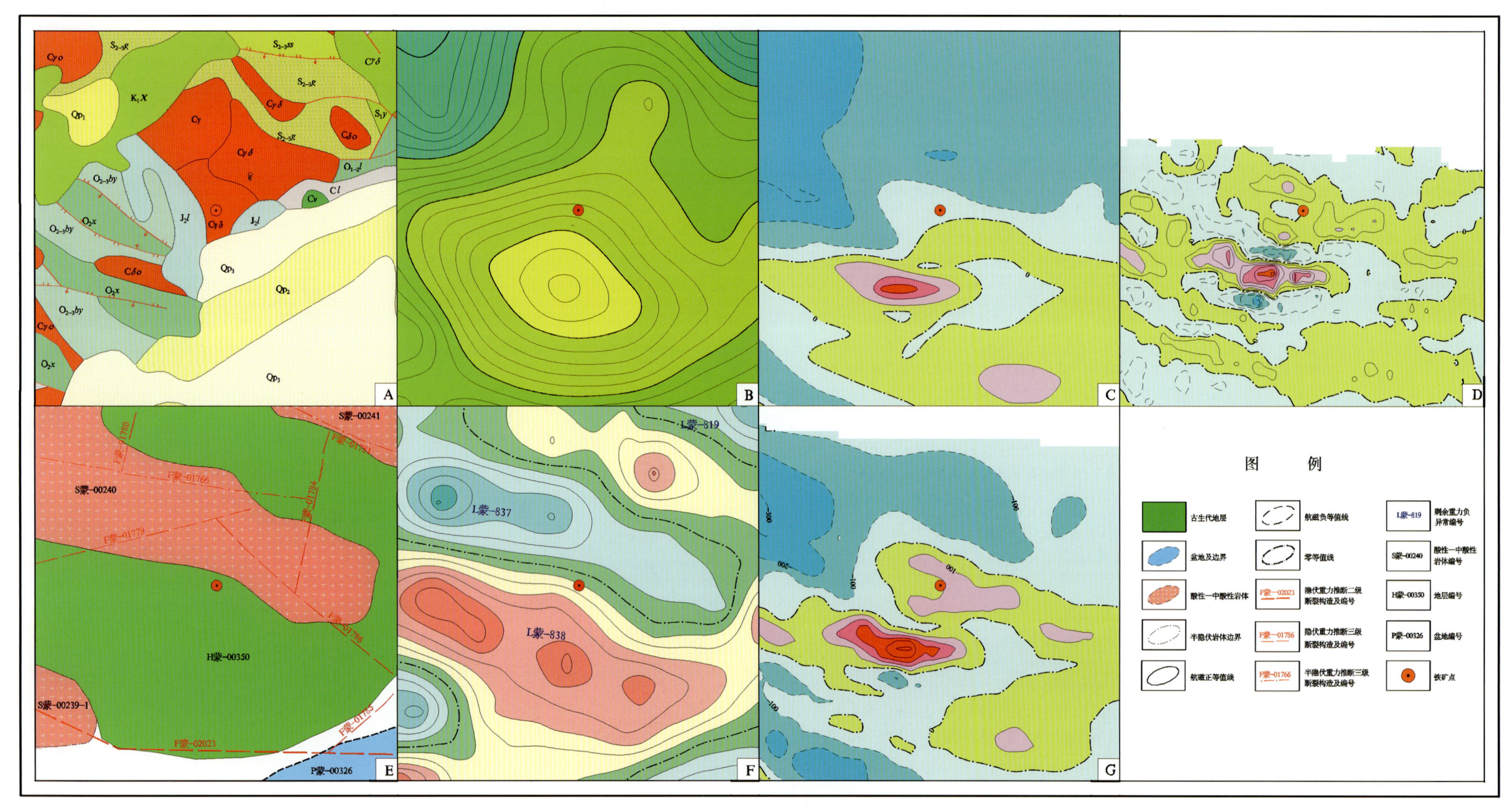

乌珠尔嘎顺式矽卡岩型铁典型矿床所在区域地质矿产及物探剖析图

A. 地质矿产图；B. 布格重力异常图；C. 航磁 ΔT 等值线平面图；D. 航磁 ΔT 化极垂向一阶导数等值线平面图；E. 重力推断地质构造图；F. 剩余重力异常图；G. 航磁 ΔT 化极等值线平面图

黑鹰山式海相火山沉积型铁矿地质、地球物理特征一览表

成矿要素		描述内容		
储量		2366.8×10^4 t	平均品位	TFe 49.07%
特征描述		海相火山沉积型铁矿床		
地质环境	构造背景	天山-兴蒙造山系，额济纳旗-北山弧盆系，圆包山岩浆弧（O—D）		
	成矿环境	成矿区带属古亚洲成矿域，准噶尔成矿省，觉罗塔格-黑鹰山铜、镍、铁、金、银、钼、钨、石膏、硅灰石、膨润土、煤成矿带，黑鹰山-小狐狸山铁、金、铜、钼、铬成矿亚带（Vm、I）。矿区内主要出露泥盆系、石炭系、侏罗系、古近系和新近系。矿区内的侵入岩早期有花岗岩，晚期有喷出岩和侵入岩。矿区断裂构造分成矿前构造和成矿后的小断裂构造		
	成矿时代	石炭纪		
矿床特征	矿体形态	致密块状铁矿体呈似层状、囊状和透镜状在各类火山-沉积岩地层和中酸性侵入岩脉中产出		
	岩石类型	英安岩、英安质流纹岩、凝灰熔岩、火山角砾岩、次生石英岩和灰岩		
	岩石结构	中细粒结构		
	矿物组合	矿石矿物主要为磁铁矿、假象赤铁矿，次为褐铁矿、黄铁矿、黄铜矿。脉石矿物为石英、磷灰石、方解石、萤石、绿泥石等		
	矿石结构构造	结构：自形—半自形细粒结构及等粒结构。 构造：致密块状构造、稠密浸染状构造、细脉状构造		
	围岩蚀变	主要有绿泥石化、硅化及碳酸盐化		
	控矿因素	石炭系白山组火山岩；成矿前构造地轴边缘褶皱带是主要的控矿构造		
地球物理特征	重力场特征	黑鹰山铁矿床位于布格重力异常值南北相对高的中间相对低值区内，布格重力异常极值 Δg 为 $(-213.34 \sim -185.55) \times 10^{-5}$ m/s^2，铁矿床位于异常等值线向北突出的同向扭曲部位，推断该处存在北东向断裂。剩余重力异常图上，黑鹰山铁矿床位于剩余重力两个正异常与两个负异常的交界处，剩余重力负异常 L 蒙-853-2 主要与地表出露的酸性岩体有关。剩余重力正异常 G 蒙-876 主要与古生代基底（主要是石炭纪地层）隆起有关		
	磁场特征	由航磁 ΔT 等值线图可知，黑鹰山铁矿床位于负磁或低缓磁场背景中正负伴生异常区内，异常轴向北西向，重磁场特征显示该区域断裂构造以北西向为主		

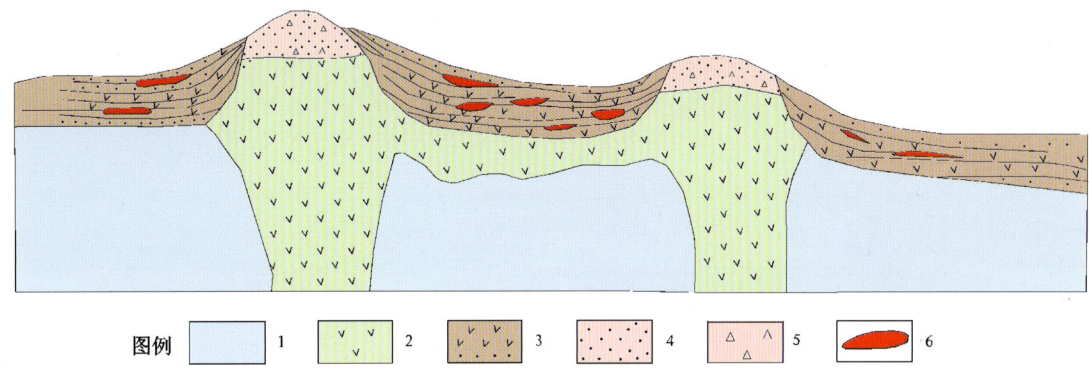

黑鹰山式海相火山沉积型铁矿区域成矿模式图

1. 洋底块；2. 中—酸性火山熔岩；3. 洋底硅质岩及其他沉积物；4. 火山凝灰岩；5. 火山角砾岩；6. 铁矿

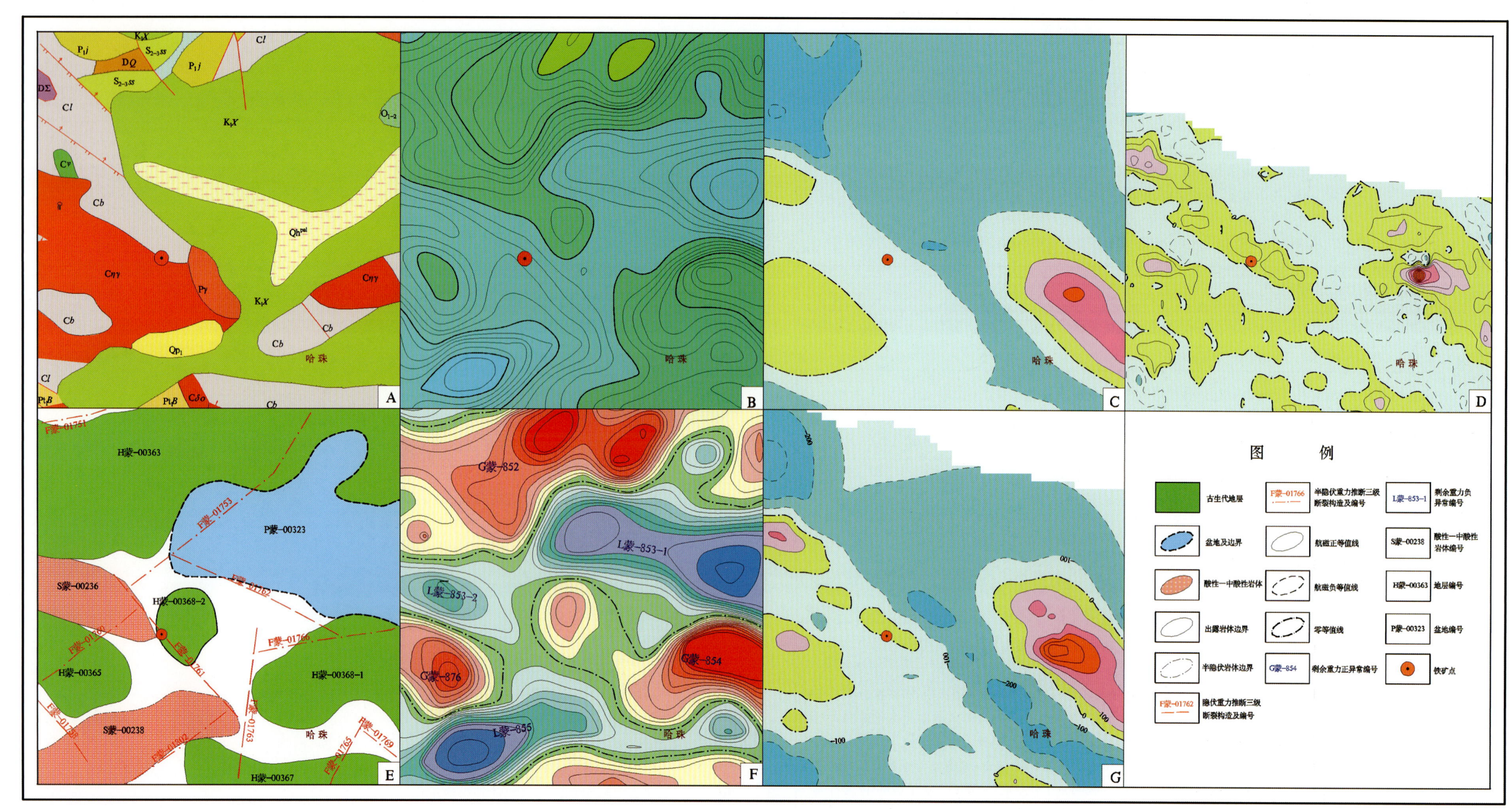

黑鹰山式海相火山沉积型铁典型矿床所在区域地质矿产及物探剖析图

A. 地质矿产图；B. 布格重力异常图；C. 航磁 ΔT 等值线平面图；D. 航磁 ΔT 化极垂向一阶导数等值线平面图；E. 重力推断地质构造图；F. 剩余重力异常图；G. 航磁 ΔT 化极等值线平面图

索索井式矽卡岩型铁矿地质、地球物理特征一览表

成矿要素		描述内容		
储量		5 692 000t	平均品位	TFe 32.64%
特征描述		岩浆期后矽卡岩型铁矿床		
地质环境	构造背景	天山-兴蒙造山系,额济纳旗-北山弧盆系,公婆泉岛弧		
	成矿环境	成矿区带属古亚洲成矿域,塔里木成矿省,磁海-公婆泉铁、铜、金、铅、锌、钨、锡、铷、钒、铀、磷成矿带,石板井-东七一山钨、锡、铷、钼、铜、铁、金、铬、萤石成矿亚带(C,V)。矿区主要出露元古宇圆藻山群,侵入岩为三叠纪钾长花岗岩、斑状花岗岩,控矿构造主要为北东东向断裂构造,矿体位于三叠纪钾长花岗岩、斑状花岗岩与元古宇圆藻山群形成的外接触带中		
	成矿时代	三叠纪		
矿床特征	矿体形态	脉状、扁豆状		
	岩石类型	斑状花岗岩、钾长花岗岩、花岗闪长岩、闪长岩、辉长岩,以斑状花岗岩规模最大		
	岩石结构	中粗粒结构		
	矿物组合	矿石矿物:磁铁矿、赤铁矿、褐铁矿、方铅矿、闪锌矿、黄铜矿、斑铜矿、辉钼矿、辉铋矿等。脉石矿物:绿泥石、蛇纹石、石英、绢云母、滑石、碳酸盐类、透闪石、透辉石等		
	矿石结构构造	结构:自形—半自形中粒状结构。构造:条纹—条带状构造、块状构造、浸染状构造、细脉浸染状构造		
	围岩蚀变	矽卡岩化、黑云母化、钾长石化、黄铁矿化、硅化、蛇纹石化、绿泥石化等。其中矽卡岩化与铁铜矿关系密切,黑云母化、钾长石化与铜钼铋关系密切,硅化、蛇纹石化与铅矿关系密切		
	控矿因素	北东向、北西向和东西向断裂以及北东向、北西向的褶皱构造,三叠纪钾长花岗岩、斑状花岗岩,元古宇圆藻山群		
地球物理特征	重力场特征	由布格重力异常图可见,索索井铁矿床位于呈近南北向展布的重力梯级带上,等值线较密集。布格重力异常值 Δg 为 $(-190\sim-170)\times10^{-5}\text{m/s}^2$,矿床位于 Δg 为 $-184\times10^{-5}\text{m/s}^2$ 等值线附近。其东部布格重力异常相对较高,Δg 为 $(-170.00\sim-161.62)\times10^{-5}\text{m/s}^2$。西部区布格重力异常相对较低,$\Delta g$ 为 $(-193\sim-184)\times10^{-5}\text{m/s}^2$。在索索井铁矿的南、北两侧等值线呈分散扩张式展开,是地质构造的影响所致。梯级带部位推断存在北北东向的断裂带(F蒙-01882)。对应剩余重力异常图上,索索井铁矿位于剩余重力正负异常交界处的正异常一侧,剩余重力异常极值 Δg 为 $4.31\times10^{-5}\text{m/s}^2$,正异常区为长城系、蓟县系、奥陶系分布区,边部有基性—超基性岩出露。负异常区有大面积花岗岩出露,可见该异常为酸性侵入岩引起		
	磁场特征	由航磁等值线图可知,矿区以低缓的负磁场为背景,索索井铁矿处于磁异常值为0~100nT的正磁异常区内		

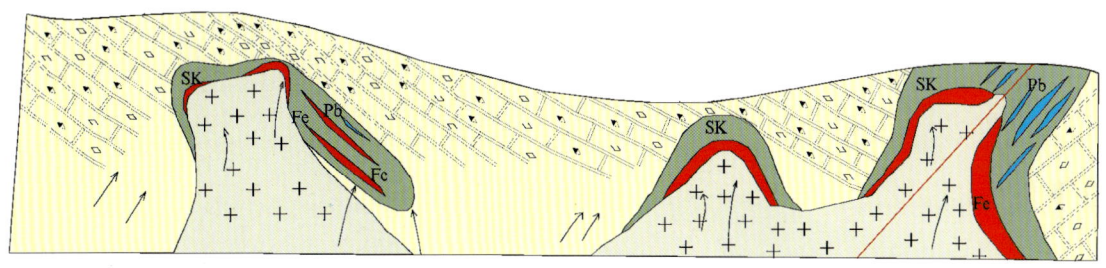

图例  1 2 3  4 5 6

索索井式矽卡岩型铁矿区域成矿模式图

1.铁矿体;2.矽卡岩;3.铅矿体;4.花岗岩;5.结晶灰岩;6.热液运移方向

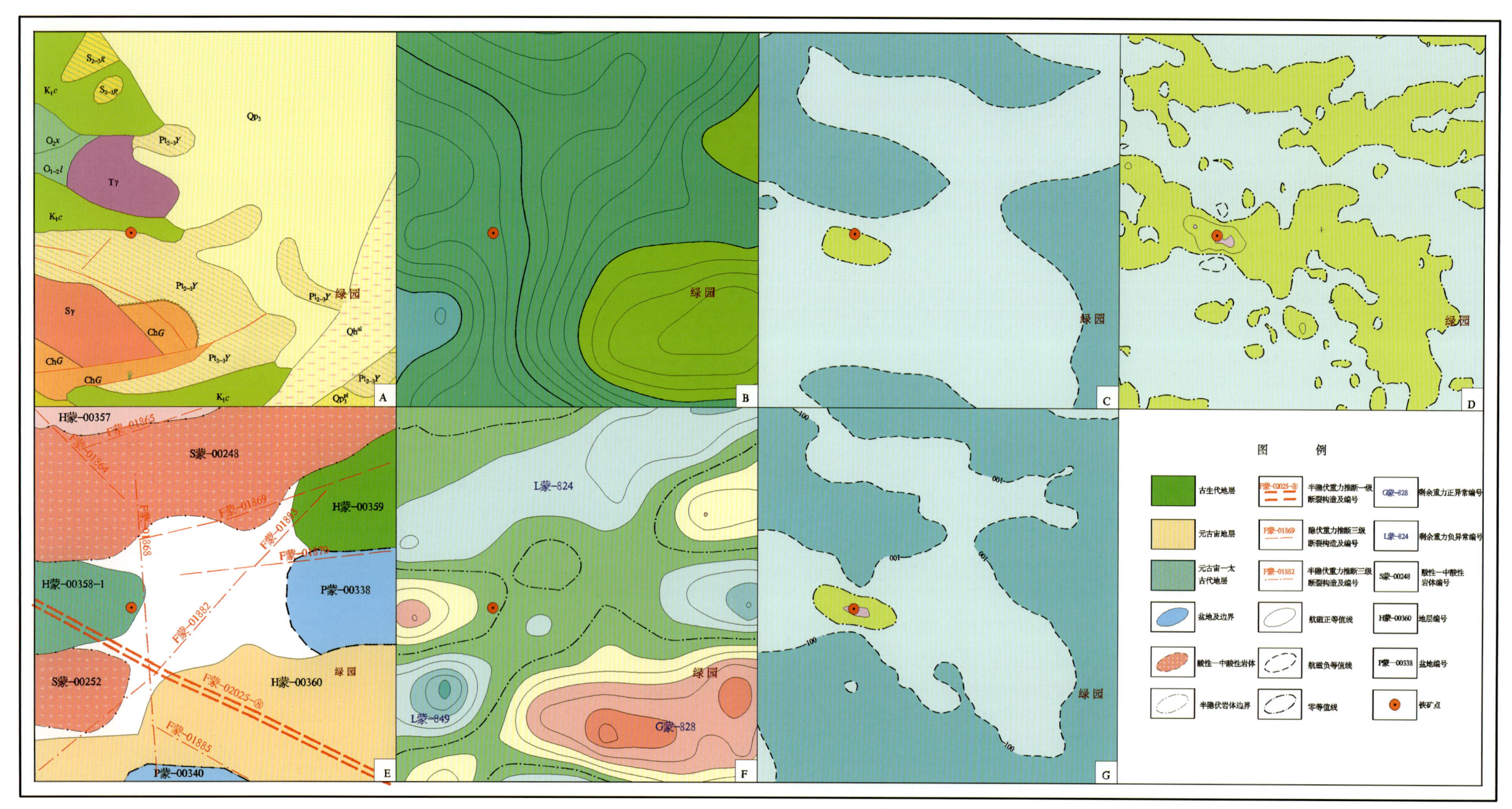

索索井式矽卡岩型铁典型矿床所在区域地质矿产及物探剖析图

A. 地质矿产图；B. 布格重力异常图；C. 航磁 ΔT 等值线平面图；D. 航磁 ΔT 化极垂向一阶导数等值线平面图；E. 重力推断地质构造图；F. 剩余重力异常图；G. 航磁 ΔT 化极等值线平面图

哈拉火烧式矽卡岩型铁矿地质、地球物理特征一览表

成矿要素		描述内容		
储量		410 780t	平均品位	TFe 33.83%
特征描述		矽卡岩型铁矿床		
地质环境	构造背景	华北陆块区,大青山-冀北古弧盆系(Pt_1),恒山-承德-建平古岩浆弧(Pt_1)		
	成矿环境	成矿区带属吉黑成矿省,松辽盆地石油、天然气、铀成矿区,库里吐-汤家杖子钼、铜、铅、锌、钨、金成矿亚带(Vm、Y)。矿体分布在石炭纪变质岩与燕山期花岗岩接触带中,岩性除西缘有少量变质砂岩、片岩及板岩外,主要为矽卡岩;矿体受东西向裂隙控制;岩浆岩沿断裂侵入到中石炭统灰岩中交代形成矽卡岩和铁矿床		
	成矿时代	燕山期		
矿床特征	矿体形态	层状、扁豆状		
	岩石类型	石炭系薄层灰岩、结晶灰岩,燕山期岩体有花岗岩和闪长岩		
	岩石结构	沉积岩为碎屑结构和变晶结构,侵入岩为细粒结构		
	矿物组合	磁铁矿		
	矿石结构构造	结构:粒状变晶结构。构造:块状构造		
	围岩蚀变	矽卡岩化		
	控矿条件	东西向断裂,接触带控矿		
地球物理特征	重力场特征	铁矿位于布格重力异常的梯级带上,其所在处布格重力极值 Δg 为 $(-38\sim-34)\times10^{-5} m/s^2$,该矿东侧重力场相对较高,西南侧重力场相对较低。由剩余重力异常图可知,哈拉火烧铁矿床位于剩余重力正负异常的交界处,北西侧为剩余重力正异常区,剩余重力异常极值 Δg 为 $(3.60\sim4.40)\times10^{-5} m/s^2$,对应于古生代(石炭纪)基底隆起;东南侧边缘为剩余重力负异常区,极值 Δg 为 $(-7.36\sim-5.37)\times10^{-5} m/s^2$,是白垩纪、二叠纪花岗岩分布区,矿体处在地层与岩体的接触带上,该接触带与正负异常边界相对应		
	磁场特征	由航磁等值线图可知,矿床以平稳的正磁场为背景,磁异常等值线呈北东东向、北东向延伸,反映了矿区构造方向为北东东向和北东向。哈拉火烧铁矿所在处磁场强度为0～100nT		

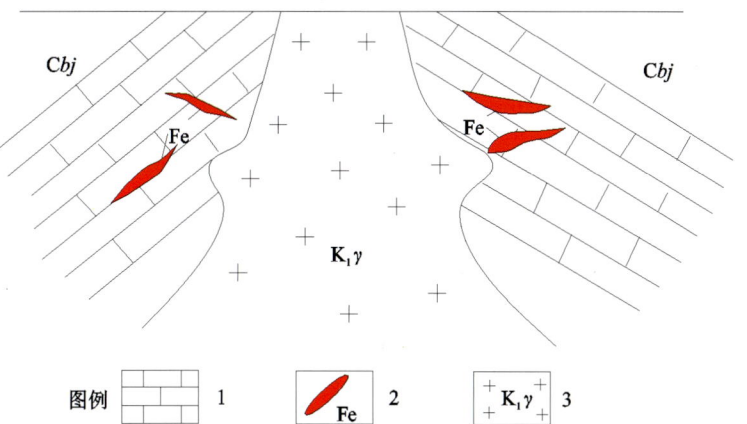

哈拉火烧式矽卡岩型铁矿成矿模式图

1.石炭系灰岩;2.铁矿体;3.花岗岩

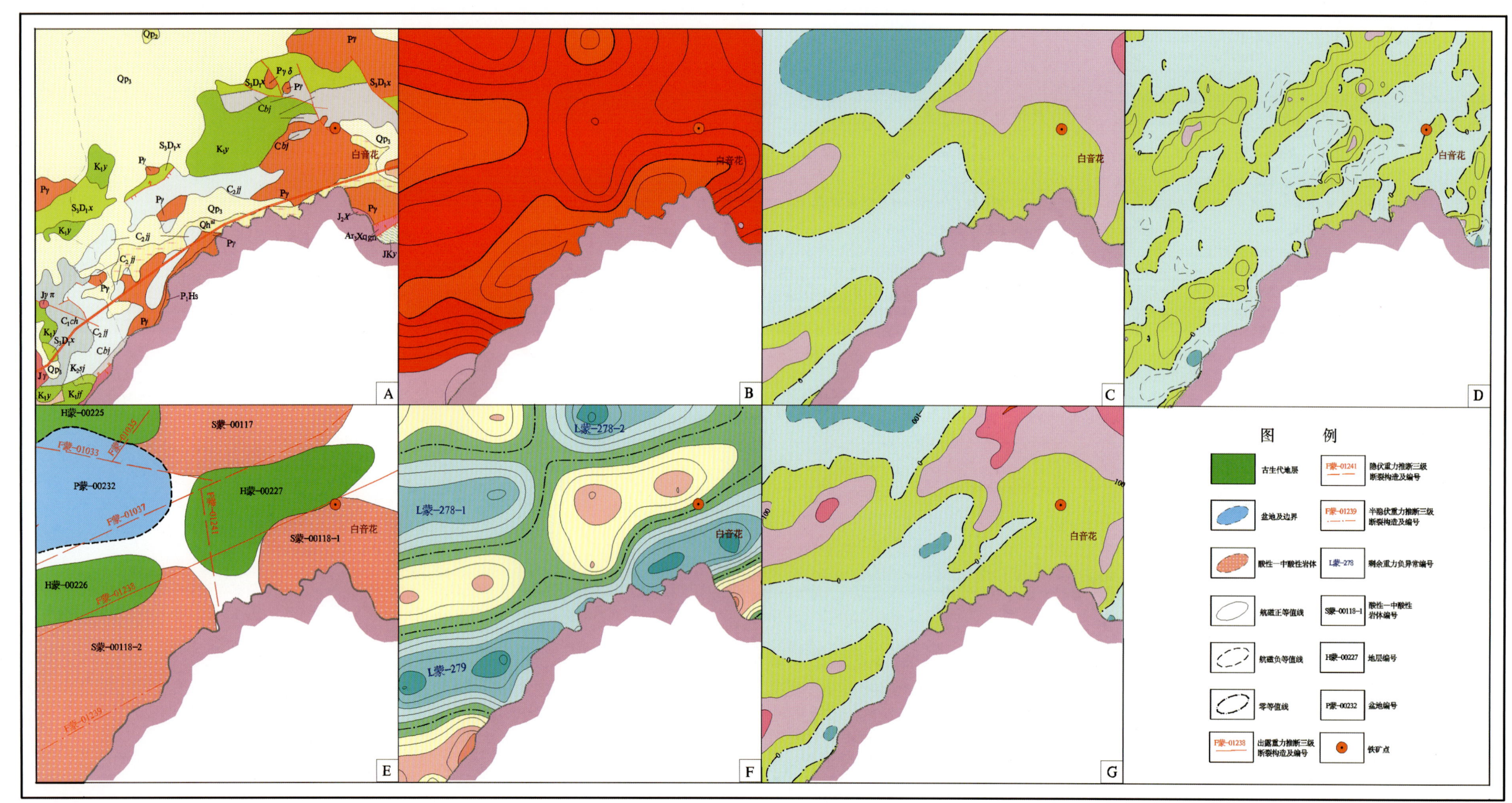

哈拉火烧式矽卡岩型铁典型矿床所在区域地质矿产及物探剖析图

A. 地质矿产图;B. 布格重力异常图;C. 航磁 ΔT 等值线平面图;D. 航磁 ΔT 化极垂向一阶导数等值线平面图;E. 重力推断地质构造图;F. 剩余重力异常图;G. 航磁 ΔT 化极等值线平面图

谢尔塔拉式火山沉积型铁矿地质、地球物理特征一览表

成矿要素		描述内容		
储量		7033.6×10^4 t	平均品位	TFe 34.51%
特征描述		火山沉积型铁矿床		
地质环境	构造背景	天山-兴蒙造山系,大兴安岭弧盆系,海拉尔-呼玛弧后盆地(Pz)		
	成矿环境	成矿区带属大兴安岭成矿省,新巴尔虎右旗-根河(拉张区)铜、钼、铅、锌、金、萤石、煤(铀)成矿带,额尔古纳金、铁、锌、硫、萤石成矿亚带。与成矿有关的地层是下石炭统莫尔根河组第二岩段中酸性火山-沉积岩。地层受海拉尔东西向构造与北东向构造的复合构造控制,矿体受北北西向次级张扭性裂隙与层间复合构造控制。与成矿有关的岩浆岩为海西中期花岗岩类及其浅成相		
	成矿时代	早石炭世		
矿床特征	矿体形态	透镜状、似层状、薄层状、个别囊状		
	岩石类型	下石炭统莫尔根河组为中酸性火山碎屑岩、碳酸盐岩和砂页岩。侵入岩为海西中期斜长花岗岩		
	岩石结构	火山沉积岩为火山碎屑结构和结晶结构,侵入岩为中细粒花岗结构		
	矿物组合	矿石矿物以磁铁矿为主,次为赤铁矿、闪锌矿。脉石矿物主要为石榴石、透辉石、方解石、绿帘石和绿泥石		
	矿石结构构造	结构:自形—半自形板状结构、半自形—他形粒状结构、交代残余结构等。构造:块状、斑状、团块状、浸染状、角砾状构造		
	围岩蚀变	石榴石化、透辉石化、碳酸盐化等		
	控矿因素	北东向得尔布干断裂和桥头-鄂伦春深大断裂,次级北西向和北东向断裂带交会处,下石炭统莫尔根河组、晚侏罗世侵入岩		
地球物理特征	重力场特征	由布格重力异常图可知,谢尔塔拉铁矿处在布格重力异常相对高值区,该布格重力异常区由近东西向转为北东向,呈条带状展布,该异常极值 Δg 变化范围为 $(-71.00\sim-50.33)\times10^{-5}$ m/s^2,谢尔塔拉铁矿位于该异常弯处,重力值 Δg 为 $(-64\sim-62)\times10^{-5}$ m/s^2,其北侧布格重力异常梯级带亦由近东西向转为北东向,重力梯级带是断裂构造的反映。由剩余重力异常图可知,谢尔塔拉铁矿位于剩余重力正异常 G 蒙-73 上,该异常走向亦是由东西向转为北东向,铁矿床处在异常转弯处。该剩余重力正异常与前述谢尔塔拉铁矿所处的布格重力异常高值带相对应,异常极值 Δg 为 $(4.06\sim19.17)\times10^{-5}$ m/s^2,该异常为古生代基底隆起所引起。异常走向的变化是因该处存在近东西向和北东向的两组断裂		
	磁场特征	由航磁等值线图可知,矿区以平稳的负磁场为背景,区域磁场总体呈北东向展布,与区域构造线方向一致。谢尔塔拉铁矿床位于平稳的负磁异常区内		

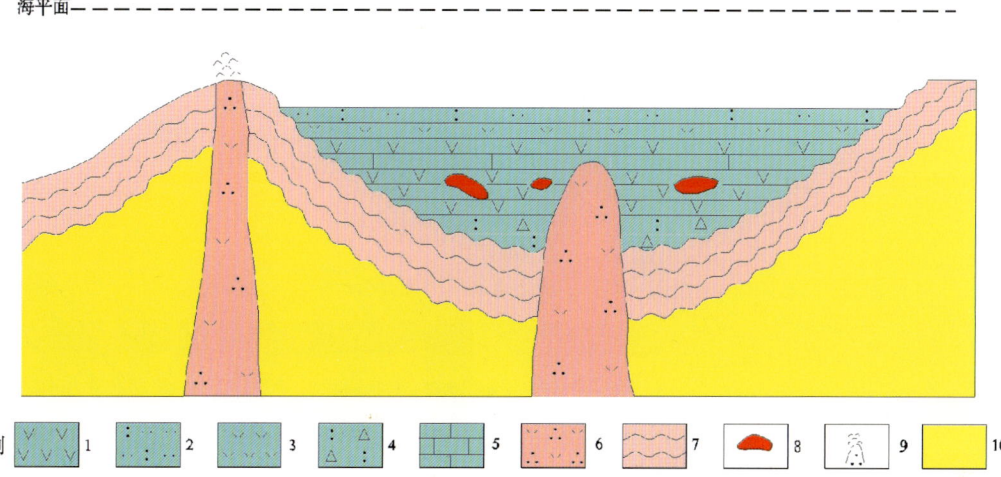

谢尔塔拉式火山沉积型铁锌矿矿床成矿模式图

1.安山岩;2.凝灰质粉砂岩;3.流纹岩;4.凝灰角砾熔岩;5.灰岩;6.石英斑岩;7.基底;8.矿体;9.火山口及喷发物;10.下地壳

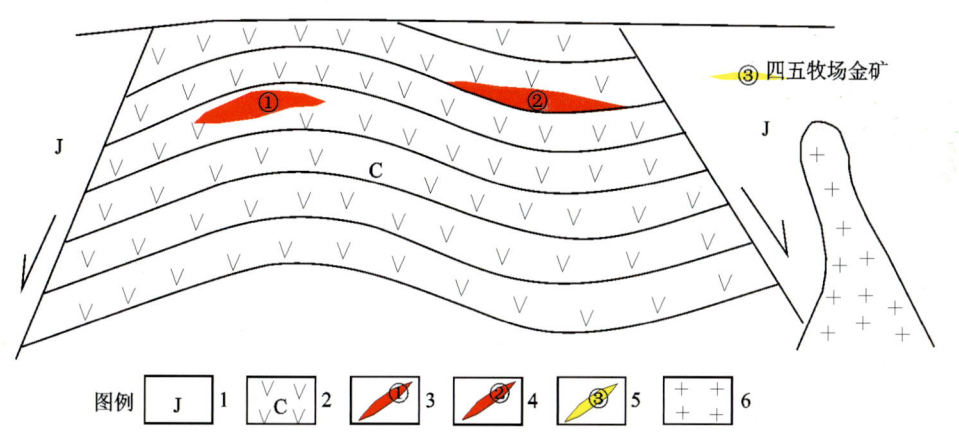

谢尔塔拉式火山沉积型铁矿区域成矿模式图

1.侏罗系;2.石炭系;3.谢尔塔拉铁锌矿;4.六一硫铁矿;5.四五牧场金矿;6.花岗岩

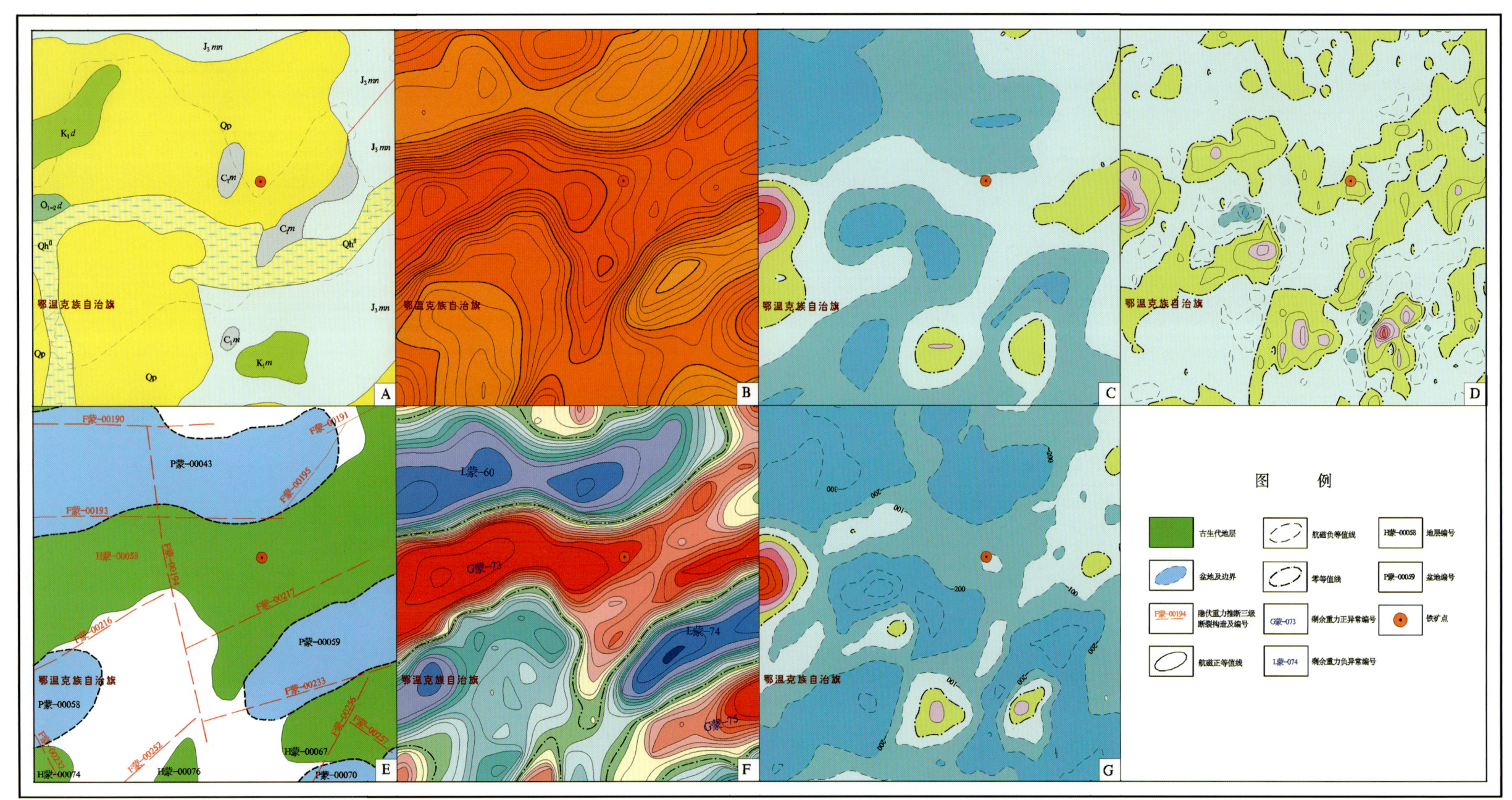

谢尔塔拉式火山沉积型铁典型矿床所在区域地质矿产及物探剖析图

A. 地质矿产图；B. 布格重力异常图；C. 航磁 ΔT 等值线平面图；D. 航磁 ΔT 化极垂向一阶导数等值线平面图；E. 重力推断地质构造图；F. 剩余重力异常图；G. 航磁 ΔT 化极等值线平面图

神山式矽卡岩型铁矿地质、地球物理特征一览表

成矿要素		描述内容		
储量		1 005 000t	平均品位	TFe 34.97%
特征描述		矽卡岩型铁铜多金属矿床		
地质环境	构造背景	天山-兴蒙造山系,大兴安岭弧盆系,锡林浩特岩浆弧		
	成矿环境	成矿区带属滨太平洋成矿域(叠加在古亚洲成矿域之上),大兴安岭成矿省,突泉-翁牛特铅、锌、银、铜、铁、锡、稀土成矿带,神山-大井子铜、铅、锌、银、铁、钼、稀土、铌、钽、萤石成矿亚带(I-Y)。成矿与中二叠统(哲斯组)大理岩有关;北东向构造控矿,北西向次级断裂容矿;与矿有关的岩浆岩为燕山晚期花岗闪长岩(中酸性侵入岩)		
	成矿时代	燕山早期		
矿床特征	控矿构造	北东向的一组压性为主兼扭性断裂及其所形成的层间裂隙是控矿的有利部位		
	矿体形态	透镜体、扁豆体、团块状		
	岩石类型	花岗闪长岩,其次为黑云母花岗岩、斜长花岗岩、斑岩类等		
	矿物组合	金属矿物有赤铁矿、磁铁矿、黄铁矿、闪锌矿、方铅矿、黄铜矿、黝铜矿、辉铜矿、铜蓝和孔雀石。非金属矿物有透辉石、石榴石、绿帘石、绿泥石		
	矿石结构构造	结构:他形晶粒状结构,少见放射状、束状结构。构造:致密块状、浸染状构造		
	围岩蚀变	矽卡岩化		
	控矿因素	北东向的一组压性为主兼扭性断裂及其所形成的层间裂隙是控矿的有利部位;花岗闪长岩及后期气水溶液交代了围岩中有益成分并在有利部位富集成矿;中二叠统哲斯组		
地球物理特征	重力场特征	由布格重力异常图可知,神山铁矿位于大兴安岭-太行山-武陵山北北东向巨型宽条带梯级带东侧,该矿床位于布格重力场相对较高且平稳的区域,其附近重力值 Δg 为 $(-30\sim-28)\times10^{-5}$ m/s²。由剩余重力异常图可知,神山铁矿位于剩余重力正负异常交界处靠近负异常一侧,负异常 Δg 变化范围为 $(-3.64\sim-1)\times10^{-5}$ m/s²,正异常 Δg 变化范围为 $(1\sim6.68)\times10^{-5}$ m/s²,该区域分布有侏罗纪、二叠纪中酸性岩体,同时出露有二叠系。推断该负异常主要是酸性侵入岩引起,正异常为古生代基底隆起所引起		
	磁场特征	由航磁等值线图可知,矿床位于低缓磁背景场中的正负磁分界线上。负异常呈狭长带状,正磁异常在其东侧,呈条带状北东向延伸,该正磁异常与地表出露的侏罗纪中基性火山岩有关		

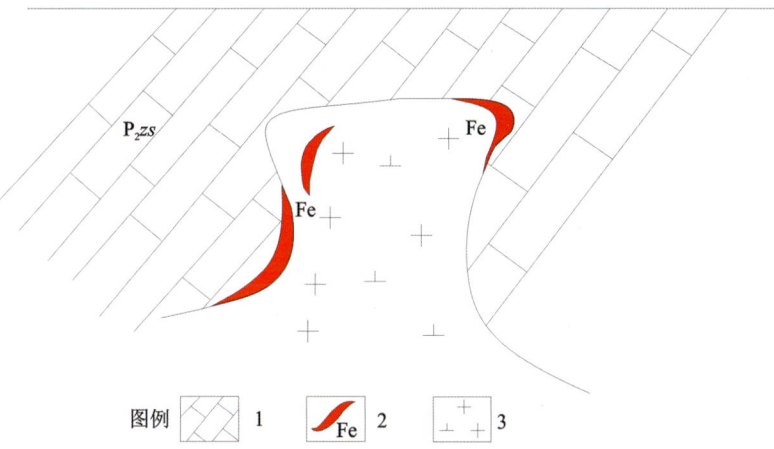

图例 ╱╱1 ╱Fe 2 ┼┼ 3

神山式矽卡岩型铁矿成矿模式图

1.哲斯组:长石质硬砂岩、泥质灰岩、大理岩;2.铁矿体;3.花岗闪长岩

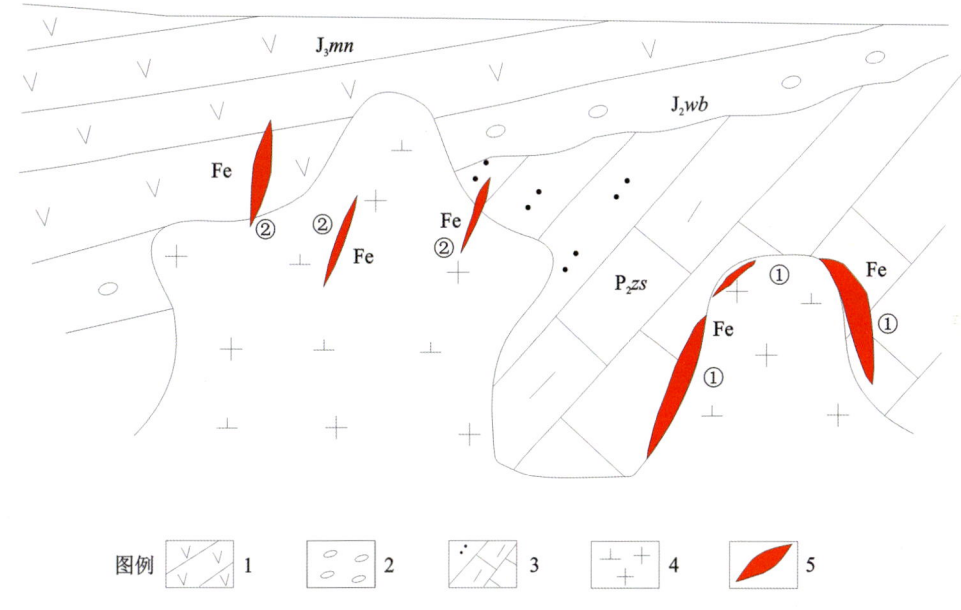

图例 ╱╱1 ○○2 ∙∙3 ┼┼4 ╱Fe 5

神山式矽卡岩型铁矿区域成矿模式图

1.玛尼吐组中性火山岩;2.万宝组砾岩;3.哲斯组灰岩、粉砂岩;4.燕山期花岗闪长岩;5.铁矿体;①神山式矽卡岩型铁矿;②马鞍山式矽卡岩型铁矿

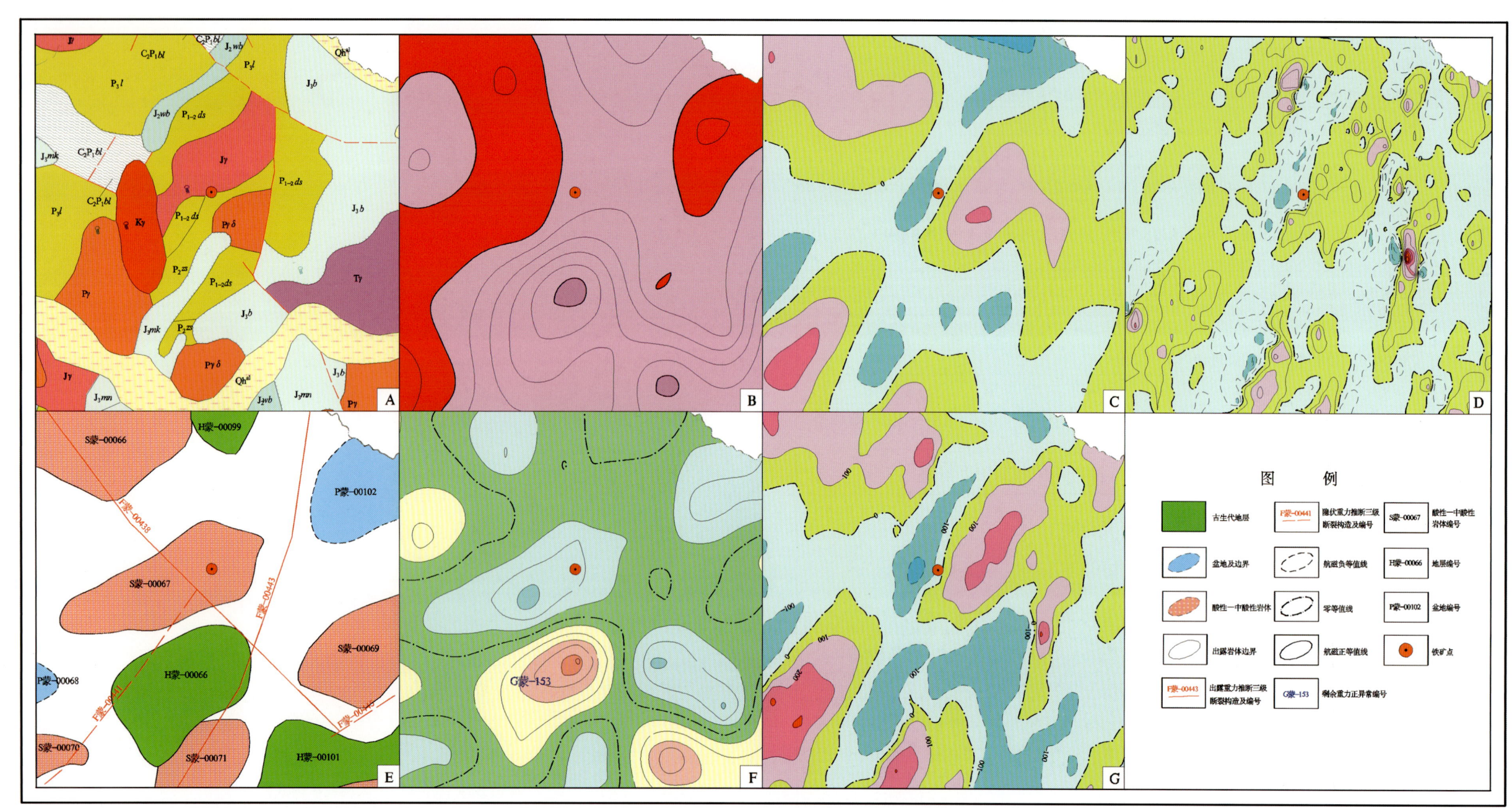

神山式矽卡岩型铁典型矿床所在区域地质矿产及物探剖析图

A. 地质矿产图；B. 布格重力异常图；C. 航磁 ΔT 等值线平面图；D. 航磁 ΔT 化极垂向一阶导数等值线平面图；E. 重力推断地质构造；F. 剩余重力异常图；G. 航磁 ΔT 化极等值线平面图

白云敖包式海相火山岩型铁矿地质、地球物理特征一览表

成矿要素		描述内容		
储量		7570.08×10^4 t	平均品位	TFe 36.04%
特征描述		海相火山岩型铁矿床		
地质环境	构造背景	天山-兴蒙造山系,大兴安岭弧盆系,锡林浩特岩浆弧(Pz_2)		
	成矿环境	成矿区带属滨太平洋成矿域(叠加在古亚洲成矿之上),大兴安岭成矿省,白乃庙-锡林郭勒铁、铜、钼、铅、锌、锰、铬、金、锗、煤、天然碱、芒硝成矿带,温都尔庙-红格尔庙铁、金、钼成矿亚带(Pt、V、Y)。成矿与温都尔庙群的桑达来呼都格组二段和哈尔哈达组一段有关;褶皱控矿,铁矿体与褶皱轴部相吻合		
	成矿时代	中元古代		
矿床特征	矿体形态	层状、似层状、扁豆状和透镜状,以层状和似层状为主,铁矿层形态受褶皱构造严格控制,平面上呈"W"形,剖面上呈"M"形		
	岩石类型	绿泥片岩、阳起片岩、石英岩、绢英片岩		
	矿物组合	铁矿物:假象、半假象赤铁矿、磁铁矿、褐铁矿、少量针铁矿、纤铁矿、镜铁矿。锰矿物:褐锰矿、硬锰矿、水锰矿。硫化物:黄铜矿、黄铁矿。脉石矿物:石英、绢云母、次闪石(阳起石)、碳酸盐矿物(方解石)		
	矿石结构构造	结构:半自形—他形晶粒结构,晶架结构,镶边结构,针状、放射状结构。构造:条带状、致密块状、脉状充填、层理构造、角砾状、皱纹状、蜂窝状、土状、胶状构造		
	围岩蚀变	主要蚀变为绢云母化、高岭土化和硅化,近矿围岩常有铁染及褪色现象		
	控矿因素	中元古界温都尔庙群桑达来音呼都格组第二岩段顶部,褶皱控矿,铁矿体与褶皱轴部相吻合		
地球物理特征	重力场特征	白云敖包铁矿位于北东向展布的布格重力异常高值区靠近边部的梯级带上,布格重力异常最大值为-125.63×10^{-5} m/s²,该区域对应于剩余重力正异常 G蒙-533,最大值为11.88×10^{-5} m/s²,铁矿点位于北东向展布的剩余重力正异常中心附近,处在等值线密集处。该区的重力高值带与前古生代基底隆起有关,低值带则多与新生代盆地分布有关,少数与中酸性岩体分布有关		
	磁场特征	白云敖包铁矿点位于北东向展布的正负磁异常的接触带上,其西北侧为宽缓的负磁异常区,磁场强度变化为$-200 \sim 0$ nT,东南侧为正磁异常区,磁场强度变化为$0 \sim 200$ nT,重磁场特征显示有北东向断裂通过该区域		

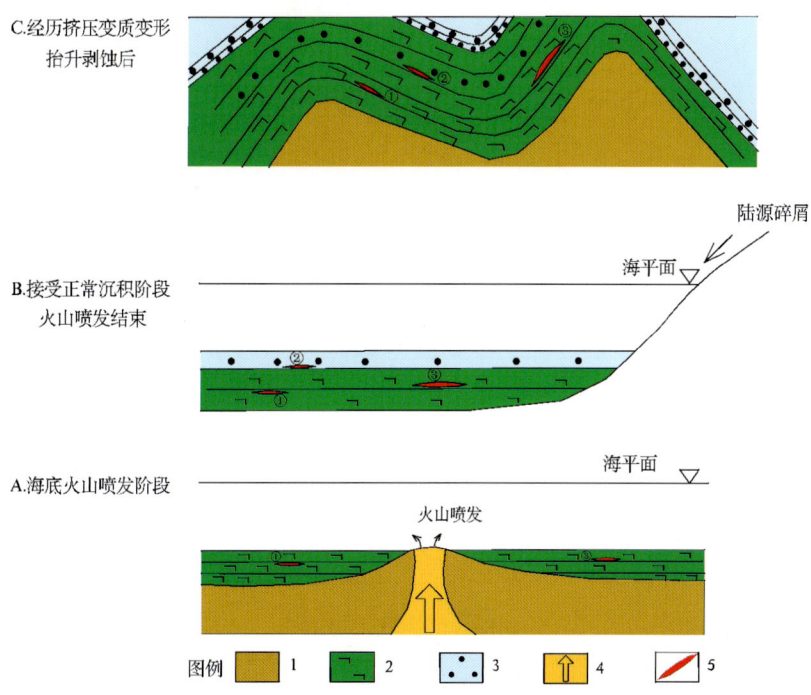

白云敖包式海相火山岩型铁矿区域成矿模式图

1.基底;2.沉积(碳酸盐岩);3.盖层沉积(碎屑岩);4.火山通道;5.铁矿:①白云敖包,②哈尔哈达,③包日汉

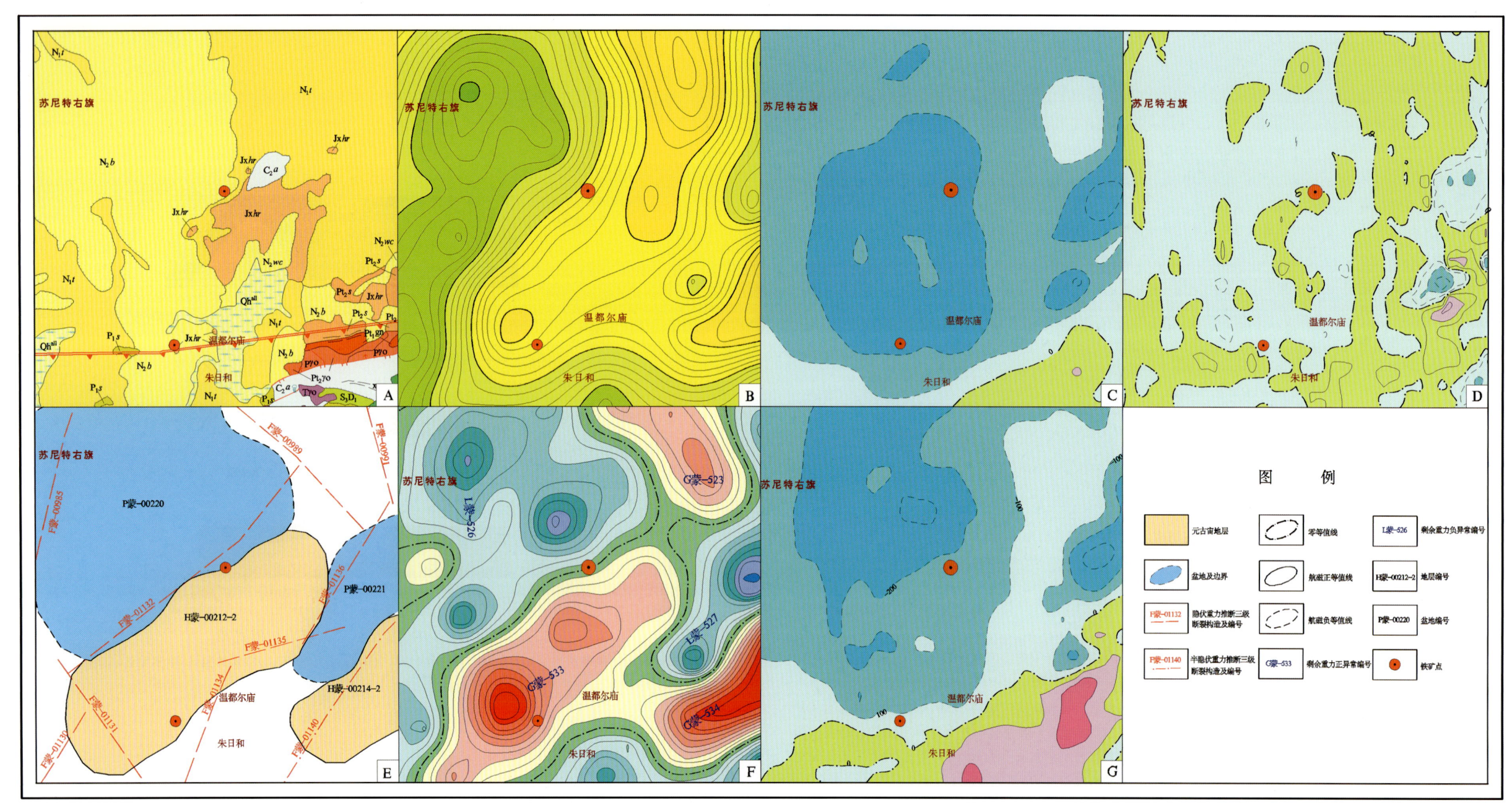

白云敖包式海相火山岩型铁典型矿床所在区域地质矿产及物探剖析图

A. 地质矿产图；B. 布格重力异常图；C. 航磁 ΔT 等值线平面图；D. 航磁 ΔT 化极垂向一阶导数等值线平面图；E. 重力推断地质构造图；F. 剩余重力异常图；G. 航磁 ΔT 化极等值线平面图

地营子式热液型铁矿地质、地球物理特征一览表

成矿要素		描述内容		
储量		217 393t	平均品位	TFe 39.62%
特征描述		热液充填交代型铁矿床		
地质环境	构造背景	天山-兴蒙造山系,大兴安岭弧盆系,额尔古纳岛弧(Pz_1)		
	成矿环境	成矿区带属大兴安岭成矿省,新巴尔虎右旗-根河(拉张区)铜、钼、铅、锌、银、金、萤石、煤(铀)成矿带,莫尔道嘎铁、铅、锌、银、金成矿亚带(Pt、V、Y、Q)。区内地层出露主要有震旦系额尔古纳河组第二岩段和第三岩段,石炭系红水泉组,侏罗系玄武岩和玄武安山岩。矿区内岩浆活动微弱,仅在东北部山梁上,见一燕山期小侵入体,呈独立岩株状产出,岩性为细粒闪长岩,具轻微绿帘石化。矿床处于次级北西向断裂带和北东向断裂带交会处		
	成矿时代	海西晚期—燕山早期		
矿床特征	矿体形态	不规则脉状、透镜状		
	岩石类型	震旦系额尔古纳河组为一套海相陆屑-碳酸盐建造,有白云质、硅质大理岩,石英细砂岩,石英长石砂岩,绢云母板岩,碳质结晶灰岩,铁质大理岩等。燕山期岩体为闪长岩		
	岩石结构	沉积岩为碎屑结构和变晶结构,侵入岩为细粒结构		
	矿物组合	矿石矿物以赤铁矿、褐铁矿为主,磁铁矿、镜铁矿、软锰矿次之。脉石矿物主要为粒状方解石、白云石及少量石英		
	矿石结构构造	结构:板状、粒状、交代假象结构。构造:致密块状、角砾状、浸染状、土状、蜂巢状、胶状构造		
	围岩蚀变	硅化、碳酸盐化、赤铁矿化		
	控矿因素	震旦系额尔古纳河组;海西期及燕山期花岗岩均有侵入;北东向得尔布干断裂和额尔古纳-呼伦深大断裂,次级北西向和北东向断裂带交会处		
地球物理特征	重力场特征	由布格重力异常图可知,地营子铁矿位于北北东向展布的布格重力高异常区的重力梯级带上,Δg 为$(-70.0\sim-68.0)\times10^{-5}$ m/s²,其西侧为中蒙国境线,矿床东侧为布格重力异常低值区,布格重力极值 $\Delta g_{min}=-87.52\times10^{-5}$ m/s²,布格重力高值区对应于元古宙基底隆起区,布格重力低值区对应于酸性岩体分布区,梯级带对应岩体与地层的分界线,可见矿体应处在岩体与地层的接触带上。由剩余重力异常图可知,地营子铁矿位于剩余重力正负异常的交接带上。剩余重力正异常区 Δg 为$(1\sim4.11)\times10^{-5}$ m/s²,对应元古宙(震旦系 Ze)地层、古生代地层分布区;剩余重力负异常区 Δg 为$(-5.38\sim-1)\times10^{-5}$ m/s²,对应二叠纪黑云母花岗岩分布区。说明区域上地营子铁矿位于地层与岩体的接触带上		
	磁场特征	由航磁等值线图可知,矿区以宽缓的正磁场为背景,地营子铁矿位于正磁异常上,该磁异常为磁铁矿和地表出露的玛尼吐组的英安岩及凝灰岩引起。该区的重磁场特征显示该区域有北北东向和北东向断裂通过,一定程度上反映了地营子铁矿的成矿地质环境		

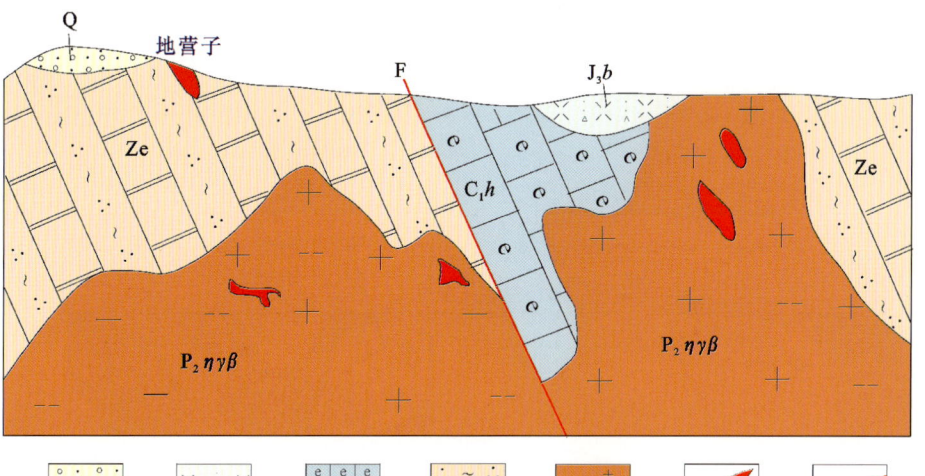

地营子式热液型铁矿区域成矿模式图

1.腐殖土、冲积砂砾石层;2.白音高老组:流纹岩、火山角砾凝灰岩、珍珠岩;3.红水泉组:生物碎屑灰岩、粉砂质泥岩、砾岩;4.额尔古纳河组:大理岩、石英岩;5.粗粒黑云母二长花岗岩;6.铁矿脉;7.断层

地营子式热液型铁典型矿床所在区域地质矿产及物探剖析图

A. 地质矿产图;B. 布格重力异常图;C. 航磁 ΔT 等值线平面图;D. 航磁 ΔT 化极垂向一阶导数等值线平面图;E. 重力推断地质构造图;F. 剩余重力异常图;G. 航磁 ΔT 化极等值线平面图

马鞍山式热液型铁矿地质、地球物理特征一览表

成矿要素		描述内容		
储量		1 001 000t	平均品位	TFe 32.37%
特征描述		热液型铁矿床		
地质环境	构造背景	天山-兴蒙造山系,大兴安岭弧盆系,锡林浩特岩浆弧北东端		
	成矿环境	成矿区带属滨太平洋成矿域(叠加在古亚洲成矿域之上),大兴安岭成矿省,突泉-翁牛特铅、锌、银、铜、铁、锡、稀土成矿带,神山-大井子铜、铅、锌、银、铁、钼、稀土、铌、钽、萤石成矿亚带(Ⅰ-Y)。矿区主要地层有二叠系哲斯组和大石寨组及侏罗系满克头鄂博组。区内与成矿有关的侵入岩为燕山早期花岗闪长岩、黑云母花岗岩和斜长花岗岩等,并有燕山期的斑岩类。受滨太平洋构造体系影响,区内构造活动较强,断裂构造比较发育,北北西向和北西西向张性断裂为成矿前断裂		
	成矿时代	燕山早期		
矿床特征	矿体形态	脉状、透镜状		
	岩石类型	花岗闪长岩、闪长玢岩、安山岩、粗面安山岩、玻基珍珠状安山岩		
	矿物组合	磁铁矿、赤铁矿、褐铁矿、黄铁矿、黄铜矿;石英、电气石、绿泥石、次闪石		
	矿石结构构造	结构:粒状交代结构,环带状、叶片状、纤维状交代结构,少量胶状结构。构造:浸染状构造、角砾状构造、致密块状构造、条带状构造、胶状构造		
	围岩蚀变	高岭土化、绢云母化、电气化、硅化和绿泥石化		
	控矿因素	北北西向和北西西向张性断裂为成矿前断裂,与铁矿成矿关系密切,是矿区主要的容矿构造;晚侏罗世花岗闪长岩		
地球物理特征	重力场特征	由布格重力异常图可知,矿区位于大兴安岭-太行山-武陵山北北东向巨型重力梯度带上,马鞍山铁矿位于布格重力相对高值区的梯级带由北东转为近东西转弯处的西侧边部,所在处布格重力异常极值 Δg 为 $(-50\sim-48)\times10^{-5}$ m/s^2。由剩余重力异常图可知,马鞍山铁矿位于剩余重力负异常区,异常极值 Δg 为 $(-7.94\sim-4.58)\times10^{-5}$ m/s^2,该负异常与酸性侵入岩有关,在其北侧的剩余重力正异常呈条带状,且由北东向转为北西向延伸,该正异常与古生代(二叠纪地层)基底隆起有关		
	磁场特征	由航磁等值线图可知,马鞍山铁矿处在北东向展布的条带状磁异常带中,磁异常强度 ΔT 为 100nT,该正磁异常与地表出露的侏罗系玛尼吐组(中基性火山岩)有关。磁场特征显示马鞍山铁矿处在北西向和北东向断裂交会处		

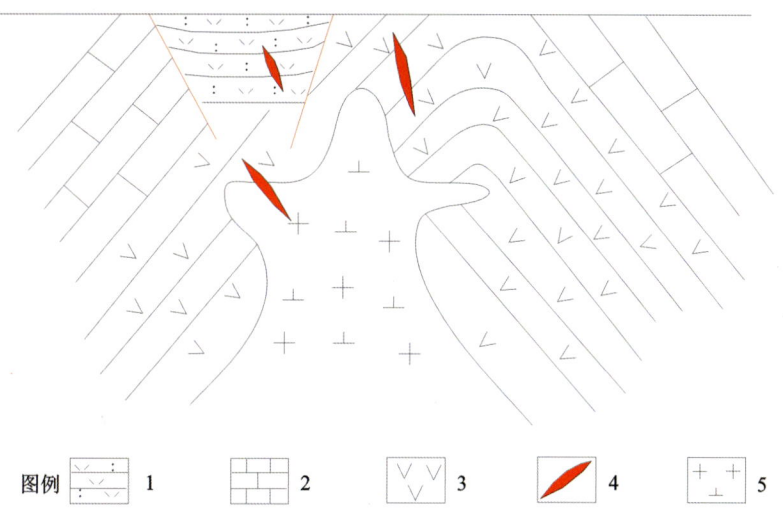

马鞍山式热液型铁矿成矿模式图

1.侏罗系流纹质凝灰岩;2.二叠系灰岩;3.二叠系安山岩;4.铁矿体;5.花岗岩

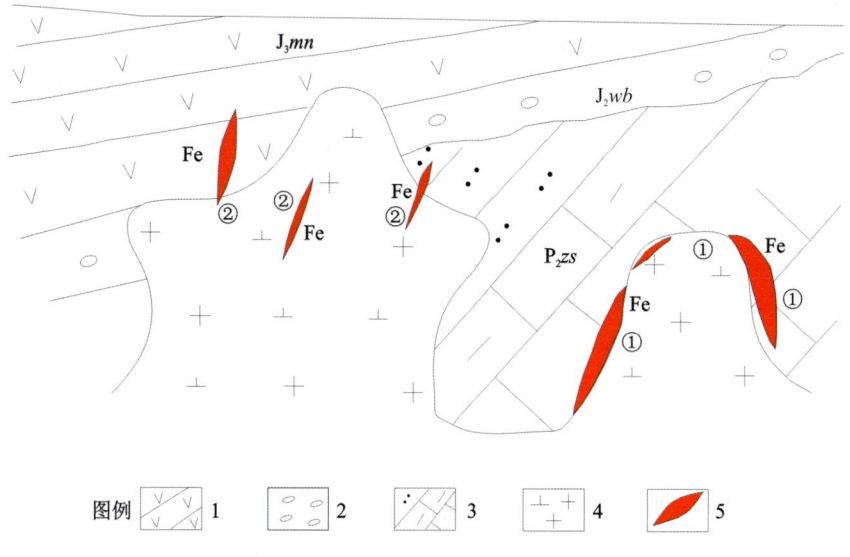

马鞍山式热液型铁矿区域成矿模式图

1.玛尼吐组中性火山岩;2.万宝组砾岩;3.哲斯组灰岩、粉砂岩;4.燕山期花岗闪长岩;5.铁矿体:①神山式矽卡岩型铁矿、②马鞍山式矽卡岩型铁矿

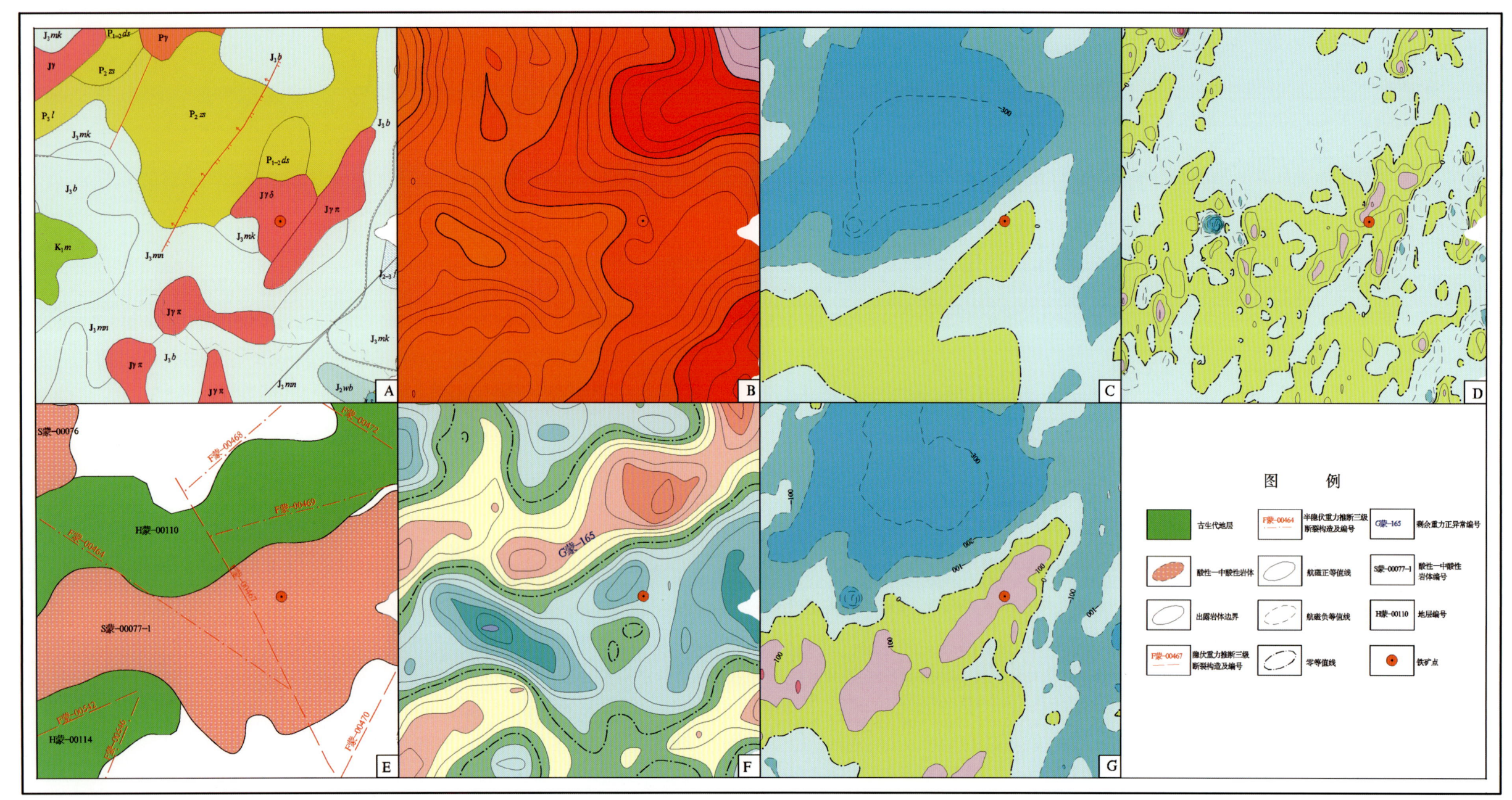

马鞍山式热液型铁典型矿床所在区域地质矿产及物探剖析图

A. 地质矿产图；B. 布格重力异常图；C. 航磁 ΔT 等值线平面图；D. 航磁 ΔT 化极垂向一阶导数等值线平面图；E. 重力推断地质构造图；F. 剩余重力异常图；G. 航磁 ΔT 化极等值线平面图

贾格尔其庙式变质型铁矿地质、地球物理特征一览表

成矿要素		描述内容		
储量		5 424 010t	平均品位	TFe 34.61%
特征描述		变质型铁矿		
地质环境	构造背景	华北陆块区，狼山-阴山陆块（大陆边缘岩浆弧 Pz_2），色尔腾山-太仆寺旗古岩浆弧（Ar_3）		
	成矿环境	成矿区带属华北成矿省，华北陆块北缘西段金、铁、铌、稀土、铜、铅、锌、银、镍、铂、钨、石墨、白云母成矿带，乌拉山-集宁金、银、铁、铜、铅、锌、石墨、白云母成矿亚带（Ar_{1-2}、I、Y）		
		铁矿体主要产在中太古界乌拉山岩群片麻岩系中，主要为角闪斜长片麻岩、黑云斜长片麻岩、石榴石黑云斜长片麻岩等。在矿体附近有花岗岩出露，并有花岗岩脉、花岗伟晶岩脉、闪长岩脉和其他中基性岩脉侵入		
	成矿时代	中太古代		
矿床特征	矿体形态	层状、似层状，见分叉复合和尖灭现象		
	岩石类型	角闪斜长片麻岩		
	岩石结构	针状、柱状变晶结构、粒状变晶结构		
	矿物组合	矿石矿物：磁铁矿。脉石矿物：角闪石、石英为主，斜长石、黑云母、石榴石等		
	矿石结构构造	结构：粒状变晶结构。构造：条带状、浸染状构造		
	围岩蚀变	次闪石化、绢云化、泥化		
	控矿因素	中太古界乌拉山岩群哈达门沟岩组角闪斜长片麻岩组合（局部地区其他组合中也含磁铁矿）		
地球物理特征	重力场特征	由布格重力异常图可知，贾格尔其庙铁矿床位于布格重力相对高值区东侧的梯级带上，该高值区呈东西向椭圆状展布，异常区边界等值线分布较密集，形成明显的重力梯级带，异常极值 $\Delta g_{max} = -117.47 \times 10^{-5} m/s^2$，推测梯级带处有近东西向和北北东向断裂构造存在。在剩余重力异常图上，贾格尔其庙铁矿床位于剩余重力正异常 G 蒙-665 东侧等值线密集处，Δg 为 $(1\sim18.17)\times10^{-5} m/s^2$，该异常呈东西向条带状展布，与贾格尔其庙铁矿床所处的布格重力异常高值区相对应，结合地质资料可知，该正异常区为太古宙基底隆起所致		
	磁场特征	由航磁等值线图可知，贾格尔其庙铁矿位于东西向展布的正磁异常上，磁场强度 ΔT 最高达 600nT，该正磁异常为太古宙基底地层的反映。矿床东侧为平稳的负磁异常区		

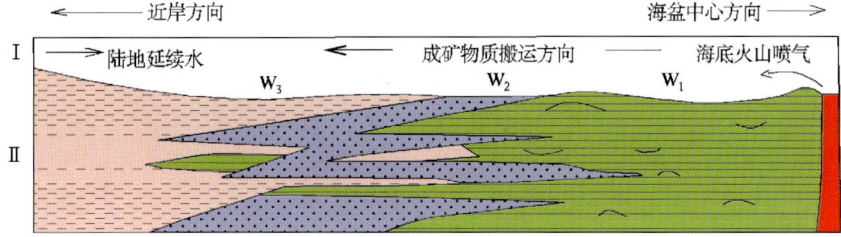

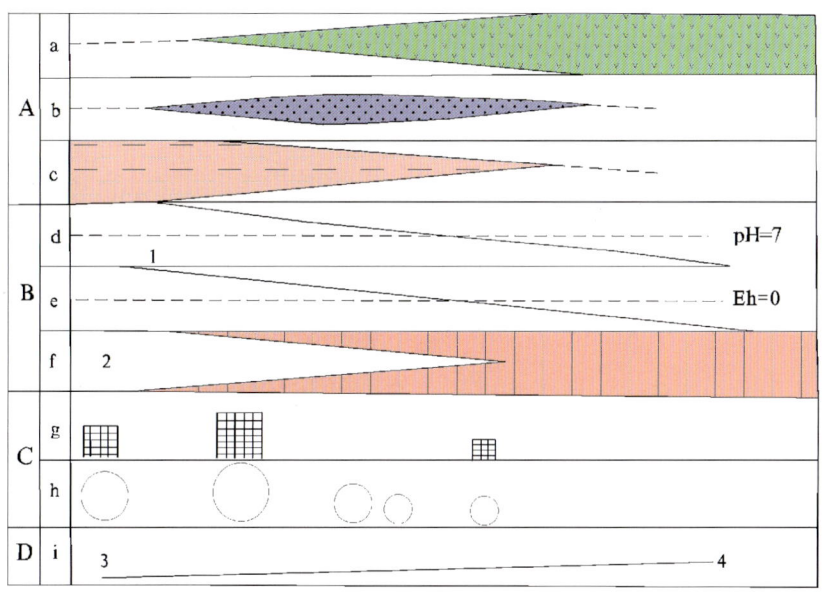

贾格尔其庙式变质型铁矿成矿模式图

Ⅰ.沉积成矿水体环境；W_1.强酸性水环境；W_2.酸碱性交替环境；W_3.中性—弱碱性水环境。
Ⅱ.地层原岩建造剖面。A.地层原岩组成（a.海底火山喷溢的基性火山岩；b.海底火山喷发的中酸性凝灰质火山；c.陆源泥质-粉砂质沉积岩）；B.沉积水体特征（d.水体的酸碱性；e.水体的氧化电位；f.水体成分；1.海底火山影响的酸性水；2.陆源水体影响的中性—弱酸性水）；C.铁矿床发育特征（g.矿石储量；h.矿床规模）；D(i).铁矿石成分（3.矿石 Fe_2O_3+FeO 含量；4.矿石 $Al_2O_3+MgO+CaO$ 含量）

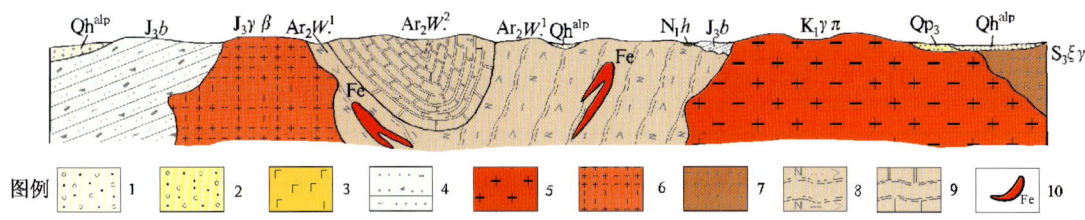

贾格尔其庙式变质型铁矿区域成矿模式图

1.冲积、洪积砂砾石；2.亚黏土、砂砾石层砂砾、细砂；3.汉诺坝组：气孔状玄武岩武；4.白音高老组：酸性玻屑熔结凝灰岩、玻屑晶屑凝灰岩、凝灰粉砂岩；5.花岗斑岩；6.黑云母花岗岩；7.正长花岗岩；8.乌拉山岩群一岩段：角闪斜长片麻岩、黑云绢云石英片岩；9.乌拉山岩群二岩段：大理岩；10.铁矿体

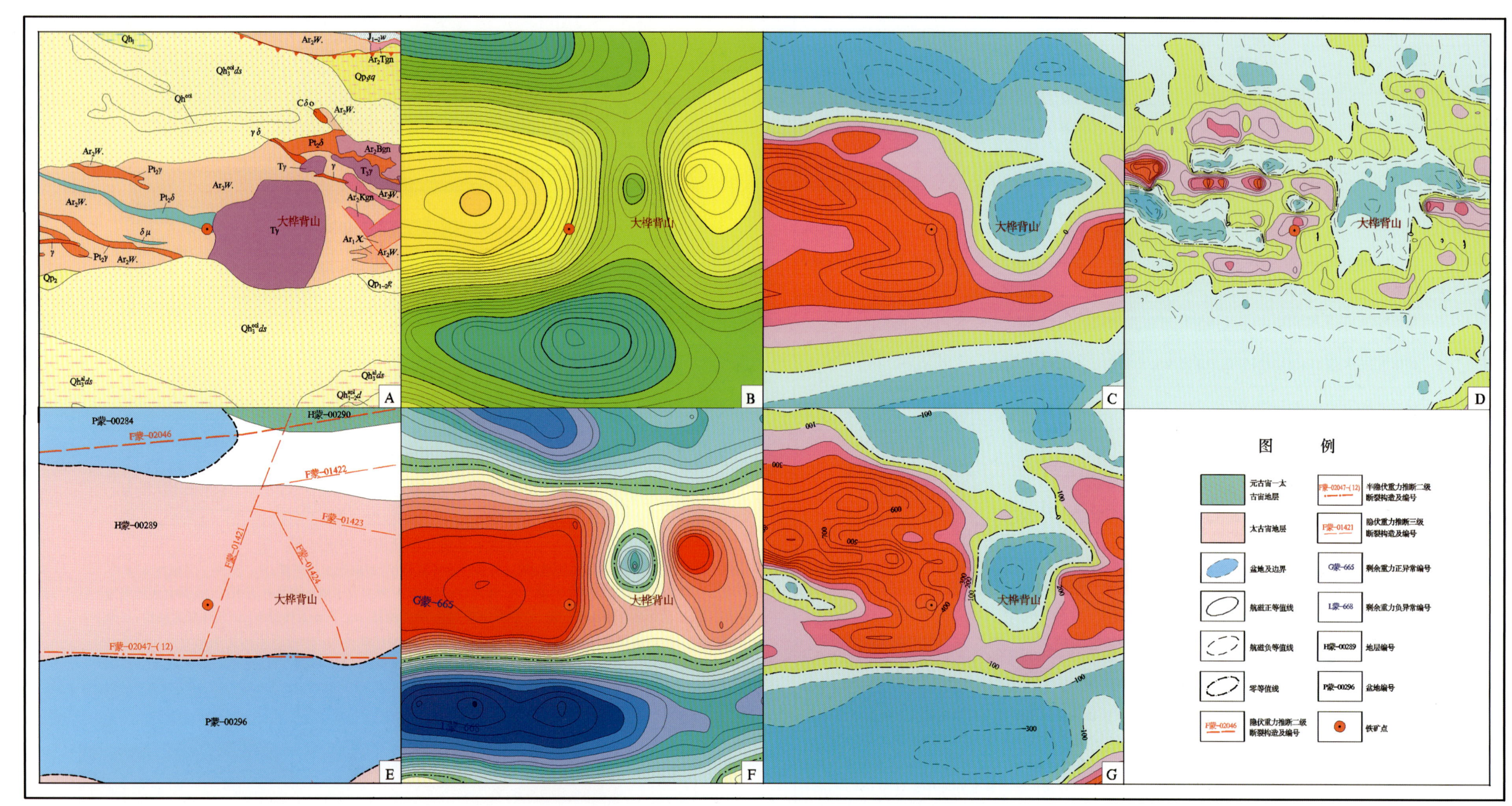

贾格尔其庙式变质型铁典型矿床所在区域地质矿产及物探剖析图

A. 地质矿产图;B. 布格重力异常图;C. 航磁 ΔT 等值线平面图;D. 航磁 ΔT 化极垂向一阶导数等值线平面图;E. 重力推断地质构造图;F. 剩余重力异常图;G. 航磁 ΔT 化极等值线平面图

霍各乞式沉积型铁矿地质、地球物理特征一览表

成矿要素		描述内容		
储量		$5\ 367\ 270.68 \times 10^4$ t	平均品位	TFe 27.07%～53.20%
特征描述		海底火山喷流沉积型铁矿床		
地质环境	构造背景	华北陆块区,狼山-阴山陆块,狼山-白云鄂博裂谷		
	成矿环境	成矿区带属华北成矿省,华北陆块北缘西段金、铁、铌、稀土、铜、铅、锌、银、镍、铂、钨、石墨、白云母成矿带,狼山-渣尔泰山铅、锌、金、铁、铜、铂、镍成矿亚带(Ar_3、Pt、V)。矿区仅出露中元古界渣尔泰山群阿古鲁沟组和刘鸿湾组,岩浆岩分布普遍。岩浆活动具多期性,以元古宙和海西期最为强烈。断裂构造控制褶皱,后期构造继承和叠加改造早期褶皱。断裂分为成矿期深断裂和成矿期后断裂		
	成矿时代	中元古代		
矿床特征	矿体形态	呈似层状		
	岩石类型	渣尔泰山群阿古鲁沟组第二岩段透闪石岩、透辉石岩及其相互间的过渡岩类		
	岩石结构	针状、柱状变晶结构		
	矿物组合	矿石矿物主要为磁铁矿,少量磁黄铁矿、黄铁矿、赤铁矿,局部见星点浸染状黄铜矿和方铅矿。脉石矿物主要为铁闪石、方解石、石英、阳起石、透闪石,其次有石榴石、绿泥石、黑云母、角闪石等		
	矿石结构构造	结构:自形—半自形粒状结构、交代残余结构。构造:中等—稠密浸染状构造,条带状、块状构造次之		
	围岩蚀变	主要为透辉石化、透闪石化、硅化,次为绢云母化、绿泥石化、碳酸盐化及黄铁矿化等。与成矿有关系的有透闪石化、硅化和绢云母化		
	控矿因素	主要受阿古鲁沟组第二岩段控制;多分布于褶皱的向斜部位		
地球物理特征	重力场特征	霍各乞沉积型铁矿床位于北东向局部重力高异常西南端的相对平稳区,Δg 为 $(-166\sim-162) \times 10^{-5}$ m/s²。铁矿床以北由两个异常中心组成,$\Delta g_{max}=-143.76 \times 10^{-5}$ m/s²,在铁矿床东南的局部重力低亦呈北东走向,根据地表地质资料分析,推断该铁矿床以北的局部重力高异常由元古宙地层及基性—超基性岩体共同引起;重力低异常带是沿较大的断裂破碎带中充填的中—酸性岩体所致。由剩余重力异常图可知,铁矿床处在零值线偏正异常一侧,等值线分布稀疏且宽缓。在矿区南北两侧分布有呈北东向带状展布的剩余重力正负异常带。结合地质资料可知,正异常是对元古宙基底隆起的反映,负异常由酸性侵入岩引起		
	磁场特征	由航磁等值线图可知,该铁矿床所处的区域磁场背景值变化范围不大,在 $-100\sim 0$nT 之间,局部有规模不大的正磁异常。由航磁 ΔT 化极等值线可知,霍各乞铁矿位于椭圆形正磁异常的零值线上,磁场变化范围在 $0\sim 300$nT 之间,区内磁异常整体呈北东向展布,推断区内有北东向断裂存在		

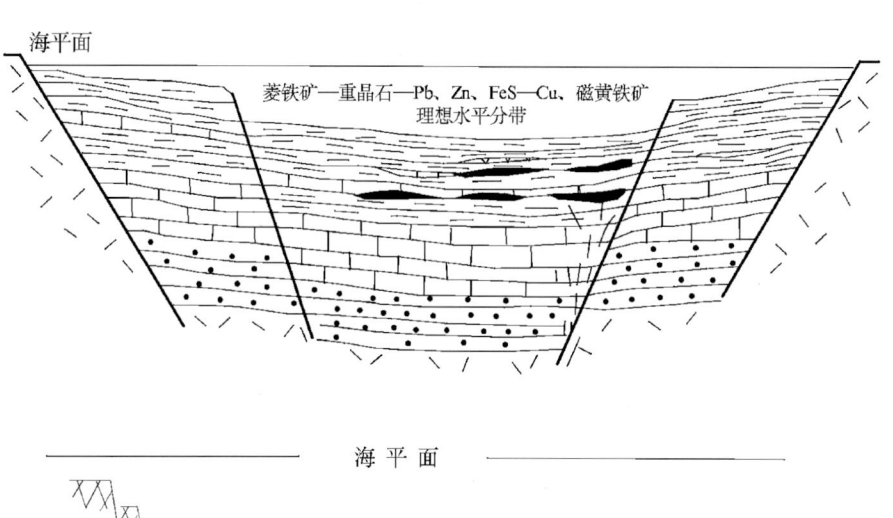

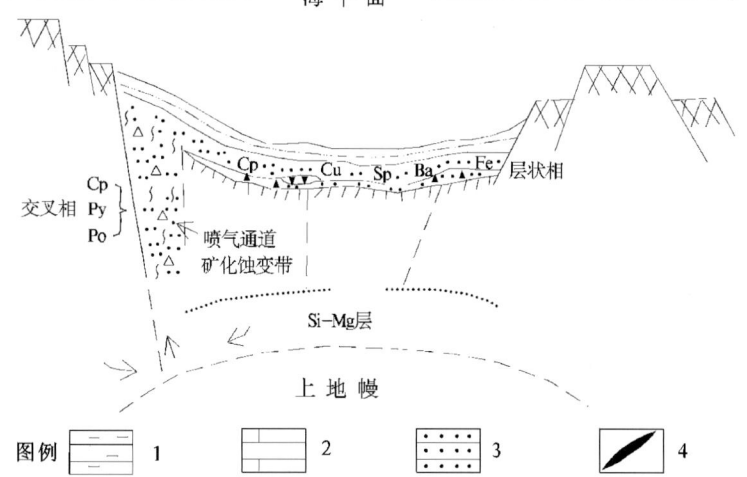

霍各乞式沉积型铁矿成矿模式图

1.千枚岩;2.灰岩;3.砂岩;4.沉积型

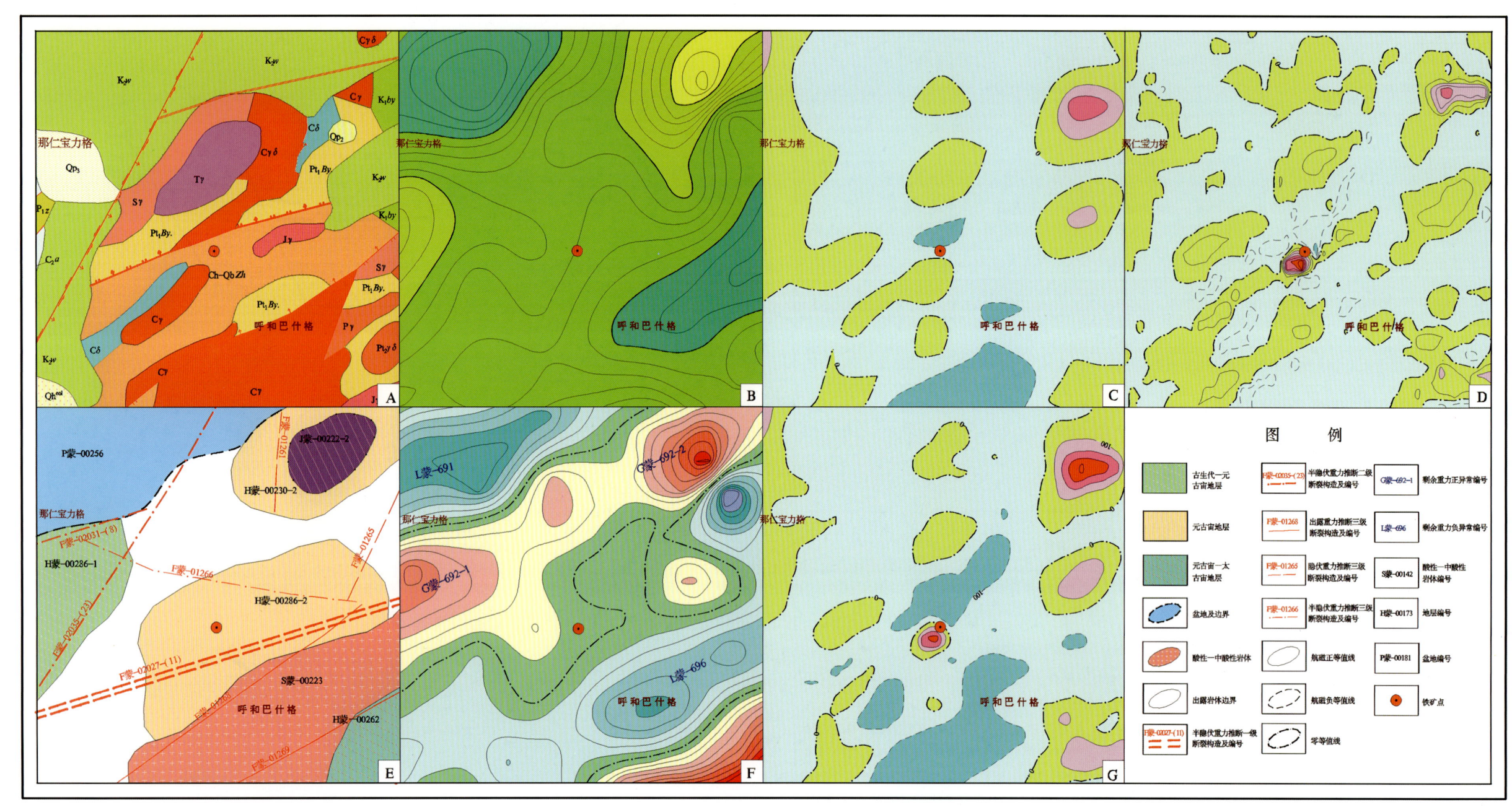

霍各乞式沉积型铁典型矿床所在区域地质矿产及物探剖析图

A. 地质矿产图；B. 布格重力异常图；C. 航磁 ΔT 等值线平面图；D. 航磁 ΔT 化极垂向一阶导数等值线平面图；E. 重力推断地质构造图；F. 剩余重力异常图；G. 航磁 ΔT 化极等值线平面图

清水河城坡式胶体化学沉积型铝土矿地质、地球物理特征一览表

成矿要素		描述内容		
储量		$44.3×10^4$ t	平均品位	Al_2O_3 45%～55%
特征描述		陆台型滨海潟湖相胶体化学沉积型铝土矿床		
地质环境	构造背景	华北陆块区,晋冀陆块,吕梁碳酸盐台地		
地质环境	成矿环境	成矿区带属华北成矿省,山西(断隆)铁、铝土矿、石膏、煤、煤层气成矿带。矿区出露地层由老到新为奥陶系马家沟组灰岩和石炭系本溪组、太原组,无岩浆侵入活动。断裂构造较发育,区内共有断层26条,但一般出露短,断距不大		
地质环境	成矿时代	石炭纪		
矿床特征	矿体形态	似层状和透镜状,在成矿前的喀斯特地形的凹陷处,形成较厚的矿体。铁矾土矿体一般呈较稳定的层状,倾角平缓		
矿床特征	岩石类型	铝土质页岩、页岩、铝土矿、灰岩		
矿床特征	岩石构造	以鲕状、致密块状构造为主		
矿床特征	矿物组合	以水铝石为主,并有少量高岭石、菱铁矿及微量水云母、氧化铁、电气石、锆石、针铁矿		
矿床特征	矿石结构构造	结构:鲕状结构、豆状结构、凝胶状结构。构造:致密块状和疏松块状构造,局部偶尔可见薄土状构造,有时为叶片状构造		
矿床特征	围岩蚀变	褐铁矿化		
矿床特征	控矿因素	严格受地层控制		
地球物理特征	重力场特征	布格重力异常图上,铝土矿位于布格重力异常高值区与低值区交界处的梯级带上,其所在位置布格重力场值 Δg 为 $(-136～-134)×10^{-5}$ m/s² 。该区平稳宽缓的梯级带是对区内单斜构造的反映。剩余重力异常图上,铝土矿位于剩余重力正负异常交界处,且靠近负异常一侧。结合地质资料可知,该正异常由地表出露的石炭系、奥陶系引起;剩余重力负异常为中—新生代盆地所引起		
地球物理特征	磁场特征	位于宽缓的负磁背景区内,场值在 -200～100nT 之间,场值较为平稳,西北高、东南低		

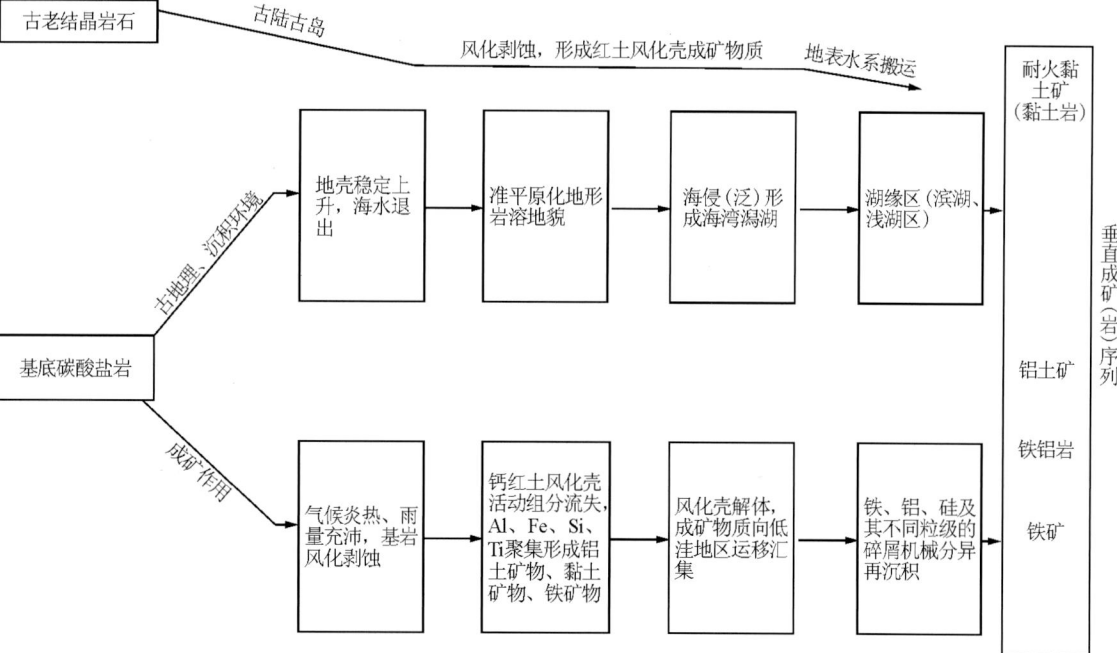

清水河城坡式胶体化学沉积型铝土矿成矿模式图

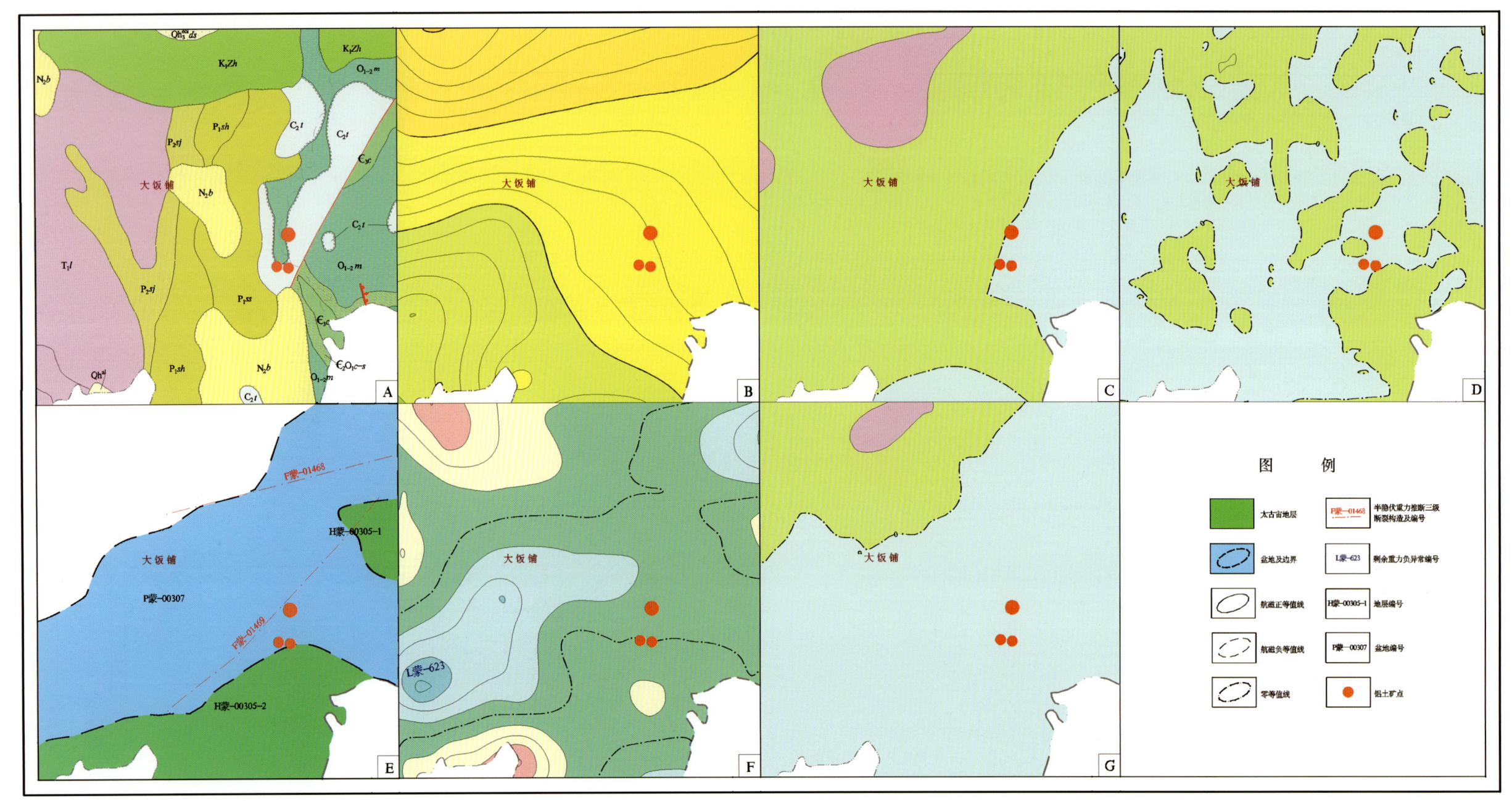

清水河式胶体化学沉积型铝土典型矿床所在区域地质矿产及物探剖析图

A. 地质矿产图；B. 布格重力异常图；C. 航磁 ΔT 等值线平面图；D. 航磁 ΔT 化极垂向一阶导数等值线平面图；E. 重力推断地质构造图；F. 剩余重力异常图；G. 航磁 ΔT 化极等值线平面图

朱拉扎嘎式沉积-热液改造型金矿地质、地球物理特征一览表

成矿要素		描述内容		
储量		2605kg	平均品位	Au 4.22×10^{-6}
特征描述		沉积-热液改造型金矿床		
地质环境	构造背景	矿床位于华北陆块区,阿拉善陆块的迭布斯格-阿拉善右旗陆缘岩浆弧与狼山-阴山陆块的狼山-白云鄂博裂谷分界处		
	成矿环境	成矿区带属华北(陆块)成矿省(最西部),阿拉善(隆起)铜、镍、铂、铁、稀土、磷、石墨、芒硝、盐类成矿亚带,图兰泰-朱拉扎嘎金、盐、芒硝、石膏成矿亚带($Pt、V、Q$)。朱拉扎嘎金矿区赋存于阿古鲁沟组一段中部含钙质的浅变质碎屑岩类中;位于巴彦西别-朱拉扎嘎毛道近南北向褶皱背斜南东翼的转折部位,总体成一倾向南东的单斜构造,该单斜构造中一系列层间滑动层和层间断裂为矿液运移和沉淀提供了空间。朱拉扎嘎矿区仅出露数条闪长岩脉和花岗斑岩脉。据电测资料分析,在矿区西南部有一隐伏的岩体(高电阻率),推测该岩体为金矿成矿提供了热源,是引起矿区岩矿石发生后期蚀变交代的主要因素		
	成矿时代	新元古代		
矿床特征	矿体形态	似层状,部分呈脉状		
	岩石类型	条带状砂质板岩夹钙质砂岩层		
	岩石结构	清晰变质层理构造,石英颗粒次生加大、胶结物重结晶		
	矿物组合	矿石矿物:磁黄铁矿、黄铁矿及少量黄铜矿、方铅矿、毒砂、自然金(粒度极细,粒径为0.004mm)。 脉石矿物:石英、斜长石、角闪石、绿泥石、绿帘石和绢云母等		
	矿石结构构造	结构:变余粉砂、变余砂质、显微鳞片微粒变晶、微粒镶嵌变晶结构。 构造:块状、变余纹层状、板状、碎裂状、角砾状、网脉状构造		
	围岩蚀变	绿泥石化、绿帘石化、阳起石化、绢云母化、硅化、褐铁矿化、褪色化。矿层顶底板围岩中热液蚀变微弱		
	控矿因素	(1)新元古界蓟县系阿古鲁沟组。 (2)矿区位于朱拉扎嘎近北北西向叠加褶皱构造的轴部。成矿前的断裂构造对矿液的运移和富集起着主要的作用,而成矿后的断裂构造对矿体有破坏作用。 (3)矿区内仅出露数条闪长玢岩脉和花岗斑岩脉,矿区西南部存在的隐伏岩体,不仅提供了成矿热源,也是引起矿区内岩石发生蚀变的主要原因		
地球物理特征	重力场特征	朱拉扎嘎金矿床位于似椭圆状布格重力异常相对高值区,G蒙-754号剩余重力正异常区南部。剩余重力异常和布格重力异常的展布形态、分布范围基本一致,主要与元古宙老基底隆起有关。而朱拉扎嘎金矿主要赋于中元古界渣尔泰山群阿古鲁沟组中,说明朱拉扎嘎金矿所在区域的重力正异常反映了其成矿地质环境		
	磁场特征	朱拉扎嘎金矿区原生硫化物金矿层引起的磁异常一般为10～65nT,最大值幅值150nT。主要原因是矿石中富含磁黄铁矿,而且矿石中磁黄铁矿的含量与矿石中金品位呈正相关关系。因所在区域航磁异常数据工作比例尺较小,故显示矿床位于区域平稳负磁异常区		

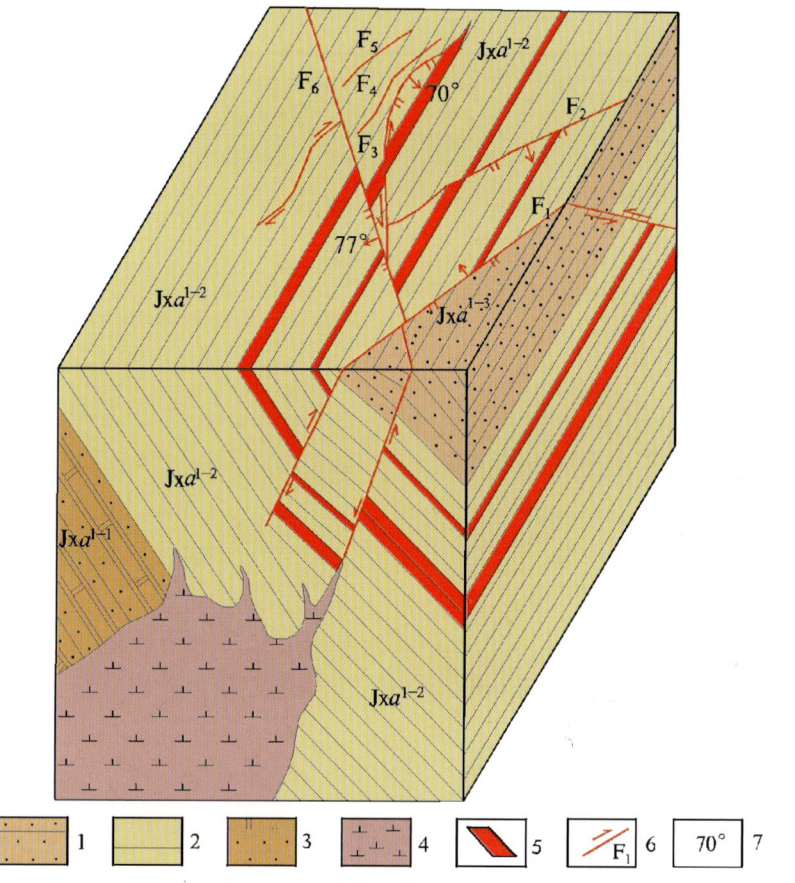

朱拉扎嘎式沉积-热液改造型金矿成矿模式图

1.阿古鲁沟组一段顶部;2.阿古鲁沟组一段中部;3.阿古鲁沟组一段底部;4.闪长岩;5.金矿体;6.断裂及其编号;7.产状

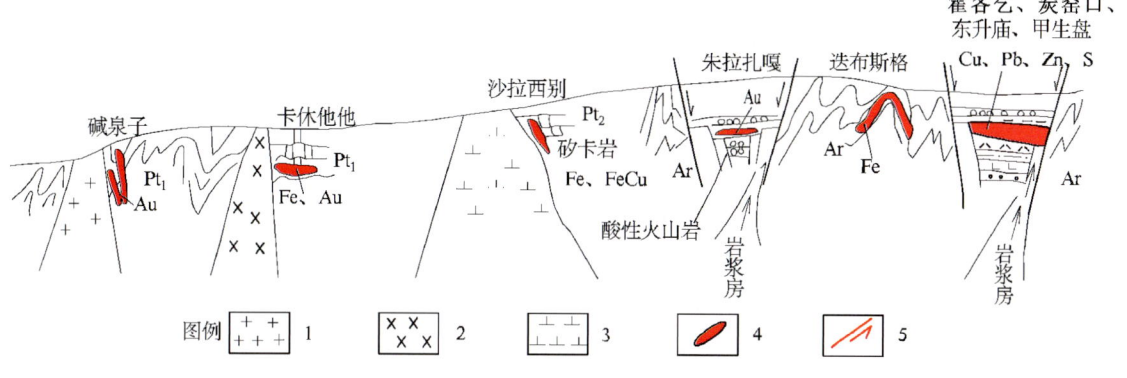

朱拉扎嘎式沉积-热液改造型金矿区域成矿模式图

1.花岗岩;2.基性岩;3.闪长岩;4.矿体;5.断裂

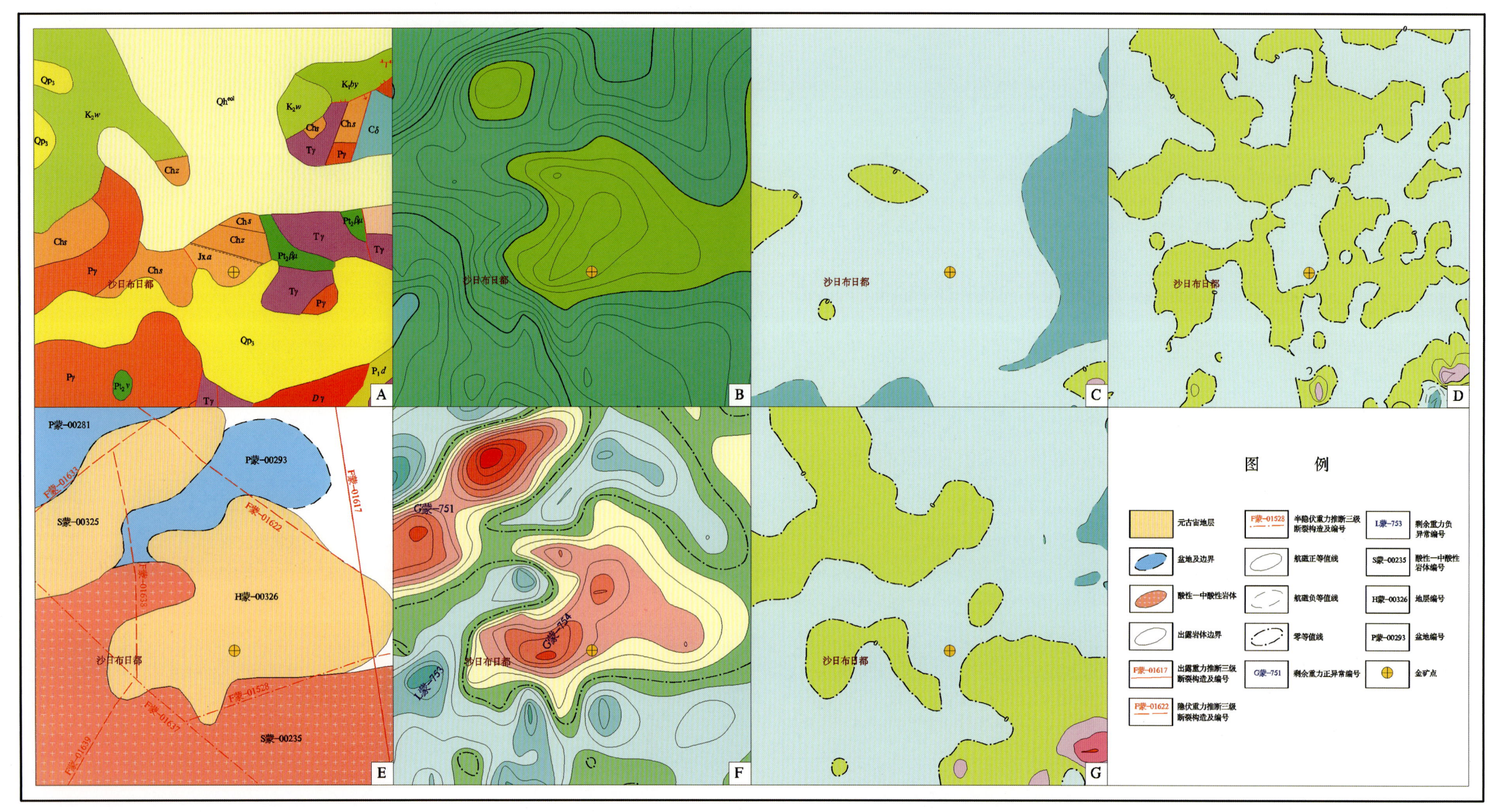

朱拉扎嘎式沉积-热液改造型金典型矿床所在区域地质矿产及物探剖析图

A. 地质矿产图；B. 布格重力异常图；C. 航磁 ΔT 等值线平面图；D. 航磁 ΔT 化极垂向一阶导数等值线平面图；E. 重力推断地质构造；F. 剩余重力异常图；G. 航磁 ΔT 化极等值线平面图

浩尧尔忽洞式热液型金矿地质、地球物理特征一览表

成矿要素		描述内容		
储量		推断的内蕴经济资源量 40 751 kg	平均品位	Au 0.5‰～1.5×10⁻⁶
特征描述		热液型金矿床		
地质环境	构造背景	华北陆块区、狼山-阴山陆块、狼山-白云鄂博裂谷（Pt_2）		
	成矿环境	成矿区带属华北成矿省，华北陆块北缘西段金、铁、铌、稀土、铜、铅、锌、银、镍、铂、钨、石墨、白云母成矿带，白云鄂博-商都金、铁、铌、稀土、铜、镍成矿亚带（Ar_3、Pt、V、Y）。矿床处于浩尧尔忽洞向斜的南翼，靠近哈拉霍疙特岩组第三岩段（灰岩）的部位，又在高勒图断裂带向南弧形凸出的地段，属于构造应力相对集中区，故金矿化定位于与该断裂平行的一系列构造破碎带和挤压片理化带中。矿体严格受地层（比鲁特组第二岩段）和构造破碎带及片理化带控制		
	成矿时代	燕山期		
矿床特征	矿体形态	矿体走向为北东向。东矿带倾向北西，西矿带倾向南东。倾角一般为75°～85°，局部近似于直立。主要为板状、似板状和大透镜状		
	岩石类型	主要有花岗岩脉、细晶岩脉、花岗伟晶岩脉、石英脉、石英斑岩脉、闪长玢岩脉、辉长岩脉和煌斑岩脉		
	矿物组合	矿石中矿石矿物除自然金外，主要有黄铁矿、磁黄铁矿，以及少量的毒砂、黄铜矿、方铅矿、闪锌矿等。 脉石矿物主要有绢云母、石英、绿泥石、钠长石及部分碳酸盐类矿物		
	矿石结构构造	结构：鳞片粒状变晶结构、变余粉砂状显微鳞片变晶结构。 构造：块状、千枚状、板状、片状构造		
	围岩蚀变	硅化、黄铁矿化、黑云母化和碳酸盐化		
	控矿因素	（1）矿化严格受构造破碎带和片理化带的控制。 （2）含矿构造和矿化带在空间上变化受浩尧尔忽洞褶皱和高勒图深大断裂的控制。 （3）富含铁质、碳质、硫化物的白云鄂博群比鲁特组，是区内的主要金成矿目的层位。 （4）三叠纪中酸性侵入岩		
地球物理特征	重力场特征	矿床位于似盘状相对重力高值区边部等值线密集处，高值区值域一般为（−160～−142）×10^{-5} m/s²，主要为前古生代基底隆起所致（地表大面积出露长城系、蓟县系）。该高值区两侧为中酸性侵入岩引起的条带状重力低值区。矿床所在梯度带推断有近北东东向断裂构造存在。可见重力场一定程度上反映了矿床的成矿地质环境		
	磁场特征	矿床所在区域磁场较为平缓，场值一般为0～100 nT，没有形成较明显的局部异常		

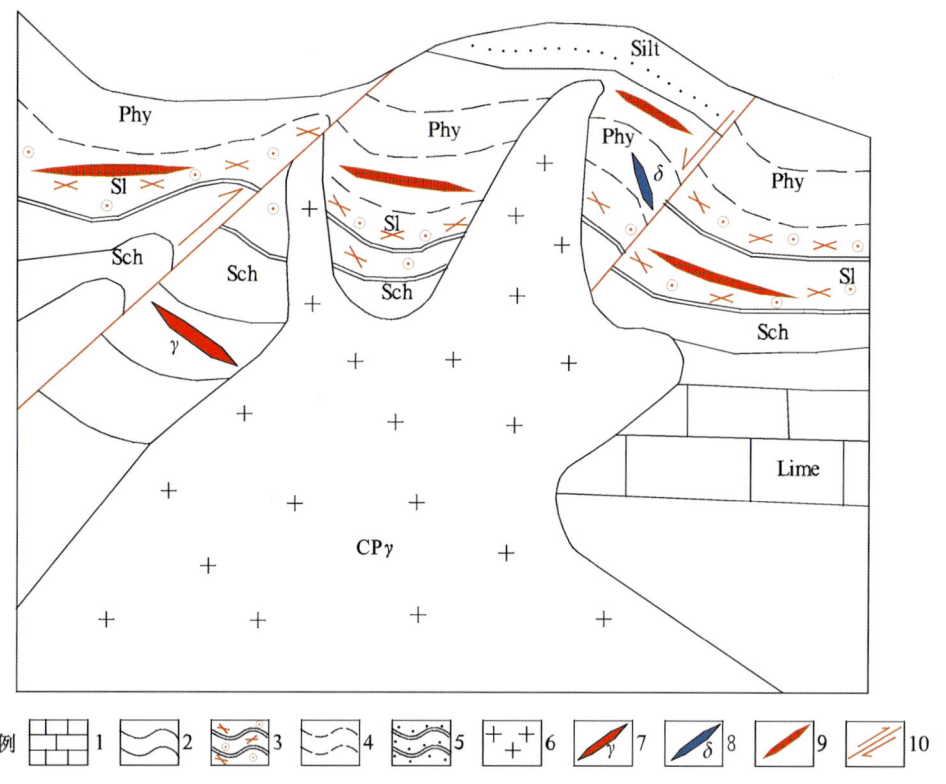

浩尧尔忽洞式热液型金矿成矿模式图

1.哈拉霍疙特组灰岩；2.比鲁特组红柱石石榴石片岩；3.比鲁特组板岩；4.比鲁特组千枚岩；5.比鲁特组变质砂岩；6.石炭纪—二叠纪花岗岩；7.花岗岩脉；8.闪长岩脉；9.金矿体；10.逆断层

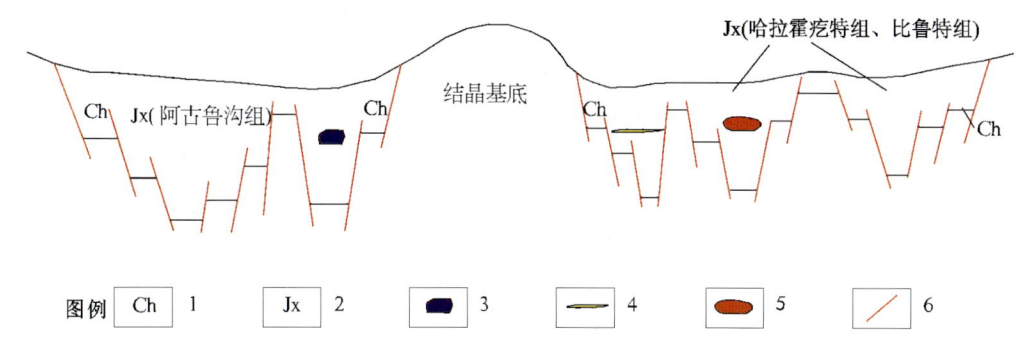

浩尧尔忽洞式热液型金矿区域成矿模式图

1.长城系；2.蓟县系；3.甲生盘铅锌多金属矿；4.浩尧尔忽洞金矿；5.白云鄂博铁稀土矿；6.断层

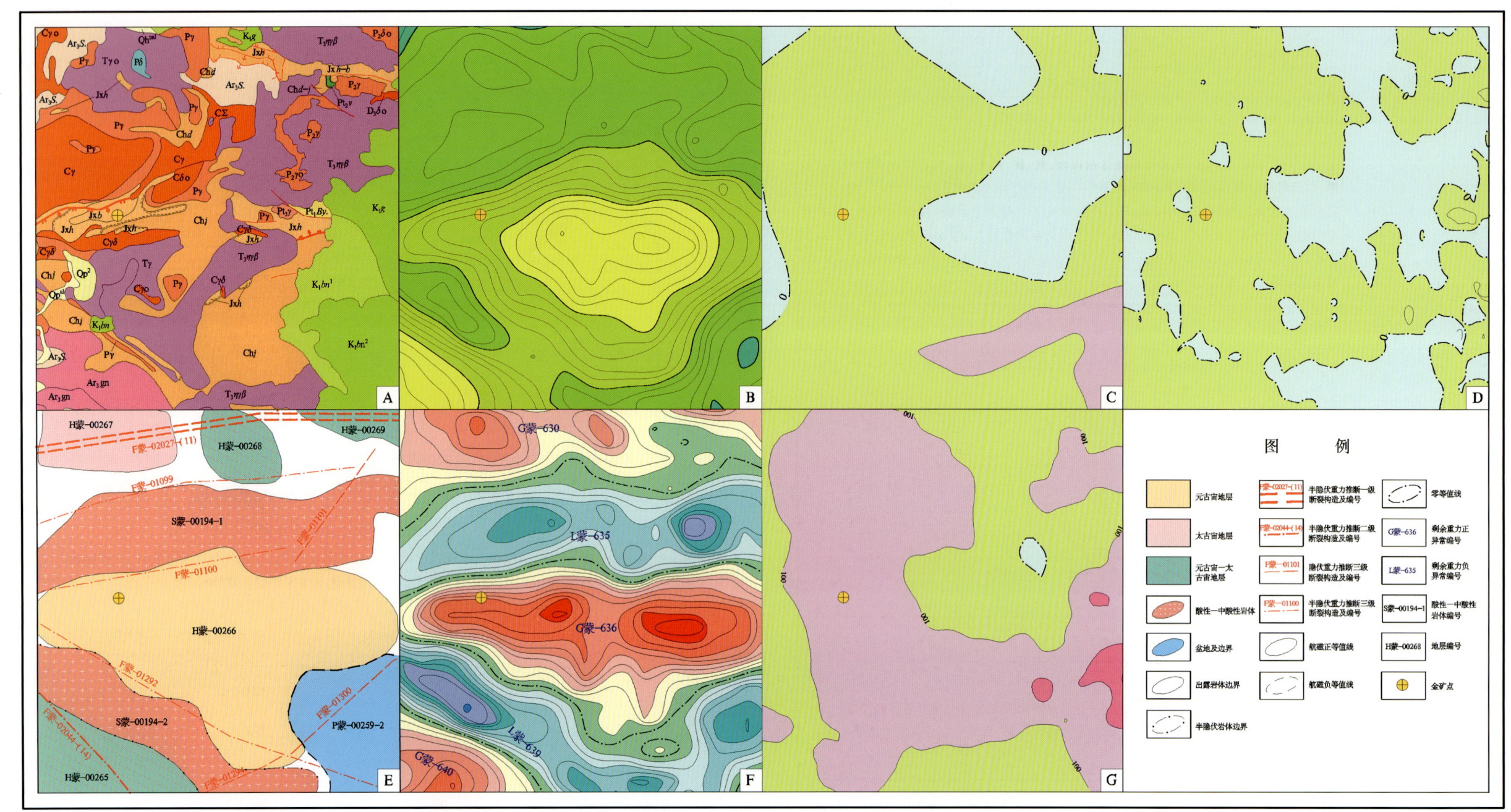

浩尧尔忽洞式热液型金典型矿床所在区域地质矿产及物探剖析图

A. 地质矿产图;B. 布格重力异常图;C. 航磁 ΔT 等值线平面图;D. 航磁 ΔT 化极垂向一阶导数等值线平面图;E. 重力推断地质构造图;F. 剩余重力异常图;G. 航磁 ΔT 化极等值线平面图

赛乌素式热液型金矿地质、地球物理特征一览表

成矿要素		描述内容		
储量		7060kg	平均品位	Au 6.65×10^{-6}
特征描述		热液型金矿床		
地质环境	构造背景	华北陆块区、狼山-阴山陆块（大陆边缘岩浆弧）、狼山-白云鄂博裂谷（Pt_2）		
	成矿区带	华北成矿省，华北陆块北缘西段金、铁、铌、稀土、铜、铅、锌、银、镍、铂、钨、石墨、白云母成矿带，白云鄂博-商都金、铁、铌、稀土、铜、镍成矿亚带（Ar_3、Pt、V、Y）。		
	成矿环境	矿区出露地层有新元古界白云鄂博群尖山组。海西期中酸性岩浆岩十分发育，主要岩体分布于复背斜及穹隆构造的核部，其次沿北部槽台分界断裂喷出。海西期这次构造热事件，对本区金活化、迁移乃至最后富集成矿起着至关重要的作用。区域构造表现为近东西向复式背斜的褶皱形态。断裂有东西向和北西向两组，产状严格受纵向张性、张剪性断裂控制		
	成矿时代	海西期		
矿床特征	矿体形态	金矿赋存于石英脉中，呈脉状产出		
	岩石类型	二叠纪花岗岩		
	岩石结构	糜棱-碎裂结构		
	矿物组合	褐铁矿、黄铁矿为主，有少量毒砂、白铁矿、方铅矿、铁闪锌矿、黄铜矿、赤铁矿、铜蓝、自然金、银金矿		
	矿石结构构造	结构：压碎结构、自形—半自形晶结构及他形晶结构、胶状结构、交代脉状结构、包含乳浊状结构、反应边结构。 构造：角砾状、浸染状、网脉状、块状、蜂窝状、晶洞簇状构造		
	围岩蚀变	围岩蚀变弱，有硅化、绢云母化、绿泥石化、黄铁矿化、赤铁矿化、碳酸盐化		
	控矿条件	(1)本区构造处于陆块衔接地带，中新元古代裂陷槽中。 (2)太古宙部分地层含金丰度值高；新元古界白云鄂博群尖山组第二岩段含金丰度值高出地壳克拉克值1～3个数量级，亦为金的主要矿源层。 (3)海西期活动的川井-镶黄旗深大断裂与海西期中酸性火山-次火山岩的岩浆穹隆的叠加部位有望找到隐爆角砾岩型金矿。深部有可能过渡为与韧脆性剪切带有关的蚀变岩型金矿。哈拉忽鸡复背斜及东西向、北西向断裂。 (4)注意在浅变质砂岩北缘有伸展断裂通过的、显示有Ag化探异常的地区寻找隐伏金矿床		
地球物理特征	重力场特征	金矿位于布格重力异常相对重力高异常区，异常形态呈似椭圆状，场值$\Delta g=-160\times10^{-5}m/s^2$。在剩余重力异常图上，赛乌素金矿位于G蒙-630号剩余重力正异常带上，区域上该异常从西到东由近东西向转为北西向展布，形成8个局部异常。赛乌素金矿恰好位于异常带转弯处，剩余重力异常在此处由宽变窄。其南侧剩余重力异常范围明显变大。该局部异常区地表出露有元古宙地层，在金矿南侧存在北西向断裂，沿该断裂分布有酸性侵入岩。综合分析认为，该局部异常与元古宙基底隆起有关，异常由窄变宽处推断有北东向断裂构造存在		
	磁场特征	无论1∶20万航磁还是1∶1万地磁，金矿附近均显示为平稳的负磁场。磁异常值为0～100nT		

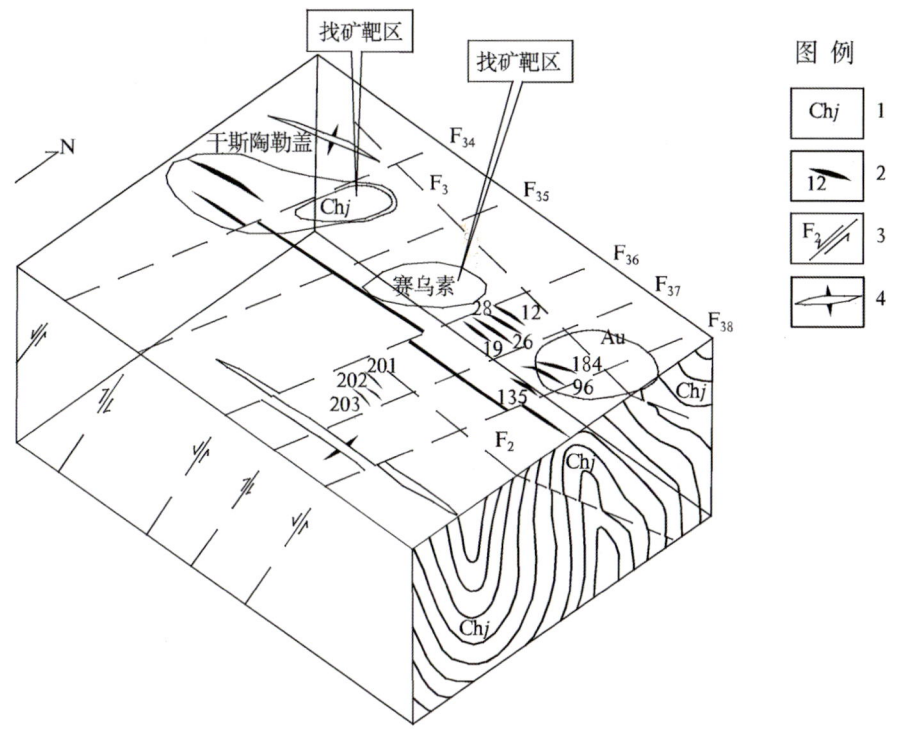

赛乌素式热液型金矿成矿模式图

1.尖山组；2.金矿脉及编号；3.断裂及编号；4.褶皱

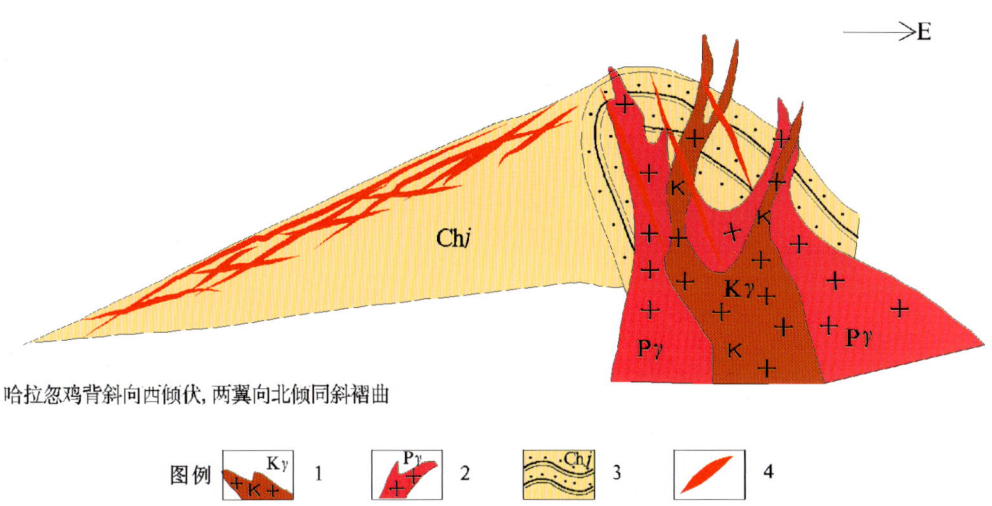

哈拉忽鸡背斜向西倾伏，两翼向北倾同斜褶曲

赛乌素式热液型金矿区域成矿模式图

1.白垩纪中粒碱长花岗岩；2.二叠纪似斑状黑云（二云）花岗岩；3.白云鄂博群尖山组：红柱石斑点板岩、结晶灰岩、变质砂岩；4.矿体

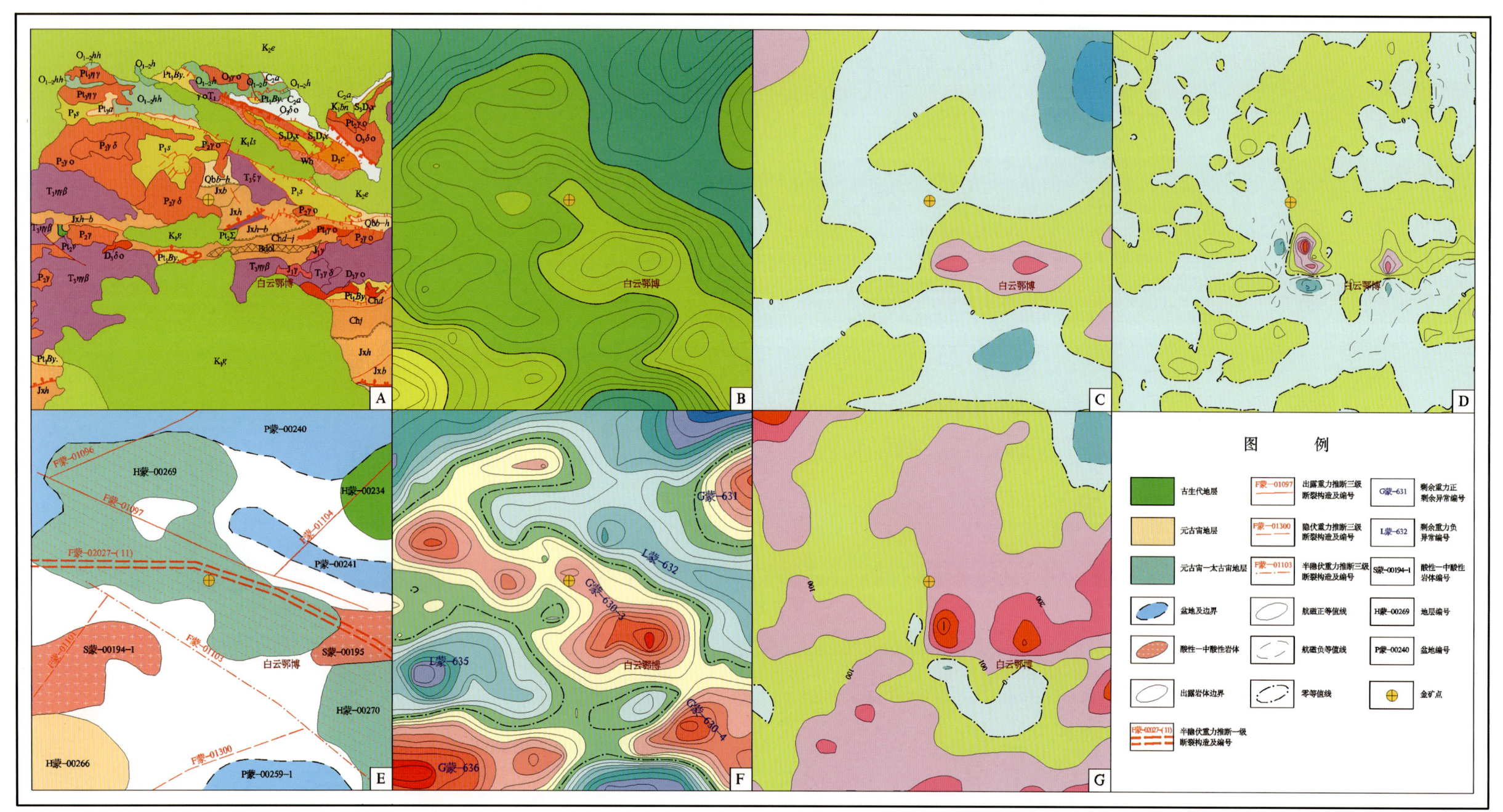

赛乌素式热液型金典型矿床所在区域地质矿产及物探剖析图

A. 地质矿产图；B. 布格重力异常图；C. 航磁 ΔT 等值线平面图；D. 航磁 ΔT 化极垂向一阶导数等值线平面图；E. 重力推断地质构造图；F. 剩余重力异常图；G. 航磁 ΔT 化极等值线平面图

十八顷壕式破碎-蚀变岩型金矿地质、地球物理特征一览表

成矿要素		描述内容		
储量		3739kg	平均品位	Au 5.71×10^{-6}
特征描述		破碎-蚀变岩型金矿床		
地质环境	构造背景	华北陆块区,狼山-阴山陆块(大陆边缘岩浆弧),色尔腾山-太仆寺旗古岩浆弧		
	成矿环境	矿床位于华北成矿省,华北陆块北缘西段金、铁、铌、稀土、铜、铅、锌、银、镍、铂、钨、石墨、白云母成矿带,固阳-白银查干金、铁、铜、铅、锌、石墨成矿亚带(Ar_3、Pt)。新太古代色尔腾山群的柳树沟岩组是十八顷壕金矿的直接围岩。区内岩浆活动频繁,主要为印支期闪长岩。金矿产于紧密褶皱背斜轴部,岩体与地层接触带的构造破碎蚀变带中。东西向、北西西向断裂构造控制区内岩浆活动和金矿化		
	成矿时代	印支期		
矿床特征	矿体形态	金矿体多赋存在千糜二云蚀变岩中,形态呈脉状、扁豆状、分枝状和不规则状等		
	岩石类型	蚀变闪长岩,花岗岩		
	岩石结构构造	中粒结构,片麻状构造		
	矿物组合	蚀变岩型:黄铁矿、磁铁矿、黄铜矿、方铅矿、闪锌矿、自然金。石英脉型:含黄铁矿、方铅矿、褐铁矿,局部见孔雀石		
	矿石结构构造	结构:以他形粒状结构为主,亦可见溶蚀填隙结构、包含结构、残余结构。构造:以脉状、星散浸染状构造为主,少见块状构造、星点聚斑构造		
	围岩蚀变	黄铁矿化、硅化、碳酸盐化、绢云母化与金矿化关系密切,尤以黄铁矿化最为密切;石英脉是硅化的主要形式之一,一般以细小脉状产出,含金较好,是金矿体的组成部分		
	控矿条件	(1)内蒙地轴边缘,色尔腾山复式背斜轴部,也是阴山纬向构造带与狼山弧形构造带的复合部位。 (2)新太古界色尔腾山群柳树沟岩组。 (3)印支期中粒钾长花岗岩。 (4)金矿体产于岩体与地层的接触构造破碎蚀变带上及紧密褶皱轴部转折端		
地球物理特征	重力场特征	十八顷壕金矿所在区域的重力场总体较高,一般 Δg 为 $(-166.46\sim-131.46)\times10^{-5}\,m/s^2$,金矿床的北侧重力值较低,$\Delta g$ 极异值为 $-187.17\times10^{-5}\,m/s^2$。从剩余重力异常图可见,金矿床处在正负剩余重力异常交替带负异常一侧的边部等值线转弯处,地表多为第四系、白垩系分布区,其南侧的剩余重力正异常有元古宙、太古宙地层出露,推断该剩余重力正异常主要为元古宙、太古宙基底隆起所致		
	磁场特征	由航磁化极等值线图可见,矿床处在北西向展布的正磁异常区,磁场强度一般为100nT		

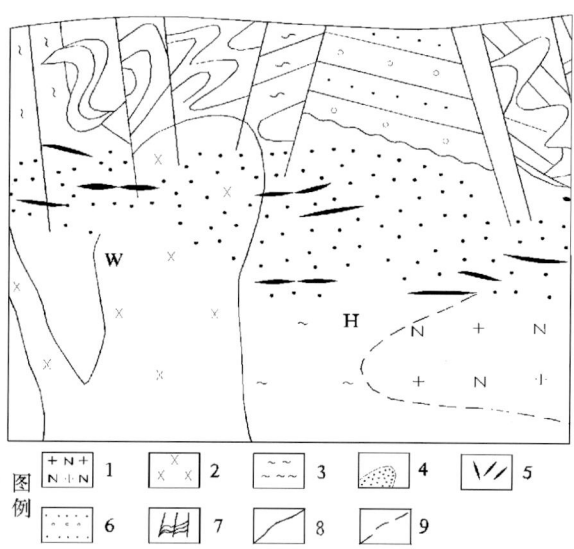

十八顷壕式破碎-蚀变岩型金矿成矿模式图

1.新元古代斜长花岗岩类;2.晚古生代和早中生代花岗岩类;3.前寒武纪变质岩基底;4.浸染矿化或破碎带;5.细脉带;6.沉积岩及浅变质岩;7.构造变形带;8.地质体界线;9.推测地质体界线;H.十八顷壕矿床可能部位;W.乌拉山矿床可能部位

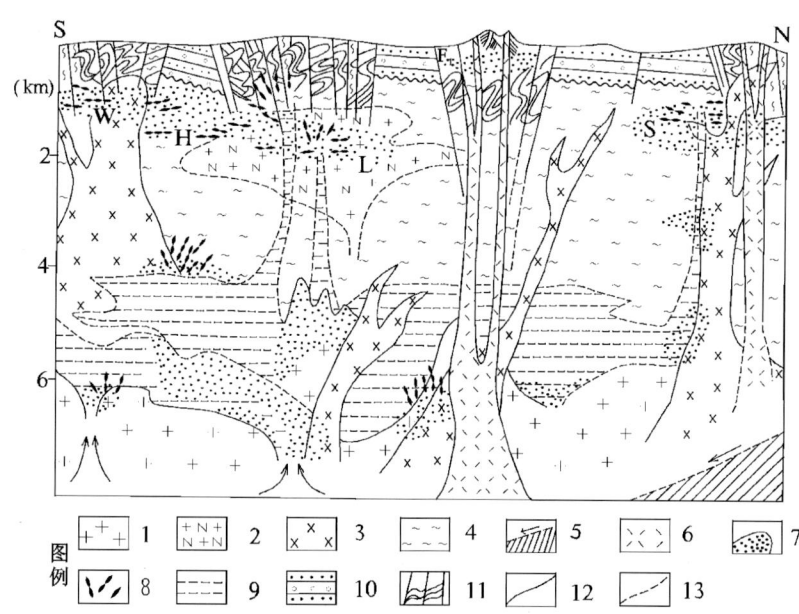

十八顷壕式破碎-蚀变岩型金矿区域成矿模式图

1.变质基底及深成花岗岩;2.新元古代斜长花岗岩类;3.晚古生代和早中生代花岗岩类;4.前寒武纪变质岩基底;5.推测洋壳板块及挤压方向;6.喷出岩和浅成岩脉;7.浸染矿化或破碎带;8.细脉带;9.推测初始富集层(液态);10.沉积岩及浅变质岩;11.构造变形带;12.地质体界线;13.推测地质体界线;S.赛音乌苏矿床可能部位;L.老羊壕矿床可能部位;H.十八顷壕矿床可能部位;W.乌拉山矿床可能部位

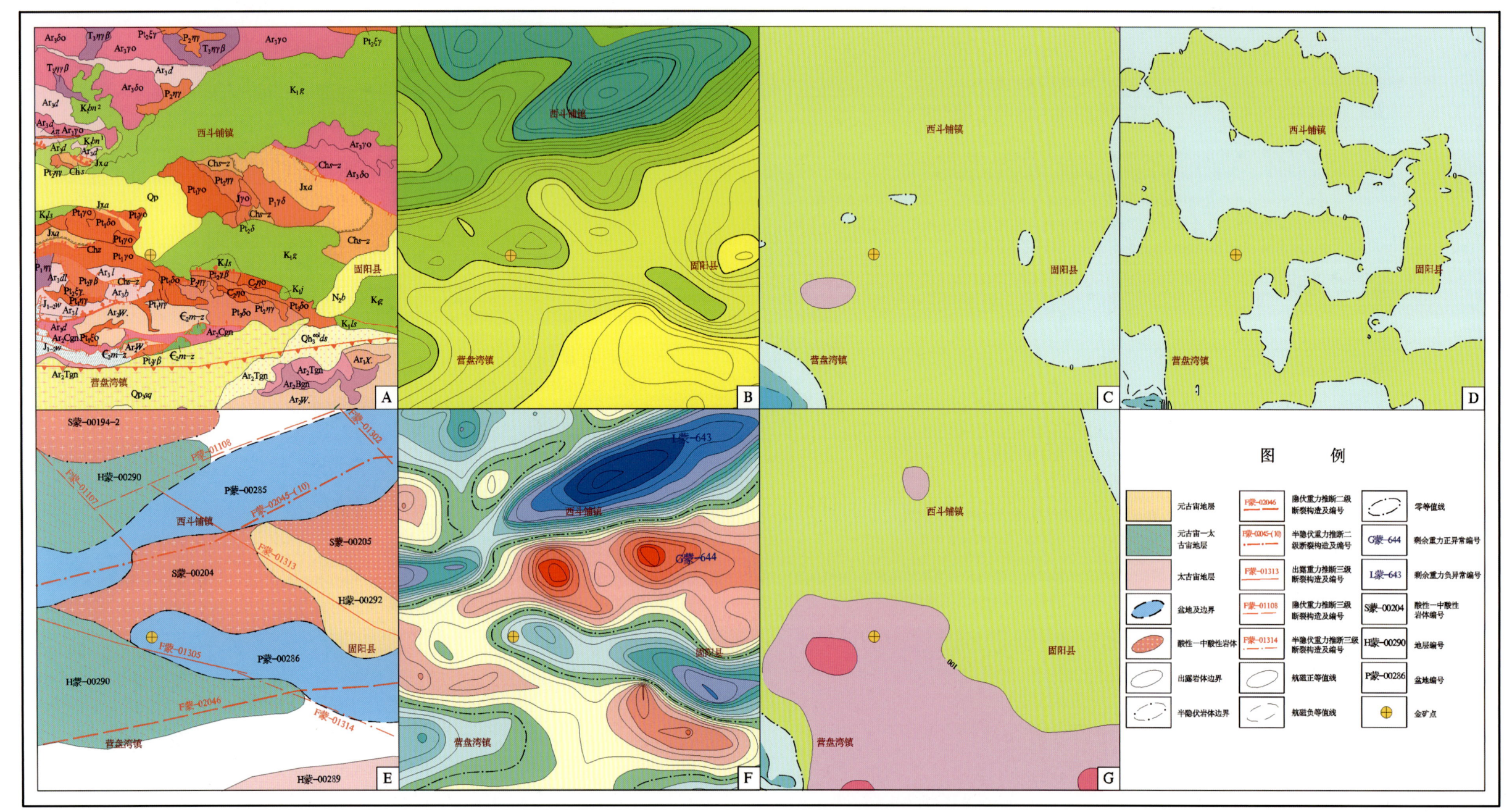

十八顷壕式破碎-蚀变岩型金典型矿床所在区域地质矿产及物探剖析图

A. 地质矿产图；B. 布格重力异常图；C. 航磁 ΔT 等值线平面图；D. 航磁 ΔT 化极垂向一阶导数等值线平面图；E. 重力推断地质构造图；F. 剩余重力异常图；G. 航磁 ΔT 化极等值线平面图

老硐沟热液-氧化淋滤型金矿地质、地球物理特征一览表

成矿要素		描述内容		
储量		3.293t	平均品位	金铅矿石金平均品位 4.73×10^{-6}
特征描述		热液-氧化淋滤型金铅多金属矿床		
地质环境	构造背景	塔里木陆块区、敦煌陆块、柳园裂谷（C—P）		
	成矿环境	成矿区带属塔里木成矿省，磁海-公婆泉铁、铜、金、铅、锌、钼、钨、锡、铷、钒、铀、磷成矿带，阿木乌苏-老硐沟金、钨、锑、萤石成矿亚带（V）。矿区出露中、新元古界长城系、蓟县系及青白口系，其次零星分布下二叠统、上侏罗统、新近系和第四系。岩浆活动频繁，以海西中期、晚期鹰嘴红山似斑状黑云二长花岗岩和花岗闪长岩及少量辉长岩为主。发育东西向古硐井-英雄山紧闭复背斜，次级褶皱明显。断裂以北西西向、北东东向断裂为主，次为北西向、北东向		
	成矿时代	海西晚期		
矿床特征	矿体形态	柱状、似层状、透镜状		
	岩石类型	似斑状黑云二长花岗岩和花岗闪长岩		
	岩石结构	细粒结构、斑状结构		
	矿物组合	自然金、银金矿、辉银矿-螺状硫银矿、针铁矿、磁铁矿、黄铜矿、黄铁矿、毒砂、闪锌矿、辉钼矿等。表生期金属硫化物氧化阶段矿物：角银矿、自然银、铜蓝、孔雀石、臭葱石、褐铁矿。砷酸盐矿物：菱砷铁矿、菱砷铁矾、砷铅矿、白铅矿、草黄铁矾、铅矾、铅丹、红砷锌矿等		
	矿石结构构造	结构：自形—半自形、他形粒状结构、交代结构、压碎结构、乳浊状结构和网脉状结构。构造：致密块状构造、浸染状构造、细脉条带状构造		
	蚀变特征	地层围岩大理岩化、红柱石化、角岩化；中酸性侵入岩黑云母化、电气石化、绿泥石化、黄铁矿化、绢云母化、硅化、矽卡岩化		
	控矿条件	（1）蓟县系下岩组钙质白云石大理岩、白云石大理岩在断裂破碎带上控制主要金铅矿体及矽卡岩型含金-铜铁矿体。 （2）近东西向断裂及次级平行断裂、北北西向断裂常控制金铅矿脉及与成矿有关的闪长玢岩展布。 （3）铁铜矿体受斑状花岗闪长岩与白云石大理岩接触带控制，尤在岩枝发育拐弯处，产状由陡变缓部位。在岩株内及与岩脉接触带生成一些小的铜矿体及金铜、金铅矿体。 （4）古溶洞控矿		
地球物理特征	重力场特征	金矿位于呈近南北向展布的重力梯级带上，幅值为 $\Delta g = -184 \times 10^{-5} m/s^2$ 等值线附近。其东部布格重力异常相对较高，西部布格重力异常相对较低。两侧重力高与重力低异常区在老硐沟金矿两侧等值线呈弧形展布，受地质构造的影响两侧等值线向南北呈分散扩张式展开。梯级带部位推断存在北北东向的断裂带。剩余重力异常图上，老硐沟金矿位于剩余重力正负异常的交替带零值线附近。东部剩余重力正异常区局部有震旦纪地层出露，推断该异常区为元古宙基底隆起区，西部剩余重力异常区有大面积志留纪花岗岩出露，可见该异常是酸性侵入岩引起		
	磁场特征	老硐沟金矿区磁异常强度不高，为弱磁场区，幅值一般为 $-100nT$		

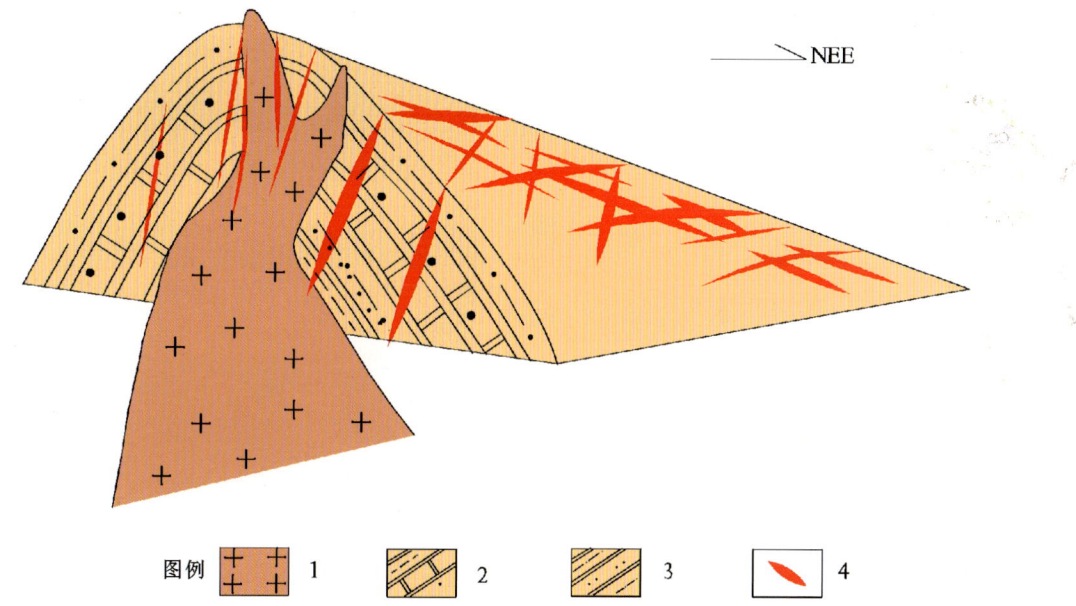

图例 ➕ 1　▨ 2　▨ 3　▰ 4

老硐沟式热液-氧化淋滤型金矿床成矿模式图

1.鹰嘴红山似斑状黑云二长花岗岩；2.蓟县系圆藻山群下岩组：白云石大理岩、钙质泥岩板岩（含矿地层）；3.中元古界长城系古硐井群上岩组浅变质碎屑岩；4.矿脉

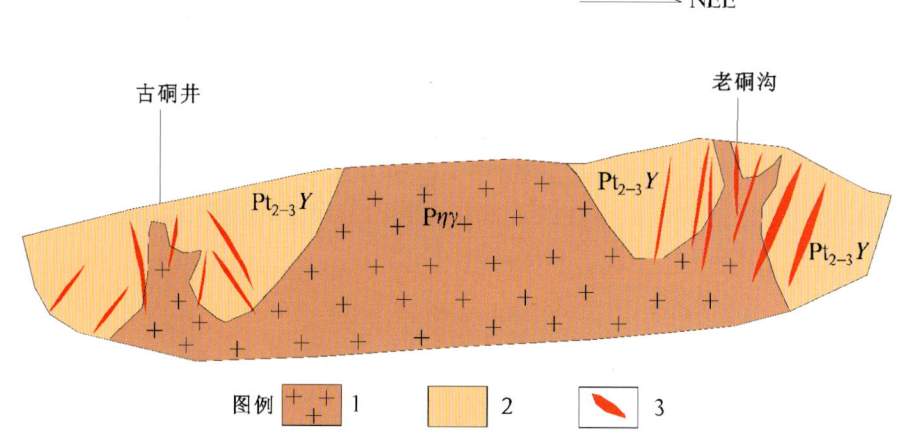

图例 ➕ 1　▨ 2　▰ 3

老硐沟式热液-氧化淋滤型金、铅矿所在区域成矿模式图

1.鹰嘴红山似斑状黑云二长花岗岩；2.蓟县系圆藻山群下岩组；3.矿脉

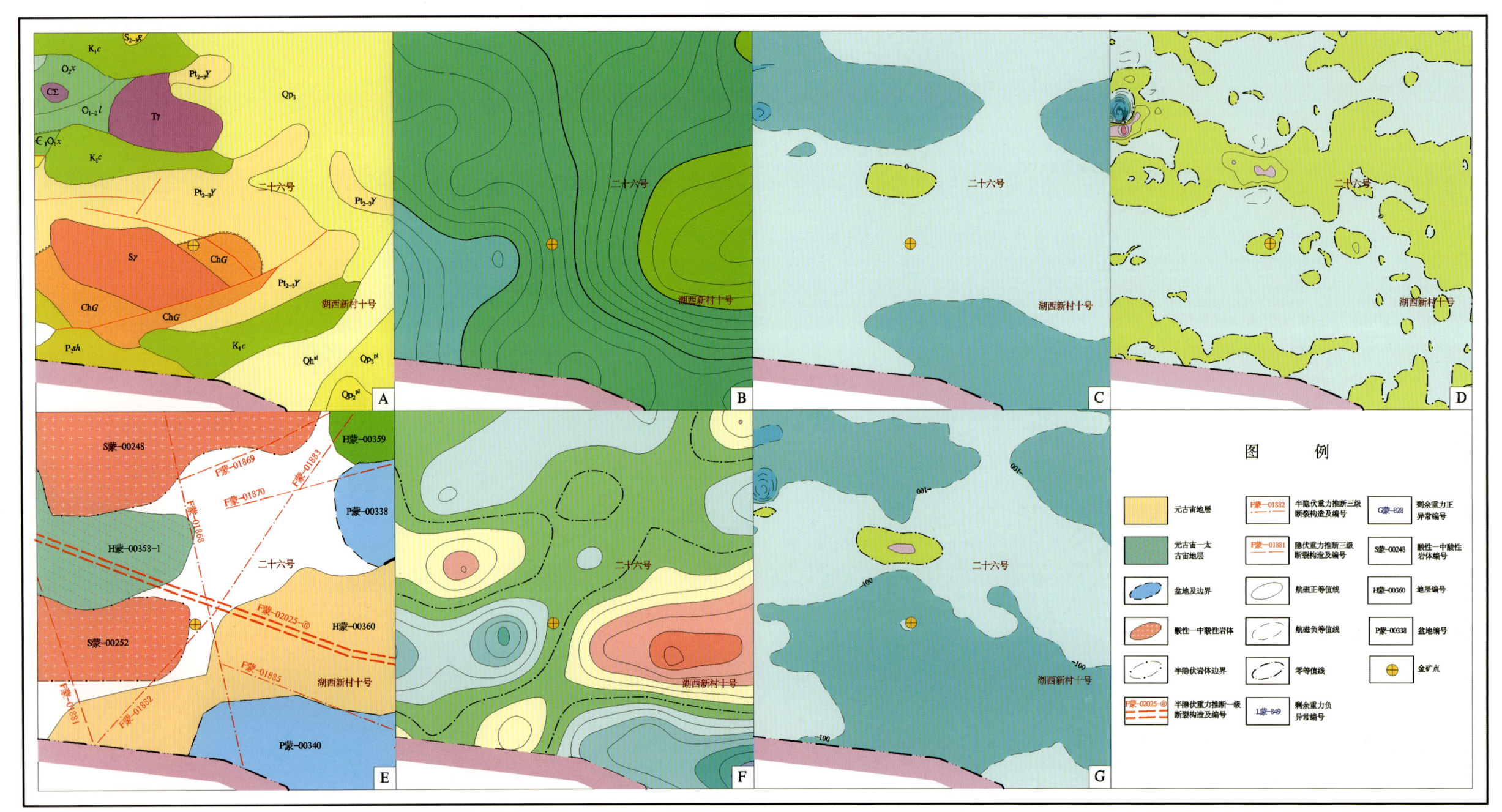

老硐沟式热液-氧化淋滤型金典型矿床所在区域地质矿产及物探剖析图

A. 地质矿产图；B. 布格重力异常图；C. 航磁 ΔT 等值线平面图；D. 航磁 ΔT 化极垂向一阶导数等值线平面图；E. 重力推断地质构造图；F. 剩余重力异常图；G. 航磁 ΔT 化极等值线平面图

乌拉山式热液型金矿地质、地球物理特征一览表

成矿要素		描述内容		
储量		C 级：645kg，D 级：2620kg	平均品位	Au 5.18×10^{-6}
特征描述		中高温热液型金矿床		
地质环境	构造背景	华北陆块区、狼山-阴山陆块、固阳-兴和陆核（Ar_{1-2}）		
	成矿环境	成矿区带属于华北成矿省，华北陆块北缘西段金、铁、铌、稀土、铜、铅、锌、银、镍、铂、钨、石墨、白云母成矿带，乌拉山-集宁铁、金、银、钼、铜、铅、锌、石墨、白云母成矿亚带（Ar_{1-2}，I，Y）。矿区主要出露太古宇乌拉山岩群第三岩组，乌拉山岩群变质岩是金的初始矿源层。区域内构造运动强烈，地质构造复杂，矿区位于乌拉山复背斜南翼。成矿期的断裂构造主要是矿区南部一条钾长石化破碎蚀变带，走向65°，该断裂构造是矿区的主构造，其力学性质为张扭性。与其派生的一组近东西向的张扭性断裂带成为本区主要容矿构造		
	成矿时代	花岗岩中全岩铅及长石铅同位素组成与变质岩中全岩铅、矿石铅相近，利用二阶段混合铅增长模式计算，得矿化年龄为 200Ma 左右，与大桦背侵入体年龄相当		
矿床特征	矿体形态	矿体严格受构造控制，成群成带分布。矿体多呈脉状、似板状		
	岩石类型	含金黄铁矿-石英脉型、含金黄铁矿-钾长石英脉型及含金黄铁矿-硅化钾化蚀变岩型		
	岩石结构	细粒结构、斑状结构		
	矿物组合	金属矿物主要是黄铁矿，其次是黄铜矿、方铅矿、闪锌矿、辉铜矿、磁铁矿、赤铁矿、镜铁矿、褐铁矿、自然金、银金矿等。 非金属矿物主要是石英、斜长石、钾长石、黑云母、角闪石、白云母，其次是绢云母、石榴石、铁白云石、方解石、高岭石、绿泥石。 副矿物有锆石、金红石等		
	矿石结构构造	结构：自形—半自形—他形晶粒状结构、乳滴状结构、交代残余结构、残余-骸晶结构、压碎结构。 构造：稀疏-稠密浸染状构造、裂隙充填构造、块状构造、胶结角砾状构造		
	蚀变特征	常见有绢云母化、碳酸盐化、硅化、泥化，其次为冰长石化、绿泥石化、绿帘石化、青磐岩化。早期冰长石化-硅化阶段和晚期硅化-黄铁矿化阶段是金沉淀主要时期		
	控矿条件	(1)新太古界中深变质岩系，中元古界长城系变质细碎屑岩-碳酸盐岩系。 (2)未见大的侵入岩体，发现两个具一定规模的隐爆角砾岩体。 (3)北东向黑里河断裂是本区重要的控岩、控矿构造，并常发育北东向岩脉或含金石英-硫化物矿脉		
地球物理特征	重力场特征	金矿位于布格重力异常相对高值区，位于呈近东西向重力梯级带局部向北凸起处，所在场值约为 -148×10^{-5} m/s^2，梯级带变化率较大，变化率为每千米 1×10^{-5} m/s^2。梯级带处推测有近东西向断裂构造存在。剩余重力异常图上，金矿位于剩余重力正异常边部，该区域主要出露太古宇乌拉山岩群、兴和岩群，可见该剩余重力正异常是因太古宙基底隆起所致。金矿西南侧布格重力异常低值区为新生代沉积盆地所致。可见区域上金矿受东西向构造控制，处在太古宙地层与新生代沉积盆地接触带上		
	磁场特征	金矿在区域上位于内蒙古中部由太古宙—古元古代陆核与硅铁建造和含金建造有关的重力高、磁力高值区。该区域是沉积型铁矿及绿片岩型金矿的主要富集区。航磁化极等值线平面图上，哈达门沟正处于近东西向强正磁异常区边部，场值一般为 300nT		

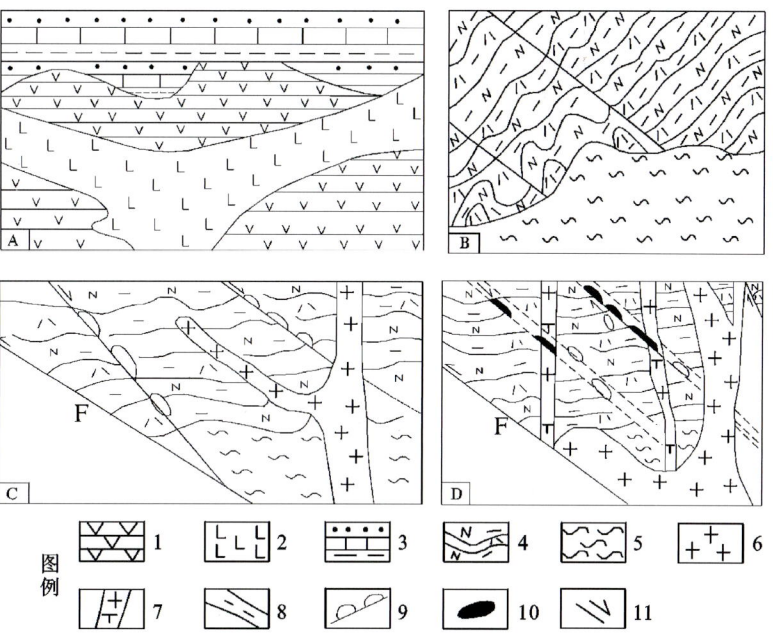

乌拉山式热液型矿床成矿模式图

A.矿质准备阶段；B.矿质运移活化阶段；C.矿床早期形成阶段；D.矿床晚期叠加改造富集阶段；1.拉斑玄武岩；2.英云闪长岩；3.陆源碎屑岩；4.斜长角闪岩、片麻岩；5.混合岩；6.花岗岩；7.伟晶岩；8.韧性剪切变质变形带；9.含金石英脉、含金石英钾长石脉；10.金矿体；11.深断裂（推覆体）

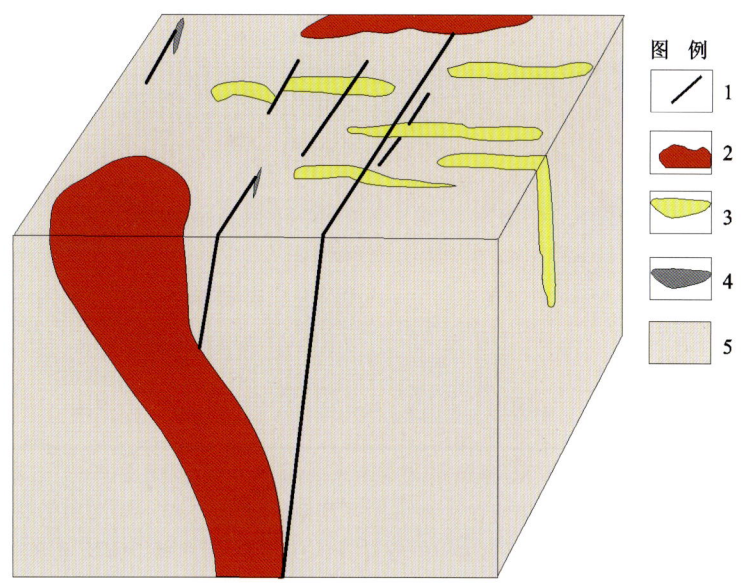

乌拉山式热液型金矿区域成矿模式图

1.横向构造；2.花岗岩岩基；3.金矿脉；4.暗色脉岩；5.乌拉山岩群

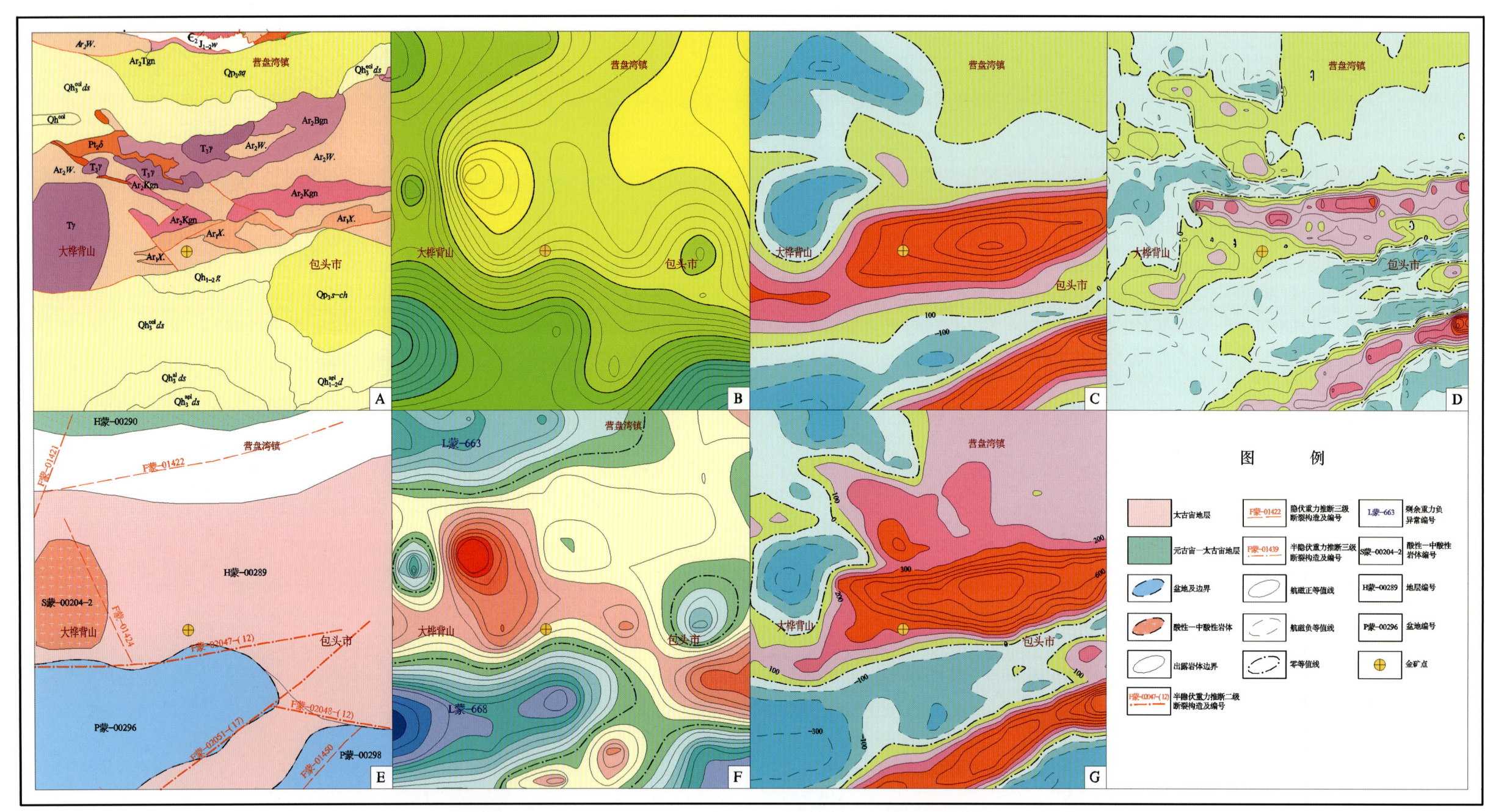

乌拉山式热液型金典型矿床所在区域地质矿产及物探剖析图

A. 地质矿产图；B. 布格重力异常图；C. 航磁 ΔT 等值线平面图；D. 航磁 ΔT 化极垂向一阶导数等值线平面图；E. 重力推断地质构造图；F. 剩余重力异常图；G. 航磁 ΔT 化极等值线平面图

巴彦温多尔式热液型金矿地质、地球物理特征一览表

成矿要素		描述内容		
储量		7690kg	平均品位	Au5.0×10^{-6}
特征描述		中低温岩浆热液糜棱岩型夹石英脉型金矿床		
地质环境	构造背景	天山-兴蒙造山系、大兴安岭弧盆系($Pt_3—T_2$)、锡林浩特岩浆弧(Pz_2)		
	成矿环境	成矿区带属滨太平洋成矿域(叠加在古亚洲成矿域之上),白乃庙-锡林郭勒铁、铜、钼、铅、锌、锰、铬、金、锗、煤、天然碱、芒硝成矿带,温都尔庙-红格尔庙铁、金、钼成矿亚带(Pt、V、Y)。		
		出露地层有二叠系哲斯组浅海相砂岩和大石寨组安山质凝灰岩、安山岩。岩浆岩发育,有海西晚期中粒黑云母花岗闪长岩、中细粒黑云母正长花岗岩,印支期中粗粒似斑状黑云母二长花岗岩,燕山早期中粒似斑状黑云母二长花岗岩。本区主体构造格架是在晚古生代至三叠纪末期形成。断裂构造由近东西向、北东东向逆断层及压性压剪性断裂组成,北部以北东向构造为主导		
	成矿时代	晚二叠世—早三叠世		
矿床特征	矿体形态	脉状		
	岩石类型	韧脆性剪切带中糜棱岩夹石英脉		
	岩石结构	发育糜棱面理、拉伸线理S-C组构、旋转碎斑、动态重结晶、显微褶皱、云母鱼等		
	矿物组合	矿石矿物:褐铁矿、黄铁矿、方铅矿、黄铜矿,局部见自然金。 脉石矿物:石英、方解石		
	矿石结构构造	结构:晶粒结构、压碎结构、糜棱结构、少数为交代结构。 构造:块状构造、薄板状构造、蜂窝状构造、网脉状构造、条带状构造、片状构造		
	蚀变特征	硅化、绢云母化、绿泥石化、绿帘石化、高岭土化、碳酸盐化、孔雀石化。 接触变质作用:红柱石-角岩化、透闪石-石榴石-符山石矽卡岩化和大理岩化		
	控矿条件	印支期二长花岗岩($T\eta\gamma$)、海西晚期花岗闪长岩($P\gamma\delta$),中二叠统哲斯组一段、下中二叠统大石寨组二段,受巴彦温多尔-巴润萨拉韧性剪切带和北东向、北西向断裂控制		
地球物理特征	重力场特征	金矿位于几处局部重力异常交接地带。其西侧布格重力异常较高,梯度变化较大;东侧略低,且较平缓;南北两侧布格重力异常明显较低,且梯度变化大。由剩余重力异常图可见,在布格重力异常相对较高地段对应形成近东西向展布的剩余重力正异常带,由两个局部异常组成,西侧为剩余重力正异常 G 蒙-498,东侧为剩余重力正异常 G 蒙-499,正异常区内局部有元古宙地层出露,故推断其为前古生代基底隆起所致		
	磁场特征	航磁 ΔT 化极等值线平面图上,金矿位于似圆团状正异常边部零值线处		

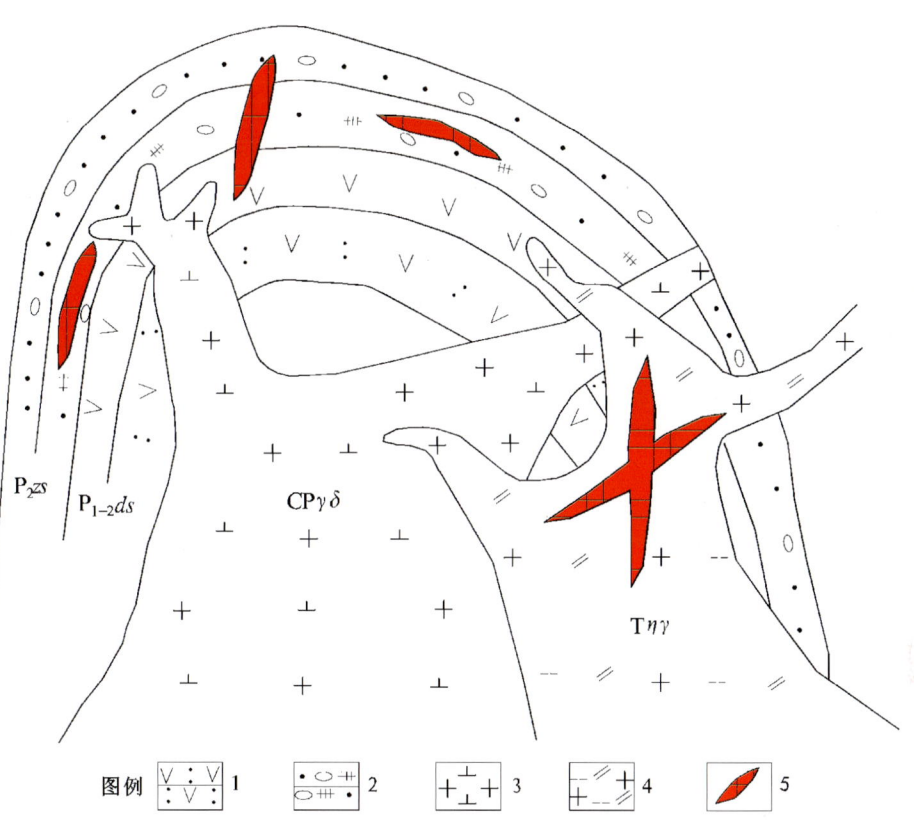

巴彦温多尔式热液型金矿成矿模式图

1.中二叠统哲斯组安山质凝灰岩;2.下中二叠统大石寨组含砾岩屑杂砂岩;3.石炭纪—二叠纪花岗闪长岩;4.三叠纪黑云母二长花岗岩;5.矿体

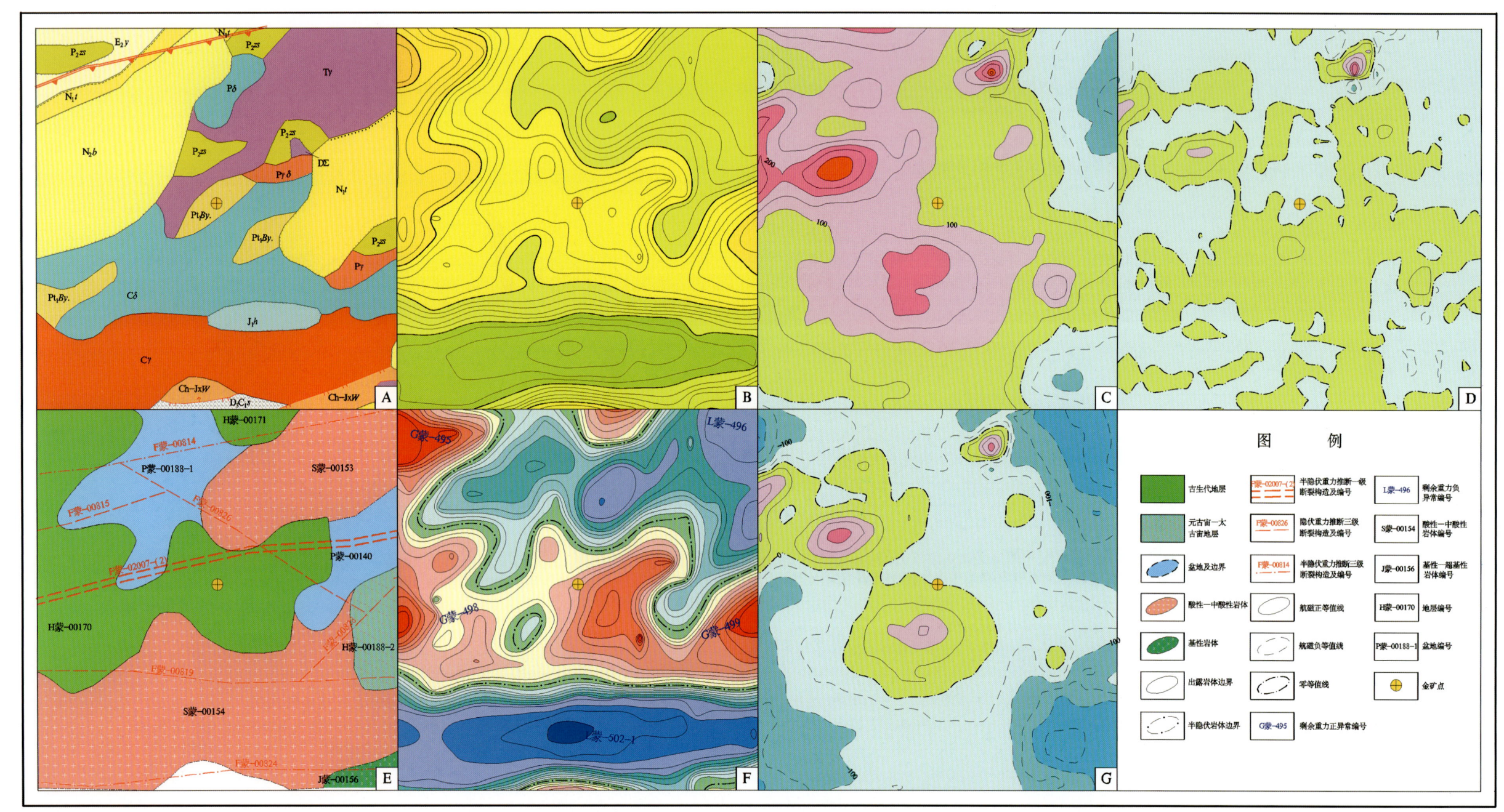

巴彦温多尔式热液型金典型矿床所在区域地质矿产及物探剖析图

A. 地质矿产图;B. 布格重力异常图;C. 航磁 ΔT 等值线平面图;D. 航磁 ΔT 化极垂向一阶导数等值线平面图;E. 重力推断地质构造图;F. 剩余重力异常图;G. 航磁 ΔT 化极等值线平面图

白乃庙式热液型金矿地质、地球物理特征一览表

成矿要素		描述内容		
储量		2687.37kg	平均品位	Au 15.74×10^{-6}
特征描述		热液型金矿床		
地质环境	构造背景	天山-兴蒙造山系、包尔汉图-温都尔庙弧盆系、温都尔庙俯冲增生杂岩带(Pt_2)		
	成矿环境	成矿区带属大兴安岭成矿省,白乃庙-锡林郭勒铁、铜、钼、铅、锌、锰、铬、金、锗、煤、天然碱、芒硝成矿带,白乃庙-哈达庙铜、金、萤石成矿亚带(Pt、V、Y)。出露白乃庙组第一岩性段,金矿源来自绿片岩中。海西期是本区主要近东西向褶皱期;燕山期运动表现以断裂为主,形成若干北东向坳陷,堆积了中、新生代沉积;喜马拉雅期主要表现为北北东向升降运动和断裂。海西期的侵入岩呈小岩株或巨脉状零星出露		
	成矿时代	花岗闪长斑岩 K-Ar 同位素地质年龄为 240Ma(桂林冶金地质研究所,1976),金矿成矿时代应为海西晚期或燕山早期		
矿床特征	矿体形态	条状		
	岩石类型	白乃庙组阳起斜长片岩、绿泥斜长片岩、绢云石英片岩,海西期花岗闪长岩、白云母花岗岩及花岗闪长斑岩、安山玢岩等		
	岩石结构	中细粒结构、斑状结构		
	矿物组合	矿石矿物主要为黄铁矿及褐铁矿,还有少量的黄铜矿及斑铜矿,微量自然金、银金矿与自然银		
	矿石结构构造	结构:自形—半自形结构、他形粒状结构、交代残留结构、碎裂结构。构造:浸染状、脉状、网脉状构造		
	蚀变特征	围岩蚀变比较强烈,与成矿有关的是硅化、黄铁矿化、岩石褪色化、泥化,近矿围岩几乎完全改变了面貌		
	控矿条件	本区金矿床严格受断裂控制,主要含矿围岩是海西期闪长岩,燕山中晚期的细粒花岗岩、花岗斑岩和闪长岩类,金主要产于硫化物-石英脉中,其次为旁侧蚀变破碎带中的蚀变岩-石英脉型金矿		
地球物理特征	重力场特征	金矿位于布格重力高异常区,场值 Δg 为$(-150\sim -140.68)\times 10^{-5}\text{m/s}^2$,其北侧及南侧均为布格重力异常低值区。金矿位于 G 蒙-543 号剩余重力正异常区,与布格重力高异常对应较好,该区域主要出露志留系、泥盆系、石炭系、二叠系等古生代地层,异常区南侧边部有少量元古宙地层分布,故认为 G 蒙-543 主要是前中生代基底隆起所致		
	磁场特征	金矿位于正磁异常区,异常值在 0~100nT 之间,形状基本和重力高异常相吻合		

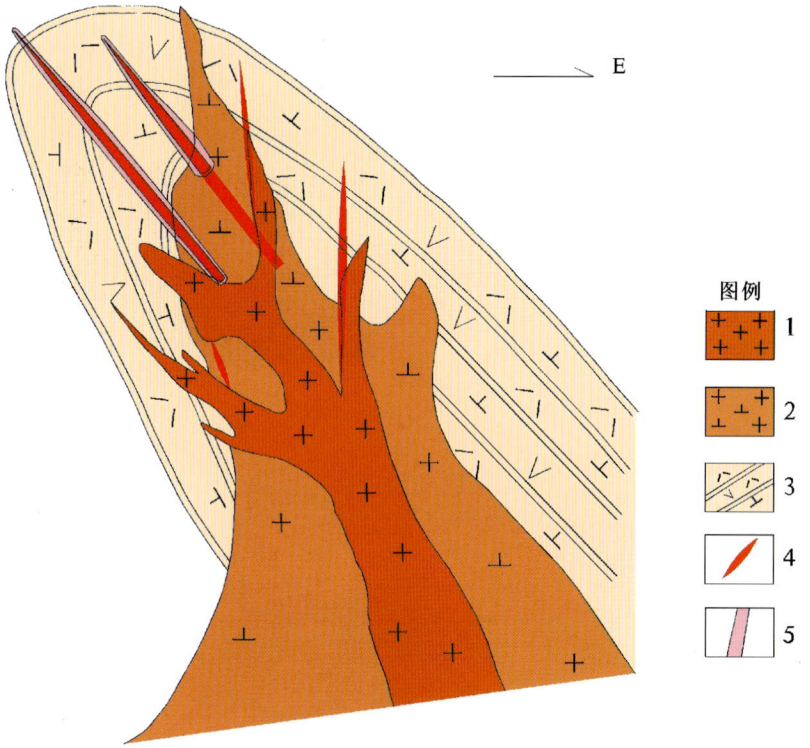

白乃庙式热液型金矿成矿模式图

1.海西晚期白云母花岗岩;2.海西早期花岗闪长岩类;3.白乃庙组(中基性火山岩)绿片岩相;4.金矿脉;5.蚀变带

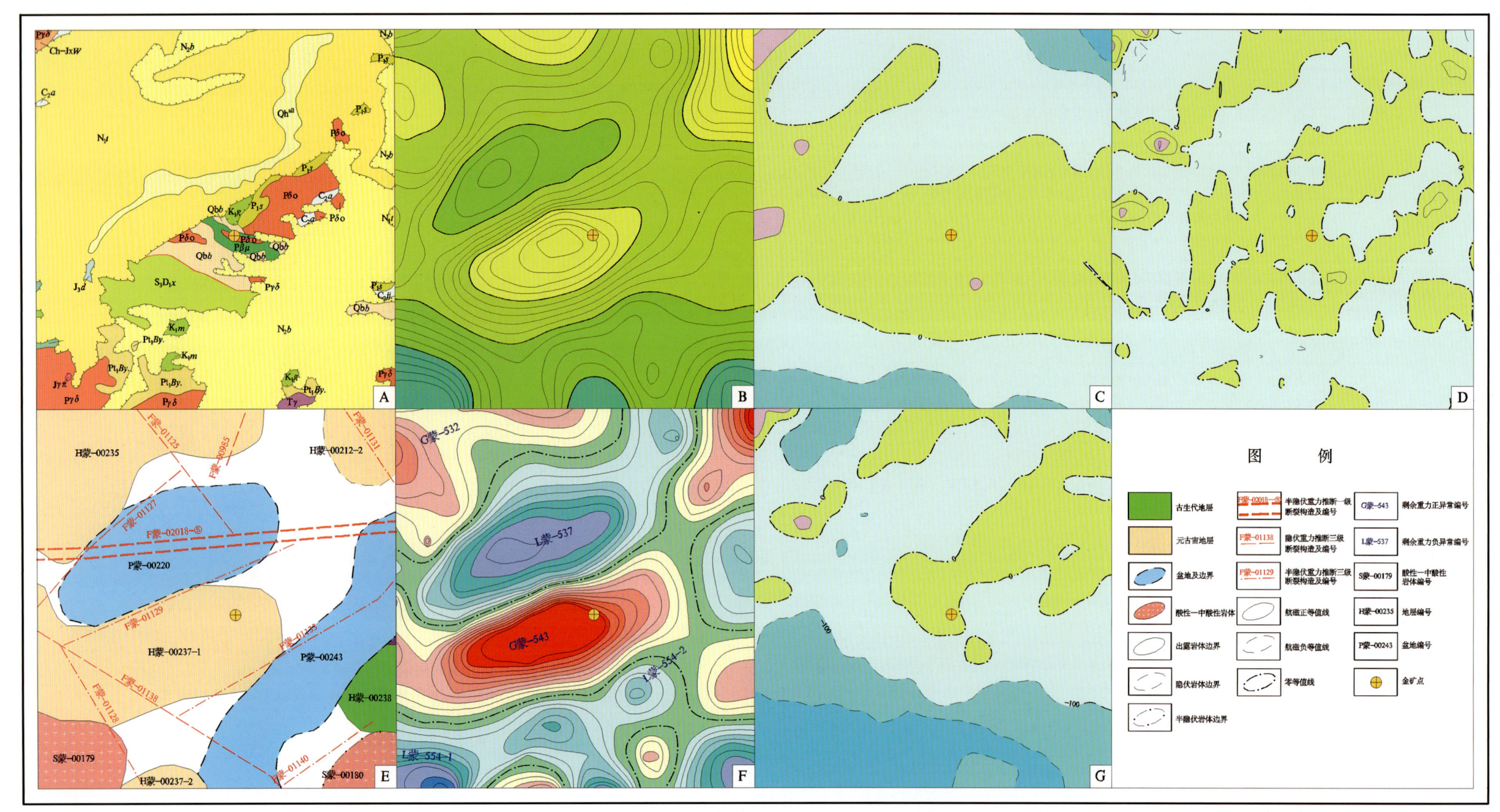

白乃庙式热液型金典型矿床所在区域地质矿产及物探剖析图

A. 地质矿产图;B. 布格重力异常图;C. 航磁 ΔT 等值线平面图;D. 航磁 ΔT 化极垂向一阶导数等值线平面图;E. 重力推断地质构造图;F. 剩余重力异常图;G. 航磁 ΔT 化极等值线平面图

金厂沟梁式热液型金矿地质、地球物理特征一览表

成矿要素		描述内容		
储量		24 421kg	平均品位	Au $12.97×10^{-6}$
特征描述		热液型金矿床		
地质环境	构造背景	天山-兴蒙造山系、包尔汉图-温都尔庙弧盆系、温都尔庙俯冲增生杂岩带(Pt_2)		
	成矿环境	成矿区带属大兴安岭成矿省,白乃庙-锡林郭勒铁、铜、钼、铅、锌、锰、铬、金、锗、煤、天然碱、芒硝成矿带,白乃庙-哈达庙铜、金、萤石成矿亚带(Pt,V,Y)。矿区出露地层有太古宙变质片麻岩、中生代陆相火山岩。太古宙变质片麻岩是金矿直接围岩,其岩性为斜长角闪片麻岩、角闪斜长片麻岩、黑云角闪斜长片麻岩及少量浅粒岩。矿区内岩浆活动频繁,各类侵入体大面积分布于金厂沟梁矿区的南侧,主要有三叠纪似斑状中粗粒花岗岩和燕山期二长花岗岩、片理化二长花岗岩、花岗闪长岩、石英闪长岩及花岗斑岩等。与金矿有关的岩体是对面沟复式岩体,其含金量与太古宙地层相近		
	成矿时代	燕山晚期		
矿床特征	矿体形态	脉状		
	岩石类型	岩体由两次侵入的细粒闪长岩(边部)和斑状花岗闪长岩(内部)组成,小岩株		
	岩石结构	中细粒结构		
	矿物组合	主要有黄铁矿,次为黄铜矿、方铅矿、闪锌矿、黝铜矿,偶见磁黄铁矿、毒砂、斑铜矿、辉铜矿、铜蓝、辉钼矿、孔雀石、褐铁矿、磁铁矿、赤铁矿等,含金量与含黄铁矿量密切相关		
	矿石结构构造	结构:自形—半自形—他形结构、压碎—扭裂结构、包含和交代结构、斑状结构、乳浊状结构、网脉状结构和土状结构等。构造:致密块状构造、浸染状构造、细脉条带状构造、似斑状构造。氧化矿石呈蜂窝状构造		
	蚀变特征	区内围岩蚀变主要见有绿泥石化、绢云母化、黄铁矿化、黄铁细晶岩化、硅化、碳酸盐化等。与成矿关系密切的蚀变为绢云母化和黄铁矿化,线形绢云母化、黄铁矿化蚀变带是寻找原生金矿脉的重要间接标志		
	控矿条件	(1)太古宙变质岩基底为金的形成和叠加富集提供了初始矿源。 (2)印支期花岗岩的侵入和火山岩喷溢,形成大型花岗岩基,燕山运动晚期形成次火山岩体和富金小侵入岩体,形成围绕岩体的一系列放射状及环状断裂、裂隙,因此在岩体边部及外接触带形成了早期细脉浸染型铜钼矿化。 (3)控矿断裂多为北东—北北东向、近东西向(深大断裂及韧性剪切带),环形构造多为燕山早期的中酸性岩体所致,金矿常产在岩体周边		
地球物理特征	重力场特征	金矿位于布格重力异常相对高值区,走向由北东向转为北北东向的重力梯级带边缘,该梯级带推测存在北东走向断裂,梯级带的西北部显示为相对低值区。在剩余重力异常图上金厂沟梁金矿位于椭圆正异常的南部,该异常由北东转为近东西走向,此异常是太古宙地层引起的。在该正异常西侧的宽缓负异常是酸性岩体引起的		
	磁场特征	从航磁 ΔT 化极等值线图上看,金厂沟梁金矿位于正磁异常区,该航磁正异常与太古宙地层有关。重磁场特征反映了该金矿的成矿地质环境,区域上金矿受北东向断裂控制,处在太古宙地层与岩体的内接触带上		

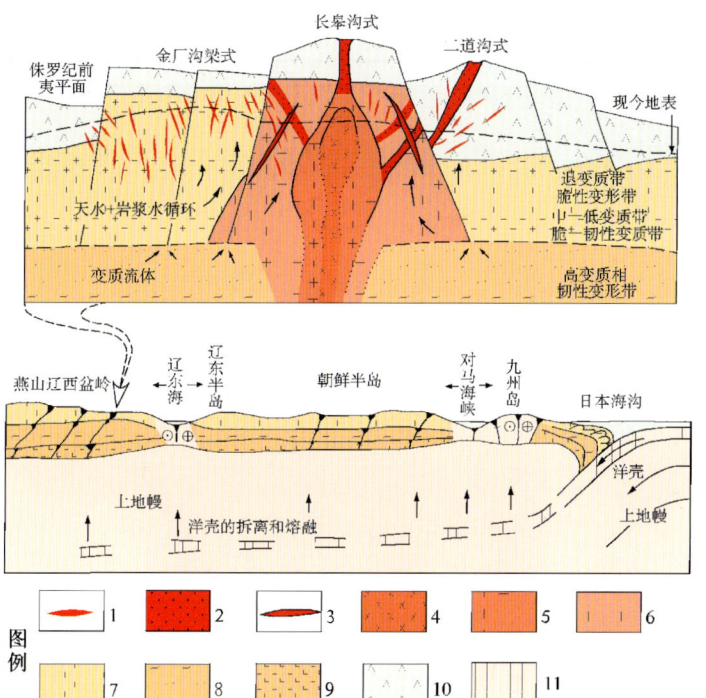

金厂沟梁式热液型金矿成矿模式图

1.脆性断裂中的金矿脉;2.斑岩型Cu(Co、Au)矿化;3.晚期中酸性岩脉;4.斑状花岗闪长岩;5.中细粒花岗闪长岩;6.中粒似斑状花岗岩;7.上地壳;8.中地壳;9.下地壳;10.J_3-K_1火山岩;11.洋壳

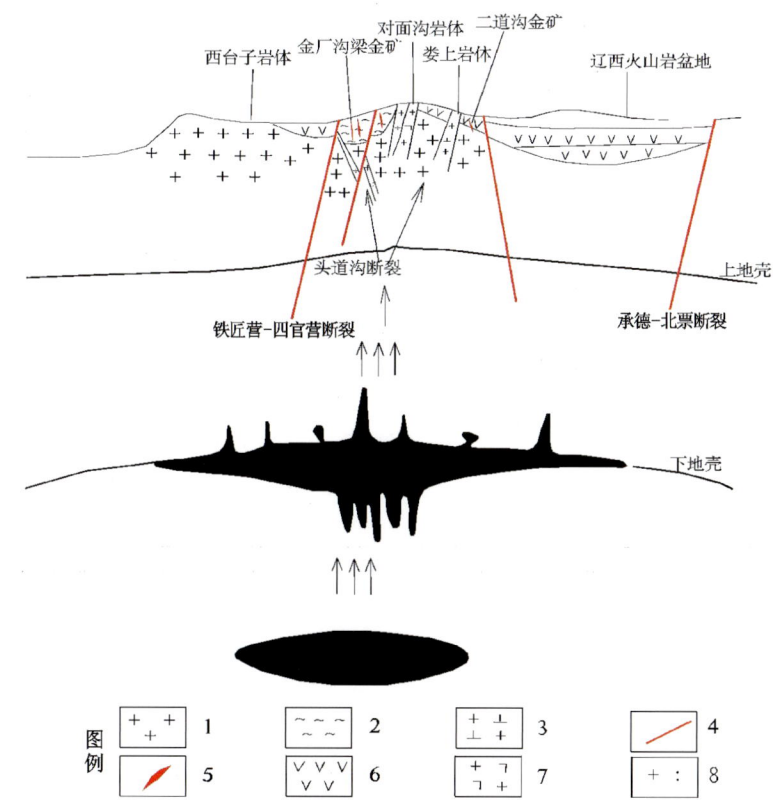

金厂沟梁式热液型金矿区域成矿模式图
(据陈军强,2006修改)

1.花岗岩;2.变质岩;3.花岗闪长岩;4.断裂;5.金矿脉;6.火山岩;7.石英闪长岩;8.碱性岩

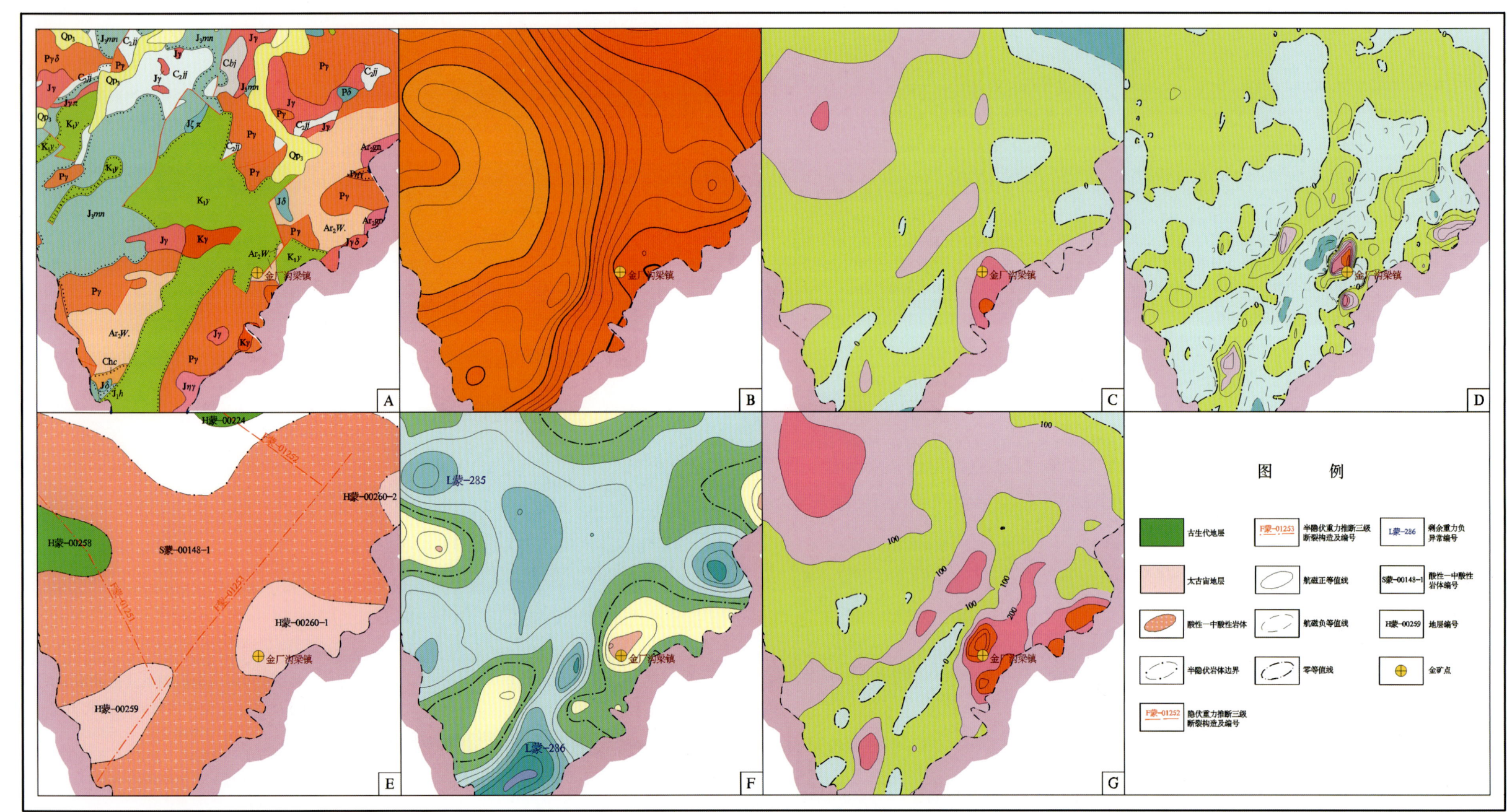

金厂沟梁式热液型金典型矿床所在区域地质矿产及物探剖析图

A. 地质矿产图;B. 布格重力异常图;C. 航磁 ΔT 等值线平面图;D. 航磁 ΔT 化极垂向一阶导数等值线平面图;E. 重力推断地质构造图;F. 剩余重力异常图;G. 航磁 ΔT 化极等值线平面图

毕力赫式斑岩型金矿地质、地球物理特征一览表

成矿要素		描述内容		
储量		Ⅰ矿带 1965kg，Ⅱ矿带 21 916kg，总计 23 881kg	平均品位	Ⅰ矿带 6.28×10^{-6}，Ⅱ矿带 2.73×10^{-6}，加权平均 3.02×10^{-6}
特征描述		斑岩型金矿床		
地质环境	构造背景	天山-兴蒙造山系、包尔汉图-温都尔庙弧盆系、温都尔庙俯冲增生杂岩带(Pt_2)		
	成矿环境	成矿区带属大兴安岭成省、白乃庙-锡林郭勒铁、铜、钼、铅、锌、锰、铬、金、锗、煤、天然碱、芒硝成矿带、白乃庙-哈达庙铜、金、萤石成矿亚带(Pt、V、Y)。矿区出露地层主要有上侏罗统玛尼吐组、白音高老组和新生界。出露地表的侵入岩主要为钾长花岗斑岩，以及沿断裂侵入的流纹斑岩脉（霏细岩脉）。通过钻孔揭露，在第四系和第三系（古近系＋新近系）覆盖物下分布着以闪长玢岩为主的次火山杂岩体，岩性主要为花岗闪长斑岩和二长花岗斑岩，该杂岩体与矿化关系密切。矿区断裂主要为北西向或北东向，以及伴生的劈理化或片理化带。其中，北西向断层为矿区主要构造，控制了矿区的地层发育，并可能与成矿有关		
	成矿时代	燕山期		
矿床特征	矿体形态	脉状		
	岩石类型	燕山期次火山岩及玛尼吐组火山岩、火山碎屑岩		
	岩石结构	他形、半自形粒状结构		
	矿物组合	金属矿物比较单一，其中黄铁矿含量相对较高，其次为毒砂、黄铜矿、黝铜矿、闪锌矿、方铅矿、辉钼矿、辉锑矿等。贵金属矿物主要为自然金，少量银金矿、自然银。另外矿石中还含少量次生氧化矿物褐铁矿、辉铜矿、蓝辉铜矿、铜蓝等。非金属矿物主要为斜长石、石英、钾长石，其次为绢云母、黑云母、白云母、绿泥石、绿帘石、黝帘石、碳酸盐矿物、电气石、高岭土、黏土矿物等		
	矿石结构构造	结构：他形晶粒状、半自形粒状和斑状结构，主要为压碎、交代残余等结构，少见包含结构、次生溶蚀结构、次生残留体结构。构造：主要有致密块状及浸染状构造，次为条带状、网脉状及角砾状等构造		
	蚀变特征	硅化、绢云母化、碳酸盐化、绿泥石化、阳起石化、钾化，尤其是热液蚀变叠加的石英细网脉		
	控矿条件	(1)金矿产于侏罗纪钙碱性中酸性火山-次火山杂岩体中。(2)容矿岩石主要为花岗闪长玢岩及其接触带附近的沉凝灰岩-凝灰质砂岩，少量火山熔岩安山岩。矿体严格受次火山岩体-花岗闪长斑岩内外接触构造、断裂构造控制。次火山岩体以及开放的断裂构造是本区成矿的关键因素。(3)矿体产于侏罗纪火山机构附近。板块边缘活动化带，中生代坳陷和隆起的过渡带（陆相火山盆地）		
地球物理特征	重力场特征	金矿位于布格重力异常相对高值区，Δg 为 $(-154\sim-152)\times10^{-5} m/s^2$，在其南部有近东西向的布格重力异常梯级带，推测有近东西向断裂存在，梯级带以南为布格重力异常相对低值区。在剩余重力异常图上毕力赫金矿位于异常编号 G蒙-535 号异常南侧边部的正异常上，所在位置 Δg 为 $(2\sim3)\times10^{-5} m/s^2$，金矿西部的负异常推测是酸性岩体所引起，东部负异常推测是盆地的分布区		
	磁场特征	航磁异常为正异常，异常值在 $0\sim100nT$ 之间，航磁 ΔT 化极等值线图显示金矿位于正磁异常边部		

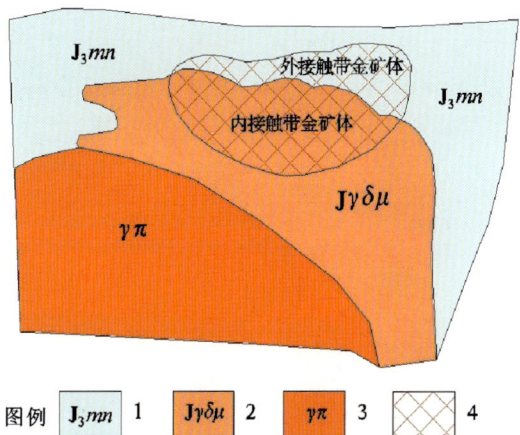

毕力赫式斑岩型金矿成矿模式图

1.侏罗系玛尼吐组；2.侏罗纪花岗闪长玢岩；3.花岗斑岩体；4.矿体

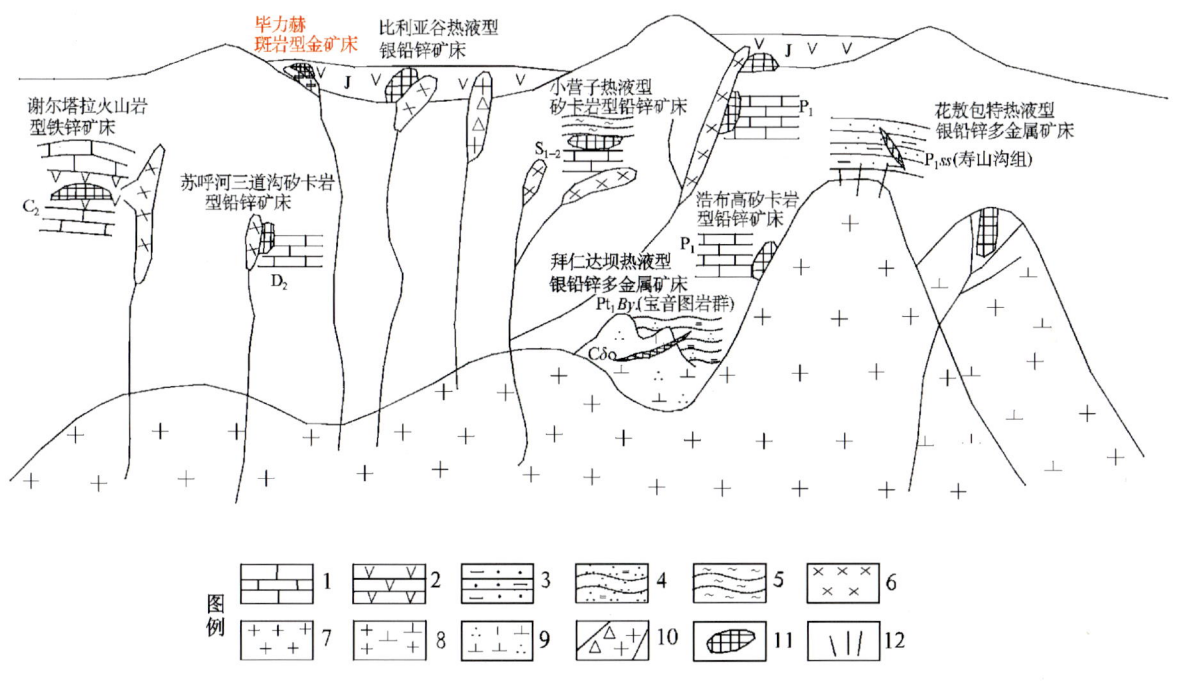

毕力赫式斑岩型金矿区域成矿模式图

1.大理岩；2.火山岩；3.泥质砂岩；4.石英片岩；5.绿泥片岩；6.次火山岩；7.花岗岩类；8.花岗闪长岩类；9.石英闪长岩；10.隐爆角砾岩筒；11.矿体；12.热液型矿化

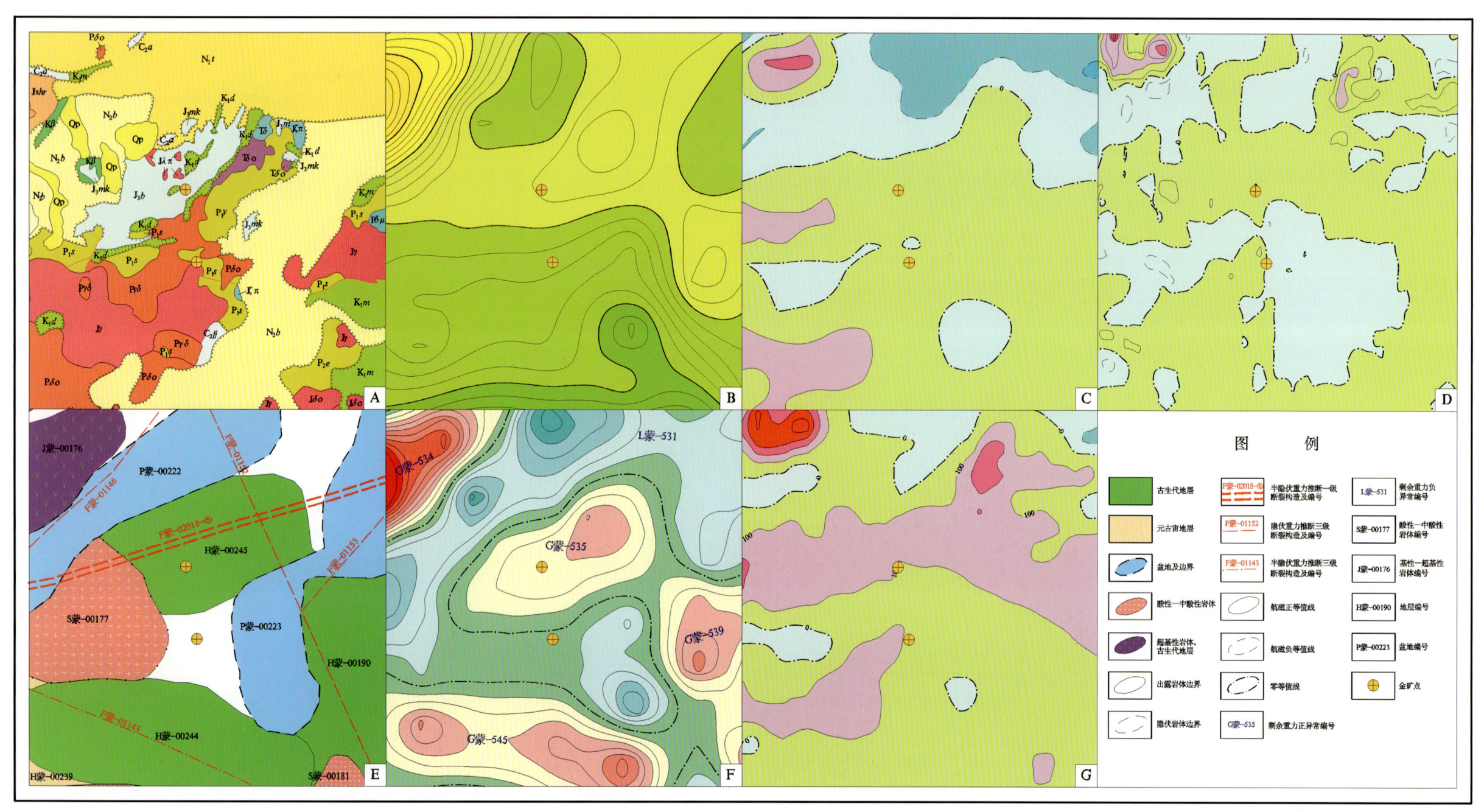

毕力赫式斑岩型金典型矿床所在区域地质矿产及物探剖析图

A. 地质矿产图;B. 布格重力异常图;C. 航磁 ΔT 等值线平面图;D. 航磁 ΔT 化极垂向一阶导数等值线平面图;E. 重力推断地质构造图;F. 剩余重力异常图;G. 航磁 ΔT 化极等值线平面图

小伊诺盖沟式热液型金矿地质、地球物理特征一览表

成矿要素		描述内容		
储量		404.4kg	平均品位	Au 6.29×10^{-6}
特征描述		热液型金矿床		
地质环境	构造背景	天山-兴蒙造山系,大兴安岭弧盆系,额尔古纳岛弧		
	成矿环境	成矿区带属大兴安岭成矿省,新巴尔虎右旗-根河(拉张区)铜、钼、铅、锌、银、金、萤石、煤(铀)成矿带,莫尔道嘎铁、铅、锌、银、金成矿亚带(Pt、V、Y、Q)。矿区出露地层有震旦系额尔古纳河组白云质结晶灰岩、变质砂岩、砂砾岩、板岩、千枚岩等,局部为糜棱岩。侵入岩以中侏罗世花岗斑岩为主,外围发育早侏罗世斑状中粒花岗岩,受韧性剪切带作用,均发生糜棱岩化。额尔古纳-呼伦断裂(中侏罗世末期的左行走滑韧性剪切带)贯穿矿区,与近东西向小伊诺盖沟断裂的交会部位控制矿床的定位		
	成矿时代	成矿作用晚于中侏罗世,可能形成于蒙古-鄂霍茨克陆陆碰撞造山期		
矿床特征	岩石类型	蚀变岩型为主,次为石英脉型。蚀变岩型矿石的品位较低,发育在石英脉两侧,硅化、绢云母化和黄铁矿化强烈。石英脉型为含黄铁矿的石英脉,规模较小,连续性较差		
	矿物组合	金属矿物有黄铁矿、方铅矿和磁铁矿,氧化带有自然金、褐铁矿、镜铁矿、铜蓝和孔雀石。非金属矿物为石英、长石、电气石、白云母和萤石		
	矿石结构构造	结构:他形粒状结构和交代残余结构。构造:浸染状构造和角砾状构造		
	蚀变特征	主要围岩蚀变类型是绢云母化、硅化和黄铁矿化		
	控矿条件	(1)主要围岩蚀变类型是绢云母化、硅化和黄铁矿化。(2)小伊诺盖沟金矿受北北东向展布的额尔古纳河韧性剪切带控制,该剪切带派生的南北、北东向次级张性和张扭性断层破碎带是金矿脉的容矿构造		
地球物理特征	重力场特征	小伊诺盖沟金矿位于布格重力异常相对高值区,Δg 为 $(-61.76\sim-59.39)\times10^{-5}$ m/s^2。东侧为布格重力异常北北东向梯级带,推断为断裂构造所致。梯级带以东为布格重力异常相对低值区。在剩余重力异常图上,小伊诺盖沟金矿位于由古生代—元古宇所引起的正异常区边部		
	磁场特征	航磁等值线图显示金矿位于正磁异常上,强度在 200nT 左右		

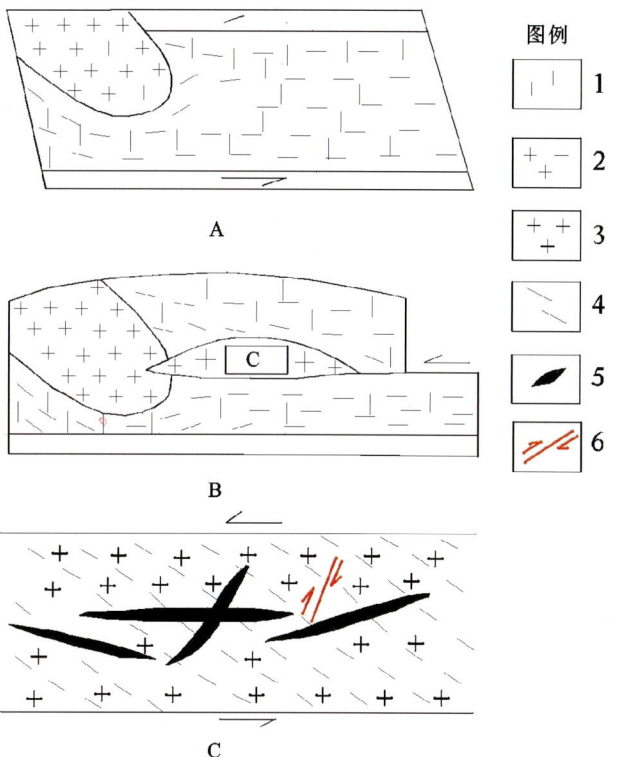

小伊诺盖沟式热液型金矿成矿模式图

1.额尔古纳河组;2.早侏罗世花岗岩;3.花岗斑岩;4.叶理;5.张裂隙或剪切裂隙;6.断裂

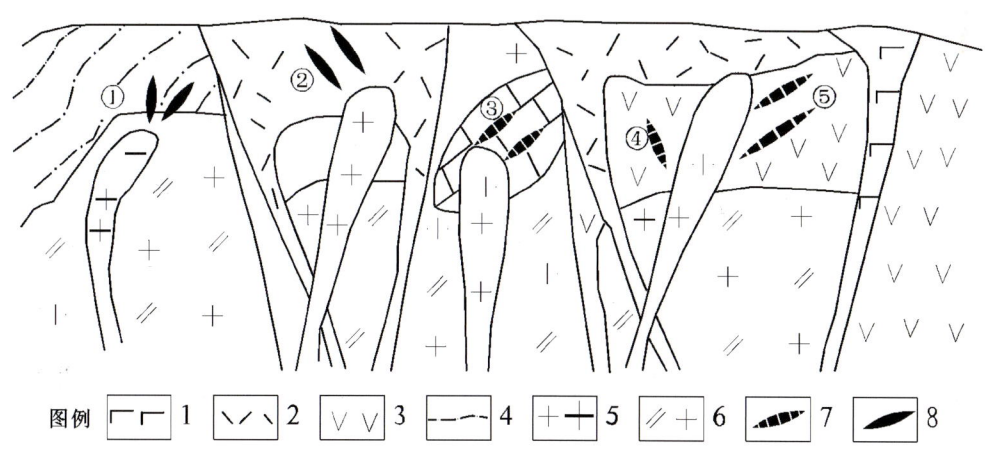

小伊诺盖沟式热液型金矿区域成矿模式图

1.玄武岩;2.流纹岩;3.安山岩;4.浅粒岩;5.花岗岩、花岗斑岩;6.二长花岗岩;7.锌矿体;8.金矿体;①小伊诺盖沟,②莫尔道嘎,③下护林,④二道河子,⑤得尔布尔

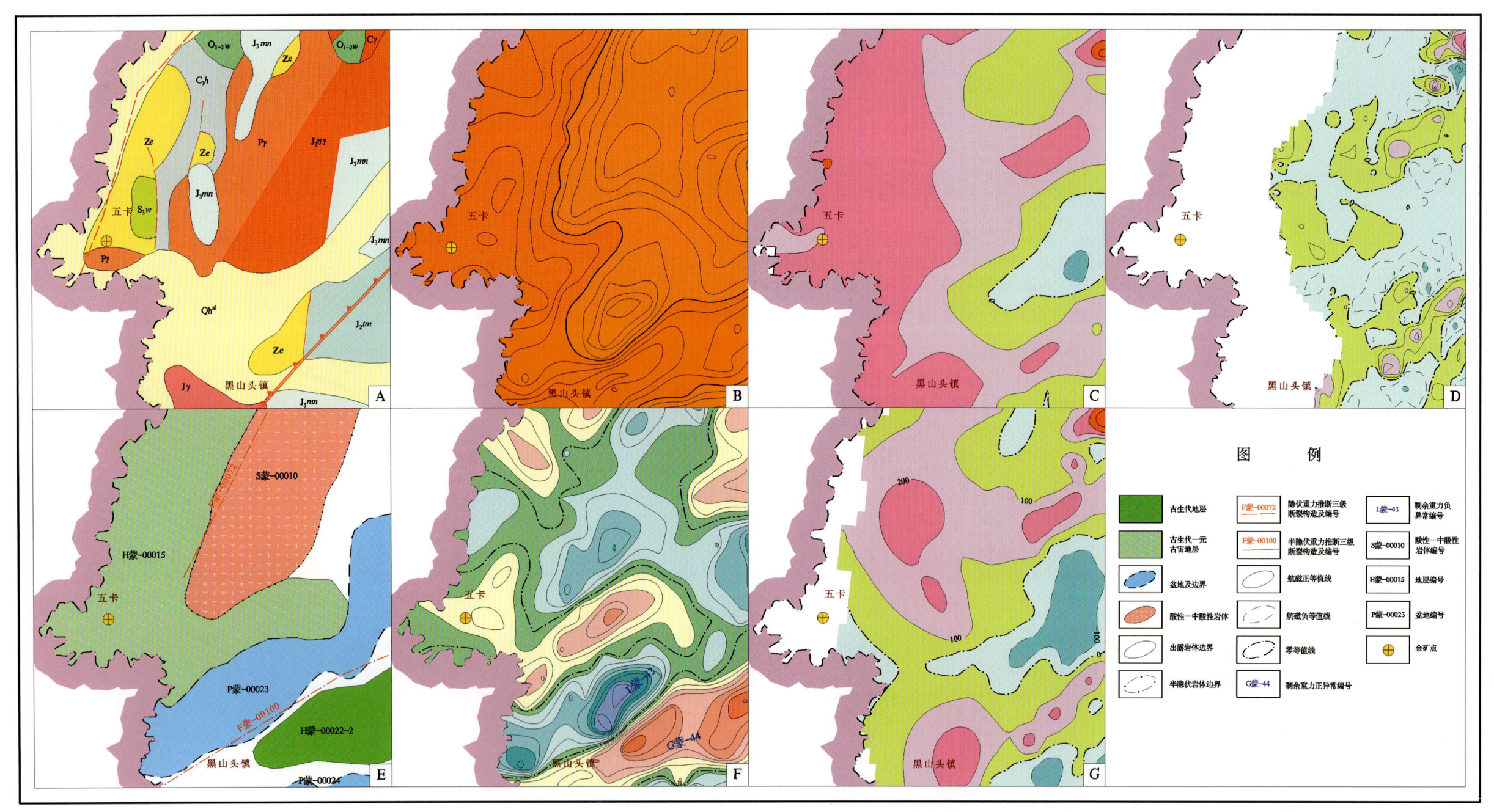

小伊诺盖沟式热液型金典型矿床所在区域地质矿产及物探剖析图

A. 地质矿产图；B. 布格重力异常图；C. 航磁 ΔT 等值线平面图；D. 航磁 ΔT 化极垂向一阶导数等值线平面图；E. 重力推断地质构造图；F. 剩余重力异常图；G. 航磁 ΔT 化极等值线平面图

碱泉子式热液型金矿地质、地球物理特征一览表

成矿要素		描述内容		
储量		544kg	平均品位	Au 21.59×10^{-6}
特征描述		热液型金矿床		
地质环境	构造背景	天山-兴蒙造山系、额济纳旗-北山弧盆系、哈特布其岩浆弧(Pz_2)		
	成矿环境	成矿区带属华北(陆块)成矿省,阿拉善(隆起)铜、镍、铂、铁、稀土、磷、石墨、芒硝、盐类成矿亚带,碱泉子-卡休他他金、铜、铁、钴成矿亚带(V)。地层主要为古元古界龙首山岩群上亚群和下白垩统庙沟组及第四系。海西中期第二次侵入岩和海西中期第三次侵入岩,呈岩株状,被岩浆期后热液钾质交代,使原岩形成肉红色钾质交代花岗岩。褶皱构造为由古元古界龙首山岩群上亚群地层构成的一轴向北西西-南东东向的复式向斜,倾角约$50°$,断裂构造有近东西向、北东向及北西—北北西向断裂组,其中后者为本区金矿化的主要控矿构造		
	成矿时代	海西晚期		
矿床特征	矿体形态	板状		
	岩石类型	古元古界龙首山岩群上亚群:片麻岩-变粒岩段夹中—薄层糖粒状大理岩;下白垩统庙沟组:紫红色砾岩、砂砾岩、砂岩、粉砂岩和泥岩等;海西中期侵入岩:黑云角闪花岗闪长岩、黑云角闪斜长花岗岩、黑云母花岗岩和黑云母二长花岗岩		
	岩石结构	他形粒状结构		
	矿物组合	主要为黄铁矿,次有方铅矿,微量矿物为闪锌矿、黄铜矿及胶黄铁矿。载金矿物主要为自然金,次为银金矿		
	矿石结构构造	他形粒状结构;块状、细脉状、网脉状及浸染状构造		
	蚀变特征	硅化、绢云母化、黄铁矿化、碳酸盐化、绿泥石化		
	控矿条件	(1)古元古界龙首山岩群上亚群黑云角闪斜长片岩,该套地层金丰度较高。(2)本矿严格受控于北西向层间挤压破碎带。(3)海西中期较强烈的岩浆活动的持续作用和岩浆演化,使金不断得以活化和富集		
地球物理特征	重力场特征	碱泉子热液型金矿所在位置布格重力异常等值线呈弧形梯级带分布,总体呈北西向展布。其西侧重力值较高,东侧重力值较低。在剩余重力异常图上碱泉子金矿位于正异常边部,正异常区内局部有元古宙地层出露,可见是元古宙基底隆起引起。在该正异常南、北周围两侧的负异常推测是酸性侵入岩所引起		
	磁场特征	航磁化极等值线图显示,金矿位于不规则的负磁异常区,金矿南侧有一明显的正负伴生异常,这是由区域性深大断裂临河-集宁断裂引起(F蒙-02027)。由此可见重磁场特征反映了该金矿的成矿地质环境:区域上金矿受北西向断裂控制,处在元古宙地层与岩体的内接触带上		

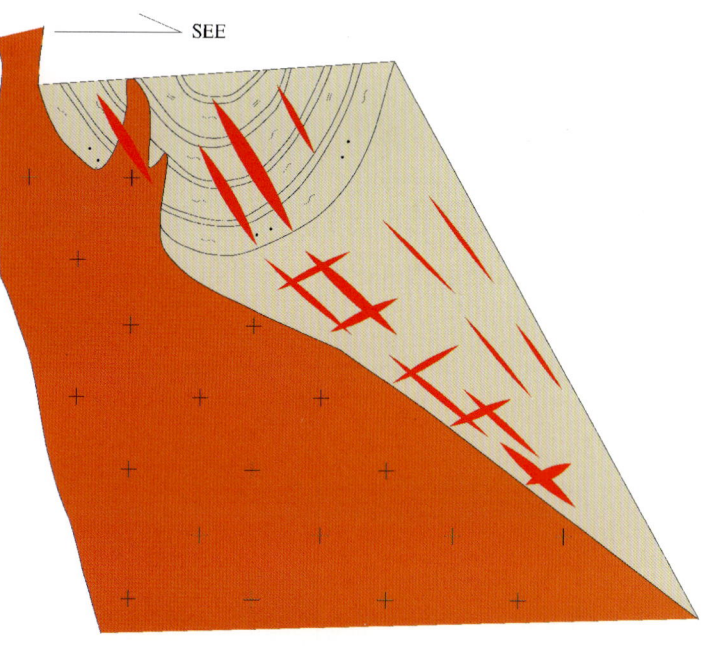

碱泉子式热液型金矿区域成矿模式图

图例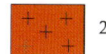

1.薄层状黑云石英片岩;2.花岗岩;3.金矿体

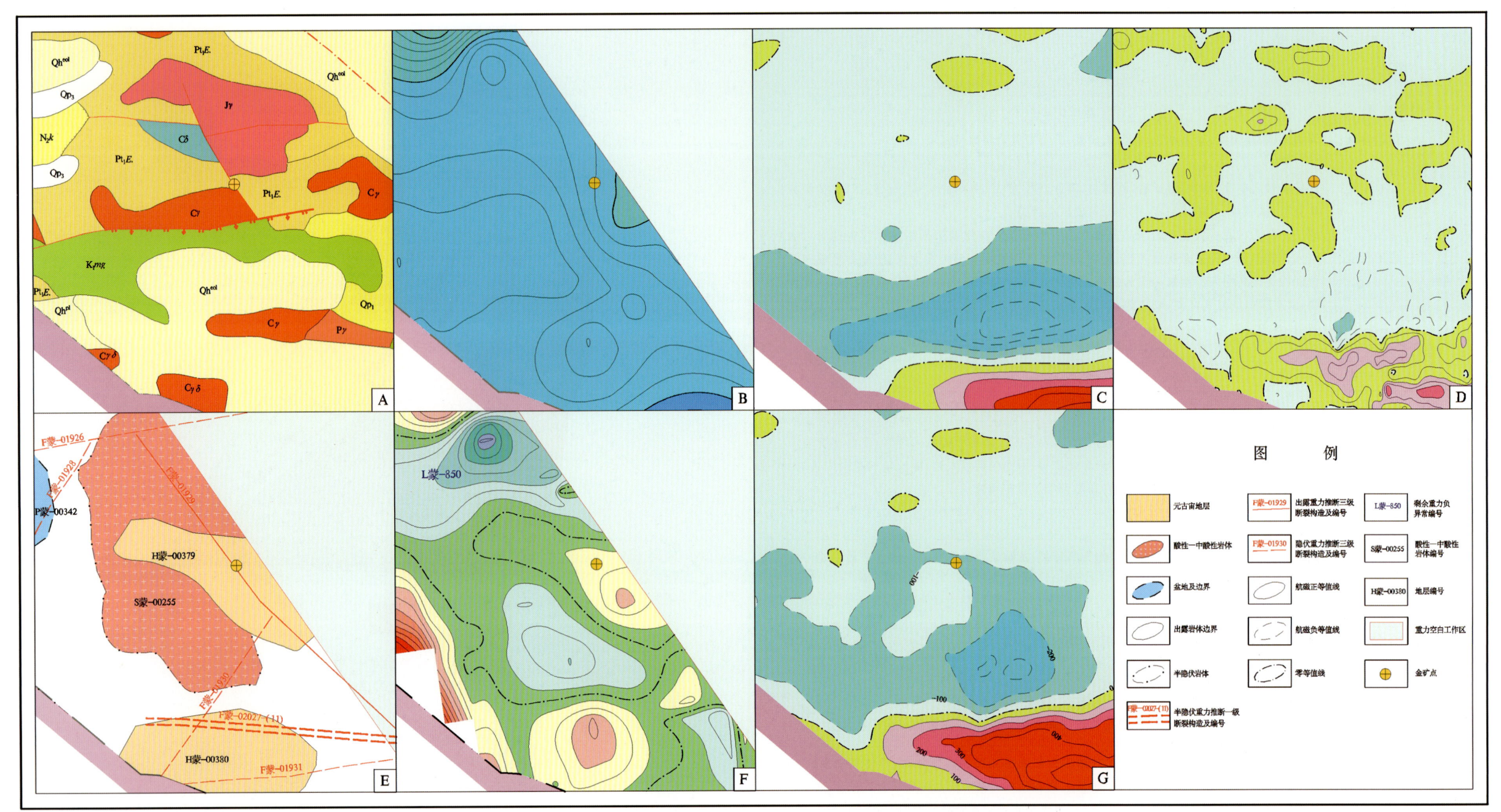

碱泉子式热液型金典型矿床所在区域地质矿产及物探剖析图

A. 地质矿产图；B. 布格重力异常图；C. 航磁 ΔT 等值线平面图；D. 航磁 ΔT 化极垂向一阶导数等值线平面图；E. 重力推断地质构造图；F. 剩余重力异常图；G. 航磁 ΔT 化极等值线平面图

巴音杭盖式石英脉型金矿地质、地球物理特征一览表

成矿要素		描述内容		
储量		6463kg	平均品位	Au 5.59×10^{-6}
特征描述		岩浆热液-石英脉型金矿床		
地质环境	构造背景	天山-兴蒙造山系,包尔汉图-温都尔庙弧盆系,宝音图岩浆弧		
	成矿环境	矿区位于大兴安岭成矿省、白乃庙-锡林郭勒铁、铜、钼、铅、锌、锰、铬、金、锗、煤、天然碱、芒硝成矿带、查干此老-巴音杭盖铁、金、钨、钼、铜、镍、钴成矿亚带(C、V、I)。矿区出露地层有古元古界宝音图岩群和中元古界温都尔庙群,隆起主体由古元古界宝音图岩群片岩类为主的浅变质岩系和中元古界温都尔庙群绿片岩系组成。盖层有古生界。矿床处于萨拉呼都格推测向斜之内,北侧为图古日格北逆断层,西南侧为伊很查北西向断裂组,轴向呈北东向,轴长22km,为紧密线型褶皱。与成矿有关的侵入岩为海西中期图古日格斜长花岗岩体		
	成矿时代	海西中期		
矿床特征	矿体形态	脉状		
	岩石类型	黄铁绢云英化花岗岩为矿区围岩,次生石英岩(石英脉)		
	岩石结构	交代网脉-网格状-环边状结构、骸晶结构、溶蚀结构、压碎结构和包含结构		
	矿物组合	主要金属矿物有黄铁矿、方铅矿、褐铁矿,次为赤铁矿、磁黄铁矿、镍黄铁矿、铜蓝,少量辉铜矿、黄铜矿、孔雀石、自然金、银金矿		
	矿石结构构造	呈变余花岗结构、不等粒变晶结构;碎裂构造		
	蚀变特征	黄铁绢英岩化、硅化、黑云母褪色化,多金属硫化物矿化		
	控矿条件	(1)金矿源层为古元古界宝音图岩群浅变质岩系。 (2)与成矿有关的侵入岩为海西中期图古日格斜长花岗岩体(γo_4^2)。 (3)紧密线型褶皱构造发育,主成矿断裂呈北西-南东向		
地球物理特征	重力场特征	金矿位于北东向展布的布格重力异常相对高值区,由两个局部高异常组成,极值 Δg 分别为 -139.43×10^{-5}m/s^2、-141.14×10^{-5}m/s^2,其南侧存在一明显的北东向展布的重力低异常区,高低异常之间形成北东向展布的梯级带,等值线分布密集。该梯度带对应于区域深大断裂索仑山-巴林右旗断裂。金矿所在区域剩余重力异常显示为正异常,由两个局部异常组成,异常区北侧出露元古宙、古生代地层,并多处分布有基性岩体,故认为异常是前中生代基底隆起与基性岩共同引起		
	磁场特征	由航磁 ΔT 等值线平面图及 ΔT 化极等值线平面图可见,巴音杭盖金矿所在区域为平稳的低缓负磁异常区,磁场幅值为 $-50\sim0$nT		

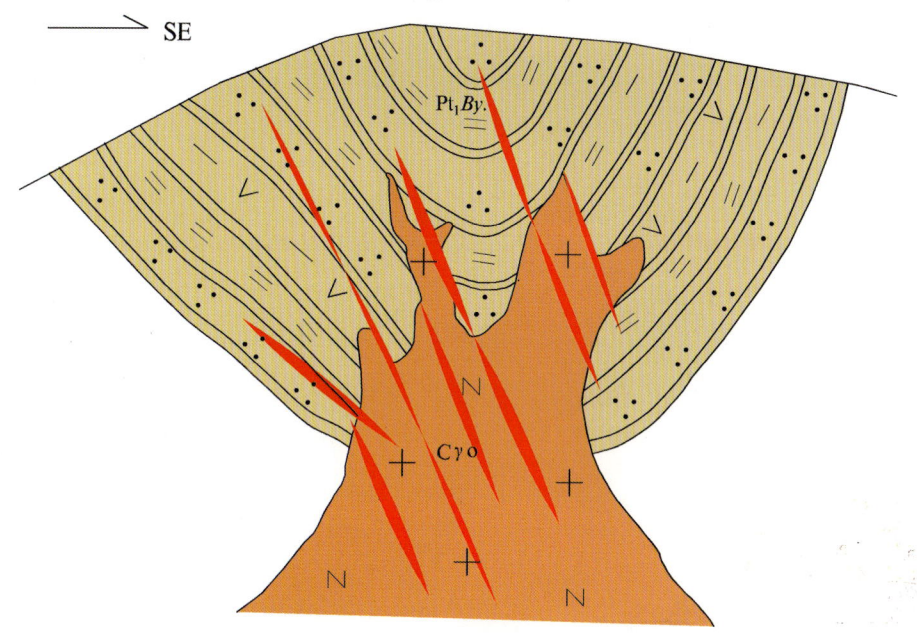

巴音杭盖式石英脉型金矿成矿模式图

1.宝音图岩群;2.石炭纪中细粒斜长花岗岩;3.金铅矿脉

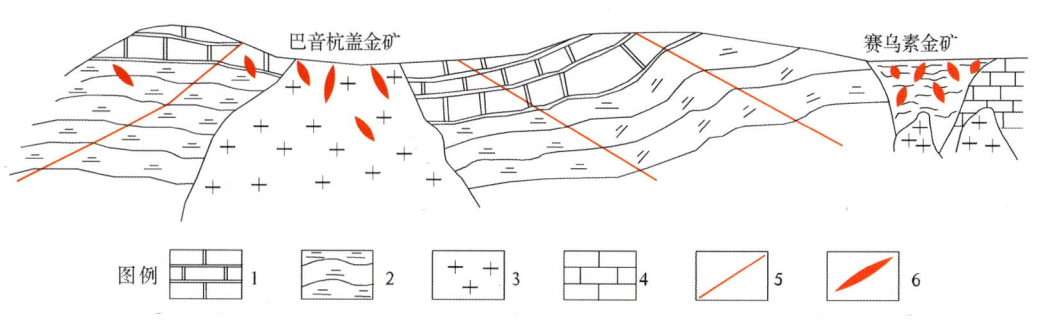

巴音杭盖式石英脉型金矿区域成矿模式图

1.大理岩;2.绢云母片岩;3.花岗岩;4.灰岩;5.断裂;6.金矿体

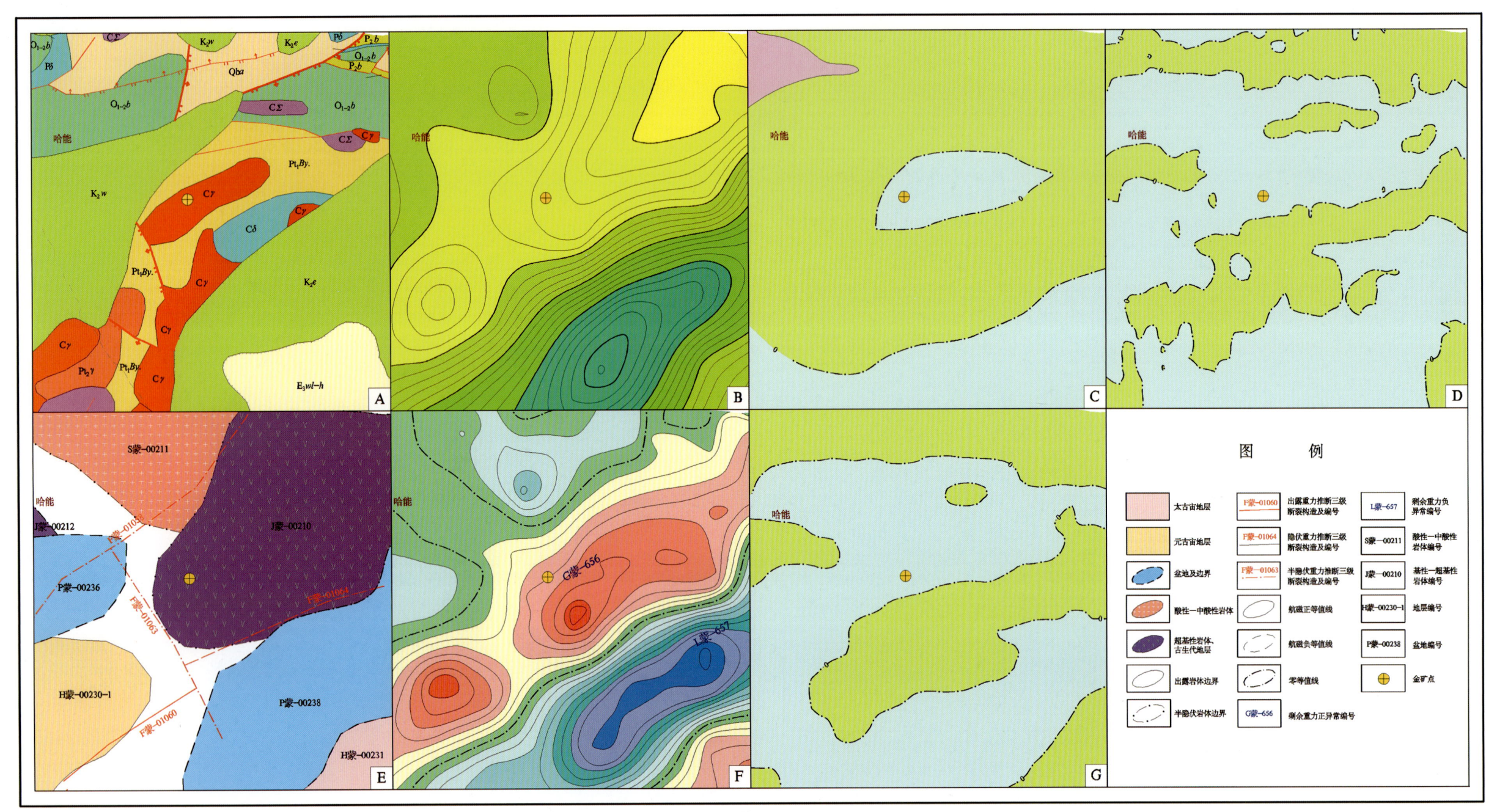

巴音杭盖式石英脉型金典型矿床所在区域地质矿产及物探剖析图
A. 地质矿产图；B. 布格重力异常图；C. 航磁 ΔT 等值线平面图；D. 航磁 ΔT 化极垂向一阶导数等值线平面图；E. 重力推断地质构造图；F. 剩余重力异常图；G. 航磁 ΔT 化极等值线平面图

三个井式热液型金矿地质、地球物理特征一览表

成矿要素		描述内容		
储量		6202kg	平均品位	Au 5.03×10^{-6}
特征描述		热液型金矿床		
地质环境	构造背景	天山-兴蒙造山系、额济纳旗-北山弧盆系、明水岩浆弧(C)		
	成矿环境	成矿区带属塔里木成矿省、磁海-公婆泉铁、铜、金、铅、锌、锰、钨、锡、铷、钒、铀、磷成矿带、石板井-东七一山钨、锡、铷、钼、铜、铁、金、铬、萤石成矿亚带(V)。矿区除第四系砂砾石外,全部为石炭系白山组第二段变质岩系。侵入岩以海西晚期斜长花岗岩和燕山晚期花岗岩为主,均分布于矿区的北部,呈北西西向带状展布,与石炭系白山组变质岩地层以断层接触。矿区构造简单,主要表现为断裂和裂隙,在岩体和地层接触带上分布着区域性的压扭性断层,为该区的主要导矿构造;多金属矿床则赋存于该断层上盘与其大致平行的、性质相同的断裂裂隙内,该断裂裂隙为该区的主要控矿构造		
	成矿时代	海西晚期		
矿床特征	矿体形态	薄脉状		
	岩石类型	石炭系白山组第二段:条带状混合岩、黑云石英片岩、二云石英片岩、黑云斜长片麻岩及大理岩;海西晚期斜长花岗岩		
	岩石结构	自形—半自形粒状结构		
	矿物组合	矿石矿物主要为方铅矿,其次为黄铜矿、闪锌矿、黝铜矿、毒砂、白铅矿、铅矾、蓝铜矿、孔雀石及褐铁矿。脉石矿物为方解石、石英		
	矿石结构构造	自形—半自形粒状结构;块状构造		
	蚀变特征	矽卡岩化、碳酸盐化、褐铁矿化、高岭土化、硅化、黄铁矿化		
	控矿条件	(1)控矿构造:岩体与大理岩接触带上的区域性压扭性断裂为主要的导矿构造,该断层上盘与其大致平行的、性质相同的断裂裂隙为主要的控矿构造。(2)控矿岩浆岩:岩浆岩控制矿床的分布,也是成矿物质的主要来源		
地球物理特征	重力场特征	三个井金矿位于布格重力异常相对高值区,Δg 为 $(-182 \sim -180) \times 10^{-5}$ m/s²。其南部有北东向展布的布格重力异常梯度带,综合地质资料推断此处有北东向断裂存在,梯级带以南为布格重力异常相对低值区。在剩余重力异常图上金矿位于异常编号为G蒙-858号正异常东部界线,该异常为北西向转为近东西向的正异常带,该正异常推测为古生代地层所引起。金矿处于区域岩浆岩带分布区,在该正异常西侧的负异常是中酸性岩浆岩和沉积盆地共同引起		
	磁场特征	从航磁 ΔT 化极等值线图上看,三个井金矿位于正负磁异常边界处。重磁场特征反映了该金矿的成矿地质环境:区域上金矿受两条近于平行的北东向断裂控制,处在古生代地层与岩浆岩带的外接触带上		

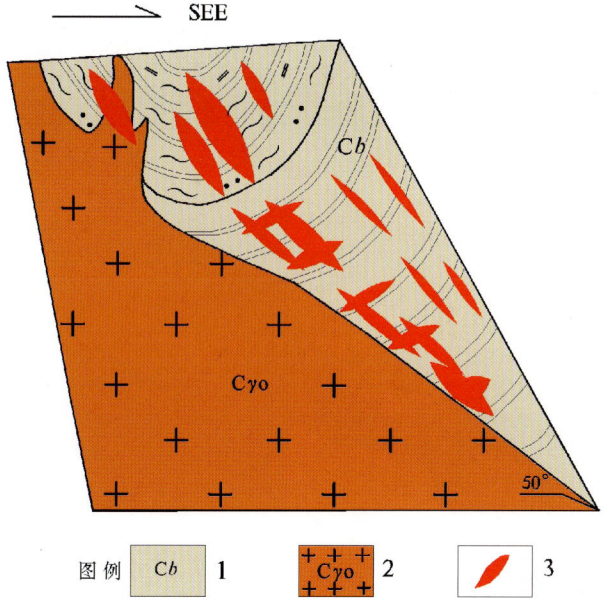

三个井式热液型金矿成矿模式图

1.石炭系白山组;2.海西晚期斜长花岗岩;3.金矿脉

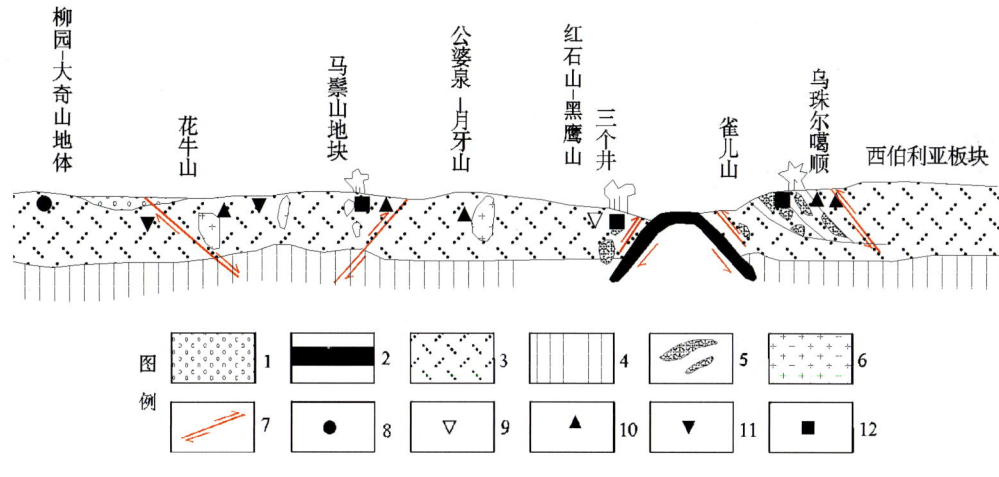

三个井式热液型金矿区域成矿模式图

1.陆源沉积物;2.洋壳;3.大陆壳;4.上地幔;5.镁铁-超镁铁质侵入岩;6.花岗岩类侵入岩;7.断裂;8.变质岩型金属矿床(点);9.与花岗岩类侵入岩有关的金属矿床(点);10.斑岩型金属矿床(点);11.矽卡岩型金属矿床(点);12.与镁铁-超镁铁质侵入岩有关的金属矿床(点)

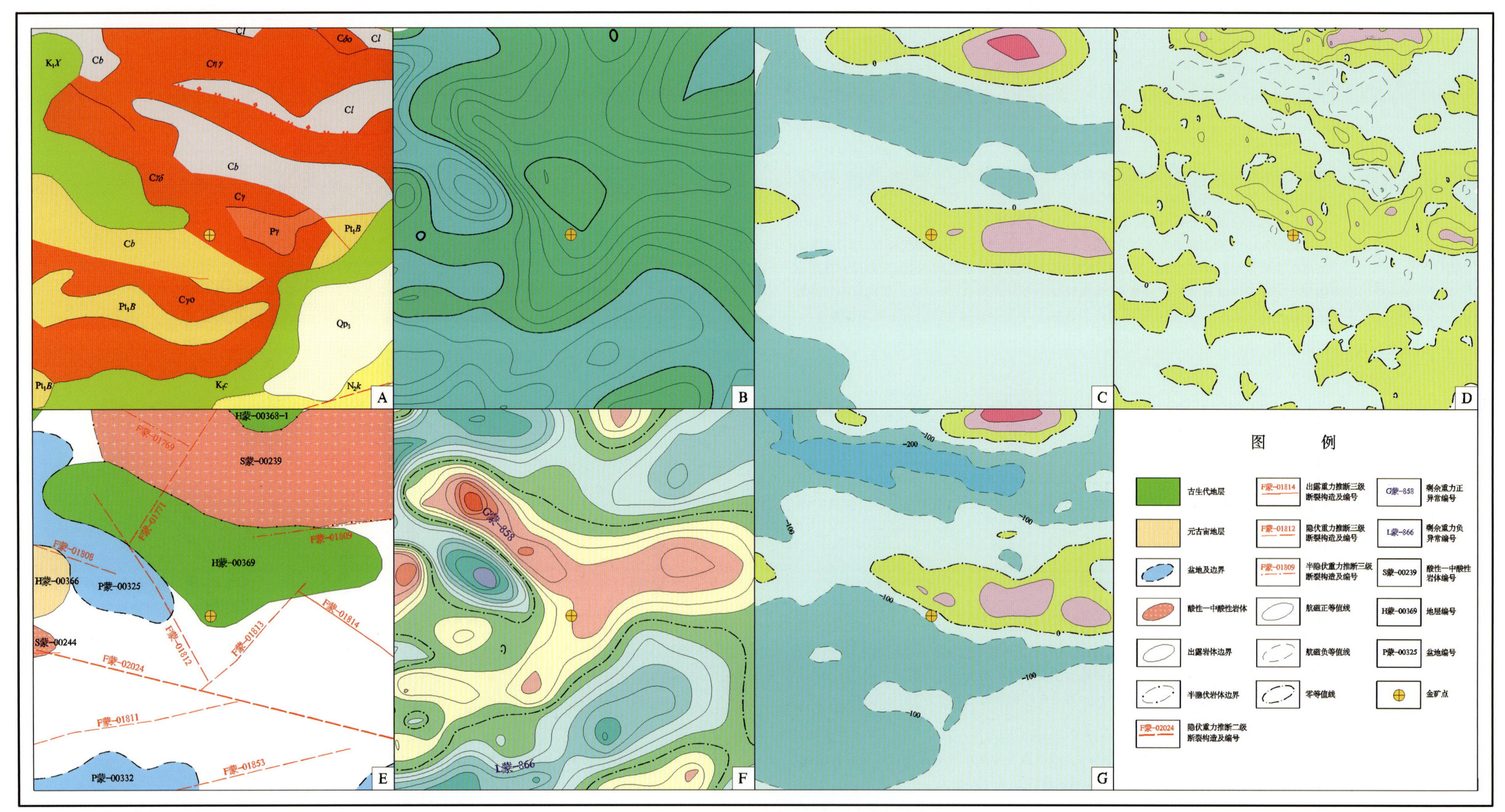

三个井式热液型金典型矿床所在区域地质矿产及物探剖析图

A. 地质矿产图；B. 布格重力异常图；C. 航磁 ΔT 等值线平面图；D. 航磁 ΔT 化极垂向一阶导数等值线平面图；E. 重力推断地质构造图；F. 剩余重力异常图；G. 航磁 ΔT 化极等值线平面图

新地沟式变质热液(绿岩)型金矿地质、地球物理特征一览表

成矿要素		描述内容		
储量		2225kg	平均品位	Au 3.09×10^{-6}
特征描述		变质热液(绿岩)型		
地质环境	构造背景	华北陆块区、狼山-阴山陆块(大陆边缘岩浆弧)、色尔腾山-太仆寺旗古岩浆弧(Ar_3)		
	成矿环境	成矿区属华北成矿省,华北陆块北缘西段金、铁、铌、稀土、铜、铅、锌、银、镍、铂、钨、石墨、白云母成矿带,固阳-白银查干金、铁、铜、铅、锌、石墨成矿亚带(Ar_3、Pt)。矿区出露的主要地层为色尔腾山岩群柳树沟岩组、上石炭统—下二叠统拴马桩组和上侏罗统大青山组。新地沟金矿床赋存在色尔腾山岩群柳树沟岩组绿片岩中。侵入岩主要为糜棱岩化二长花岗岩,与色尔腾山岩群绿片岩形成于同构造期的花岗-绿岩带。构造主要以东西向构造线为主,金矿位于韧性剪切变形带中		
	成矿时代	新太古代末期至古元古代早期		
矿床特征	矿体形态	层状、似层状、脉状		
	岩石类型	色尔腾山岩群柳树沟岩组绿泥绢云石英片岩、绿泥绢云片岩		
	岩石结构	鳞片变晶结构、细—粗粒糜棱结构		
	矿物组合	金属矿物:自然金、磁铁矿、赤铁矿、褐铁矿、黄铁矿、黄铜矿、方铅矿及闪锌矿。非金属矿物:石英、长石、方解石、绢云母、绿泥石、绿帘石等		
	矿石结构构造	结构:鳞片变晶结构、细—粗粒糜棱结构。构造:纹层状构造、千枚状构造、块状构造		
	蚀变特征	绢云母化、钾化、硅化、黄铁矿化、褐铁矿化		
	控矿条件	主要受色尔腾山岩群柳树沟岩组控制,北西向带状展布的脆韧性剪切带是成矿溶液迁移的通道和沉淀的空间		
地球物理特征	重力场特征	金矿位于中间布格重力异常相对高值区,处在异常南侧由高到低的梯级带上,Δg 为 $(-156\sim-154)\times10^{-5} m/s^2$。在其北部是呈近东西向展布的布格重力异常梯级带,综合推测有东西向断裂存在。梯级带以北为布格重力异常相对低值区。在剩余重力异常图上新地沟金矿位于异常编号 G 蒙-593 正异常区北部,该异常为南北向转为东西向的正异常,Δg 为 $(4.33\sim10.13)\times10^{-5} m/s^2$,此异常推测是太古宙地层所引起。该正异常北侧的负异常推测是由酸性侵入岩引起的		
	磁场特征	航磁 ΔT 化极等值线图显示,新地沟金矿位于正负磁异常分界处。南侧大面积正磁异常与前述 G 蒙-593 及 G 蒙-592 剩余重力正异常带吻合较高,综合地质资料,引起此地球物理特征的异常源应是密度高、磁性高的太古宙绿岩建造		

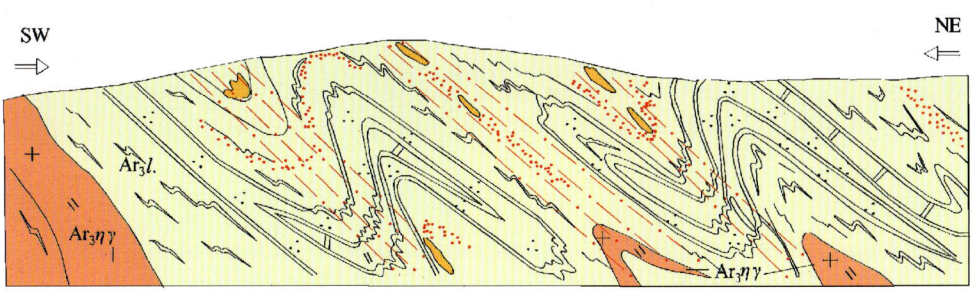

Ⅲ.古元古代,北东-南西向挤压机制延续,发生同斜紧闭褶皱和低绿片岩相退变质作用,同时产生的平行轴面逆冲式韧性剪切带成为导矿与容矿构造,主成矿期金矿形成

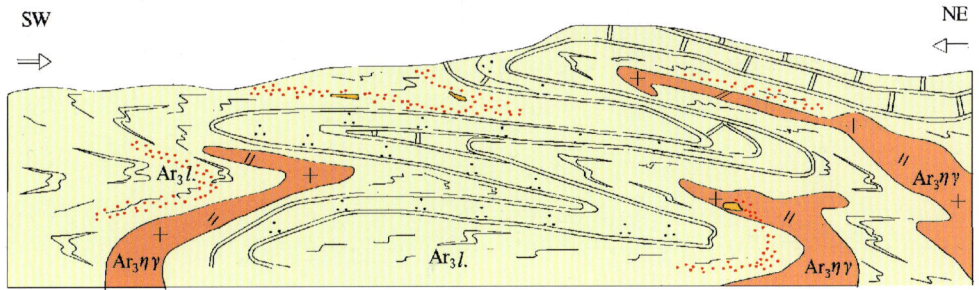

Ⅱ.新太古代晚期,在北东-南西向挤压构造体制下产生大型平卧褶皱,先期面理同时褶皱,使金矿化迁移富集到次级褶皱轴部

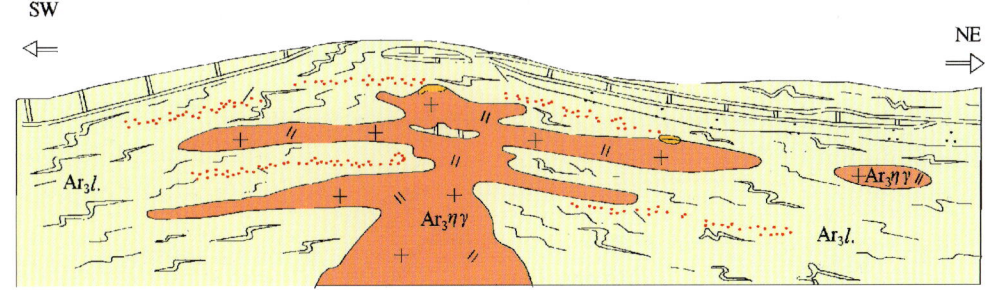

Ⅰ.新太古代早期,在伸展构造体制下,柳树沟岩组发生高绿片岩相—低角闪岩相变质和顺层韧性剪切变形,伴随大规模花岗质岩浆侵位和含金硫化物流体顺剪切带贯入,形成初期金矿

图例 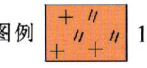 1 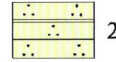 2 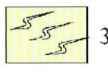 3 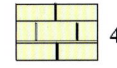 4 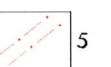 5  6  7

—新地沟式变质热液(绿岩)型金矿成矿模式图

1.花岗岩;2.石英岩;3.片岩;4.大理岩;5.韧性剪切带;6.矿化层;7.金矿体

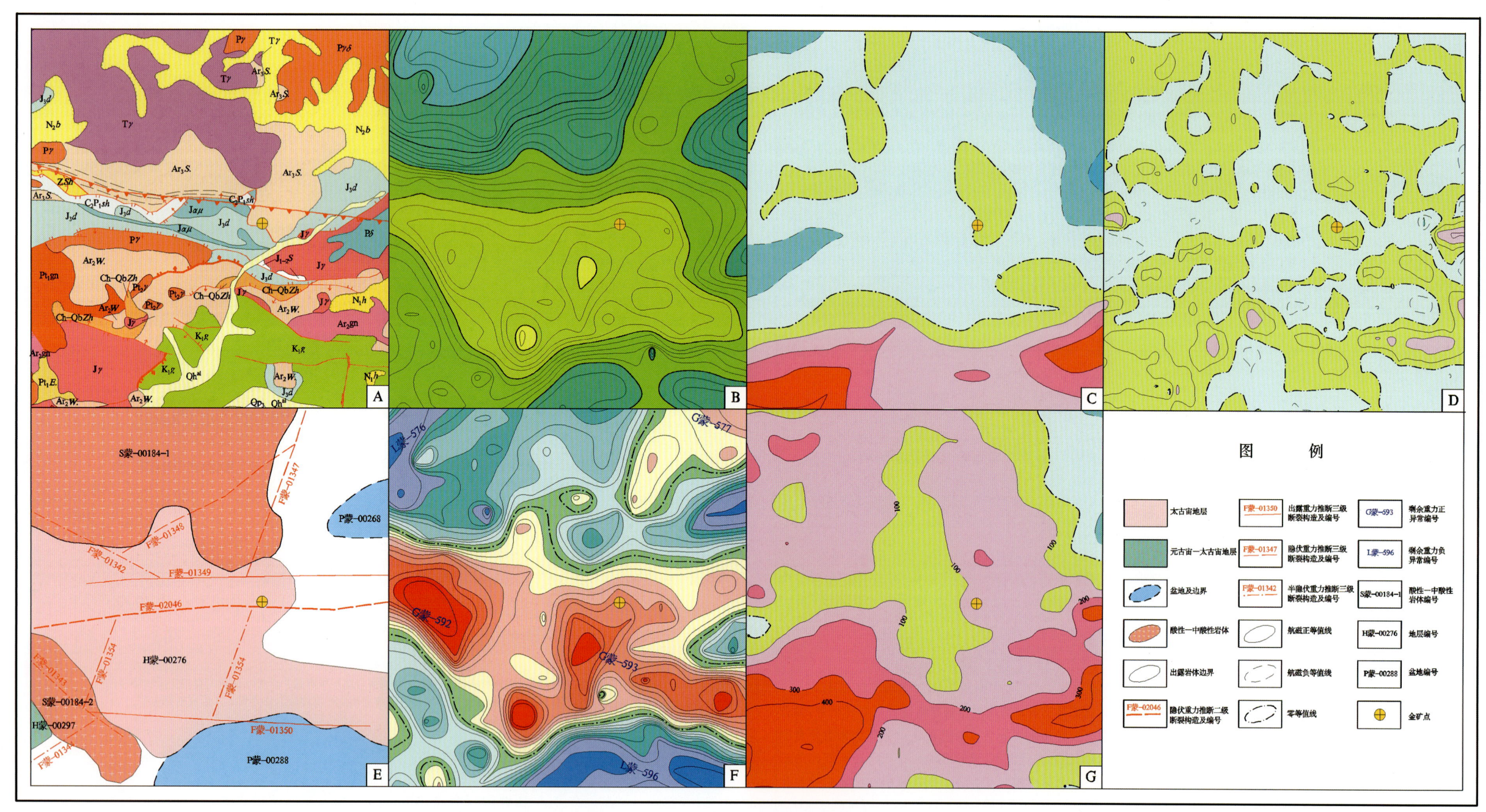

新地沟式变质热液（绿岩）型金典型矿床所在区域地质矿产及物探剖析图

A. 地质矿产图；B. 布格重力异常图；C. 航磁 ΔT 等值线平面图；D. 航磁 ΔT 化极垂向一阶导数等值线平面图；E. 重力推断地质构造图；F. 剩余重力异常图；G. 航磁 ΔT 化极等值线平面图

四五牧场式隐爆角砾岩型金矿地质、地球物理特征一览表

成矿要素		描述内容		
储量		421kg	平均品位	Au 3.66×10^{-6}
特征描述		隐爆角砾岩-火山热液型金矿床		
地质环境	构造背景	天山-兴蒙造山系、大兴安岭弧盆系、海拉尔-呼玛弧后盆地		
	成矿环境	成矿区带属大兴安岭成矿省,新巴尔虎右旗-根河(拉张区)铜、钼、铅、锌、银、金、萤石、煤(铀)成矿带,额尔古纳金、铁、锌、硫、萤石成矿亚带(V、Y)。矿区处于造山带环境;北东向断裂为主构造方向,控制着超浅成侵入岩英安玢岩、隐爆角砾岩筒和矿体的产出。粗安质隐爆角砾岩主要分布在北矿化蚀变带,本身已强烈蚀变,构成蚀变带的核心,与金矿化关系密切,构成金矿体的主体部分。赋矿地层为中侏罗统塔木兰沟组		
	成矿时代	侏罗纪—白垩纪(铅同位素测年198~96Ma)		
矿床特征	矿体形态	囊状、脉状、蝌蚪状		
	岩石类型	安山岩、玄武安山岩、杏仁状粗安岩、粗安岩、粗安质火山角砾岩、角砾凝灰岩、凝灰角砾岩		
	岩石结构	粗安岩为斑状结构,斑晶为板柱状斜长石,基质具玻基交织结构		
	矿物组合	自然金、自然铜、自然银、硫砷铜矿、蓝辉铜矿、黄铁矿、黄铜矿、辉铜矿、辉银矿、碘银矿、方铅矿,除自然铜外其他铜矿物均见于原生矿石中		
	矿石结构构造	北矿带矿石具明显的块状、角砾状构造特征。金属矿物呈浸染状、细脉状分布。岩石具明显的交代结构,形成石英交代岩、石英-迪开石交代岩、石英-明矾石交代岩。南矿带矿石呈角砾状,具明显的构造破碎带特征。矿石由破碎石英角砾和黏土矿物组成。金属矿物黄铁矿及银矿物呈浸染状分布		
	蚀变特征	北矿化蚀变带:岩石蚀变类型具典型的酸性硫酸盐蚀变特征。南矿化蚀变带:蚀变带主体发育在塔木兰沟组地层中,岩石蚀变以硅化、绢云母化、高岭土化及青磐岩化为主		
	控矿条件	北东向帕英湖-八一牧场断裂从矿区东侧通过,其次级断裂为导矿和容矿构造		
地球物理特征	重力场特征	金矿位于近等轴状重力高值区向西侧延伸并变成窄条状的等值线边部,其附近重力值Δg为-69.08×10^{-5} m/s²。根据该高值区北西侧的近北东向直线型梯级带推断存在北东向断裂构造带。与该高异常对应的剩余重力正异常G蒙-59,其分布形态与布格异常相近,北侧平直,但异常南侧边界多处发生弯曲,推断有两处北东向断裂带存在。在该区域有古生界出露,推测是前中生代基底隆起所致		
	磁场特征	金矿区域上位于弱负磁背景场中,但所在位置西侧形成了局部规模较小的似椭圆状正磁异常,异常大于300nT,推断该异常为侏罗系局部磁性岩石引起		

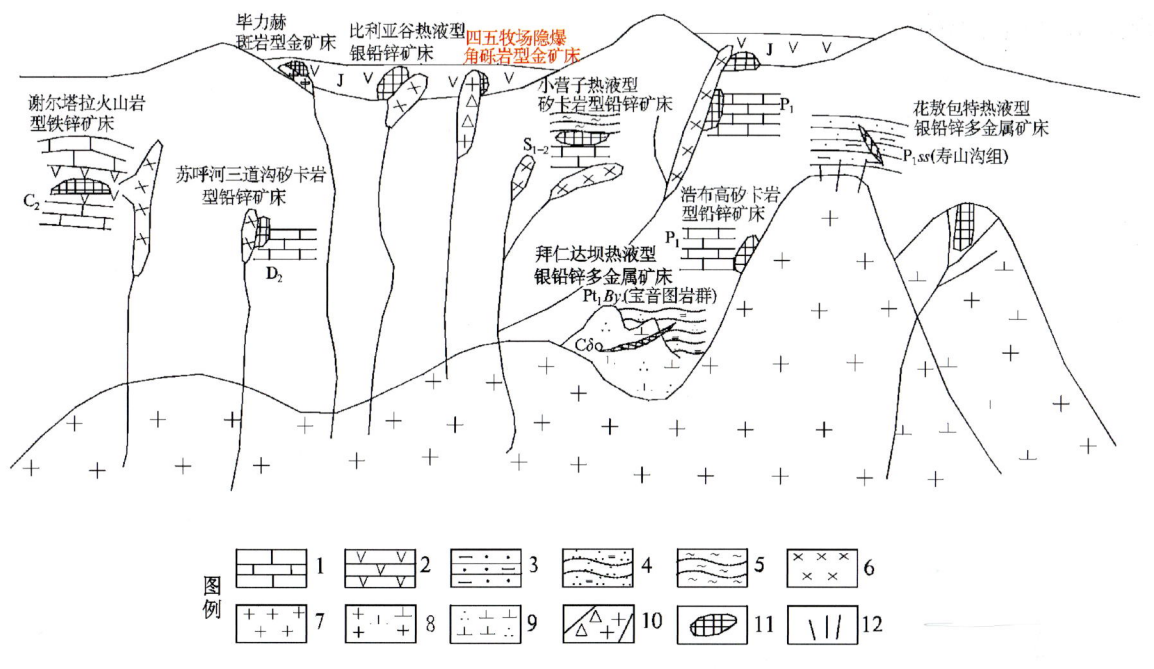

四五牧场式隐爆角砾岩型金矿区域成矿模式图

1.大理岩;2.火山岩;3.泥质砂岩;4.石英片岩;5.绿泥片岩;6.次火山岩;7.花岗岩类;8.花岗闪长岩类;9.石英闪长岩;10.隐爆角砾岩筒;11.矿体;12.热液型矿化

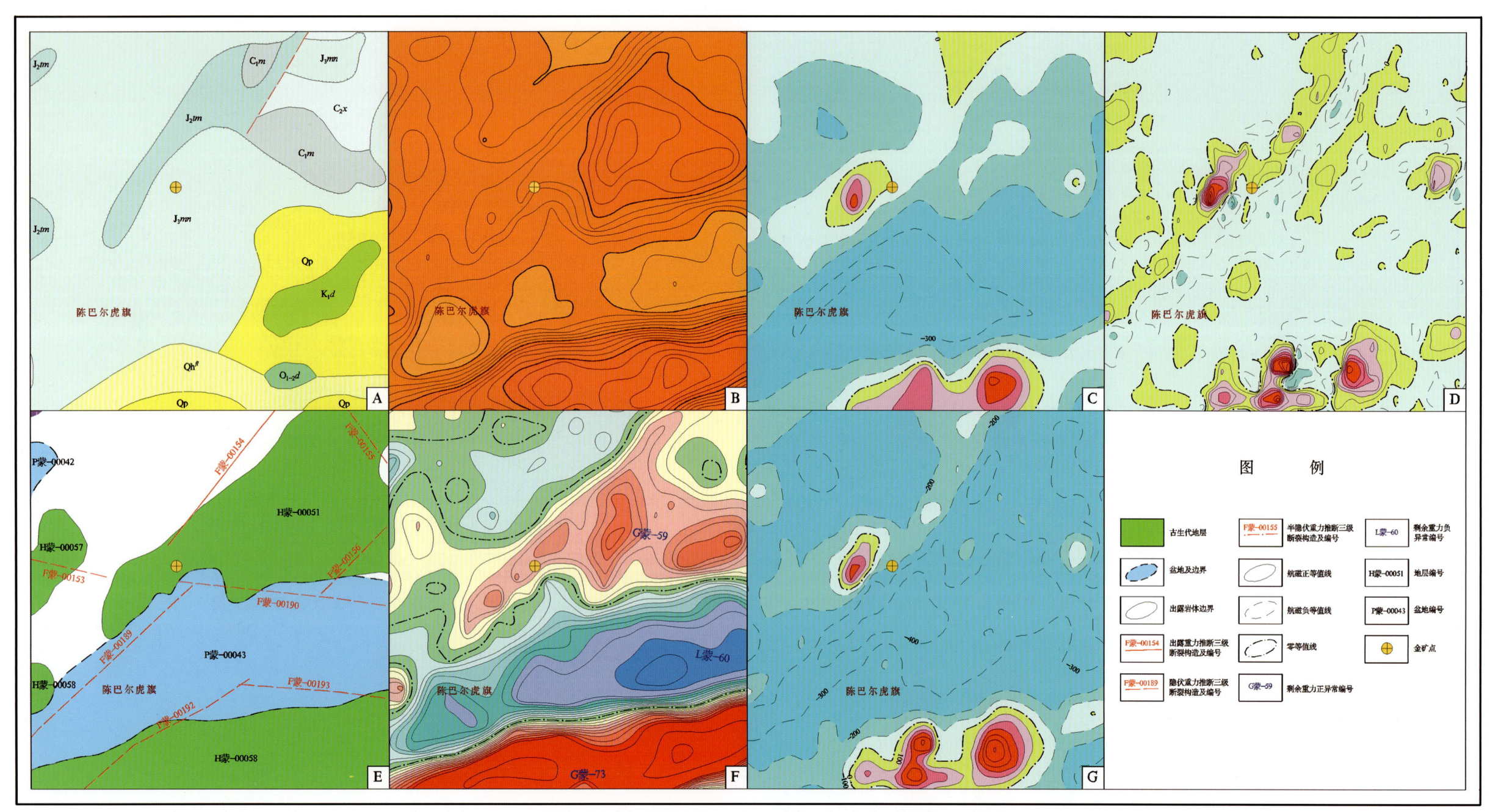

四五牧场式隐爆角砾岩型金典型矿床所在区域地质矿产及物探剖析图
A. 地质矿产图；B. 布格重力异常图；C. 航磁 ΔT 等值线平面图；D. 航磁 ΔT 化极垂向一阶导数等值线平面图；E. 重力推断地质构造；F. 剩余重力异常图；G. 航磁 ΔT 化极等值线平面图

陈家杖子式火山隐爆角砾型金矿地质、地球物理特征一览表

成矿要素		描述内容		
储量		大型矿床 Au 10 000.65kg，新增 Au 1323.36kg	平均品位	Au 5.24×10^{-6}
特征描述		浅成—超浅成中—低温热液隐爆角砾岩型金矿床		
地质环境	构造背景	华北陆块区、大青山-冀北古弧盆系、恒山-承德-建平古岩浆弧（冀北大陆边缘岩浆弧）		
	成矿环境	成矿区带属华北成矿省，华北陆块北缘东段铁、铜、钼、铅、锌、金、银、锰、铀、磷、煤、膨润土成矿带，内蒙古隆起东段铁、铜、钼、铅、锌、金、银成矿亚带（Ar、Y）。矿区内出露地层有新太古界中深变质岩系和中元古界长城系变质细碎屑岩-碳酸盐岩系。矿区未见大的岩体，但脉岩较发育，有石英斑岩、流纹岩、英安斑岩、闪长玢岩等岩脉或岩株。燕山晚期隐爆角砾岩体的形成，对本区金矿化的形成和富集有重要作用，金矿化与上述岩浆活动有着不可分割的内在联系，它们不仅为金矿的形成提供充足的热能，而且是本区成矿的重要物质来源。矿区内北东向断裂构造较发育，其中北东向断裂裂隙系统对金矿体的分布起着一定的控制作用		
	成矿时代	含矿角砾岩的 Rb-Sr 同位素等时线年龄为191Ma，二长花岗斑岩脉的等时线年龄为177Ma。该金矿床为与燕山早期隐爆角砾岩有关的浅成中—低温热液型金矿床		
矿床特征	矿体形态	透镜状，部分部位呈囊状		
	岩石类型	含矿隐爆角砾岩体主要是隐爆含角砾晶屑岩屑凝灰岩，次为石英斑岩		
	岩石结构	细粒、斑状结构		
	矿物组合	黄铁矿、毒砂、铁闪锌矿、白铁矿，其次为银金矿、黄铜矿、方铅矿、黝铜矿。氧化带可见硫化物氧化形成的褐铁矿		
	矿石结构构造	结构：自形—半自形—他形晶粒状结构、乳滴状结构、交代残余结构、残余-骸晶结构、压碎结构。构造：稀疏-稠密浸染状构造、裂隙充填构造、块状构造、胶结角砾状构造		
	蚀变特征	隐爆角砾岩石普遍遭受强烈的热液蚀变作用，常见有绢云母化、碳酸盐化、硅化、泥化，其次为冰长石化、绿泥石化、绿帘石化、青磐岩化。早期冰长石化-硅化阶段和晚期硅化-黄铁矿化阶段是金沉淀主要时期		
	控矿条件	(1)新太古界中深变质岩系和中元古界长城系变质细碎屑岩-碳酸盐岩系。(2)具有一定规模的隐爆角砾岩体。(3)北东向黑里河断裂是本区重要的控岩、控矿构造，并常发育北东向岩脉或含金石英-硫化物矿脉		
地球物理特征	重力场特征	金矿位于布格重力异常相对高值区北东向突出的异常等值线上，其附近重力值 Δg 为 $(-90\sim-85)\times10^{-5}\mathrm{m/s^2}$，金矿北侧重力值较低，南侧重力高。金矿位于剩余重力正异常 G 蒙-308 内，该异常为近南北向转为北东向的正异常，由多个椭圆状局部异常组成，金矿附近剩余重力异常值 Δg 约为 $(7\sim10)\times10^{-5}\mathrm{m/s^2}$，异常区出露太古宙地层，故认为 G 蒙-308 号正异常主要是太古宙基底隆起所致。在金矿北部存在的呈区域性面状分布的负异常主要是酸性侵入岩体引起的		
	磁场特征	航磁 ΔT 化极等值线异常图显示金矿位于局部弱正磁异常边部，该异常呈椭圆状展布，恰与前述 G 蒙-308 剩余重力正异常范围相吻合。综合分析认为，引起此重力高、磁力高的异常源是太古宙深变质岩系		

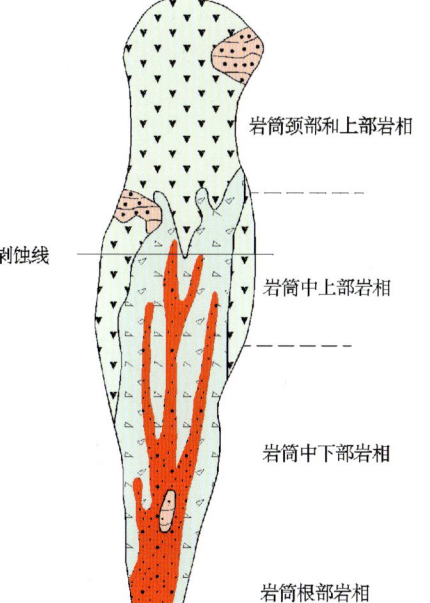

隐爆角砾岩中心往往因爆破力强将岩石炸成粉碎状而形成凝灰岩，向外隐爆碎屑物由细变粗。由中心向外为酸性隐爆含角砾晶屑凝灰岩—隐爆角砾岩—隐爆集块角砾岩—隐爆集块岩—震碎花岗岩（震裂花岗岩）。岩石蚀变较强，呈环带分布，由岩筒中心向外为硅化-冰长石化带，硅化-绢云母化带，绿泥石化、绿帘石化、碳酸盐化带，整个地表均呈强烈的土化及褐铁矿化。

陈家杖子式火山隐爆角砾岩型金矿成矿模式图
1. 片麻岩；2. 震碎岩；3. 隐爆角砾岩；4. 流纹斑岩

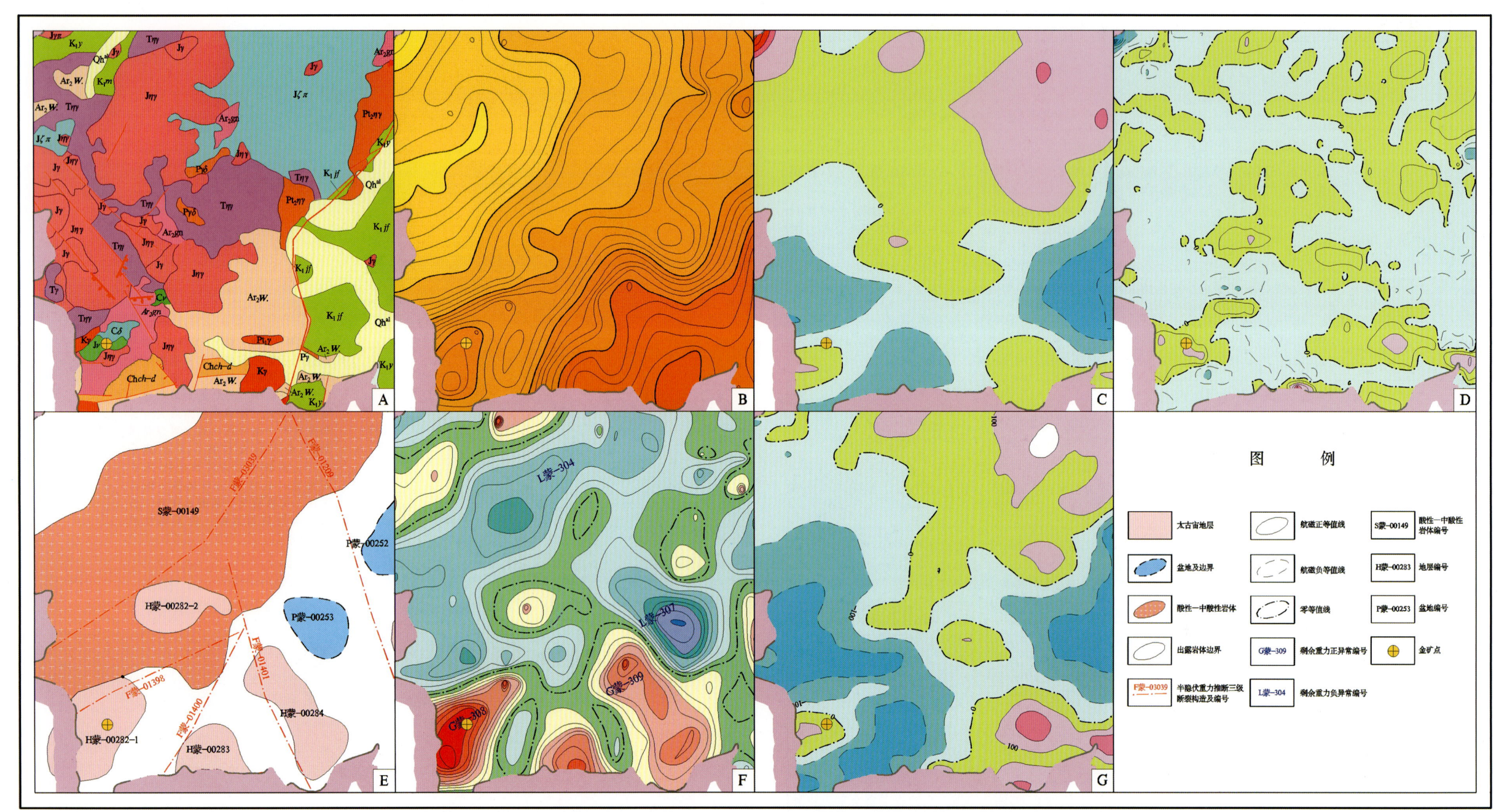

陈家杖子式火山隐爆角砾岩型金典型矿床所在区域地质矿产及物探剖析图

A. 地质矿产图；B. 布格重力异常图；C. 航磁 ΔT 等值线平面图；D. 航磁 ΔT 化极垂向一阶导数等值线平面图；E. 重力推断地质构造图；F. 剩余重力异常图；G. 航磁 ΔT 化极等值线平面图

古利库式火山岩型金矿地质、地球物理特征一览表

成矿要素		描述内容		
储量		5000kg	平均品位	Au 3.14×10^{-6}
特征描述		隐爆角砾岩-火山热液型金矿床		
地质环境	构造背景	天山-兴蒙造山系、大兴安岭弧盆系、海拉尔-呼玛弧后盆地		
	成矿环境	成矿区带属大兴安岭成矿省,东乌珠穆沁旗-嫩江(中强挤压区)铜、钼、铅、锌、金、钨、锡、铬成矿带,大杨树-古利库金、银、钼成矿亚带(Y、Q)。矿区出露地层主要有南华系佳疙瘩组、上侏罗统白音高老组和第四系。岩浆岩主要为新元古代二长花岗岩、燕山晚期次火山岩-爆破角砾岩岩体和燕山晚期浅成—超浅成的次英安岩、花岗斑岩。构造主要以断裂构造和火山构造为主,褶皱构造不发育。断裂构造以北东向和北东东向断裂为主;火山构造表现为环状和放射状构造。火山机构主要为爆破角砾岩筒及其周围的放射性构造和弧形构造。而目前发现的矿体多赋存于爆破角砾岩筒的周边及其外围的弧形构造中		
	成矿时代	早白垩世中晚期		
矿床特征	矿体形态	脉状、弧形脉状、条带状		
	岩石类型	二长花岗岩、爆破角砾岩、浅成—超浅成的次英安岩及安山岩、流纹岩、流纹质角砾熔岩、英安岩、碎裂岩		
	岩石结构	熔岩、次火山岩为斑状结构,基质具玻基交织结构,碎裂结构,角砾状结构		
	矿物组合	金属矿物主要为自然金、银金矿、黄铁矿、黄铜矿、辉银矿、方铅矿、黝铜矿等。非金属矿物主要为石英、玉髓、白云石、方解石、冰长石、绢云母等		
	矿石结构构造	结构:显微粒状、片状、环带状及交代残余结构。构造:斑杂—斑点状、角砾状、条带浸染状构造		
	蚀变特征	硅化、绢云母化、高岭土化、冰长石化、黄铁矿化、碳酸盐化、绿泥石化及青磐岩化		
	控矿条件	爆破角砾岩筒及其周围的放射性构造和弧形构造。北东向断裂构造、浅成侵入体与围岩接触带		
地球物理特征	重力场特征	古利库金矿位于布格重力相对高异常区,金矿附近布格重力值 Δg 为 $(-28\sim-26)\times10^{-5}$m/s^2。西侧为布格重力相对低异常区。金矿位于剩余重力异常零值线上,西南侧为L蒙-34号剩余重力负异常区,其极值 $\Delta g=-5.62\times10^{-5}$m/s^2;西北侧L蒙-24号剩余重力负异常区,极值 $\Delta g=-8.03\times10^{-5}$m/s^2。两负异常之间是与古生界、元古宇有关的剩余重力弱正异常。金矿所在处弱负异常是火山盆地所致,与其成矿环境一致		
	磁场特征	航磁 ΔT 等值线平面图上,古利库金矿位于航磁正异常的低值区域,其附近是 ΔT 为 100~200nT 的磁异常区		

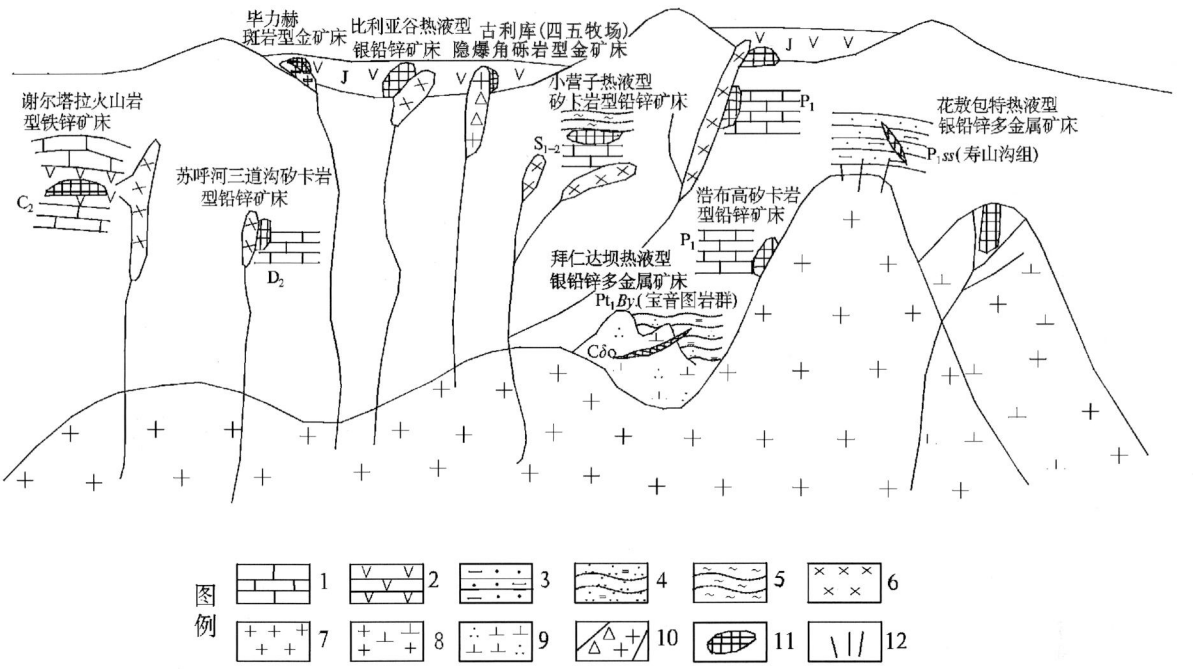

古利库式火山岩型金矿区域成矿模式图

1.大理岩;2.火山岩;3.泥质砂岩;4.石英片岩;5.绿泥片岩;6.次火山岩;7.花岗岩类;8.花岗闪长岩类;9.石英闪长岩;10.隐爆角砾岩筒;11.矿体;12.热液型矿化

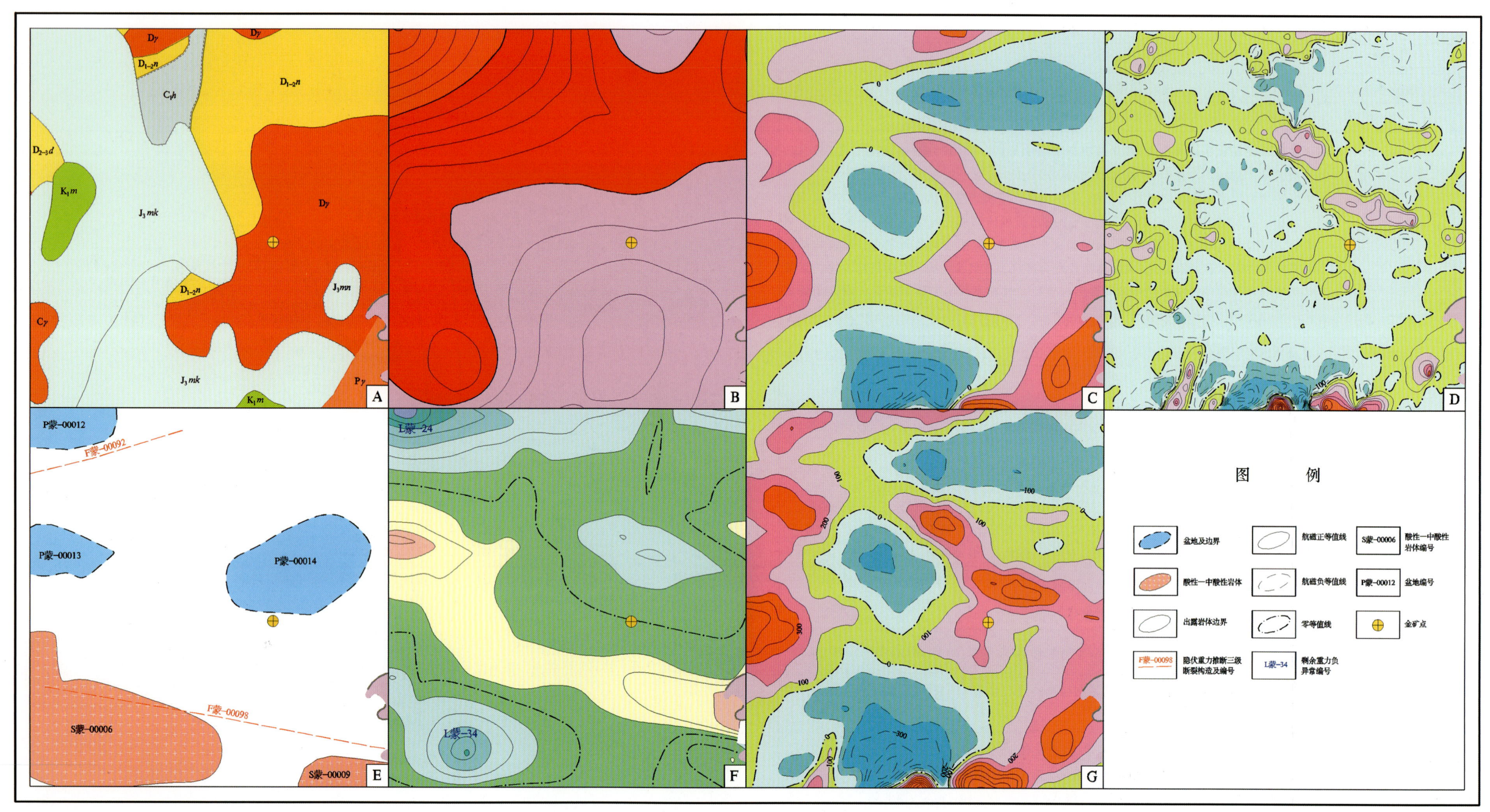

古利库式火山岩型金典型矿床所在区域地质矿产及物探剖析图

A. 地质矿产图;B. 布格重力异常图;C. 航磁 ΔT 等值线平面图;D. 航磁 ΔT 化极垂向一阶导数等值线平面图;E. 重力推断地质构造图;F. 剩余重力异常图;G. 航磁 ΔT 化极等值线平面图

霍各乞式喷流沉积型铜矿地质、地球物理特征一览表

成矿要素		描述内容		
储量		铜金属量 286 273.44t	平均品位	1.39%
特征描述		与海相沉积变质岩有关的沉积型铜矿床		
地质环境	构造背景	华北陆块北缘,狼山-阴山陆块,狼山-白云鄂博裂谷		
	成矿环境	成矿区带属滨太平洋成矿域(叠加在古亚洲成矿域之上),华北成矿省,华北陆块北缘西段金、铁、铌、稀土、铜、铅、锌、银、镍、铂、钨、石墨、白云母成矿带,狼山-渣尔泰山铅、锌、金、铁、铜、铂、镍、硫成矿亚带。		
		矿区内出露的中元古代渣尔泰山群阿古鲁沟组二段(岩性组合为片理化含碳质微细晶灰岩、薄层状白云石大理岩、碳质泥灰岩、碳质透闪石白云片岩夹碳质板岩结晶灰岩、二云石英片岩)为铜、铅、锌矿主要赋矿层位。元古宙和海西期岩浆活动强烈		
	成矿时代	中元古代		
矿床特征	矿体形态	薄层状、似层状、透镜状,矿体倾向南东		
	岩石类型	主要为条带状变质石英岩		
	岩石结构构造	微细粒粒状变晶结构、鳞片变晶结构。纹层状构造、片状构造		
	矿物组合	金属矿物主要有铜矿、方铅矿、铁闪锌矿、磁黄铁矿、黄铁矿、磁铁矿。		
		次要矿物有方黄铜矿、斑铜矿和其他氧化物。		
		主要矿物生成顺序为:黄铁矿→磁黄铁矿→黄铜矿→铁闪锌矿→方铅矿		
	矿石结构构造	结构:变晶结构、交代结构、固溶体分离结构、文象结构、塑性变形结构。		
		构造:条带状构造、浸染状构造、脉状构造和块状构造		
	围岩蚀变	硅化、电气石化、透辉石化、透闪石化和白云母化、阳起石化、绿泥石化、碳酸盐化		
	控矿因素	控矿地层:渣尔泰山群阿古鲁沟组为赋矿地层,其与沉积型铜矿床及矿点的分布密切相关,是重要的控矿因素之一,它既是矿床的赋矿围岩,又是提供矿质来源的深部矿源层或直接矿源层。		
		控矿构造:受褶皱及层间构造控制		
地球物理特征	重力场特征	矿床所在区域布格重力异常等值线呈北东向展布,多处等值线密集且同向扭曲,推测是北东向、北东东向断裂构造的反映。霍各乞铜矿位于北东向局部重力高异常边部,此处重力异常值较为平缓,在(-166~-162)×10⁻⁵m/s²之间。在剩余重力异常图上,对应布格重力高异常,形成北东向条带状的剩余重力正异常(G蒙-692),正异常带由多个局部异常组成,极值在(2.27~10.40)×10⁻⁵m/s²之间,正异常区对应于前古生代基底隆起区。正异常区南部的椭圆状负异常L蒙-696与后期侵入的中酸性岩体有关。霍各乞铜矿位于正负异常过渡带之正异常一侧,此处正异常较弱,异常值为(0~1)×10⁻⁵m/s²,推断此处的中酸性侵入岩体规模相比南侧较小。正异常北部的负异常区L蒙-691,地表出露白垩系,推测是中生代断陷盆地		
	磁场特征	据1:50万航磁ΔT等值线图显示,磁场背景场值变化范围不大,在-100~0nT之间,局部有规模较小的正异常,从航磁ΔT化极等值线图上看,霍各乞铜矿位于形态规则、规模较小的椭圆状正磁异常上		

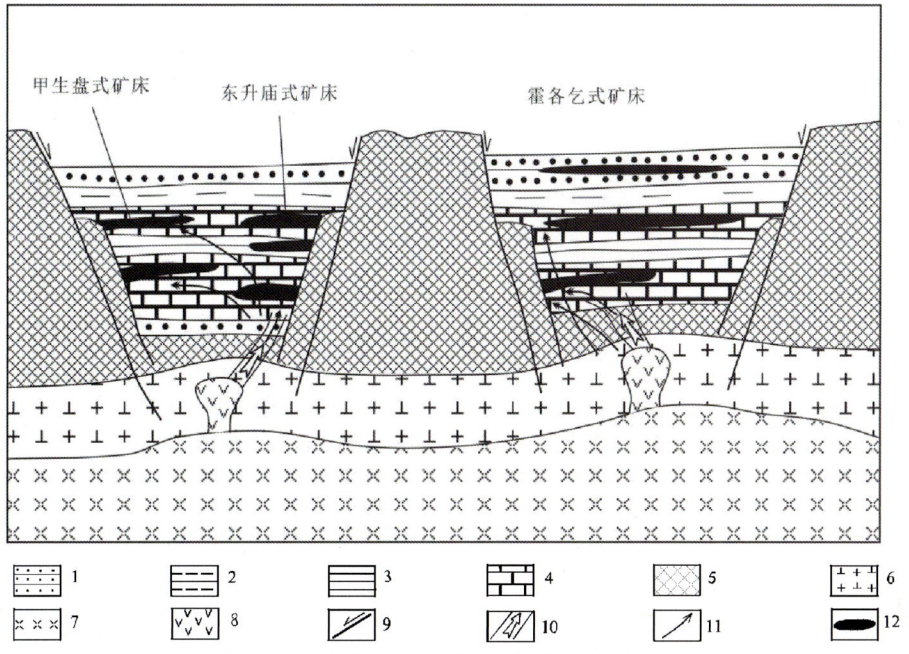

霍各乞式喷流沉积型铜矿床成矿模式图

1.砂岩;2.泥岩;3.页岩;4.白云石大理岩;5.中—新太古界基底;6.下地壳;7.上地幔;8.岩浆房;9.(同生)断裂;10.岩浆上升通道;11.矿液运移方向;12.矿体

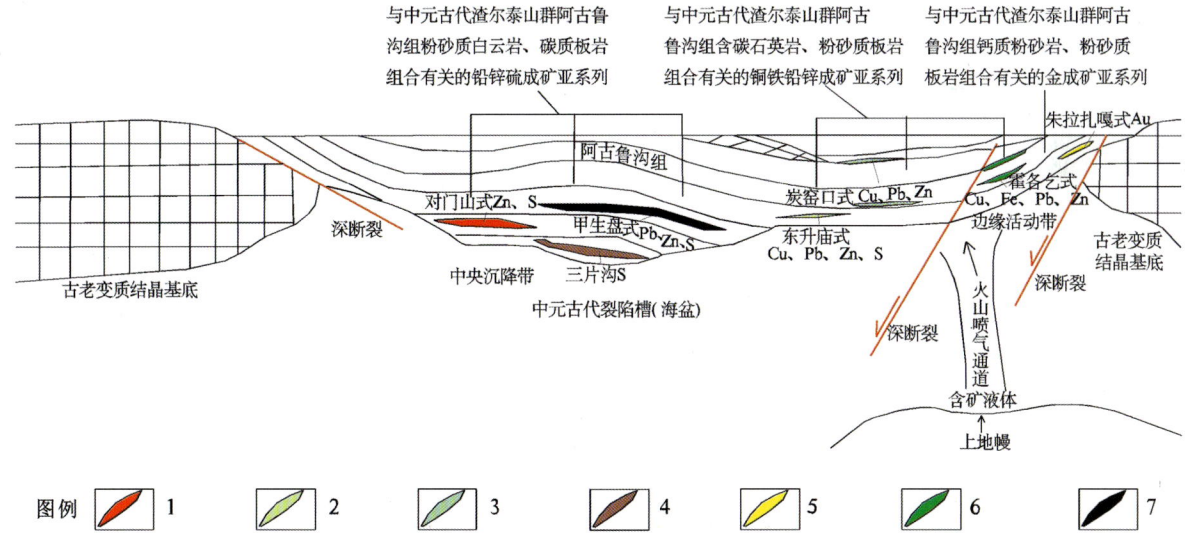

与中新元古代阿古鲁沟组有关的铜多金属矿床成矿系列区域成矿模式图

1.对门山式锌、硫矿;2.东升庙式铜、铅、锌、硫矿;3.炭窑口式铜、铅、锌矿;4.三片沟硫矿;5.朱拉扎嘎式金矿;6.霍各乞式铜、铁、铅、锌矿;7.甲生盘式铅、锌、硫矿

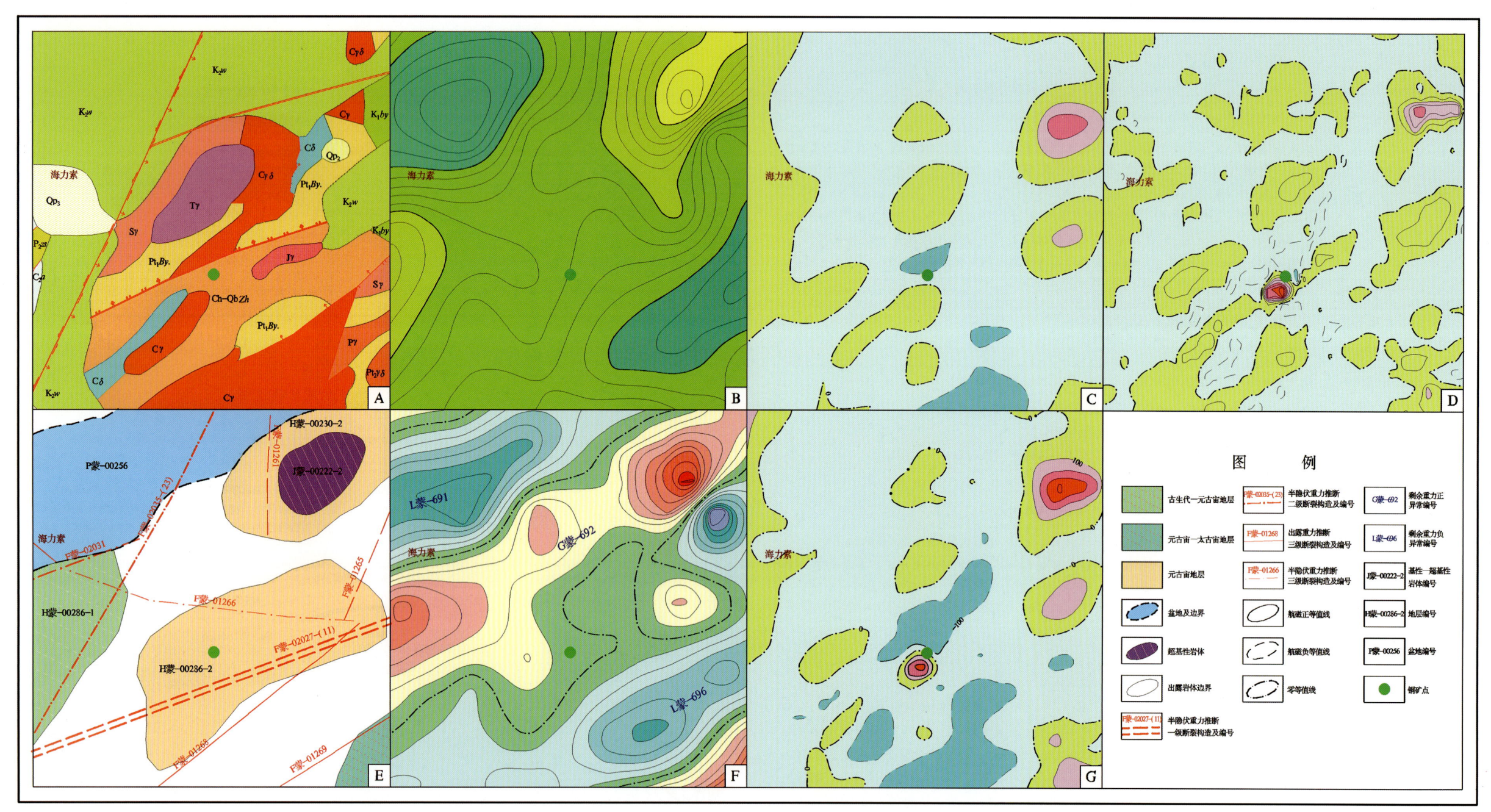

霍各乞式喷流沉积型铜典型矿床所在区域地质矿产及物探剖析图
A. 地质矿产图；B. 布格重力异常图；C. 航磁 ΔT 等值线平面图；D. 航磁 ΔT 化极垂向一阶导数等值线平面图；E. 重力推断地质构造图；F. 剩余重力异常图；G. 航磁 ΔT 化极等值线平面图

查干哈达庙式块状硫化物型铜矿地质、地球物理特征一览表

成矿要素		描述内容		
储量		铜金属量 2218t	平均品位	2.55%
特征描述		与海相火山沉积岩系有关的块状硫化物型铜矿床		
地质环境	构造背景	位于天山-兴蒙造山系、大兴安岭弧盆系、锡林浩特岩浆弧。本区褶皱构造是由一系列小的背斜、向斜组成的哲斯敖包复向斜,向斜轴向近东西向,矿区位于查干哈达庙褶皱束东侧的乌磴背斜的东侧		
	成矿环境	成矿区带属于滨太平洋成矿域(叠加在古亚洲成矿域之上),大兴安岭成矿省,白乃庙-锡林郭勒铁、铜、钼、铅、锌、锰、铬、金、锗、煤、天然碱、芒硝成矿带,索伦山-查干哈达庙铬、铜成矿亚带(Vm)。矿体的分布受北东向断裂构造和本巴图组控制。北东向断裂构造为后期成矿热液提供了运移的通道。本巴图组为成矿热液后期交代、沉积提供了空间,矿区内铜矿体均赋存于本巴图组一段中,岩性组合为凝灰岩、凝灰质砂岩夹正常沉积碎屑岩。凝灰岩及凝灰质砂岩性脆,受后期构造破坏易碎裂而形成具有一定规模的裂隙系统,为成矿热液在围岩中流动、渗透、沉积提供了空间,加之凝灰岩、凝灰质砂岩化学性质活泼,易被成矿热液交代,形成铜多金属矿体		
	成矿时代	海西中晚期		
矿床特征	矿体形态	矿体规模一般长 20~60m,延深 10~40m,厚 1.01~5.86m。矿体多呈脉状或似层状。矿体受围岩和裂隙构造控制,其倾向 120°~132°,倾角 43°~75°		
	岩石类型	流纹质凝灰岩、凝灰质板岩、硅质岩及结晶灰岩		
	岩石结构	岩屑晶屑凝灰结构、微细粒鳞片粒状变晶结构		
	矿物组合	主要有黄铜矿、黄铁矿、斑铜矿、蓝铜矿,局部可见孔雀石		
	矿石结构构造	结构:自形、半自形粒状结构。构造:细脉浸染状、稠密浸染状构造、条带状、纹层状及层状构造		
	蚀变特征	围岩蚀变有褐铁矿化、高岭土化及硅化,分布于矿体两侧		
	控矿条件	控矿地层:石炭纪本巴图组流纹质凝灰岩、凝灰板岩。控矿构造:北东向断裂构造。地表存在与灰岩共存的黄铁钾钒及铁帽型硫化物氧化带		
地球物理特征	重力场特征	所在区域布格重力异常等值线总体呈北东向展布,等值线密集且多处同向扭曲,是北东东向、北东向断裂构造的反映。矿区位于椭圆状局部重力高值区边部,Δg 为(−152.00~−150.00)×10⁻⁵m/s²。在剩余重力异常图上,铜矿位于正异常 G 蒙-625 边部,异常宽缓,其值在(0~2)×10⁻⁵m/s² 之间变化,正异常对应于古生代地层分布区。位于矿区南部的 L 蒙-626 负异常,其极值为−10.12×10⁻⁵m/s²,该负异常区对应于中生代坳陷盆地		
	磁场特征	所在区域磁场以低缓磁异常为背景,查干哈达庙铜矿南侧分布呈串珠状近东西向展布的正磁异常,推测该区域有东西向大规模断裂通过		

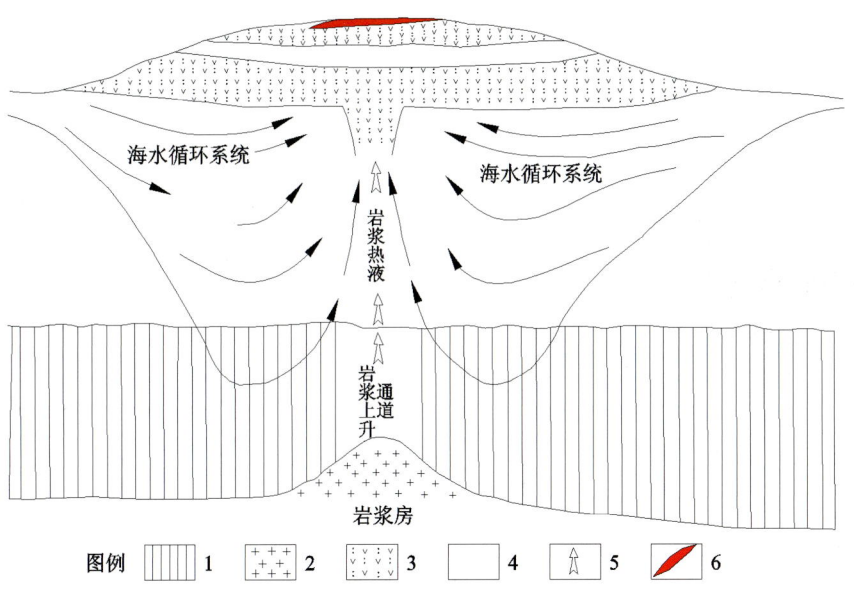

查干哈达庙式块状硫化物型铜矿床成矿模式图

1.前石炭纪基底;2.岩浆房;3.火山碎屑岩;4.沉积岩;5.岩浆上升通道及运移方向;6.铜矿体

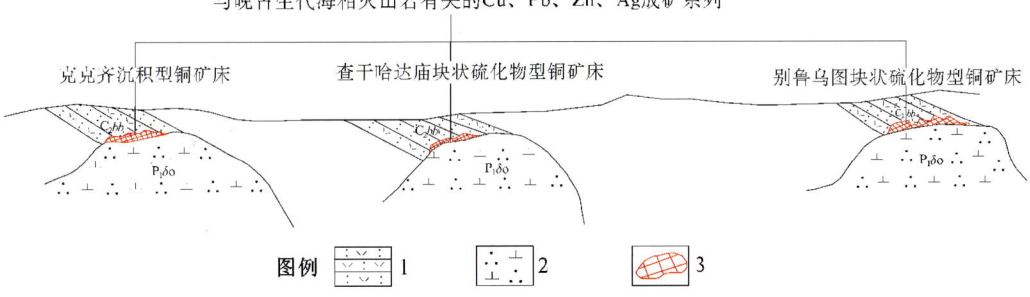

查干哈达庙式块状硫化物型铜矿区域成矿模式图

1.石炭系本巴图组(C₂bb):流纹质凝灰岩;2.二叠纪石英闪长岩(P₁δo);3.铜矿体

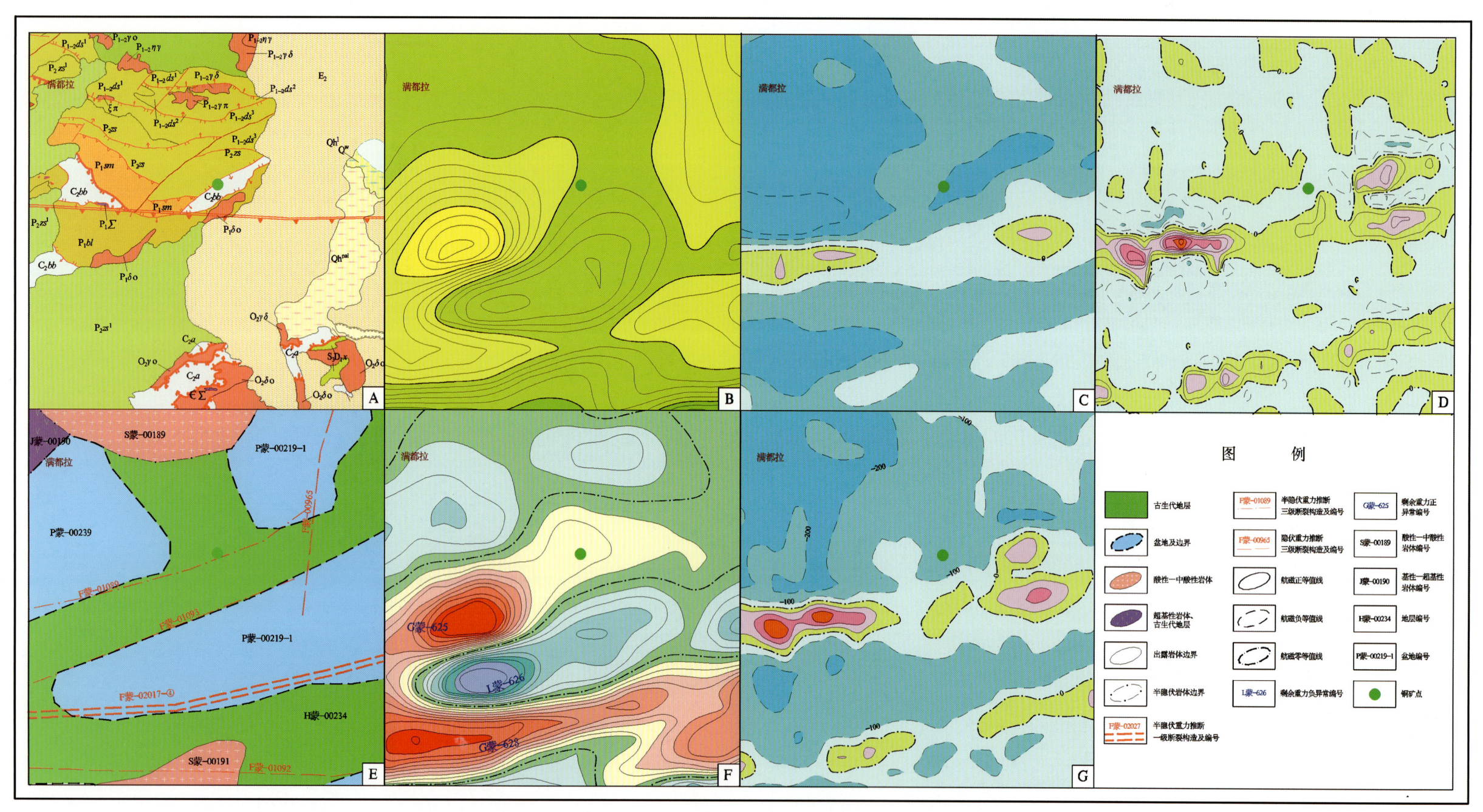

查干哈达庙式块状硫化物型铜典型矿床所在区域地质矿产及物探剖析图

A. 地质矿产图；B. 布格重力异常图；C. 航磁 ΔT 等值线平面图；D. 航磁 ΔT 化极垂向一阶导数等值线平面图；E. 重力推断地质构造图；F. 剩余重力异常图；G. 航磁 ΔT 化极等值线平面图

白乃庙式沉积型铜矿床地质、地球物理特征一览表

成矿要素		描述内容		
储量		铜金属量 60 640.73t	平均品位	0.4%
特征描述		与海相火山-沉积岩系有关的沉积型、热液型铜矿床		
地质环境	构造背景	天山-兴蒙造山系、包尔汉图-温都尔庙弧盆系、温都尔庙俯冲增生杂岩带。位于阴山东西向复杂构造带中段,东界被大兴安岭新华夏系隆起带所截。表现为北东向的隆起和坳陷等距排列,形成了白乃庙—多伦的"多"字形构造。加里东期和海西期构造运动表现最为强烈,表现为在区域上南北向应力的挤压作用下,形成一系列东西向的褶皱、挤压破碎带、逆冲断层、片理化带		
	成矿环境	成矿区带属滨太平洋成矿域(叠加在古亚洲成矿域之上),大兴安岭成矿省,白乃庙-锡林郭勒铁、铜、钼、铅、锌、锰、铬、金、锗、煤、天然碱、芒硝成矿带,白乃庙-哈达庙铜、金、萤石成矿亚带(Pt、V、Y)。赋矿地层为白乃庙组下部绿片岩		
	岩石类型	绿泥斜长片岩、阳起绿泥斜长片岩及大理岩		
	岩石结构构造	微细粒粒状变晶结构、鳞片变晶结构。片状构造		
	成矿时代	海西晚期		
矿床特征	矿体形态	似层状、透镜状、单层或多层,平行或者斜列式产出		
	矿物组合	斑铜矿、黄铜矿、辉钼矿、黄铁矿、磁铁矿		
	矿石结构构造	结构:他形晶粒状结构、交代熔蚀结构、压碎结构。构造:条带状构造、浸染状构造、脉状构造		
	蚀变特征	钾长石化、黑云母化、硅化、绢云母化、绿泥石化、绿帘石化、碳酸盐化,前三种蚀变与成矿关系最为密切		
	控矿条件	白乃庙组绿片岩及花岗闪长斑岩		
地球物理特征	重力场特征	白乃庙铜矿所在区域布格重力异常等值线密集,多处出现同向扭曲,整体上看,以北东向、北西向构造为主。白乃庙铜矿位于北东向展布的布格重力高值区,Δg 为(-146~-142)×10⁻⁵m/s²,对应于布格重力高值区,在剩余重力异常图上形成了椭圆状北东东向展布的剩余重力正异常 G 蒙-543,最大值为 12.78×10⁻⁵m/s²,地表出露古生界、元古宇,推断正异常是近东西向单斜构造的核部,正异常北侧负异常 L 蒙-537、东南侧负异常 L 蒙-554 对应于中新生代断陷盆地的分布区,而矿床西南侧的负异常 L 蒙-549 是出露的海西期、燕山期中酸性侵入岩的反映		
	磁场特征	白乃庙铜矿所在区域磁场整体表现为弱正磁场,据垂向一阶导数等值线图可知,区域内存在近东西向展布的断裂构造		

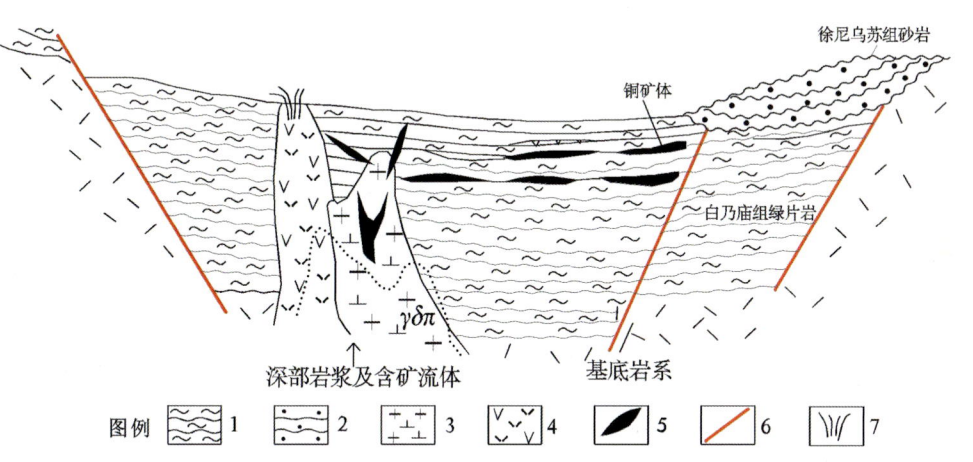

白乃庙式沉积型铜矿成矿模式图

1.白乃庙组绿片岩;2.徐尼乌苏组砂岩;3.花岗闪长斑岩;4.安山岩、流纹岩;5.铜矿体;6.断裂;7.火山口

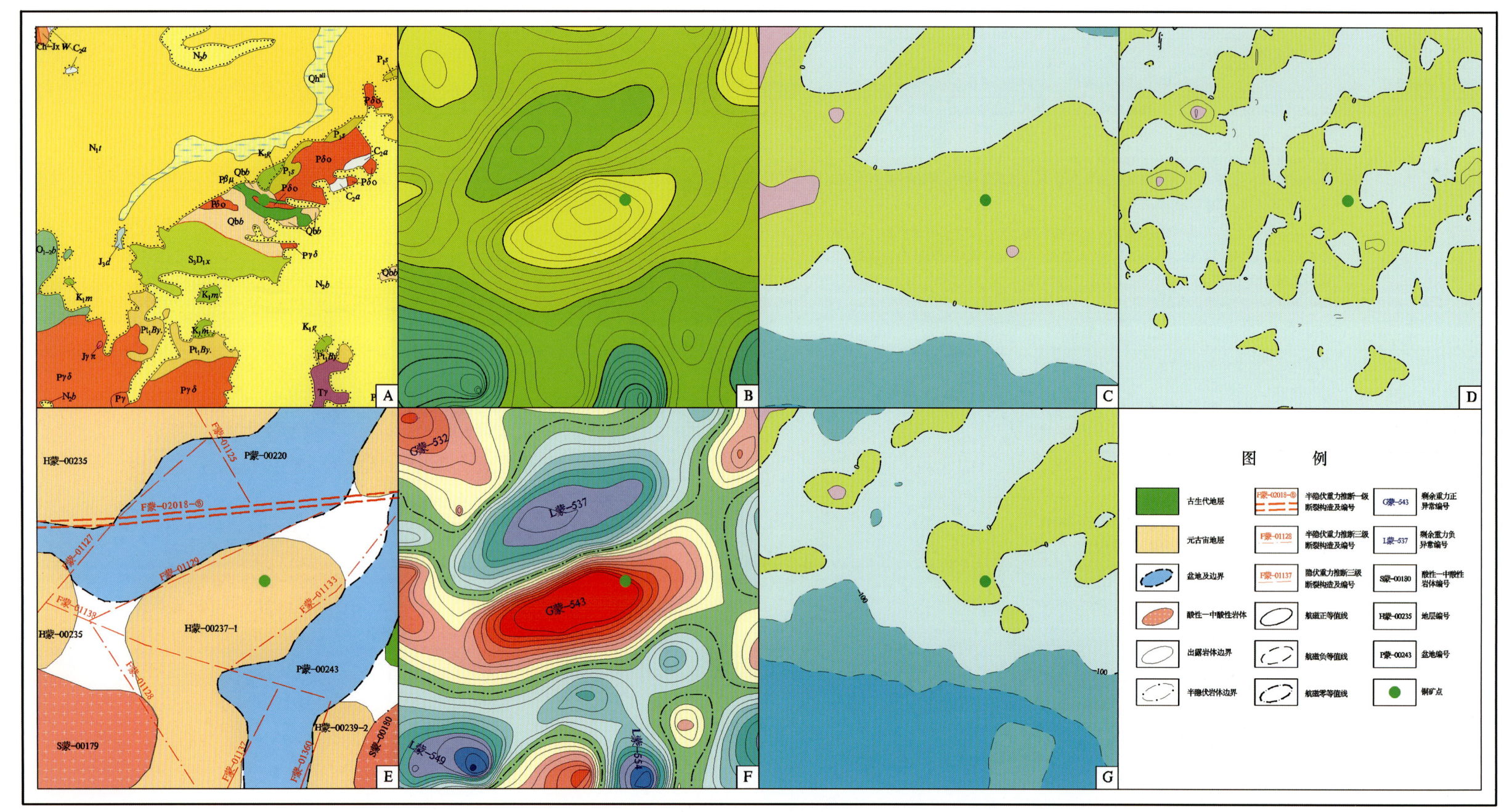

白乃庙式沉积型铜多金属典型矿床所在区域地质矿产及物探剖析图

A. 地质矿产图；B. 布格重力异常图；C. 航磁 ΔT 等值线平面图；D. 航磁 ΔT 化极垂向一阶导数等值线平面图；E. 重力推断地质构造图；F. 剩余重力异常图；G. 航磁 ΔT 化极等值线平面图

乌努格吐山式斑岩型铜钼矿地质、地球物理特征一览表

成矿要素		描述内容	
储量		铜金属量 1 850 668t	平均品位	0.431%
特征描述		斑岩型铜钼矿床	
地质环境	构造背景	天山-兴蒙造山系、大兴安岭弧盆系、额尔古纳岛弧	
	成矿环境	成矿区带属滨太平洋成矿域(叠加在古亚洲成矿域之上),大兴安岭成矿省,新巴尔虎右旗-根河(拉张区)铜、钼、铅、锌、银、金、萤石、煤(铀)成矿带,八大关-陈巴尔虎旗铜、钼、铅、锌、银、锰成矿亚带(Y)。铜多金属成矿主要与燕山早期的中酸性侵入岩、燕山晚期酸性、中酸性侵入岩和次火山岩有密切的成因关系。区内金属成矿带的展布严格受北东向得尔布干深大断裂的控制	
	成矿时代	燕山早期	
矿床特征	矿体形态	整个矿带呈哑铃状、不规则状、似层状	
	岩石类型	黑云母花岗岩、流纹质晶屑凝灰熔岩、次斜长花岗斑岩	
	岩石结构	半自形—他形粒状结构、斑状结构	
	矿物组合	黄铜矿、辉钼矿、黝铜矿、辉铜矿、黄铁矿、闪锌矿、磁铁矿、方铜矿	
	矿石结构构造	结构:粒状结构、交代结构、包含结构、固溶体分离结构、镶边结构。构造:浸染状和小细脉状构造为主,局部见有角砾状构造	
	围岩蚀变	蚀变类型主要有硅化、钾长石化、绢云母化、水白云母化、伊利石化、碳酸盐化,次为黑云母化、高岭土化、白云母化、硬石膏化,少见绿泥石化、绿帘石化和明矾石化等	
	控矿因素	(1)携矿岩体是成矿的主导因素。 (2)火山机构是成矿和矿化富集的有利空间。 (3)矿化明显受蚀变控制。 (4)矿化富集的物理化学条件	
地球物理特征	重力场特征	乌努格吐山铜钼矿位于布格重力高值区与低值区过渡带之正异常一侧,高低异常过渡带为一变化率较大的北东向梯级带,布格重力异常值为$(-112.32 \sim -77.11) \times 10^{-5}$ m/s^2,变化率为每千米4×10^{-5} m/s^2。结合地质资料,推断该梯级带为中生代陆相火山盆地边缘的北东走向断裂构造引起。在剩余重力异常图上,乌努格吐山铜钼矿处在北东走向的不规则带状正异常区边部,正异常最高值为10.66×10^{-5} m/s^2,地表零星出露密度约为2.72g/cm^{3}的震旦系额尔古纳河组及燕山期中酸性侵入岩,推测中酸性侵入岩体规模较小,正异常主要由中生代陆相火山盆地边缘的古隆起引起。矿区西侧的负异常(编号为L蒙-88),地表出露侏罗纪火山岩,推断是中生代火山盆地的反映。乌努格吐山铜钼矿的成矿受北东向、北西向断裂控制,与受火山机构控制的酸性岩体有关,区域重力场在一定程度上反映了其成矿地质环境	
	磁场特征	航磁等值线平面图显示,乌努格吐山矿位于低缓的负磁异常上。从垂向一阶导数等值线图上可以看出区内北东向构造发育	

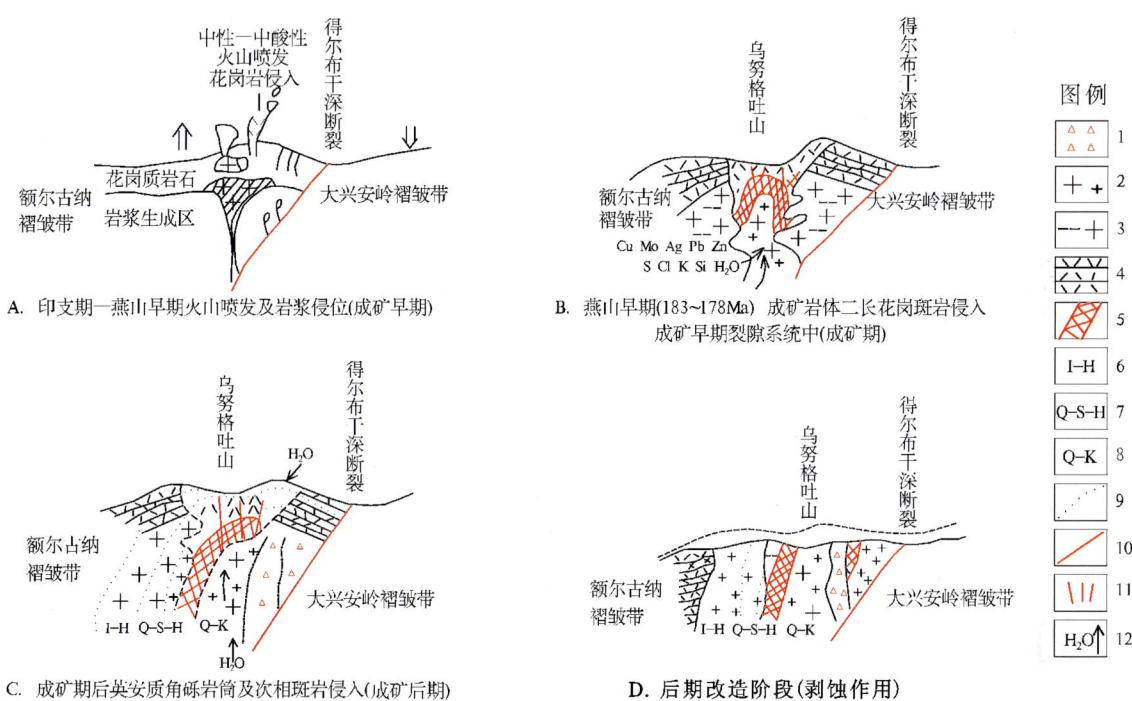

乌努格吐山式斑岩型铜钼矿典型矿床成矿模式图

1.火山角砾岩;2.二长花岗斑岩;3.黑云母花岗岩;4.侏罗纪地质体(盖层);5.铜(钼)矿体;6.伊利石-水云母化带;7.石英-绢云母-水云母化带;8.石英钾长石化带;9.蚀变带分界线;10.得尔布干深断裂;11.矿体顶部裂隙;12.水介质流动方向

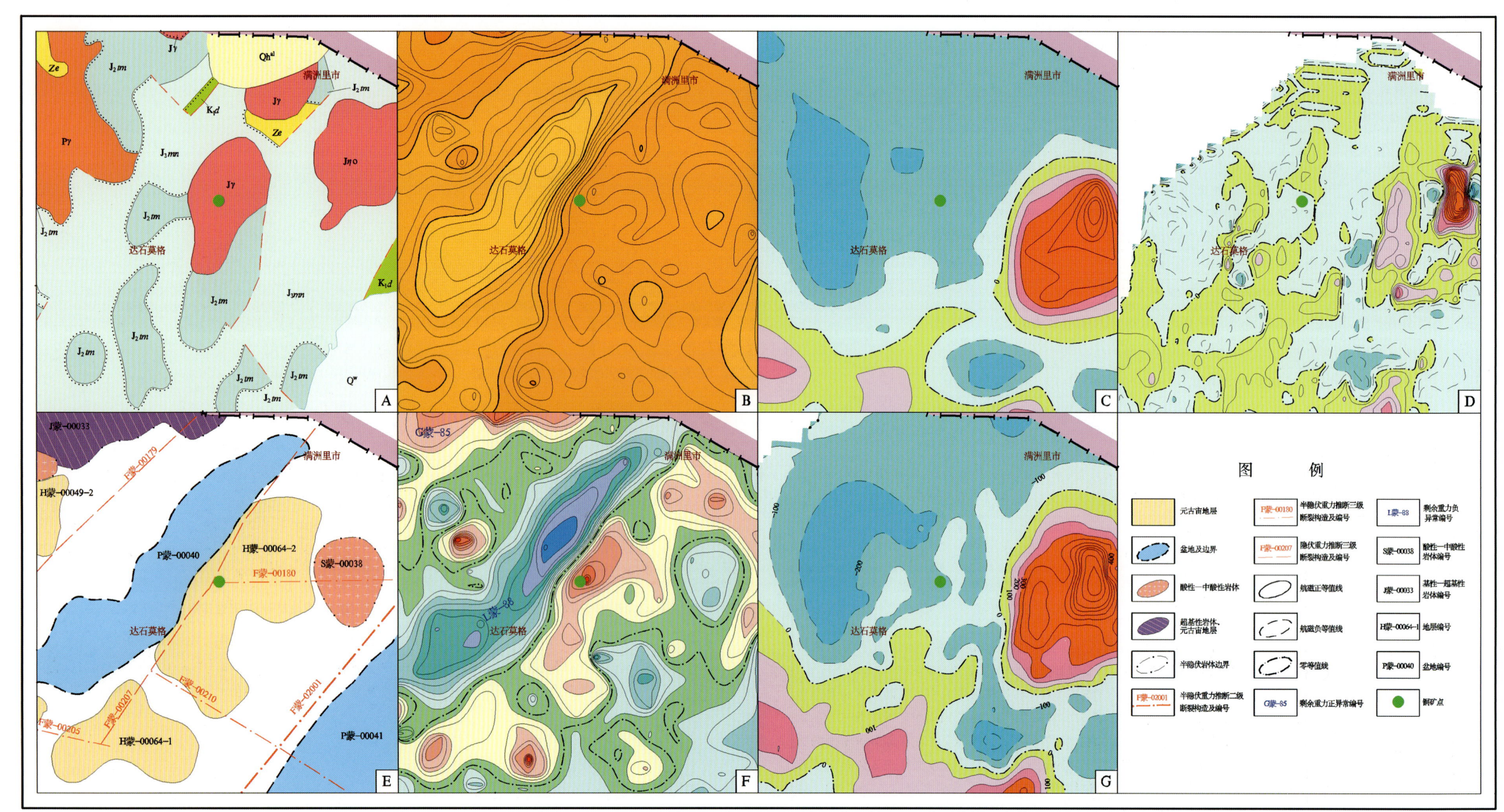

乌努格吐山式斑岩型铜钼典型矿床所在区域地质矿产及物探剖析图

A. 地质矿产图；B. 布格重力异常图；C. 航磁 ΔT 等值线平面图；D. 航磁 ΔT 化极垂向一阶导数等值线平面图；E. 重力推断地质构造图；F. 剩余重力异常图；G. 航磁 ΔT 化极等值线平面图

敖瑙达巴式斑岩型铜矿地质、地球物理特征一览表

成矿要素		描述内容		
储量		铜金属量 12 205.44t	平均品位	0.65%
特征描述		与中生代浅成斑岩体有关的斑岩型铜矿床		
地质环境	构造背景	天山-兴蒙造山系、大兴安岭弧盆系、锡林浩特岩浆弧		
	成矿环境	成矿区带属滨太平洋成矿域(叠加在古亚洲成矿域之上),大兴安岭成矿省,突泉-翁牛特铅、锌、银、铜、铁、锡、稀土成矿带,神山-大井子铜、铅、锌、银、铁、钼、稀土、铌、钽、萤石成矿亚带(Ⅰ-Y)。矿区出露地层为中二叠统哲斯组浅海相碎屑岩,发育北东向、北西向和北北东向断裂,北东向断裂主要分布于向斜轴部及两翼。向斜轴部的北东向断裂是主要的控岩、控矿断裂,矿床中含矿小斑岩体沿此断裂侵入		
	成矿时代	晚侏罗世—早白垩世		
矿床特征	岩石类型	石英斑岩、变质粉砂岩、粉砂质板岩、压碎角砾岩		
	岩石结构	斑状结构、粉砂状结构、压碎结构		
	矿体形态	多呈脉状、透镜状,个别呈扁豆状		
	矿物组合	黄铁矿、磁黄铁矿、毒砂、闪锌矿、黄铜矿、方铅矿、黝铜矿、黑黝铜矿		
	矿石结构构造	结构:他形粒状、自形粒状、半自形粒状、压碎、胶状、包含及交代(残余)结构。构造:浸染状、网脉状、脉状、角砾状、块状及梳状构造		
	围岩蚀变	黄玉绢英岩化、青磐岩化、硅化、绢云母化、钾化		
	控矿条件	严格受石英斑岩体及近岩体围岩地层中的构造破碎带控制		
地球物理特征	重力场特征	敖瑙达巴铜矿位于布格重力异常等值线同向扭曲处,Δg 为 $(-104.00 \sim -100.00) \times 10^{-5} m/s^2$。在剩余异常图上,敖瑙达巴铜矿位于 G蒙-222 正异常与 L蒙-219-2 负异常交接处的零等值线上。编号为 G蒙-222 的剩余重力正异常最大值为 $6.52 \times 10^{-5} m/s^2$,由古生代地层引起。L蒙-219-2 的剩余重力负异常最大值为 $-6.36 \times 10^{-5} m/s^2$,该负异常区与白垩纪花岗岩($K\gamma$)出露区相对应,故推断该矿床位于燕山期花岗岩与古生代地层的接触带上		
	磁场特征	航磁 ΔT 化极等值线图显示,敖瑙达巴铜矿位于正、负磁场交界处。根据磁场特征推断有近东西向和北东向断裂通过该区域		

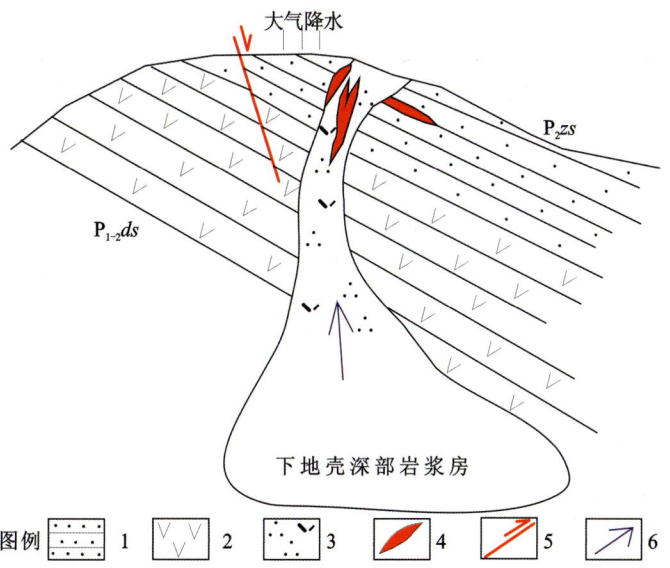

敖瑙达巴式斑岩型铜矿床成矿模式

1.砂岩;2.安山岩;3.石英斑岩;4.铜矿体;5.断裂;6.热液运移方向

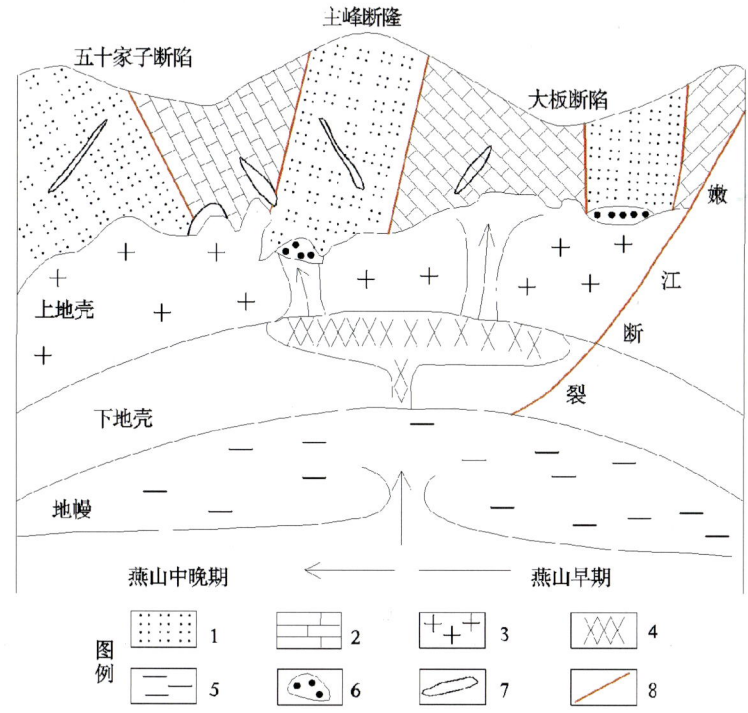

敖瑙达巴式斑岩型铜矿区域成矿模式图

1.火山碎屑岩;2.灰岩;3.上地壳;4.壳幔混融岩浆房;5.幔源岩浆熔融区;6.斑岩型铜多金属矿;7.矽卡岩型铜多金属矿;8.断裂构造

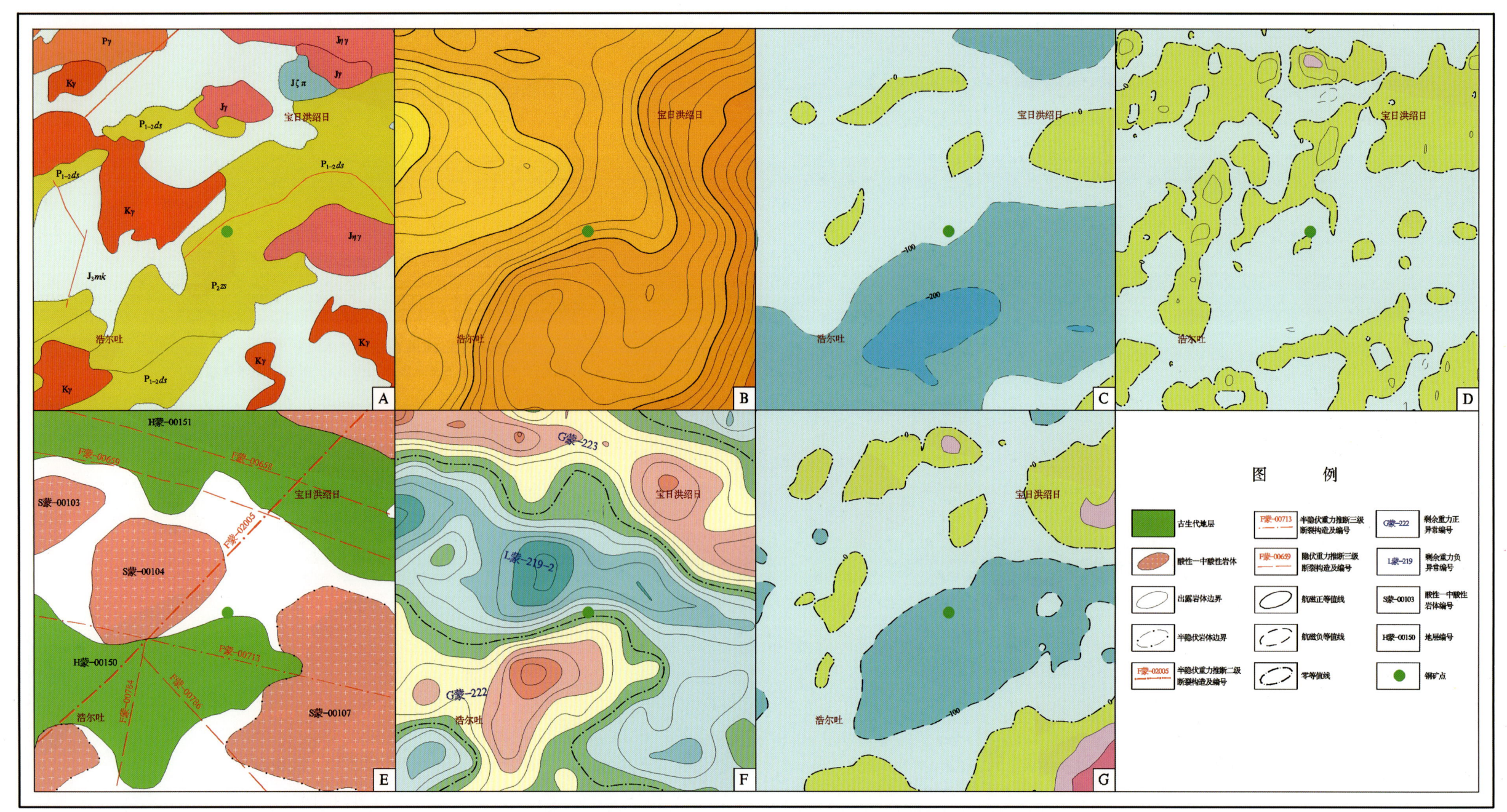

敖瑙达巴式斑岩型铜典型矿床所在区域地质矿产及物探剖析图

A. 地质矿产图;B. 布格重力异常图;C. 航磁 ΔT 等值线平面图;D. 航磁 ΔT 化极垂向一阶导数等值线平面图;E. 重力推断地质构造图;F. 剩余重力异常图;G. 航磁 ΔT 化极等值线平面图

车户沟式斑岩型铜矿地质、地球物理特征一览表

成矿要素		描述内容	
储量		铜金属量 87 636t	平均品位 0.96%
特征描述		斑岩型铜钼矿床	
地质环境	构造背景	天山-兴蒙造山系、包尔汉图-温都尔庙弧盆系、温都尔庙俯冲增生杂岩带	
	成矿区带	成矿区带属华北成矿省,华北陆块北缘东段铁、铜、钼、铅、锌、金、银、锰、铀、磷、煤、膨润土成矿带,内蒙古隆起东段铁、铜、钼、铅、锌、金、银成矿亚带(Ar、Y)。	
	成矿环境	受滨太平洋构造体系影响,区内构造活动较强,断裂构造发育,总体构造线方向呈北东东向,区内与成矿有关的侵入体为燕山早期的正长斑岩(ξπ),其次为白云母斜长花岗岩(γβ)等,其中正长斑岩是主要的赋矿岩体,主要分布在矿区中部,北东向断裂构造是主要的控矿构造	
	成矿时代	晚侏罗世	
矿床特征	矿体形态	似层状、透镜状	
	岩石类型	侏罗纪晚期石英正长斑岩、二长斑岩、石英二长斑岩	
	岩石结构	半自形粒状结构、压碎结构、斑状结构	
	矿物组合	金属原生矿物:主要有黄铁矿、黄铜矿、辉钼矿,其次有闪锌矿、磁铁矿、赤铁矿,还有极少量的硫铋铜矿、方黄铜矿、自然银、银金矿、方铅矿、砷黝铜矿、铌钽铁矿等。表生矿物:孔雀石、铜蓝、褐铁矿。脉石矿物:钾长石、石英及少量的斜长石。次生矿物:绢云母、绿泥石、碳酸盐类矿物等	
	矿石结构构造	结构:半自形粒状结构、压碎结构、斑状结构。构造:块状、角砾状构造	
	蚀变特征	硅化、钾长石化、白云母化、绢云母化、碳酸盐化、黄铁矿化	
	控矿条件	(1)控矿构造:断裂控矿明显,北东向构造为主要控岩、控矿构造,对岩浆的侵位以及矿液的运移和富集起到了控制作用,隐爆裂隙是主要的控矿构造。(2)控矿岩浆岩:花岗斑岩、正长斑岩体是主要成矿母岩,矿体多产在花岗斑岩、正长斑岩体内以及斑岩与围岩接触带附近	
地球物理特征	重力场特征	车户沟铜矿位于呈南北向展布的布格重力梯级带同向扭曲处,在剩余重力异常图上,它位于负异常带(L蒙-296-1)鞍部,异常较弱,Δg 为 $(-1\sim 0)\times 10^{-5}m/s^2$。车户沟铜矿所在位置出露面积较小的太古宇变质岩,密度相对较大,其东部广泛出露侏罗纪晚期的中酸性岩体,西部被中新生代沉积岩层覆盖,由此可见负异常带是规模较大的中酸性侵入岩的反映,矿床所在位置的弱负异常,与捕房体状出露的高密度太古宙基底有关。矿床南侧及东侧的布格重力高异常对应形成剩余重力正异常,是隐伏、半隐伏的太古宙变质岩的客观反映	
	磁场特征	车户沟铜矿处在低缓的负磁场上,从等值线的展布方向上可以看出区内以北东向构造为主,西北部出现的正磁异常呈北东向展布,极值达 300nT,是区内磁化率较高的新近系汉诺坝组玄武岩的反映	

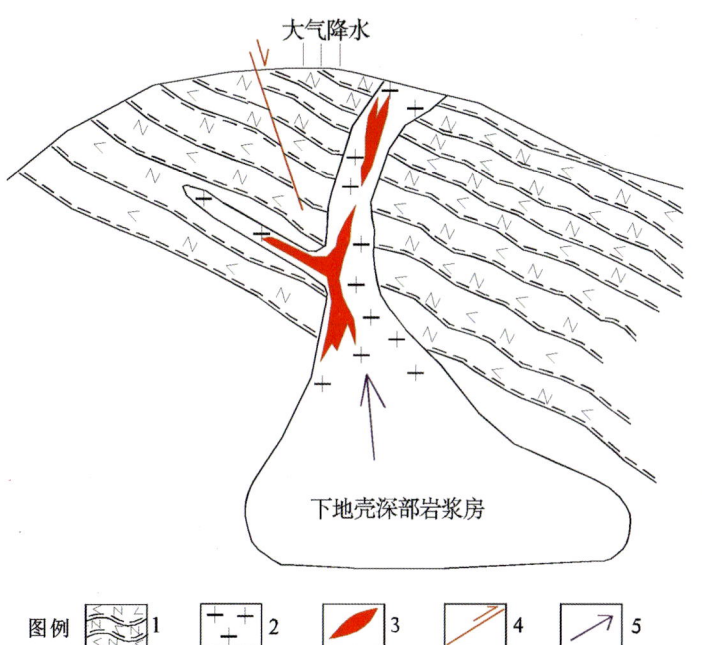

车户沟式斑岩型铜矿床成矿模式图

1.角闪斜长片麻岩;2.花岗斑岩;3.铜矿体;4.断裂;5.热液运移方向

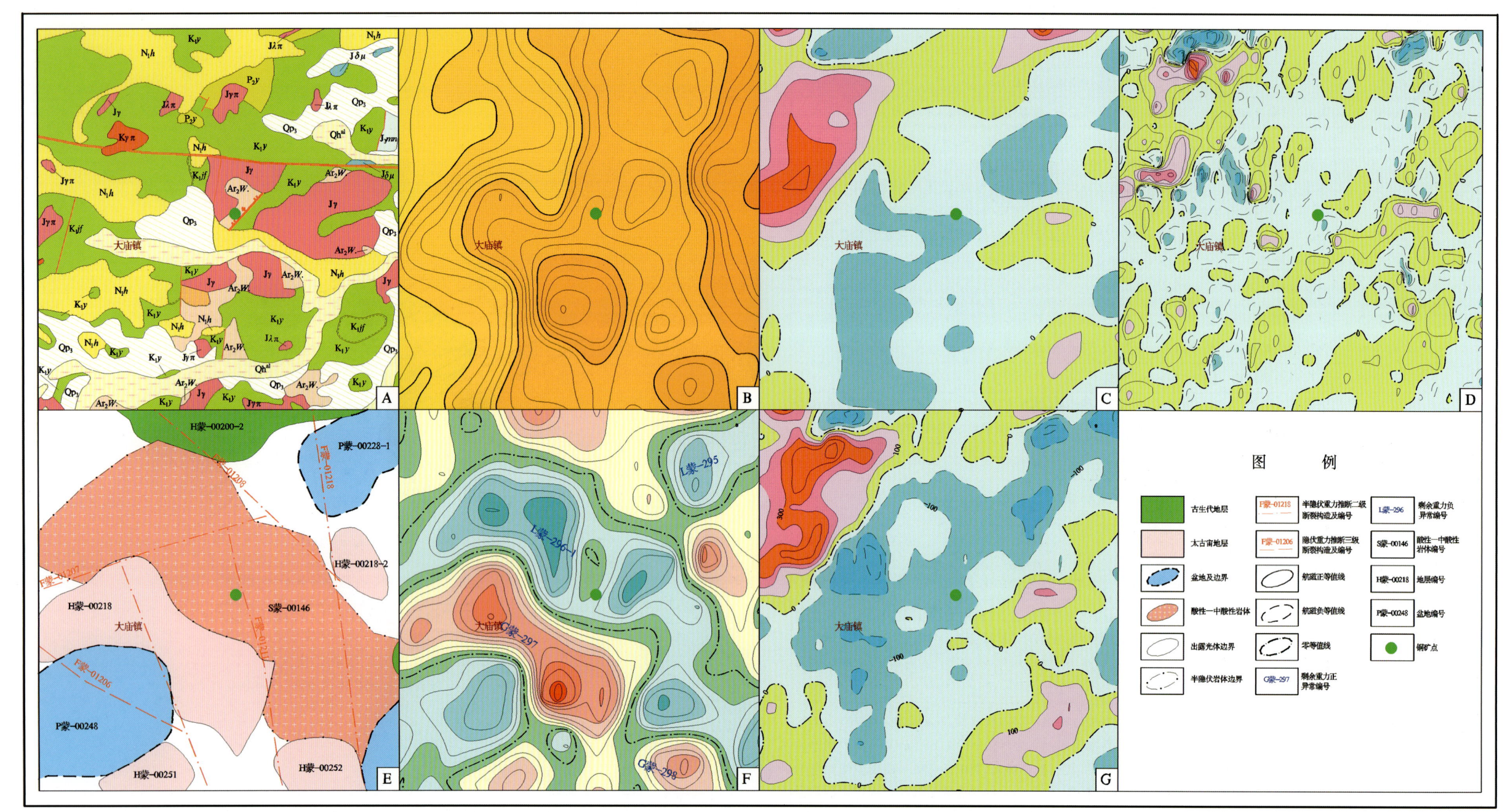

车户沟式斑岩型铜钼典型矿床所在区域地质矿产及物探剖析图

A. 地质矿产图;B. 布格重力异常图;C. 航磁 ΔT 等值线平面图;D. 航磁 ΔT 化极垂向一阶导数等值线平面图;E. 重力推断地质构造图;F. 剩余重力异常图;G. 航磁 ΔT 化极等值线平面图

小南山式岩浆型铜矿地质、地球物理特征一览表

成矿要素		描述内容		
储量		铜金属量 90 391t	平均品位	0.458%
特征描述		与基性、超基性岩有关的岩浆熔离型铜矿床		
地质环境	构造背景	天山-兴蒙造山系,包尔汉图-温都尔庙弧盆系,温都尔庙俯冲增生杂岩带		
	成矿环境	成矿区带属滨太平洋成矿域(叠加在古亚洲成矿域之上),华北成矿省,华北陆块北缘西段金、铁、铌、稀土、铜、铅、锌、银、镍、铂、钨、石墨、白云母成矿带,白云鄂博-商都金、铁、铌、稀土、铜、镍成矿亚带(Ar_3、Pt、V、Y)。矿区出露地层为白云鄂博群哈拉霍疙特组石英岩、变质砂岩和上侏罗统大青山组砂岩及泥岩,并夹薄煤层。矿区出露辉长岩,是本区含铂硫化铜矿床的成矿母岩。辉长岩呈不规则的脉状沿北东向和北西向断裂产出,地表长200～750m,宽20～100m。区内构造以北东东向、北西西向和近南北向断裂为主,其中北东东向及北西西向两组压扭性断裂严格控制了与成矿关系密切的辉长岩体		
	成矿时代	中元古代		
矿床特征	矿体形态	网脉状、透镜状、似层状		
	岩石类型	辉长岩、辉长橄榄岩、泥灰岩及变质石英砂岩		
	岩石结构	辉长结构、泥晶结构及中细粒砂状结构		
	矿石矿物	黄铜矿、磁黄铁矿、黄铜矿、蓝辉铜矿、紫硫镍铁矿		
	矿石结构构造	结构:交代结构、他形粒状结构、假象交代结构和残晶结构。构造:细脉浸染状构造、斑点状构造、网脉状构造、块状构造及角砾状构造		
	围岩蚀变	次闪石化、绿泥石化、钠黝帘石化、绢云母化		
	控矿因素	严格受辉长岩体控制		
地球物理特征	重力场特征	位于北东向布格重力低异常带的两个局部异常之间的平稳区,Δg 为 $(-172～-170) \times 10^{-5}$ m/s²。在剩余重力异常图上,小南山铜矿在 L 蒙-566 负异常边缘,该负异常区与酸性侵入岩有关,矿床北部 G 蒙-557 正异常为元古宙地层的反映。可由线状重力等值线密集带推断在矿区内有近东西向断裂存在		
	磁场特征	由航磁 ΔT 平面等值线图可知,小南山铜矿所在区域磁场为低缓负磁场背景,近东西向走向		

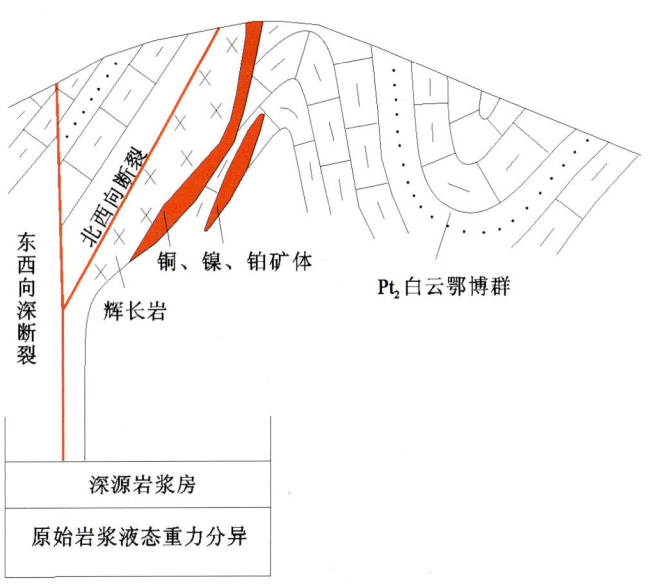

小南山式岩浆型铜镍矿成矿模式图

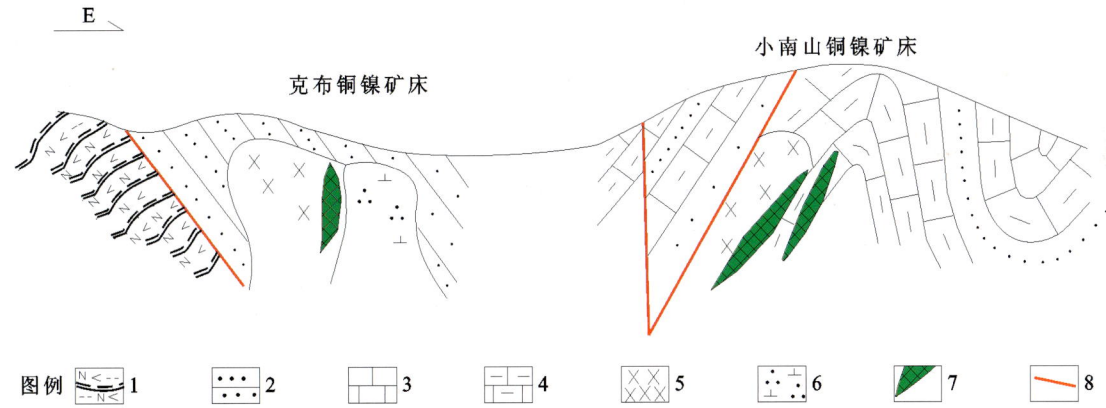

与中元古代基性—超基性杂岩体有关的铜镍硫化物矿床成矿系列区域成矿模式图

1.乌拉山岩群黑云斜长片麻岩;2.白云鄂博群砂岩;3.白云鄂博群灰岩;4.白云鄂博群泥质灰岩;5.中元古代辉长岩;6.二叠纪石英闪长岩;7.铜镍矿体;8.断裂

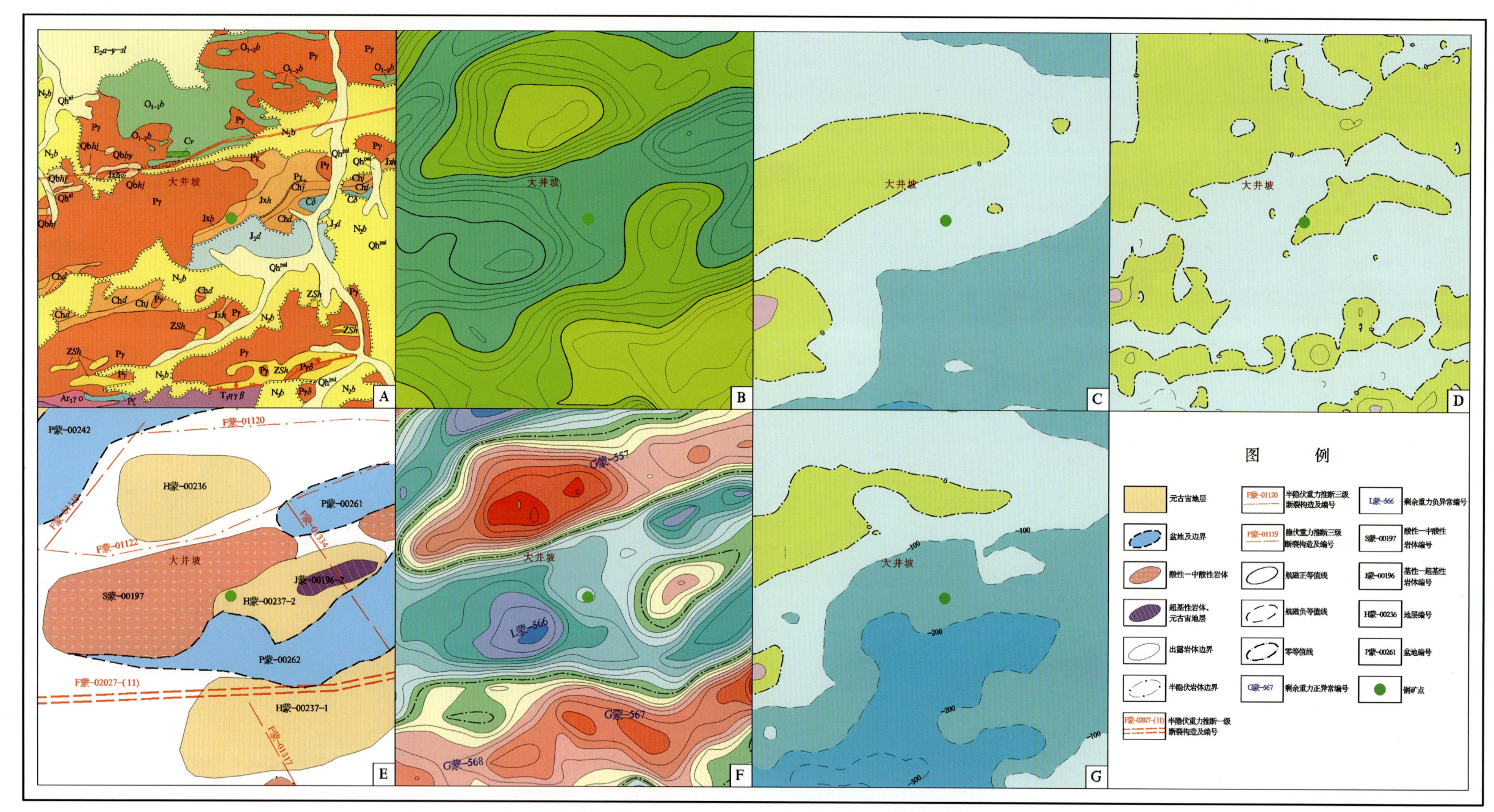

小南山式岩浆型铜镍典型矿床所在区域地质矿产及物探剖析图

A. 地质矿产图;B. 布格重力异常图;C. 航磁 ΔT 等值线平面图;D. 航磁 ΔT 化极垂向一阶导数等值线平面图;E. 重力推断地质构造图;F. 剩余重力异常图;G. 航磁 ΔT 化极等值线平面图

珠斯楞式斑岩型铜矿地质、地球物理特征一览表

成矿要素		描述内容	
储量		铜金属量1122.15t	平均品位	0.63％
特征描述		斑岩型	
地质环境	构造背景	天山-兴蒙造山系、额济纳旗-北山弧盆系、明水岩浆弧	
	成矿环境	成矿区带属塔里木成矿省,磋海-公婆泉铁、铜、金、铅、锌、钨、锡、铷、钒、铀、磷成矿带,珠斯楞-乌拉尚德铜、金、镍、铅、锌、煤成矿亚带。 矿区出露下中泥盆统伊克乌苏组,主要岩性为陆相-浅海相碎屑岩夹碳酸盐岩;上泥盆统西屏山组,主要岩性为长石石英砂岩夹灰岩透镜体、砾岩;下二叠统双堡塘组海底喷发的中酸性火山岩,夹钙质砂岩、粉砂岩及灰岩透镜体。海西中期闪长花岗岩侵入于泥盆系粉砂岩、钙质粉砂岩中,局部砂岩呈断层接触,岩体边部具有混染现象。与成矿有关的是海西中期闪长花岗岩	
	成矿时代	石炭纪—二叠纪	
矿床特征	矿体形态	细脉状、透镜状	
	岩石类型	花岗闪长岩、花岗斑岩、中粗粒长石石英砂岩	
	岩石结构	粒状结构	
	矿物组合	以黄铜矿为主,闪锌矿、方铅矿、毒砂及辉铜矿次之,银金矿微量	
	矿石结构构造	结构:半自形—他形晶粒状结构、碎裂结构、溶蚀结构、交代骸晶结构。 构造:块状构造、网脉构造、浸染状构造、斑点状构造、斑杂构造、条带状构造	
	蚀变特征	青磐岩化、硅化、钾化、绢云母化、碳酸盐化、重晶石化及孔雀石化	
	控矿条件	海西中晚期花岗闪长岩、花岗斑岩,变质砂岩及北西-南东向断裂构造	
	风化	地表氧化形成孔雀石及蓝铜矿	
地球物理特征	重力场特征	珠斯楞铜矿位于布格重力相对高值区,Δg为$(-154 \sim -152) \times 10^{-5}$m/s^2,其北侧、南侧等值线密集,与北东向构造有关,剩余重力异常图上,位于呈东西向展布的G蒙-799剩余重力正异常的东部,该异常由3个异常中心组成,极值为$(2.75 \sim 5.44) \times 10^{-5}$m/s^2,正异常区为古生代地层分布区。正异常南侧的负异常L蒙-800推断为中新生代盆地,西北侧的负异常形态规则,呈椭圆状北东向展布,地表出露海西期中酸性岩体,推断此负异常为中酸性侵入岩分布区	
	磁场特征	珠斯楞铜矿所在位置磁场显示为低缓的负磁异常,根据重磁场特征推测,该区域有北北东向断裂通过	

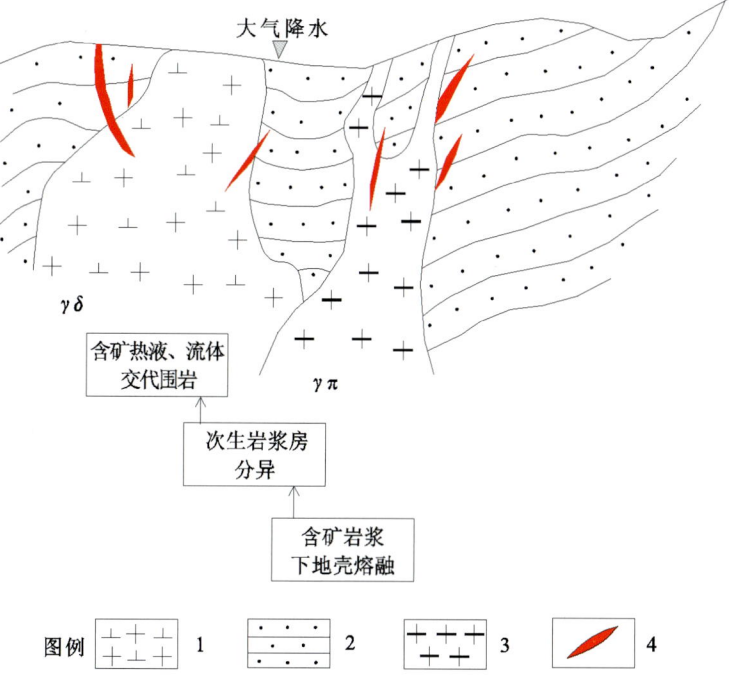

珠斯楞式斑岩型铜矿床成矿模式图

1.花岗闪长岩;2.砂岩;3.花岗斑岩;4.铜矿体

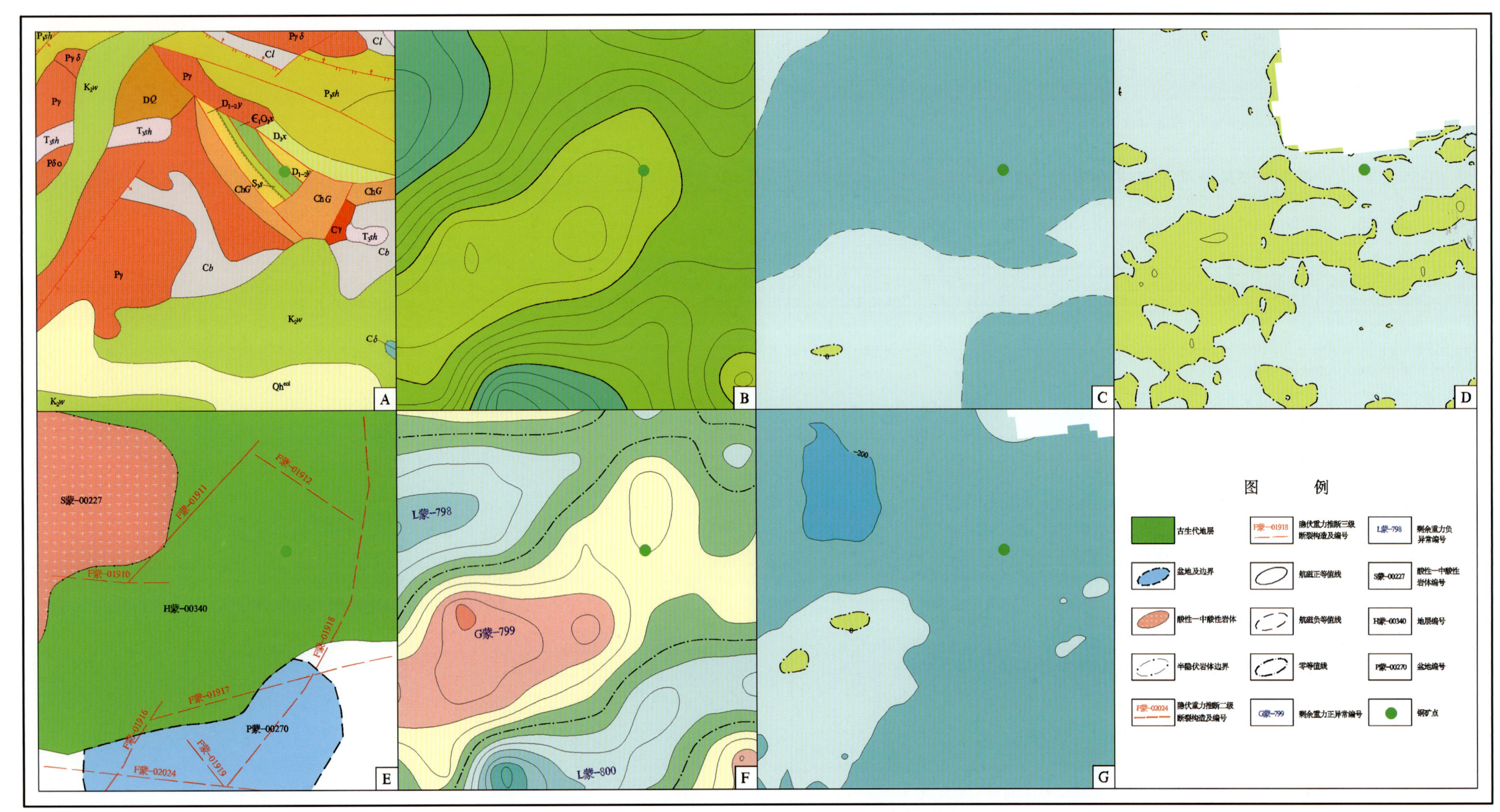

珠斯楞式斑岩型铜典型矿床所在区域地质矿产及物探剖析图

A. 地质矿产图;B. 布格重力异常图;C. 航磁 ΔT 等值线平面图;D. 航磁 ΔT 化极垂向一阶导数等值线平面图;E. 重力推断地质构造图;F. 剩余重力异常图;G. 航磁 ΔT 化极等值线平面图

亚干式岩浆型铜矿地质、地球物理特征一览表

成矿要素		描述内容	
储量		铜金属量 12.84×10^4 t	平均品位　　0.245%
特征描述		与基性、超基性侵入岩有关的岩浆熔离型铜矿床	
地质环境	构造背景	天山-兴蒙造山系、额济纳旗-北山弧盆系、明水岩浆弧	
	成矿环境	成矿区带属塔里木成矿省,磁海-公婆泉铁、铜、金、铅、锌、钨、锡、钼、钒、铀、磷成矿带,珠斯楞-乌拉尚德铜、金、镍、铅、锌、煤成矿亚带。 矿区出露地层有古元古界北山群、上二叠统双堡塘组和方山口组。矿区内岩浆活动强烈,主要有新元古代辉长岩、橄榄辉石岩,呈岩株或岩脉产出,受构造控制,多呈北西西向展布,侵入北山群,被石炭纪二长花岗岩侵入。区内构造十分发育,以北西向复式背斜为主体,发育数条规模不等的次级线性背向斜构造。断裂构造发育,主要以北东向、北西向为主。北西向断裂为控岩、控矿构造	
	成矿时代	新元古代	
矿床特征	矿体形态	脉状,具有膨胀收缩、分支复合现象	
	岩石类型	新元古代辉长岩、橄榄辉石岩	
	岩石结构	中粒结构	
	矿物组合	矿石矿物:黄铜矿、镍黄铁矿、磁黄铁矿及孔雀石。 脉石矿物:黄铁矿、辉石、斜长石、绢云母、绿泥石	
	矿石结构构造	结构:浸染状结构、粒状结构。 构造:条带状构造、团块状构造	
	蚀变特征	矽卡岩化、硅化、黄铁矿化、绢云母化、绿泥石化、蛇纹石化	
	控矿条件	严格受新元古代辉长岩及北西向构造破碎带控制	
	风化	地表氧化形成孔雀石及蓝铜矿	
地球物理特征	重力场特征	位于布格重力异常相对低值区,Δg 为 $(-176 \sim -174) \times 10^{-5}$ m/s²,剩余布格重力异常图上亚干矿位于负异常 L蒙-783 与被国境线截断的正异常过渡带之正异常一侧,该剩余重力正异常推测由元古宙老地层和隐伏的基性岩体共同引起	
	磁场特征	从航磁 ΔT 等值线图上可知,亚干铜矿处于平静的负磁场中	

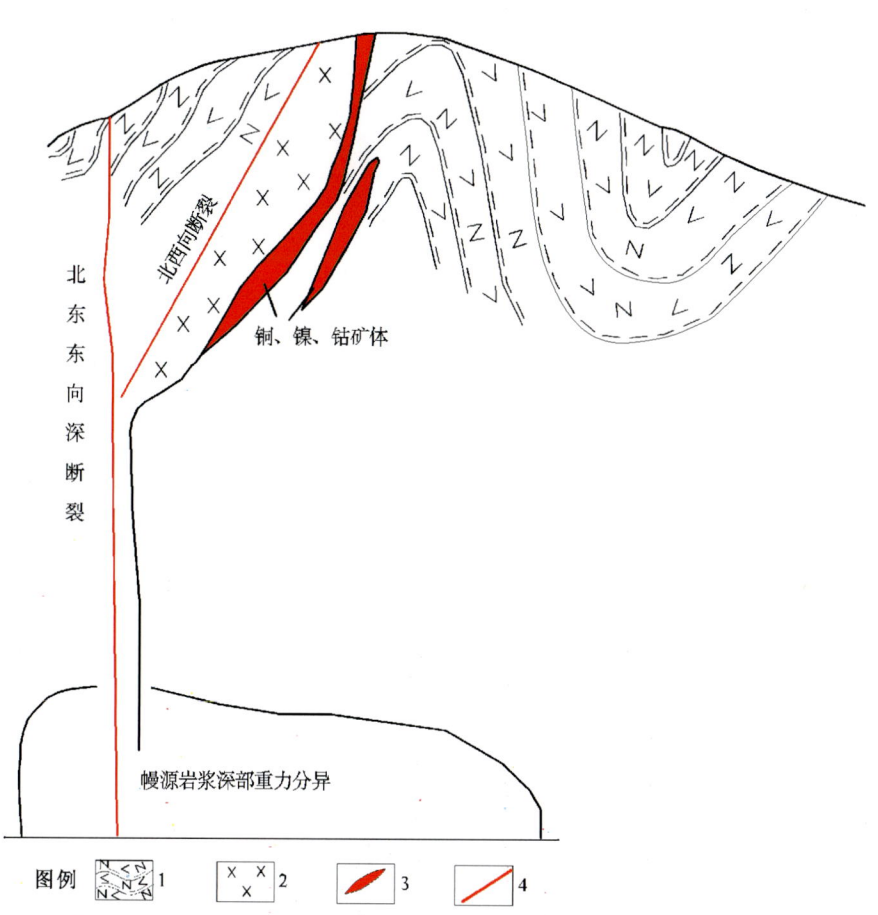

亚干式岩浆型铜矿成矿模式图
1.古元古界北山群角闪斜长片麻岩;2.辉长岩;3.矿体;4.断裂

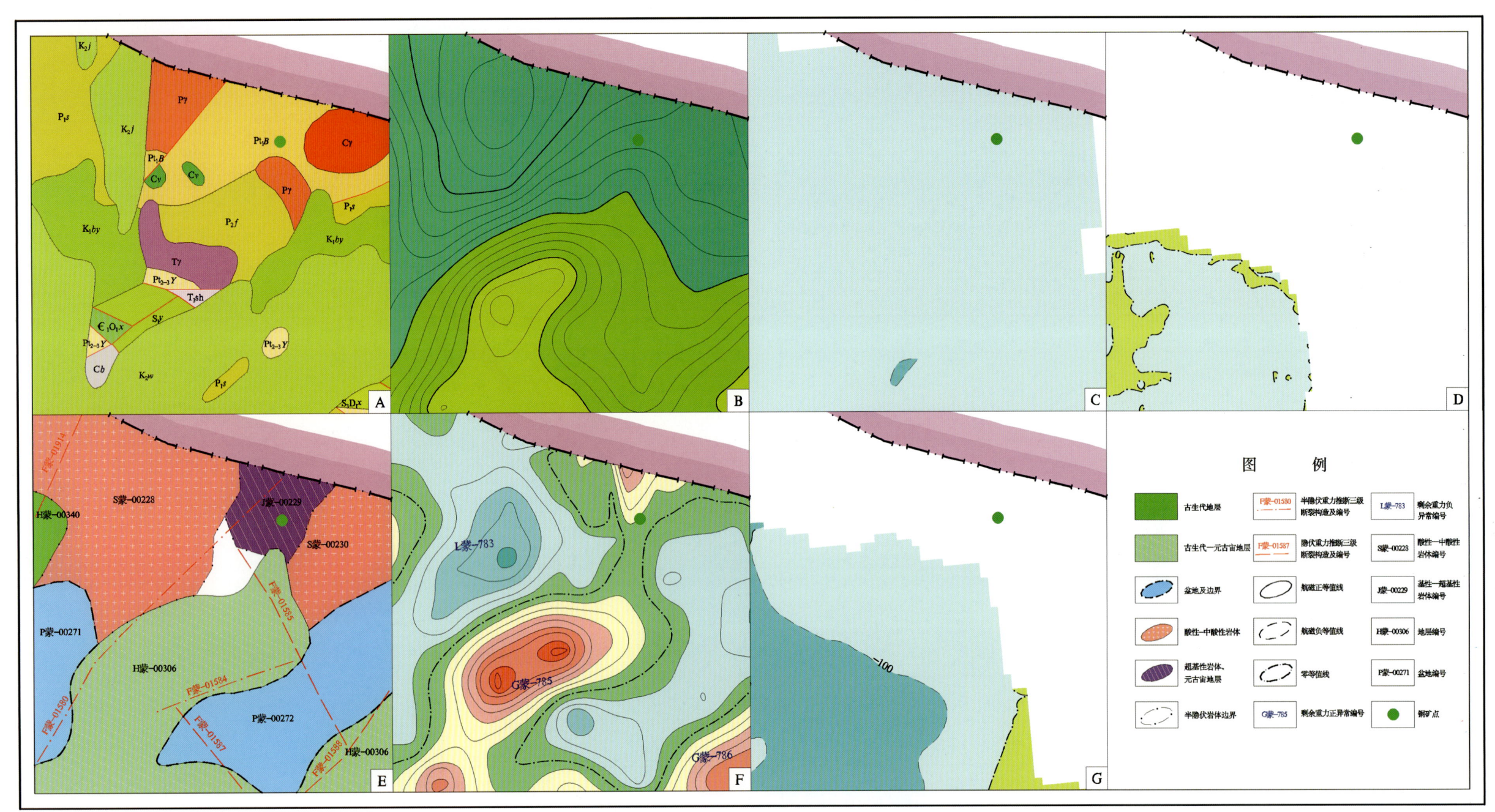

亚干式岩浆型铜镍钴典型矿床所在区域地质矿产及物探剖析图

A. 地质矿产图；B. 布格重力异常图；C. 航磁 ΔT 等值线平面图；D. 航磁 ΔT 化极垂向一阶导数等值线平面图；E. 重力推断地质构造图；F. 剩余重力异常图；G. 航磁 ΔT 化极等值线平面图

奥尤特式次火山热液型铜矿地质、地球物理特征一览表

成矿要素		描述内容		
储量		铜金属量 2×10^4 t	平均品位	$0.47\% \sim 0.66\%$
特征描述		中生代陆相火山-次火山热液型铜矿床		
地质环境	构造背景	古生代属天山-兴蒙造山系、大兴安岭弧盆系、扎兰屯-多宝山岛弧;中生代属陆相火山喷发带基底隆起区		
	成矿环境	成矿区带属滨太平洋成矿域(叠加在古亚洲成矿域之上),大兴安岭成矿省,东乌珠穆沁旗-嫩江(中强挤压区)铜、钼、铅、锌、金、钨、锡、铬成矿带,二连-东乌珠穆沁旗钨、钼、铁、锌、铅、金、银、铬成矿亚带(V、Y)。矿区内出露的地层主要为上泥盆统安格尔音乌拉组、上石炭统—下二叠统宝力高庙组火山岩、上侏罗统玛尼吐组及满克头鄂博组,其中上侏罗统玛尼吐组中性火山熔岩及火山碎屑岩,溢流相、爆发相及次火山相与成矿关系密切。区内岩浆岩较发育,以燕山早期黑云母花岗岩、斑状花岗岩、花岗闪长岩类为主,脉岩发育,主要呈北东向、北西向产出。近东西向构造是矿区内发育的主要构造		
	成矿时代	晚侏罗世		
矿床特征	矿体形态	脉状		
	岩石类型	岩屑凝灰岩、玄武安山岩、安山岩、火山角砾岩及流纹岩		
	岩石结构	岩屑凝灰结构、火山角砾结构、安山结构及斑状结构		
	矿物组合	黄铜矿、黄铁矿、黄钾铁矾、孔雀石、蓝铜矿		
	矿石结构构造	结构:半自形粒状结构、胶状结构。构造:浸染状构造、斑杂状构造及角砾状构造		
	蚀变特征	电气石化、绿泥石化、硅化、绢云母化、褐铁矿化		
	控矿条件	受北东向主断裂、北西向次级断裂控制,受中生代火山地层、火山构造控制		
地球物理特征	重力场特征	位于布格重力低值背景下的局部高异常带北西侧,高异常带呈宽缓的条带状,走向北东。奥尤特铜矿所在位置布格重力异常值为 -110×10^{-5} m/s²。在剩余重力异常图上,奥尤特铜矿位于编号为 G 蒙-333-1 的剩余重力正异常北部边部,Δg 为 $(1 \sim 2) \times 10^{-5}$ m/s²,正异常形态为宽缓的条带状,走向呈北东向。根据物性资料和地质资料分析,推断该异常是上侏罗统的一套以中性为主偏基性火山岩及古生代地层的综合反映,推测铜矿与火山活动以及岩浆后期的热液活动有关		
	磁场特征	因奥尤特铜矿处在中蒙边境,属航飞空白区。据地磁数据显示,奥尤特铜矿所处磁场总体表现为正磁场,中央存在条带状正异常,走向近似北东向		

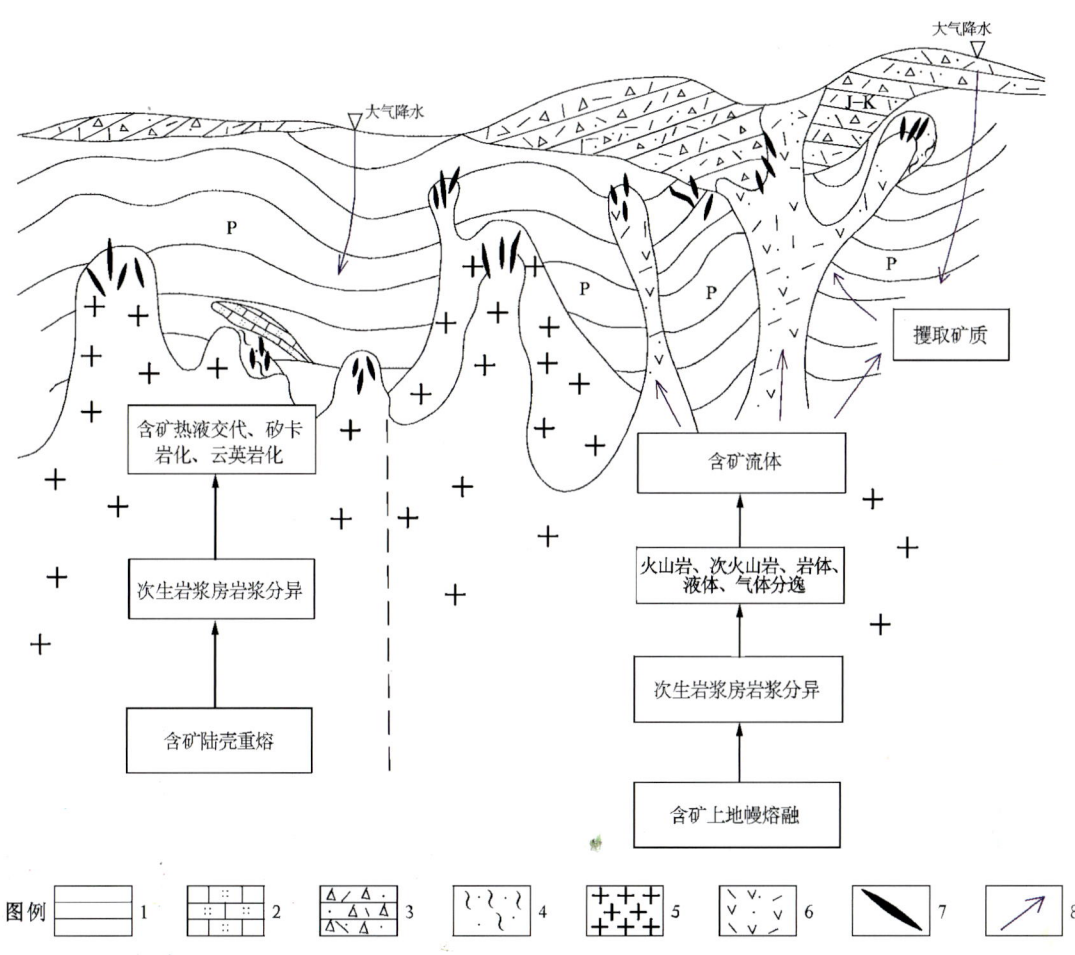

奥尤特式次火山热液岩型铜矿床成矿模式图

1.二叠纪碎屑岩夹中基—中酸性火山岩;2.二叠纪碎屑岩夹碳酸盐岩透镜体;3.侏罗纪—白垩纪火山角砾凝灰岩、熔岩;4.矽卡岩;5.花岗岩;6.英安斑岩、安山玢岩;7.矿床;8.热液及大气水运移方向

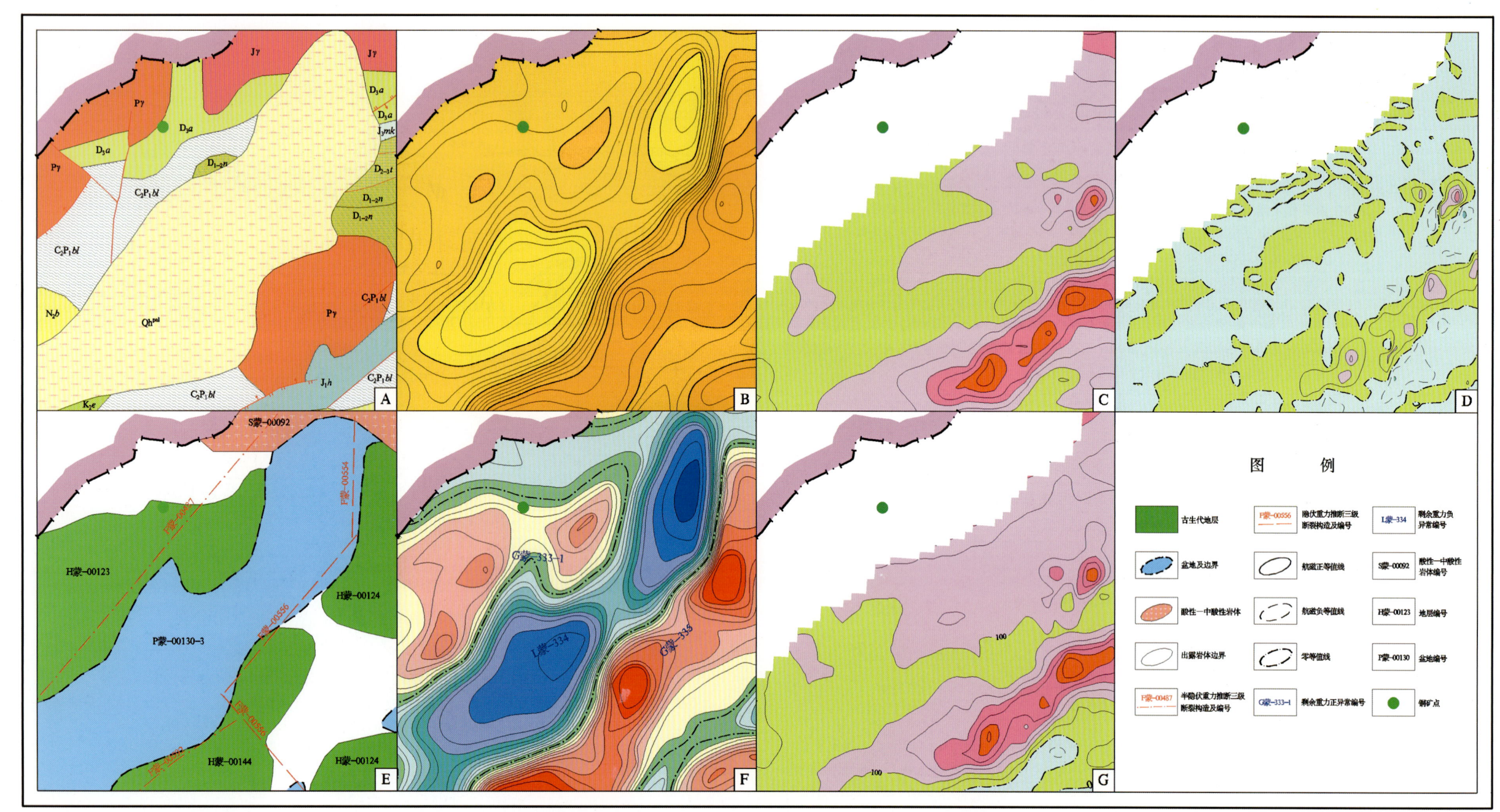

奥尤特式次火山热液型铜典型矿床所在区域地质矿产及物探剖析图
A. 地质矿产图；B. 布格重力异常图；C. 航磁 ΔT 等值线平面图；D. 航磁 ΔT 化极垂向一阶导数等值线平面图；E. 重力推断地质构造图；F. 剩余重力异常图；G. 航磁 ΔT 化极等值线平面图

小坝梁式海相火山岩型铜矿地质、地球物理特征一览表

成矿要素		描述内容		
储量		铜金属量 40 181×10^4 t	平均品位	TFe 1.14%
特征描述		海相火山岩型铜矿床		
地质环境	构造背景	天山-兴蒙造山系、大兴安岭弧盆系、扎兰屯-多宝山岛弧		
	成矿环境	成矿区带属滨太平洋成矿域(叠加在古亚洲成矿域之上),大兴安岭成矿省,东乌珠穆沁旗-嫩江(中强挤压区)铜、钼、铅、锌、金、钨、锡、铬成矿带,二连-东乌珠穆沁旗钨、钼、铁、锌、铅、金、银、铬成矿亚带(V、Y)。矿区出露地层有泥盆系、下二叠统、下中侏罗统、下白垩统,与小坝梁式海相火山岩型铜矿有关的地层为上石炭统—下二叠统格根敖包组,岩性主要为火山角砾岩、安山玢岩、凝灰岩、粗玄岩。该组岩层是小坝梁铜矿床的赋矿层位。矿区内岩浆岩分布较广,有超基性、中酸性侵入岩		
	成矿时代	二叠纪		
矿床特征	矿体形态	脉状、透镜状		
	岩石类型	凝灰岩、凝灰质砂岩、玄武安山质火山角砾岩、粗玄岩		
	岩石结构	变余岩屑晶屑凝灰结构、变余砂状结构、火山角砾结构、间粒结构、辉绿结构		
	矿石矿物	以黄铜矿为主,毒砂、闪锌矿、方铅矿、斑铜矿次之		
	矿石结构构造	结构:粒状结构、交代残余结构、压碎结构。构造:角砾状构造、块状构造、网脉状构造、斑杂状构造及细脉浸染状构造		
	围岩蚀变	硅化、绿泥石化、碳酸盐化及黄铜矿化		
	控矿因素	严格受格根敖包组第二岩段火山岩及火山构造控制		
地球物理特征	重力场特征	矿床位于北北东向窄条带状布格高重力异常区域背景下的局部重力高异常上,$\Delta g_{max} = -88.47×10^{-5}$ m/s^2。在剩余重力异常图上,小坝梁铜矿位于剩余重力正异常区边部梯度带上,其异常值为 7×10^{-5} m/s^2 左右,正异常最高值为 15.16×10^{-5} m/s^2。矿区东西两侧都为条带状展布的剩余重力负异常。结合地质出露情况,推测矿区剩余重力正异常由超基性岩及古生代地层共同引起		
	磁场特征	磁场显示为矿区位于正、负磁场交界等值线密集带。矿区所在区域重力场等值线扭曲处,磁场显示为近东西向展布的等值线梯度带,推断小坝梁铜矿区有近东西向断裂通过		

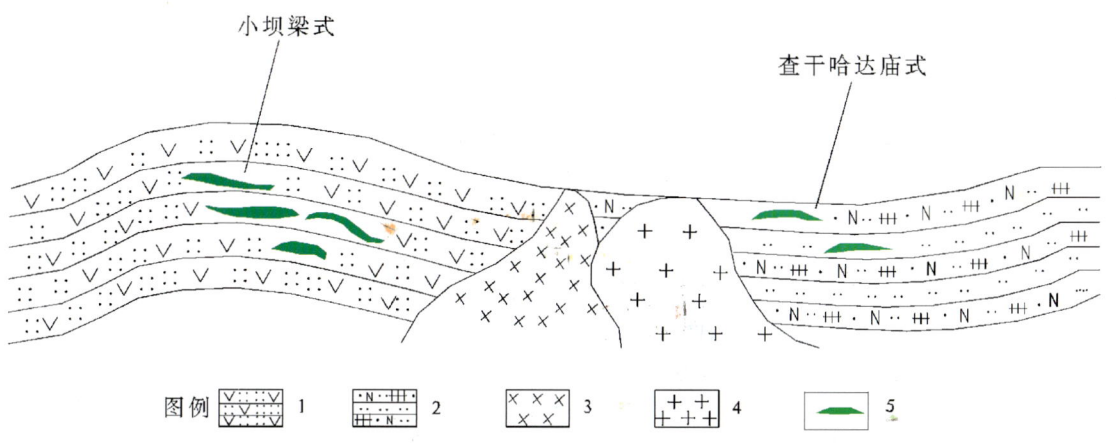

小坝梁式海相火山岩型铜矿区域成矿模式图

1.格根敖包组 C_2P_1g:安山质火山碎屑岩;2.本巴图组(C_2bb):长石砂岩-粉砂岩;3.辉长岩;4.花岗岩;5.铜矿体

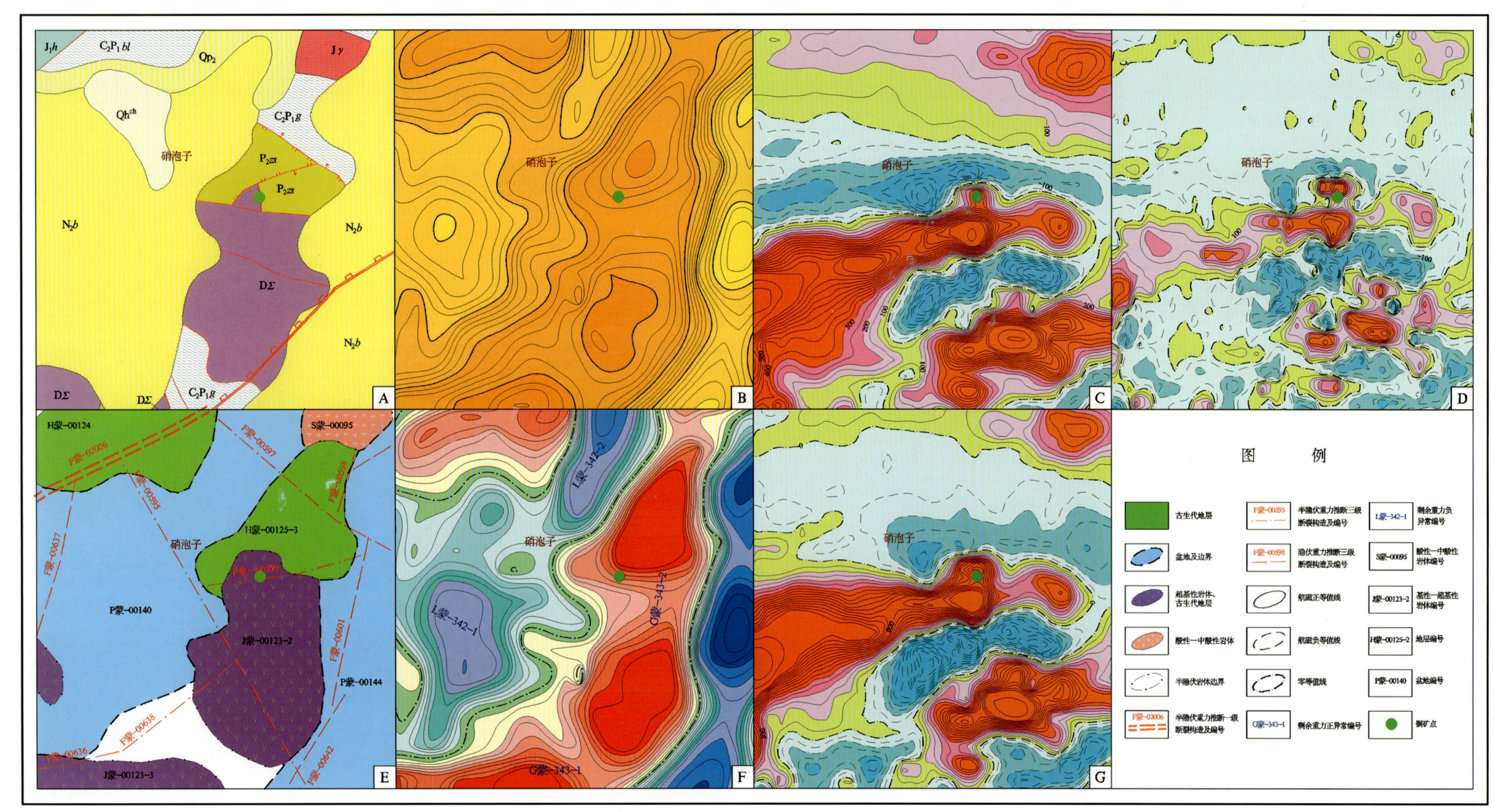

小坝梁式海相火山岩型铜典型矿床所在区域地质矿产及物探剖析图

A. 地质矿产图;B. 布格重力异常图;C. 航磁 ΔT 等值线平面图;D. 航磁 ΔT 化极垂向一阶导数等值线平面图;E. 重力推断地质构造图;F. 剩余重力异常图;G. 航磁 ΔT 化极等值线平面图

欧布拉格式热液型铜矿地质、地球物理特征一览表

成矿要素		描述内容		
储量		铜金属量 20 088.48t	平均品位	1.17%
特征描述		热液型铜矿床		
地质环境	构造背景	天山-兴蒙造山系、额济纳旗-北山弧盆系、巴音戈壁弧后盆地		
	成矿环境	成矿带属滨太平洋成矿域(叠加在古亚洲成矿域之上),大兴安岭成矿省,白乃庙-锡林郭勒铁、铜、钼、铅、锌、锰、铬、金、锗、煤、天然碱、芒硝成矿带,乌力吉-欧布拉格铜、金成矿亚带(V),欧布拉格铜金集区。 矿区内出露地层为古生界上石炭统本巴图组、下中二叠统大石寨组。岩浆活动具多期性、多相性及产状多样性,其中以海西晚期和燕山期岩浆活动最强烈,产出了海西晚期花岗岩(γ_4)和花岗闪长岩($\gamma\delta_4$)。		
	成矿时代	海西期		
矿床特征	矿体形态	不规则透镜体		
	岩石类型	火山杂岩、花岗岩和花岗闪长岩		
	岩石结构	自形—半自形粒状结构		
	矿物组合	金属矿物有黄铁矿、磁黄铁矿、磁铁矿、毒砂、闪锌矿、斜方砷铁矿、方铅矿、辉钼矿、白铁矿等。 非金属矿物有石英、透辉石、透闪石、绿泥石、绿帘石、长石、方解石、石榴石、阳起石等		
	矿石结构构造	结构:以他形粒状结构为主,其次有自形—半自形粒状结构、交代结构、交代残余结构、固溶体分离结构。 构造:以疏密不均匀的浸染状构造为主,其次为细脉状、网脉状构造及蜂窝状构造		
	围岩蚀变	以硅化、高岭土化、青磐岩化、绢云母化、碳酸盐化为主,另见透闪石化		
	控矿因素	早二叠世火山杂岩,北西向、北东向及近南北向断裂,海西期超浅成侵入体及次火山岩		
地球物理特征	重力场特征	在区域布格重力异常图上,欧布拉格铜矿所在区域为相对较高的布格重力异常区,Δg 为 $-154.14\times10^{-5}\,m/s^2$。在剩余重力异常上,欧布拉格铜矿位于 G 蒙-692-1 剩余重力正异常区的边缘,Δg 约为 $3\times10^{-5}\,m/s^2$,异常形态属条带状,走向北东。由物性资料和地表地质出露分析,此地区为古生代—元古宙地层的反映。该异常偏东的边部为霍各乞铜多金属矿区。根据重力场特征推测,北东向的巴丹吉林断裂通过欧布拉格铜矿区		
	磁场特征	航磁 ΔT 化极等值线平面图上,矿区位于低缓磁场背景中的正、负磁异常带交界处零值线附近		

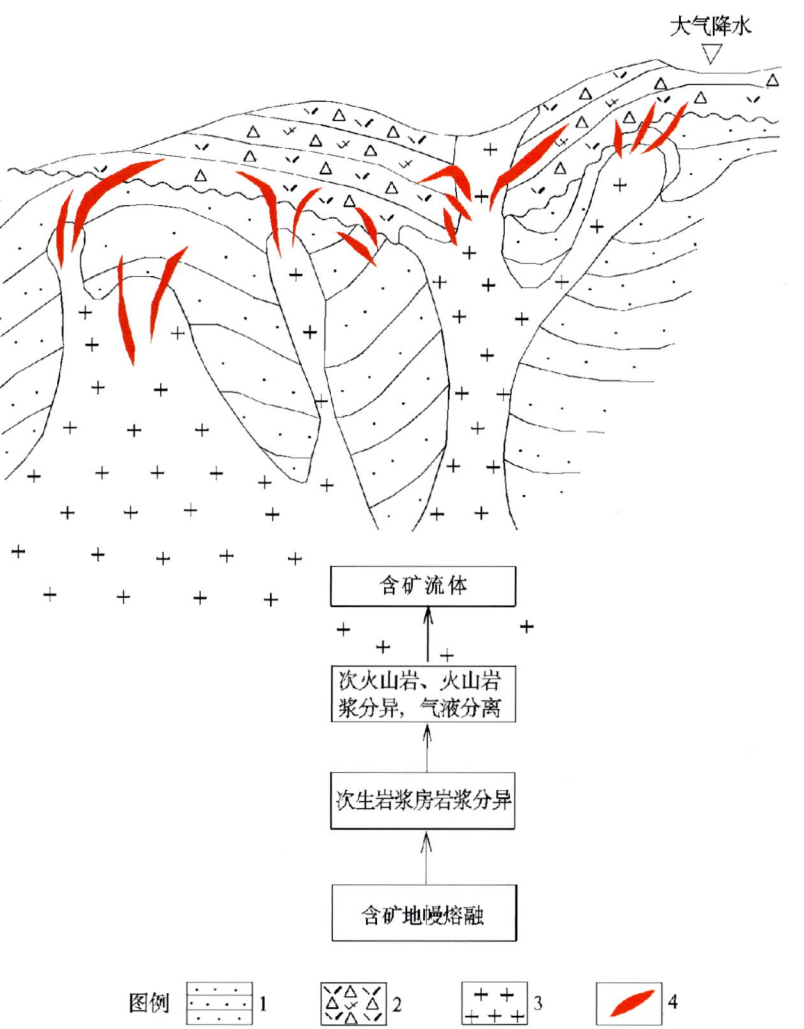

欧布拉格式热液型铜矿成矿模式图
1.砂岩;2.英安质熔结火山角砾岩;3.花岗斑岩;4.铜矿体

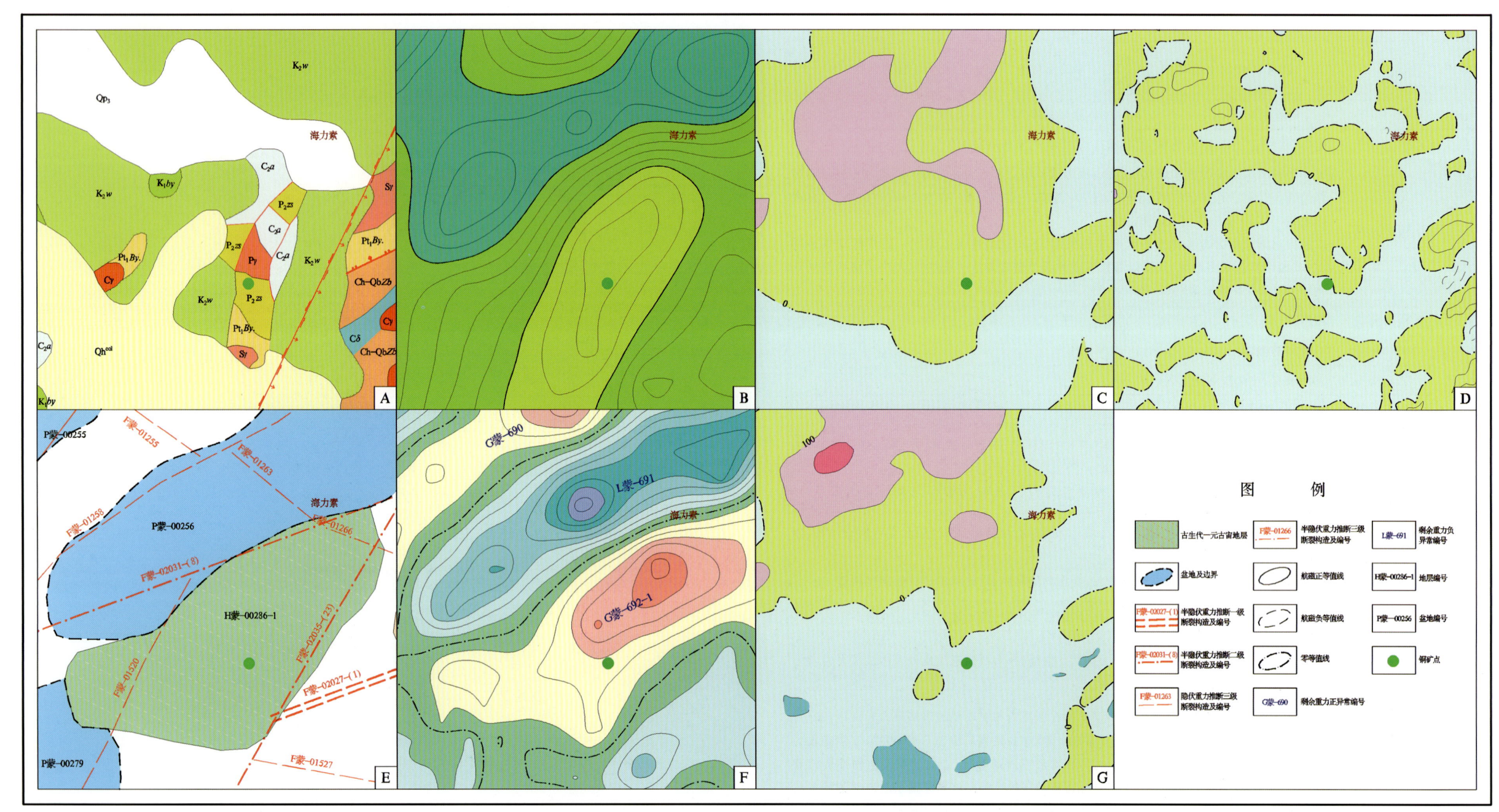

欧布拉格式热液型铜典型矿床所在区域地质矿产及物探剖析图
A. 地质矿产图;B. 布格重力异常图;C. 航磁 ΔT 等值线平面图;D. 航磁 ΔT 化极垂向一阶导数等值线平面图;E. 重力推断地质构造图;F. 剩余重力异常图;G. 航磁 ΔT 化极等值线平面图

宫胡洞式接触交代型铜矿地质、地球物理特征一览表

成矿要素		描述内容	
储量		铜金属量 15 495t　　平均品位　　0.96%	
特征描述		与海西晚期侵入岩有关的接触交代型铜矿床	
地质环境	构造背景	天山-兴蒙造山系、包尔汉图-温都尔庙弧盆系、温都尔庙俯冲增生杂岩带	
	成矿环境	成矿区带属滨太平洋成矿域(叠加在古亚洲成矿域之上),华北成矿省,华北陆块北缘西段金、铁、铌、稀土、铜、铅、锌、银、镍、铂、钨、石墨、白云母成矿带,白云鄂博-商都金、铁、铌、稀土、铜、镍成矿亚带(Ar_3、Pt、V、Y)。矿区出露的岩体主要为晚三叠世中酸性花岗岩类,呈岩株产出。岩体围岩主要为中新元古界白云鄂博群呼吉尔图组一岩段和二岩段以及白音布拉格组四岩段。成矿岩体主要是晚三叠世二长花岗岩($T_3\eta\gamma$),侵入白云鄂博群碳酸盐岩建造中,在接触带形成矽卡岩	
	成矿时代	二叠纪—三叠纪	
矿床特征	矿体形态	似层状、透镜状	
	岩石类型	条带状结晶灰岩、石英透辉石角岩、石英岩、板岩、黑云母透闪石角岩	
	岩石结构	微细粒变晶结构、角岩结构	
	矿物组合	以黄铜矿、斑铜矿为主,磁黄铁矿(黄铁矿)次之,闪锌矿、毒砂少量	
	矿石结构构造	结构:中细—中粗粒结构。构造:细脉浸染状构造、浸染状构造	
	蚀变特征	矽卡岩化、绿泥石化、碳酸盐化、硅化、萤石化、绿帘石化	
	控矿条件	受呼吉尔图组与海西期斑状黑云母花岗岩远离岩体外接触带中的矽卡岩化带控制	
地球物理特征	重力场特征	矿区位于两个布格重力异常极低值之间的宽缓处,Δg 为$(-184.91\sim-182.46)\times10^{-5}$ m/s²。在剩余重力异常图上,宫胡洞铜矿位于 G 蒙-634 正异常与 L 蒙-565 负异常之间的零值区,正异常为北东走向,负异常为近东西走向,异常形态均为条带状。剩余重力负异常值一般在$(-12\sim0)\times10^{-5}$ m/s² 之间,剩余重力正异常值则在$(0\sim9)\times10^{-5}$ m/s² 之间。根据重力场特征推测,矿区所在的东西向条带状剩余重力负异常是酸性岩体的反映	
	磁场特征	矿区处在低缓磁场背景中的弱磁场区	

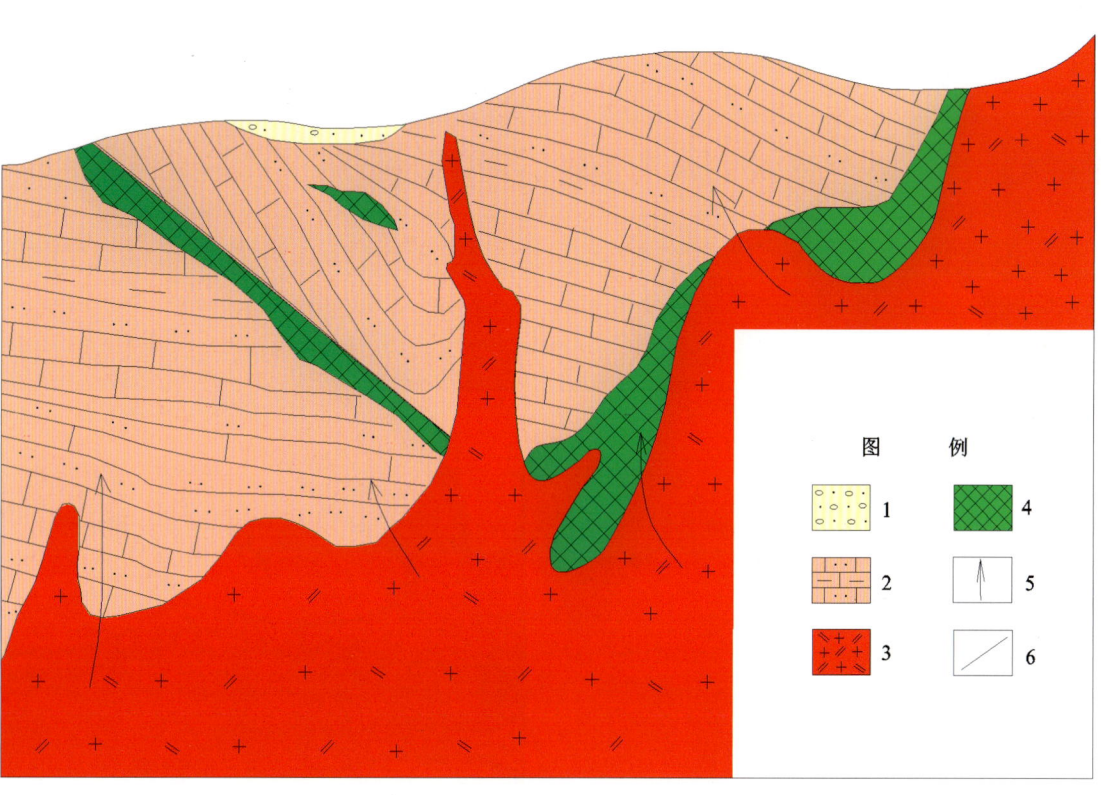

宫胡洞式接触交代型铜矿成矿模式图

1.第四系(Qh)砂、砾石;2.胡吉尔图组(Qbhj):灰岩泥质砂岩;3.二长花岗岩;4.铜矿体;5.热液运移方向;6.断裂

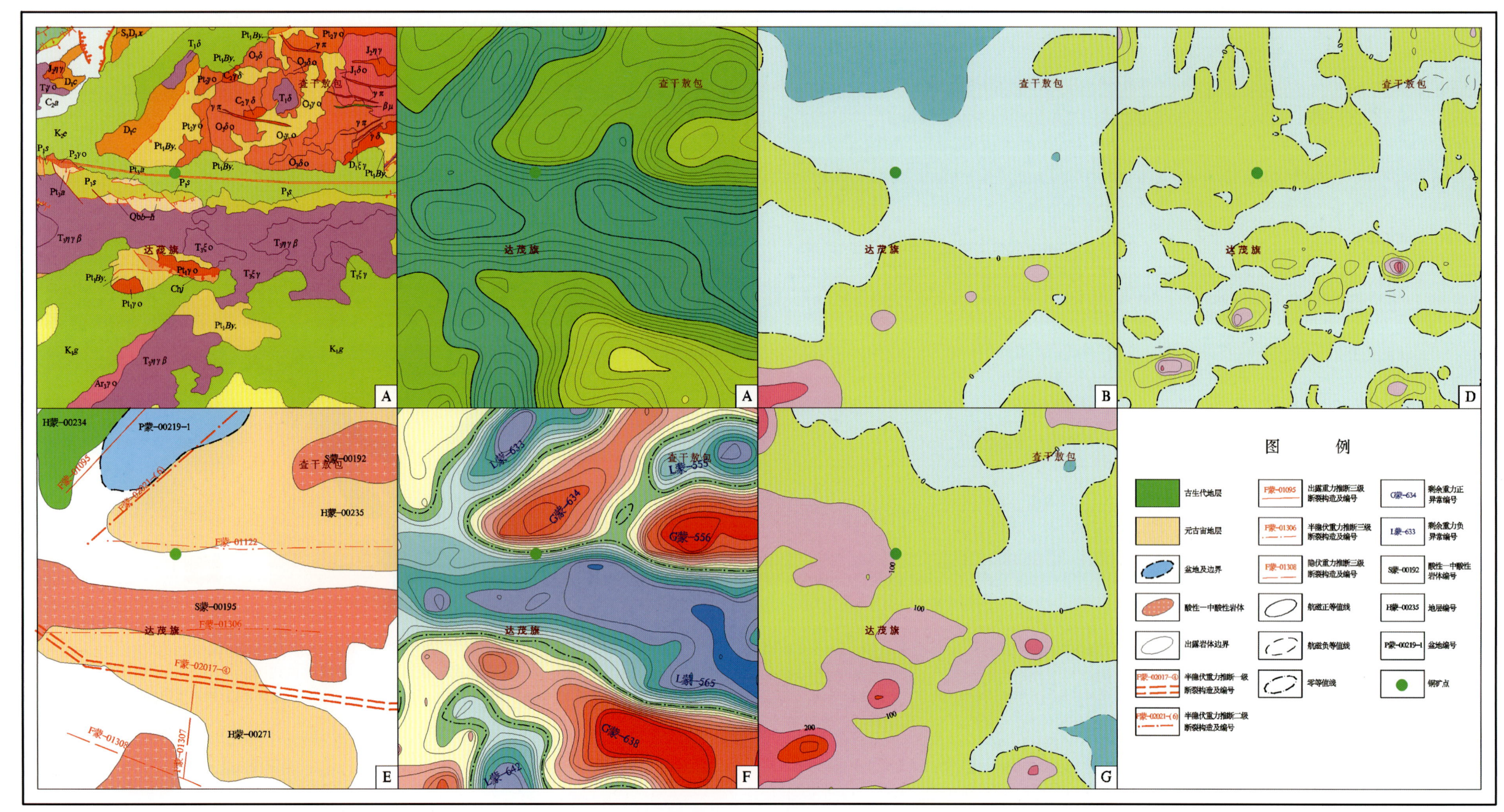

宫胡洞式接触交代型铜典型矿床所在区域地质矿产及物探剖析图

A. 地质矿产图;B. 布格重力异常图;C. 航磁 ΔT 等值线平面图;D. 航磁 ΔT 化极垂向一阶导数等值线平面图;E. 重力推断地质构造图;F. 剩余重力异常图;G. 航磁 ΔT 化极等值线平面图

罕达盖式矽卡岩型铜矿地质、地球物理特征一览表

成矿要素		描述内容		
储量		铜金属量 18 000t	平均品位	1.17%
特征描述		与石炭纪石英二长闪长岩有关的矽卡岩型铜矿床		
地质环境	构造背景	天山-兴蒙造山系,大兴安岭弧盆系,扎兰屯-多宝山岛弧		
	成矿环境	成矿区带属滨太平洋成矿域(叠加在古亚洲成矿域之上),大兴安岭成矿省,东乌珠穆沁旗-嫩江(中强挤压区)铜、钼、铅、锌、金、钨、锡、铬成矿带,罕达盖-博克图铁、铜、钼、锌、铅、银、铍成矿亚带。矿区内出露的地层为下中奥陶统多宝山组变质粉砂岩、大理岩、矽卡岩、安山岩等。矿区内岩浆岩主要为古生代中酸性侵入岩,岩性为石炭纪石英二长闪长岩、石英二长闪长岩、花岗闪长岩及泥盆纪二长花岗岩。脉岩较发育,对矿体起破坏作用。罕达盖林场铁铜多金属矿赋存于石炭纪石英二长闪长岩与多宝山组、裸河组地层的外接触带矽卡岩中。受区域构造运动的影响,构造主要为呈北东向的断裂构造和北西向构造。罕达盖铁铜矿构造上位于罕达盖背斜南翼		
	成矿时代	石炭纪		
矿床特征	矿体形态	薄层状、透镜状、不规则囊状,矿体产状变化较大,总体产状为北西向		
	岩石类型	变质粉砂岩、大理岩、矽卡岩、安山岩、石英二长闪长岩		
	岩石结构	微细粒变晶结构、粒状变晶结构、斑状结构、半自形粒状结构		
	矿物组合	磁铁矿、黄铜矿、黄铁矿、赤铁矿,另见少量磁黄铁矿、辉钼矿、闪锌矿		
	矿石结构构造	结构:半自形粒状结构、粒状变晶结构、碎裂结构、交代残余结构。构造:块状构造、浸染状构造、细脉浸染状构造		
	围岩蚀变	矽卡岩化、角岩化、硅化及碳酸盐化		
	控矿因素	严格受多宝山组、裸河组与石炭纪石英二长闪长岩接触带控制		
地球物理特征	重力场特征	罕达盖铜矿处在近东西向延伸的布格重力相对高值区,$\Delta g_{max}=-72.52\times10^{-5}$ m/s^2。在剩余重力异常图上,罕达盖铜矿位于东西向条带状剩余重力正异常 G 蒙-150 的中部,Δg 为$(8.67\sim9.32)\times10^{-5}$ m/s^2。在其南北两侧均为剩余重力负异常区,主要是由酸性侵入岩引起。矿区所在正异常与古生代地层有关		
	磁场特征	从航磁 ΔT 化极等值线异常图看,矿区位于面状负磁场边缘,负磁场为区内弱磁性地质体的反映。根据重磁异常等值线密集带的分布特征,推断矿区附近有东西向断裂存在		

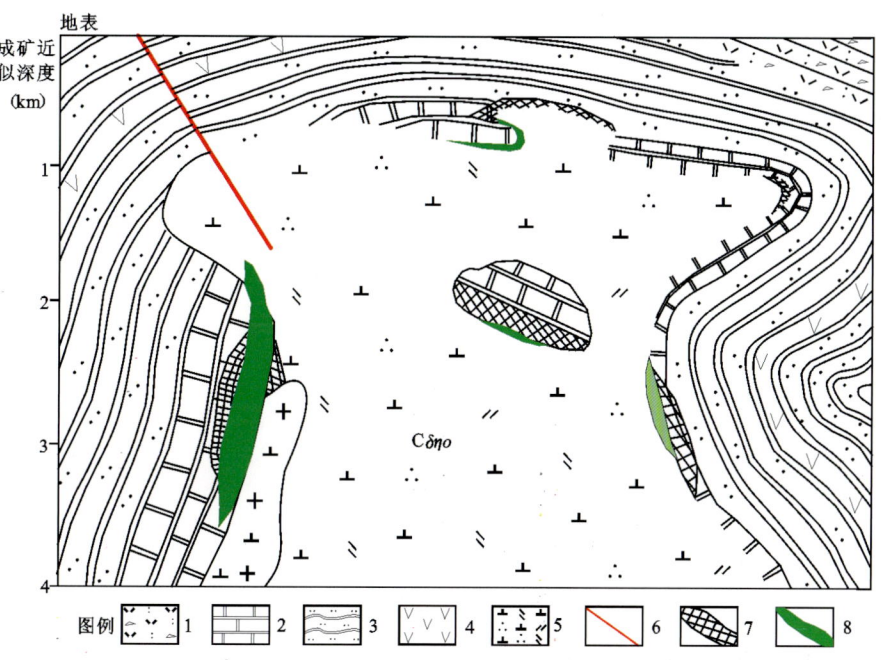

罕达盖式矽卡岩型铜矿成矿模式图

1.上侏罗统流纹质角砾凝灰岩;2.下中奥陶统多宝山组($O_{1-2}d$)大理岩;3.下中奥陶统多宝山组($O_{1-2}d$)粉砂质板岩;4.下中奥陶统多宝山组($O_{1-2}d$)安山岩;5.石炭纪石英二长闪长岩($C\delta\eta o$);6.断层;7.矽卡岩;8.铜矿体

与奥陶纪岛弧火山岩及石炭纪侵入岩有关的斑岩-矽卡岩-热液型铁铜成矿亚系列

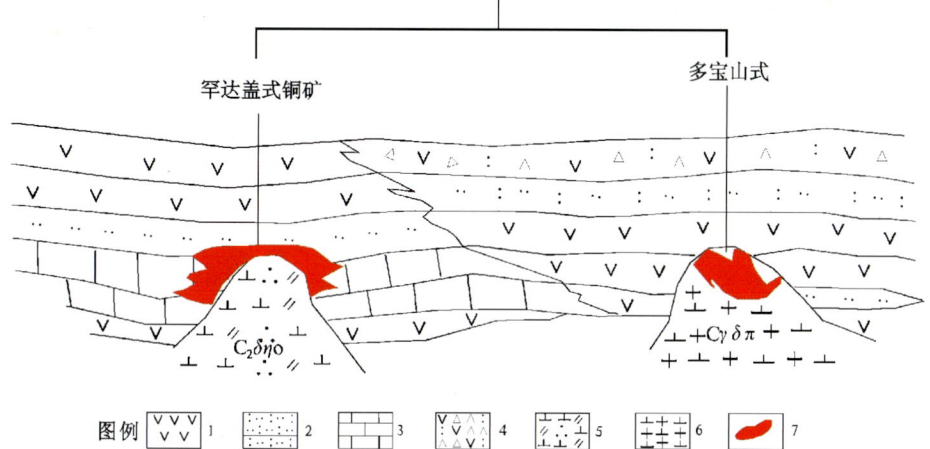

与奥陶纪岛弧火山岩及石炭纪侵入岩有关的斑岩-矽卡岩型铁铜成矿亚系列区域成矿模式图

1.安山岩;2.凝灰质粉砂岩;3.灰岩;4.石炭纪安山质凝灰角砾岩($C_2\delta\eta o$);5.石炭纪石英二长闪长岩($C\gamma\delta\pi$);6.花岗闪长斑岩;7.铜矿体

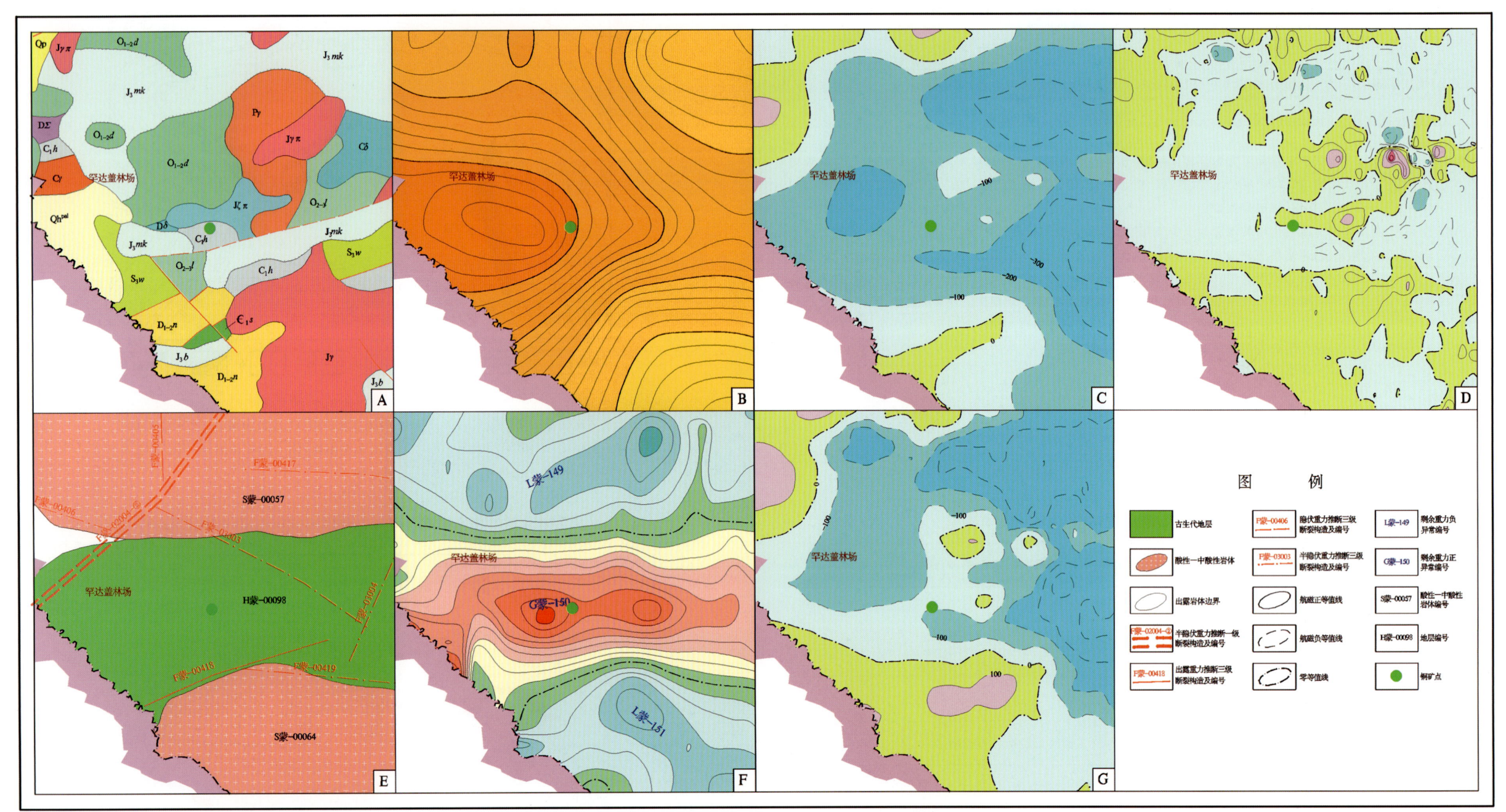

罕达盖式矽卡岩型铜典型矿床所在区域地质矿产及物探剖析图
A. 地质矿产图;B. 布格重力异常图;C. 航磁 ΔT 等值线平面图;D. 航磁 ΔT 化极垂向一阶导数等值线平面图;E. 重力推断地质构造图;F. 剩余重力异常图;G. 航磁 ΔT 化极等值线平面图

白马石沟式热液型铜矿地质、地球物理特征表

成矿要素		描述内容		
储量		铜金属量 4915.95t	平均品位	0.55％
特征描述		热液型铜矿床		
地质环境	构造背景	天山-兴蒙造山系,包尔汉图-温都尔庙弧盆系,温都尔庙俯冲增生带		
	成矿环境	成矿区带属吉黑成矿省,松辽盆地石油、天然气、铀成矿区,库里吐-汤家杖子钼、铜、铅、锌、钨、金成矿亚带。矿区出露下中二叠统大石寨组砂岩、板岩、凝灰质砂岩互层夹碳酸盐岩透镜体。碳酸盐岩薄层已被交代成透辉石石榴石矽卡岩,是含铜磁铁矿矽卡岩唯一的赋矿部位。燕山早期花岗岩类分布在海西期闪长岩东北部,呈基状北西向展布,边部与闪长岩接触,分布范围大。花岗岩是矿区唯一的成矿母岩,也是矿体的围岩,铜矿物常呈含铜石英脉或细脉浸染状赋存于花岗岩裂隙中或蚀变花岗岩中。矿区构造主要以断裂为主,北西向、近东西向和近南北向均为容矿断裂		
	成矿时代	三叠纪—侏罗纪		
矿床特征	矿体形态	矿体走向305°~345°、0°~15°,倾向北东、东,倾角55°~80°,矿体呈小透镜状、细脉状		
	岩石类型	花岗岩		
	岩石结构	中粒结构、似斑状结构		
	矿物组合	矿石矿物:以黄铜矿、辉钼矿为主,黄铁矿次之。 脉石矿物:石英、斜长石、角闪石、绿泥石、绿帘石和绢云母等		
	矿石结构构造	结构:自形—他形晶粒状结构、交代残余结构、包含结构。 构造:浸染状构造、团块状构造、网脉状构造		
	蚀变特征	绿泥石化、绿帘石化、绢云母化、硅化		
	控矿条件	控矿构造:受北西向张扭性断裂构造控制。 赋矿岩石:晚侏罗世中粒花岗岩、似斑状黑云母花岗岩既是成矿母岩也是赋矿围岩		
地球物理特征	重力场特征	白马石沟铜矿在布格重力异常图上位于面状布格重力低异常区边部,矿区南侧有重力等值线同向扭曲,形成重力极低值,Δg为$-68.78 \times 10^{-5} m/s^2$。在剩余重力异常图上,白马石沟铜矿位于条带状负异常带L蒙-284上,该异常呈东西向带状展布,Δg为$-5.05 \times 10^{-5} m/s^2$。在该剩余重力异常区地表出露中酸性岩体,推断为中酸性侵入岩的客观反映		
	磁场特征	矿区磁场显示为低缓负磁场背景上的负磁异常,异常走向近东西向,重磁场特征显示有北东向断裂通过该区域		

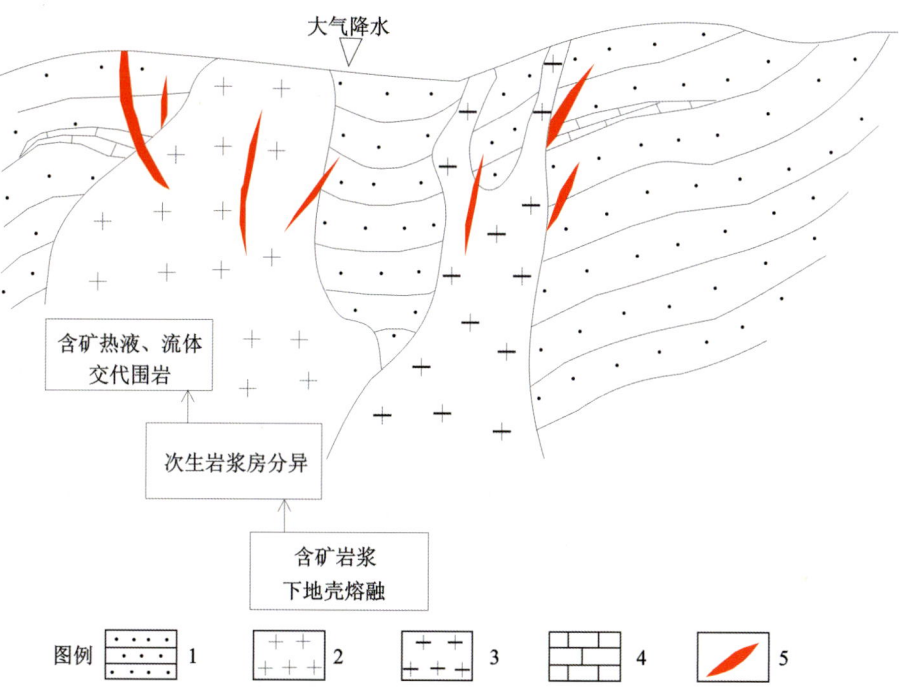

白马石沟式热液型铜矿成矿模式图
1.砂岩;2.花岗岩;3.花岗斑岩;4.灰岩;5.铜矿体

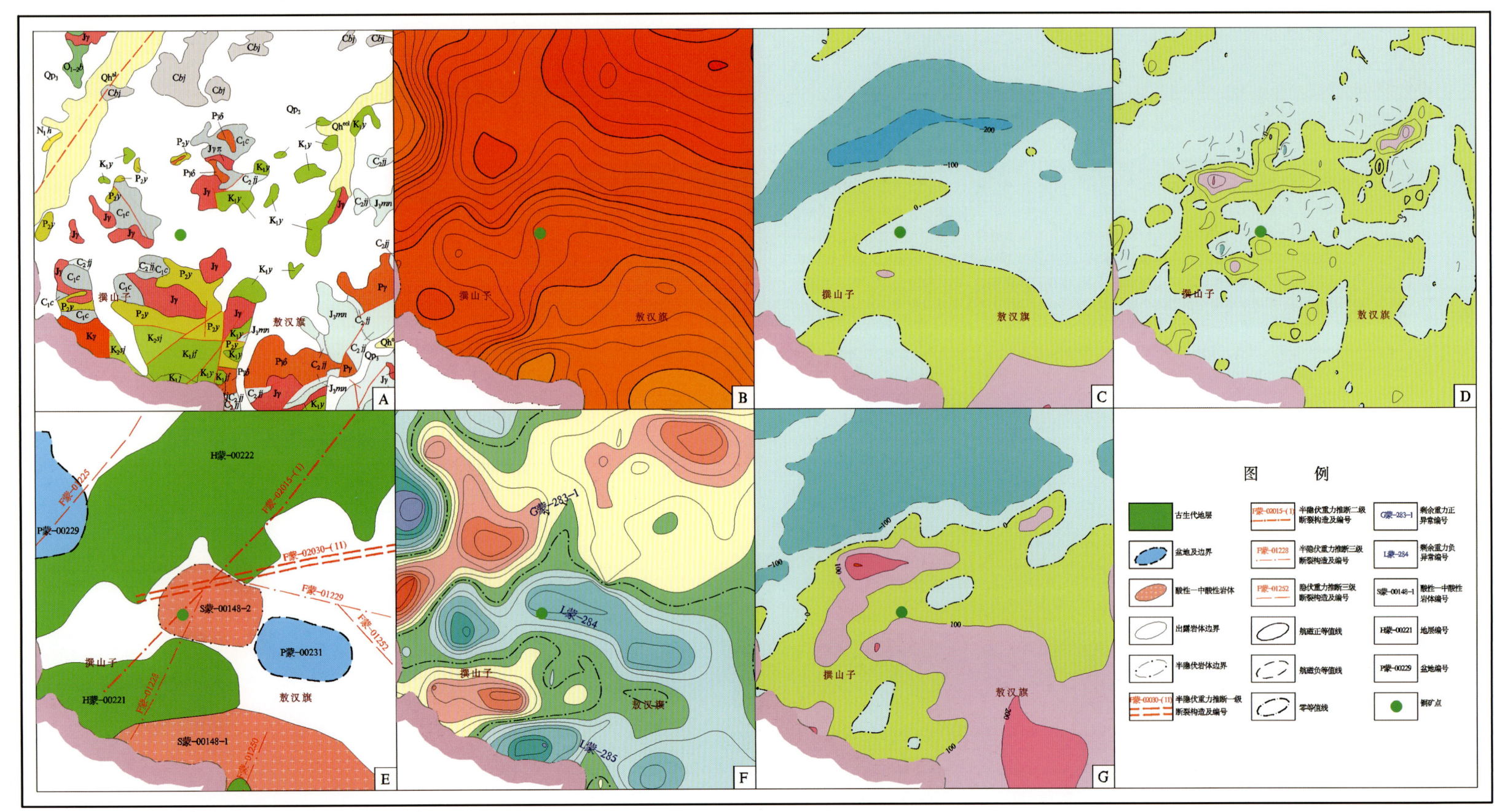

白马石沟式热液型铜典型矿床所在区域地质矿产及物探剖析图

A. 地质矿产图;B. 布格重力异常图;C. 航磁 ΔT 等值线平面图;D. 航磁 ΔT 化极垂向一阶导数等值线平面图;E. 重力推断地质构造图;F. 剩余重力异常图;G. 航磁 ΔT 化极等值线平面图

布敦花式热液型铜矿地质、地球物理特征一览表

成矿要素		描述内容		
储量		铜金属量 67 609t	平均品位	0.41%
特征描述		与燕山期中酸性侵入岩有关的热液型铜矿床		
地质环境	构造背景	天山-兴蒙造山系、大兴安岭弧盆系、锡林浩特岩浆弧(Pz_2)		
	成矿环境	成矿区带属滨太平洋成矿域(叠加在古亚洲成矿域之上),大兴安岭成矿省、突泉-翁牛特铅、锌、银、铜、铁、锡、稀土成矿带,神山-大井子铜、铅、锌、银、铁、钼、稀土、铌、钽、萤石成矿亚带。矿区出露地层主要为下中二叠统大石寨组和中侏罗统万宝组。区内岩浆活动强烈,与成矿有关的主要是布敦花杂岩体,由黑云母花岗闪长岩、斜长花岗斑岩及花岗斑岩组成。矿区构造以东西向与北北东向为主,形成3个挤压带,均呈北东向展布		
	成矿时代	燕山期		
矿床特征	矿体形态	形态复杂,有透镜状、树枝状、网状等,常以脉带形式出现		
	岩石类型	粉砂质板岩、凝灰质砂岩、凝灰质砾岩、花岗闪长岩、斜长花岗斑岩		
	岩石结构	微细粒鳞片粒状变晶结构、凝灰砂状结构、中细粒花岗结构、斑状结构		
	矿物组合	矿石矿物:黄铜矿、磁黄铁矿、闪锌矿、方铅矿、毒砂、斜方砷铁矿、黄铁矿等。脉石矿物:石英、长石、角闪石、黑云母、绿泥石、方解石、电气石等		
	矿石结构构造	结构:半自形晶粒结构和交代溶蚀结构为主,次为交代残余结构、变晶结构、固溶体分解结构。构造:细脉状、稀疏细脉浸染状构造,部分为斑杂状构造		
	围岩蚀变	区内广泛发育一套高温到中低温的蚀变,包括钾长石化、黑云母化、电气石化、硅化、绢云母化、绿泥石化、绿帘石化、碳酸盐化、高岭土化等		
	控矿因素	二叠系、燕山期中酸性侵入岩共同控制着矿床的分布。北东向断裂构造为控矿构造,北北西向次级断裂为容矿构造		
地球物理特征	重力场特征	布敦花铜矿位于布格重力异常等值梯度带同向扭曲处,重力值为$(-28\sim-26)\times10^{-5}$ m/s^2。在剩余重力异常图上,矿区位于正负异常过渡的零值线上,矿区南部的剩余正异常G蒙-231主要与前中生代基底(出露二叠系)隆起有关,矿区北部的剩余重力负异常与酸性岩体相关		
	磁场特征	区域航磁等值线平面图反映为负磁场或低缓磁场背景中负异常,异常轴向北东东向。重磁场特征显示该区域断裂构造以北东向为主		

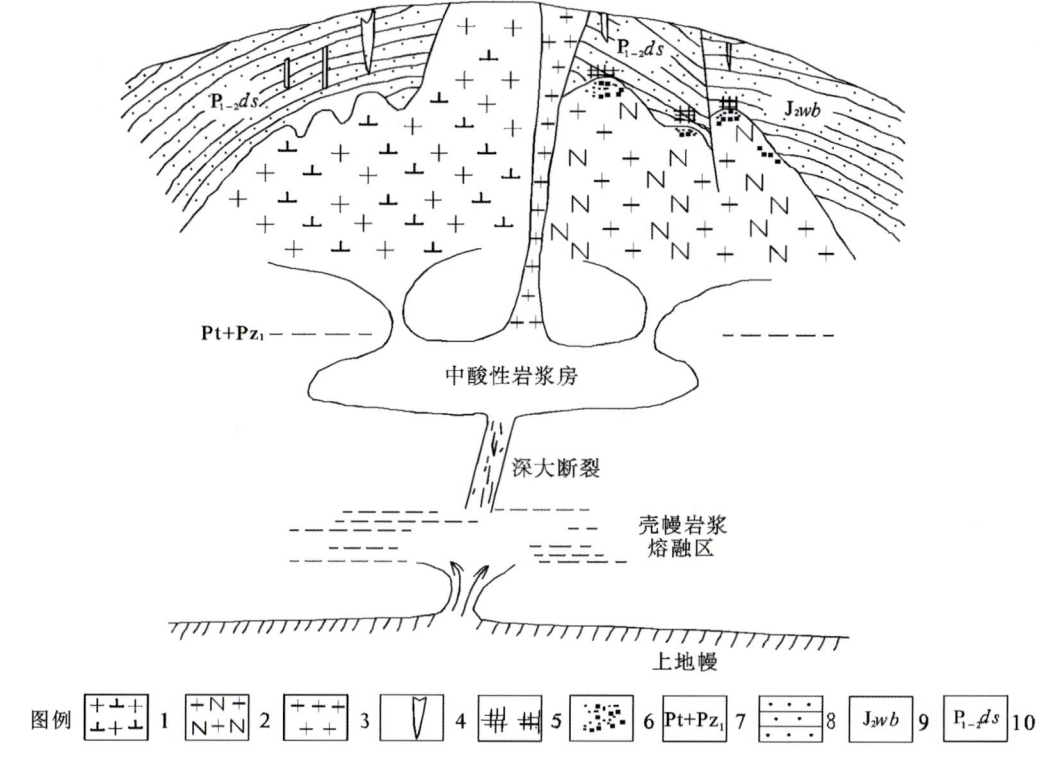

布敦花式热液型铜矿床模式图

1.花岗闪长岩;2.斜长花岗斑岩;3.花岗斑岩;4.脉状铜矿;5.网脉状铜矿;6.浸染状铜矿;7.元古宇—下古生界;8.砂岩;9.中侏罗统万宝组;10.下中二叠统大石寨组

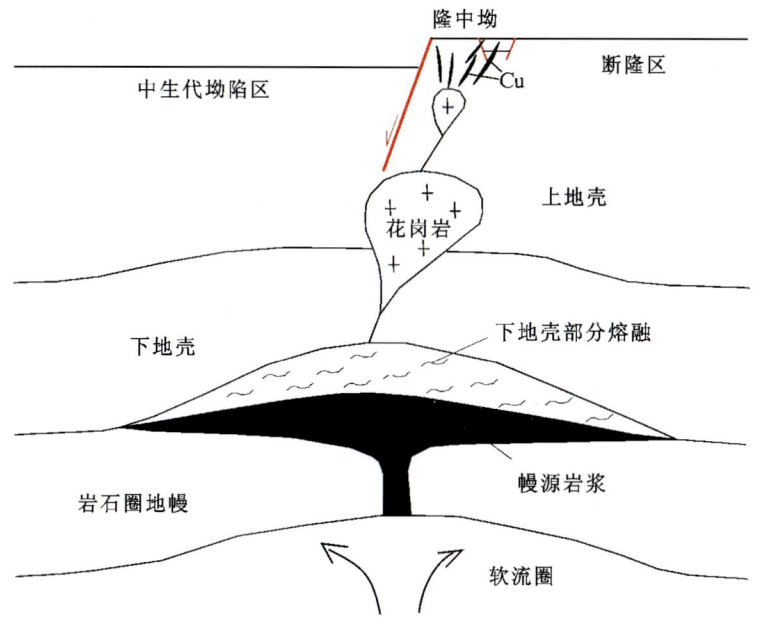

布敦花式热液型铜矿区域成矿模式图

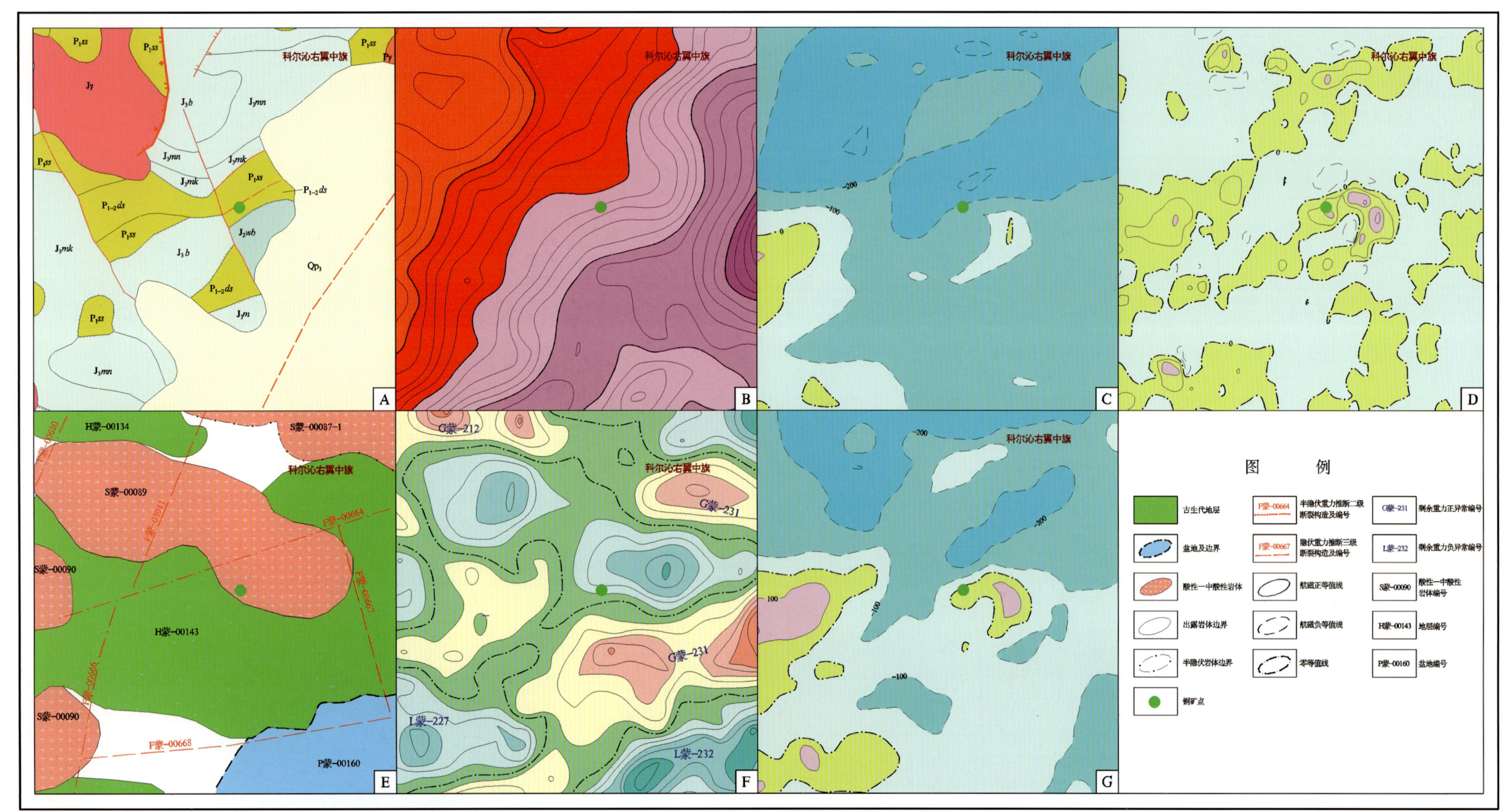

布敦花式热液型铜典型矿床所在区域地质矿产及物探剖析图

A. 地质矿产图;B. 布格重力异常图;C. 航磁 ΔT 等值线平面图;D. 航磁 ΔT 化极垂向一阶导数等值线平面图;E. 重力推断地质构造图;F. 剩余重力异常图;G. 航磁 ΔT 化极等值线平面图

道伦达坝式热液型铜矿地质、地球物理特征一览表

成矿要素		描述内容		
储量		铜金属量 100 977t	平均品位	1.105%
特征描述		中高温热液型铜矿床		
地质环境	构造背景	天山-兴蒙造山系、大兴安岭弧盆系、锡林浩特岩浆弧(Pz_2)		
	成矿环境	成矿区带属滨太平洋成矿域(叠加在古亚洲成矿域之上),大兴安岭成矿省,突泉-翁牛特铅、锌、银、铜、铁、锡、稀土成矿带,索伦镇-黄岗梁铁、锡、铜、铅、锌、银成矿亚带。区内出露地层为上二叠统林西组,与成矿关系密切的为上二叠统林西组砂板岩。对成矿有利的断裂为北东向断裂和褶皱。区内侵入岩主要为印支期黑云母花岗岩,为成矿提供热动力条件		
	成矿时代	二叠纪—三叠纪		
矿床特征	矿体形态	共圈定矿带76条,矿体136条。矿区内有铜、钨、锡矿体和铜钨、铜锡、钨锡矿体,规模较大的有4号、8号、10号、16号、46号5条矿体,长100~700m,延深200~300m,属中小型矿体。矿体形态为脉状,具有膨胀收缩、分支复合、尖灭再现特征,复杂程度属中等		
	岩石类型	条带状大理岩、角闪片岩、薄层状钙质片岩		
	岩石结构	交代溶蚀结构、他形粒状结构、半自形晶粒结构		
	矿物组合	矿石矿物:黄铁矿、磁黄铁矿、黄铜矿、闪锌矿、赤铁矿、黑钨矿、毒砂、自然铜、自然金、自然银、银金矿及次生褐铁矿、孔雀石、蓝铜矿等。脉石矿物:长石、黑云母、石英、萤石、钾长石、绢云母、方解石、绿泥石		
	矿石结构构造	结构:交代溶蚀、他形粒状、半自形晶粒结构,次为乳滴状、镶边、填隙及骸晶结构。构造:团斑状、脉状、网脉状、条带状、浸染状、团块状、角砾状构造		
	围岩蚀变	硅化、黄铁绢云岩化、碳酸盐化、绿泥石化、高岭土化、钾长石化、云英岩化、萤石化、电气石化,其中硅化、云英岩化、萤石化与矿体关系最为密切		
	控矿因素	北东向断裂和褶皱构造控制矿体规模和定位,黑云母花岗岩提供成矿物质和热动力条件,围岩地层提供金属元素和赋存空间		
地球物理特征	重力场特征	道伦达坝铜矿处于布格重力异常北东向延伸的梯级带上,Δg 为 $(-114\sim-112)\times10^{-5} m/s^2$。矿床所在区域布格重力异常值由东南至西北逐渐增高。矿区在晚古生代—中生代花岗岩带西北端,出露不同期次的中—新生代花岗岩体,在剩余重力异常图上,矿区位于G蒙-240正异常与L蒙-404负异常间零值线处。G蒙-240剩余重力异常呈近东西向条带状展布,正异常极值 $\Delta g_{max}=7.59\times10^{-5} m/s^2$,为石炭系及二叠系分布区,推测为前中生代基底隆起区		
	磁场特征	由航磁资料可见,区域上道伦达坝铜矿处于低缓平稳的区域磁场中,矿区位于正负磁异常交替部位,磁异常为北东东走向,重磁场特征显示该区域断裂构造以北东向为主		

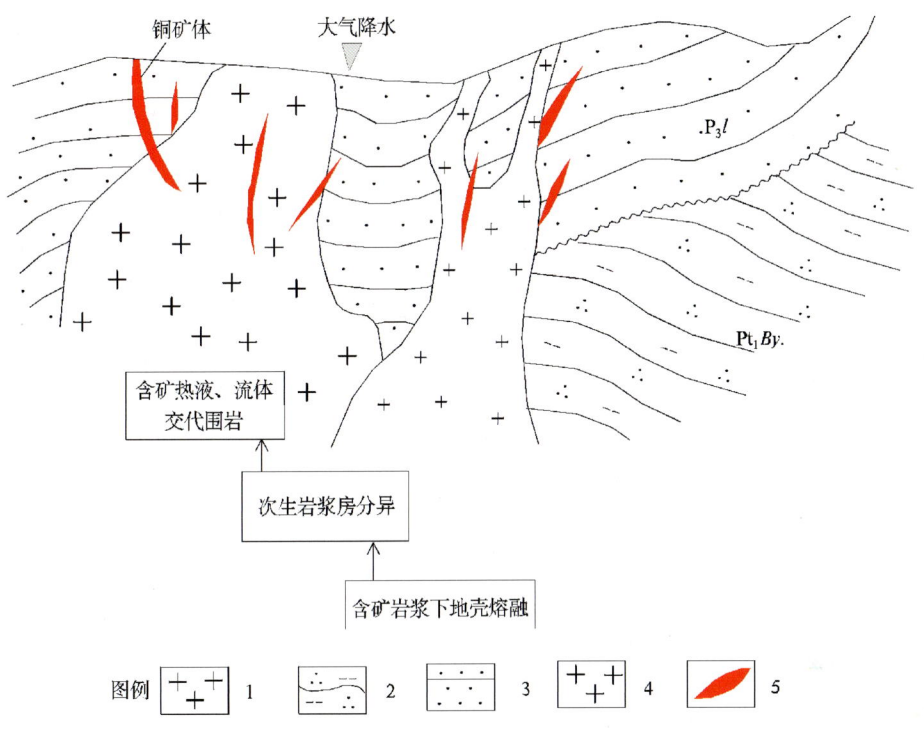

道伦达坝式热液型铜矿成矿模式图

1.花岗斑岩;2.古元古代宝音图岩群($Pt_1By.$):黑云母石英片岩;3.二叠系林西组(P_3l):砂岩;4.花岗岩;5.铜矿体

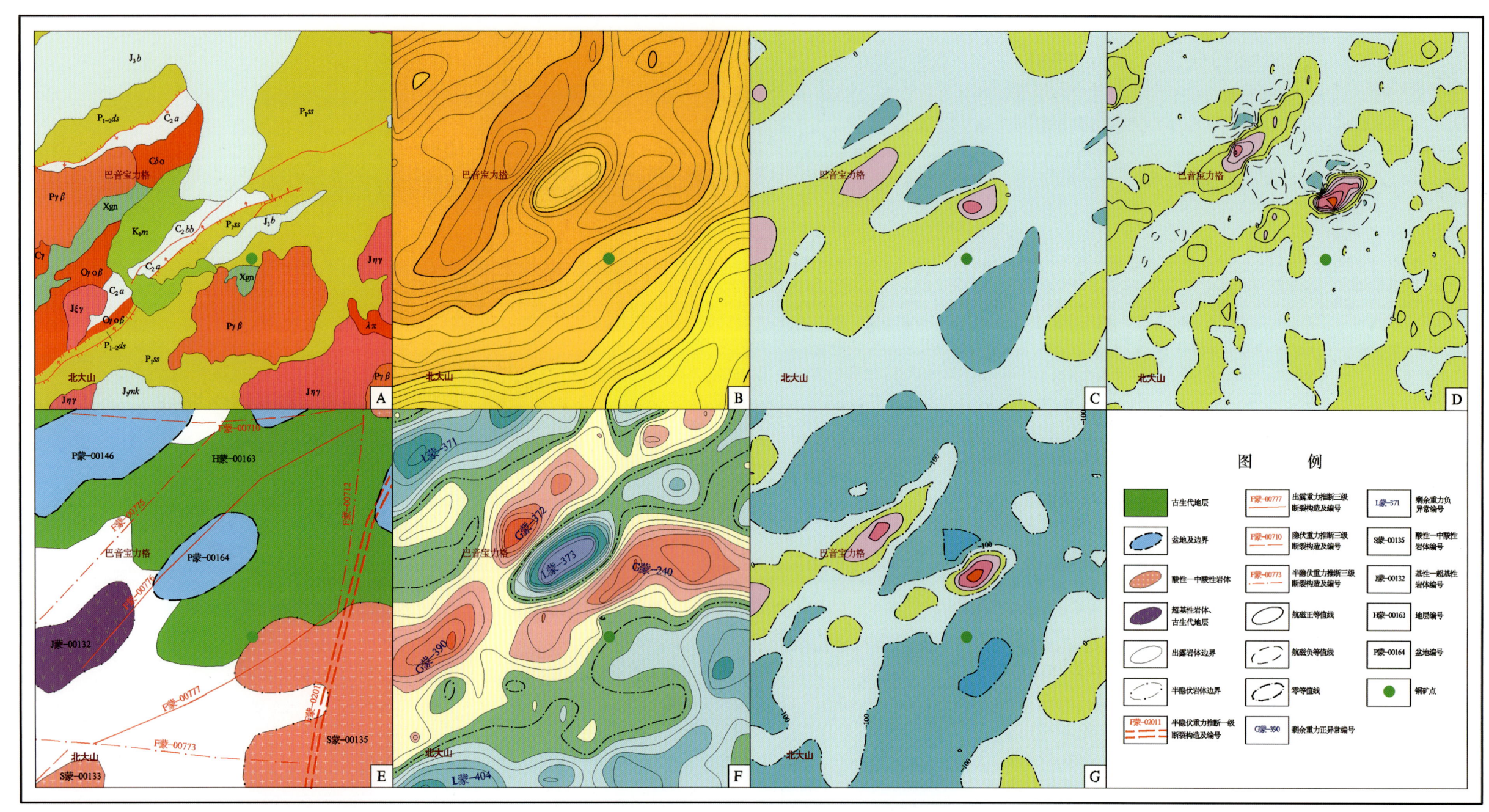

道伦达坝式热液型铜典型矿床所在区域地质矿产及物探剖析图

A. 地质矿产图；B. 布格重力异常图；C. 航磁 ΔT 等值线平面图；D. 航磁 ΔT 化极垂向一阶导数等值线平面图；E. 重力推断地质构造图；F. 剩余重力异常图；G. 航磁 ΔT 化极等值线平面图

盖沙图式矽卡岩型铜矿地质、地球物理一览表

成矿要素		描述内容	
储量		铜金属量 10 195t	平均品位 　　　0.87%
特征描述		与二叠纪侵入岩有关的矽卡岩型铜矿床	
地质环境	构造背景	华北陆块区、狼山-阴山陆块(大陆边缘岩浆弧 Pz_2)、狼山-白云鄂博裂谷	
	成矿环境	成矿区带属滨太平洋成矿域(叠加在古亚洲成矿域之上),华北成矿省,华北陆块北缘西段金、铁、铌、稀土、铜、铅、锌、银、镍、铂、钨、石墨、白云母成矿带,狼山-渣尔泰山铅、锌、金、铁、铜、铂、镍、硫成矿亚带(Ar_3、Pt、V)。 区域出露地层为中太古界乌拉山岩群、新太古界色尔腾山岩群、中新元古界渣尔泰山群书记沟组、增隆昌组及阿古鲁沟组。岩浆活动强烈,主要有中元古代辉长岩和二叠纪花岗闪长岩及花岗岩呈岩株或岩脉产出,受构造控制,多呈北东向展布,侵入渣尔泰山群,含矿岩系为矽卡岩。区内以北东向紧闭同斜褶皱为主体,发育数条规模不等的次级线性背向斜构造。断裂构造发育,主要以北东向、北西向为主。北东向断裂构造是主要的控岩、控矿断裂	
	成矿时代	二叠纪	
矿床特征	矿体形态	似层状、透镜状,局部可见脉状、不规则条带状	
	岩石类型	矽卡岩、花岗闪长岩	
	岩石结构	粒状变晶结构、辉长结构、泥质粉砂结构、花岗结构。 板状构造、块状构造	
	矿物组合	矿石矿物:以黄铜矿、磁黄铁矿为主,含方铅矿、闪锌矿、黄铁矿、白铁矿、毒砂等。 脉石矿物:以透辉石、石榴石、石英为主,含方解石、透闪石、阳起石、绿帘石、绿泥石等	
	矿石结构构造	结构:粒状结构。 构造:条带状构造、团块状构造、浸染状构造	
	蚀变特征	透辉石化、透闪石化、阳起石化、矽卡岩化、绿泥石化、碳酸盐化、黄铁矿化、绢云母化、钾化	
	控矿条件	控矿构造:北东向断裂为控岩、控矿断裂,严格受花岗闪长岩与灰岩、板岩接触带控制。 控矿侵入岩:二叠纪中粗粒花岗闪长岩。 控矿地层:中新元古代渣尔泰山群增隆昌组、阿古鲁沟组	
地球物理特征	重力场特征	盖沙图铜矿位于椭圆状布格重力高异常与低异常过渡带上,重力值为(-158~-156)× 10^{-5}m/s^2。在剩余重力异常图上,矿区位于正异常 G 蒙-662 与负异常 L 蒙-700 交接带上,正、负剩余异常均呈北东向展布,其中正异常极值为 20.57×10^{-5}m/s^2,为前古生代基底隆起的反映,负异常为花岗岩所引起。矿区多处形成的等值线密集区及规则扭曲部位,为推测的断裂构造的反映	
	磁场特征	区域航磁等值线平面图反映矿区位于低缓平稳的负磁场区中,方向为北东向	

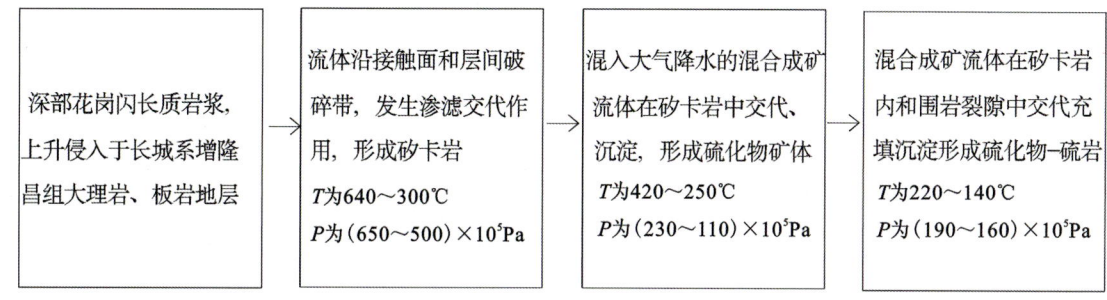

盖沙图式矽卡岩型铜矿典型矿床成矿模式图

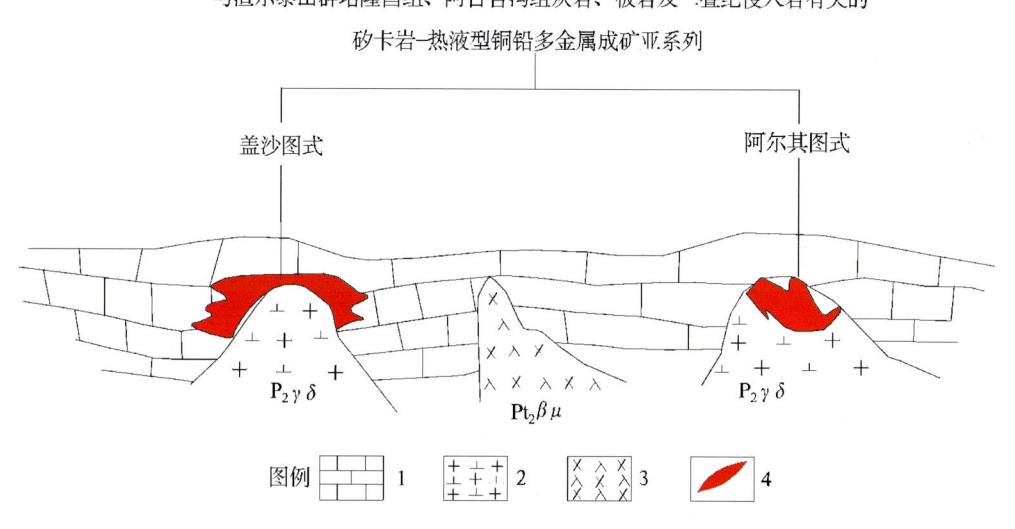

盖沙图式矽卡岩型铜矿区域成矿模式图

1.增隆昌组:灰岩;2.二叠纪花岗闪长岩;3.元古宙辉绿玢岩;4.铜矿体

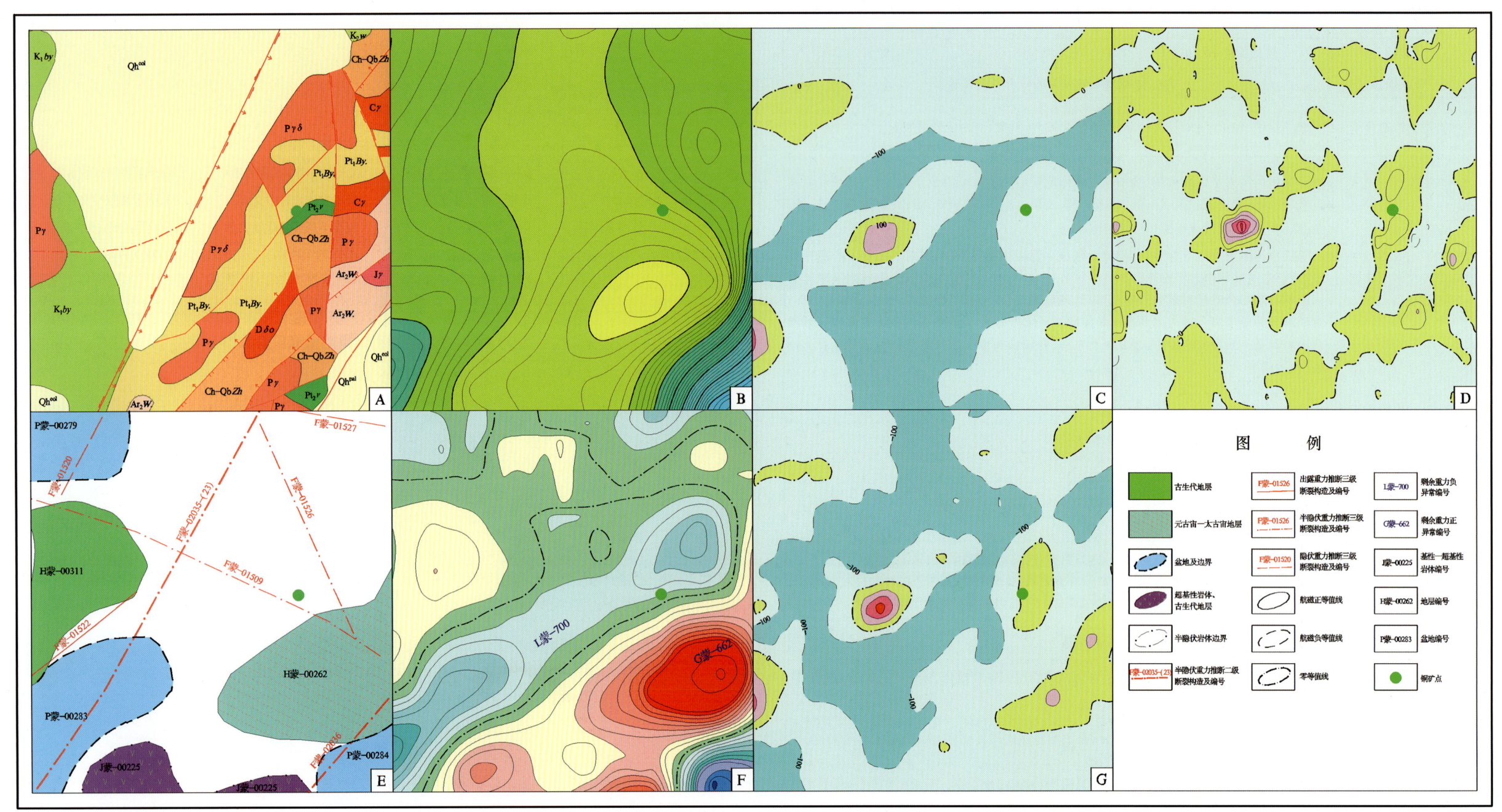

盖沙图式矽卡岩型铜典型矿床所在区域地质矿产及物探剖析图

A. 地质矿产图;B. 布格重力异常图;C. 航磁 ΔT 等值线平面图;D. 航磁 ΔT 化极垂向一阶导数等值线平面图;E. 重力推断地质构造图;F. 剩余重力异常图;G. 航磁 ΔT 化极等值线平面图

东升庙式海相火山喷流沉积型铅锌矿地质、地球物理特征一览表

成矿要素		描述内容		
储量		5 029 518t	平均品位	2.36%
特征描述		海底喷流-沉积(层控)铅锌矿床		
地质环境	构造背景	华北陆块区，狼山-阴山陆块，狼山-白云鄂博裂谷		
	成矿环境	成矿区带属滨太平洋成矿域(叠加在古亚洲成矿域之上)，华北成矿省，华北陆块北缘西段金、铁、铌、稀土、铜、铅、锌、银、镍、铂、钨、石墨、白云母成矿带，狼山-渣尔泰山铅、锌、金、铁、铜、铂、镍成矿亚带。矿区出露中新元古界渣尔泰山群的刘鸿湾组和阿古鲁沟组，阿古鲁沟组中段为碳质板岩、碳质千枚岩、碳质条带状石英岩、含碳石英岩、黑色石英岩及透闪石岩、透辉石岩及其相互过渡岩类(原岩为泥灰岩)，是铜、铅矿床的赋存层位。岩浆岩分布普遍，岩浆活动具有多期性、多相性及产状多样性的特点，其中以元古宙和海西期岩浆活动最为强烈。断裂、褶皱构造发育，与矿体有关的主要是层内裂隙构造及层间滑动裂隙		
	成矿时代	中新元古代		
矿床特征	矿体形态	似层状、透镜状		
	岩石类型	含粉砂碳质泥岩-碳酸盐建造，其中普遍发育有喷气成因的燧石夹层或条带		
	岩石结构	变余泥质结构		
	矿物组合	金属矿物：黄铁矿、磁黄铁矿、闪锌矿、方铅矿、黄铜矿、磁铁矿等。次要矿物：方黄铜矿、斑铜矿和其他氧化物。脉石矿物：白云石、绢云母、黑云母、石英、长石、方解石、石墨、重晶石、电气石、磷灰石、透闪石等		
	矿石结构构造	结构：半自形—他形粒状、自形粒状结构为主，其次有包含结构、充填结构、溶蚀结构、斑状变晶结构、固溶体分离结构、反应边结构、压碎结构等。构造：条纹-条带状构造、块状构造、浸染状构造、细脉浸染状构造、角砾状构造、凝块状构造、鲕状-结核状构造、定向构造等		
	控矿条件	华北地台北缘断陷海槽控制着硫多金属成矿带(南带)的分布范围和含矿特征，其中的二级断陷盆地控制着一个或几个矿田的分布范围和含矿特征，三级断陷盆地则控制着矿床的分布范围和含矿特征		
	蚀变特征	与矿化关系密切的蚀变有黑云母化、绿泥石化和碳酸岩化，在含矿层及其上下盘围岩中均有发育，如电气石化、碱性长石化、绿泥石化、绿帘石化、黝帘石化、碳酸盐化、硅化等。其中最具特征的是下盘的电气石化，分布广泛，属层状蚀变，成分为镁电气石或镁电气石与铁电气石过渡种属，与海底喷气有关		
地球物理特征	重力场特征	位于北东向展布的局部重力高边部，Δg 为 $(-165.99 \sim -151.08) \times 10^{-5}$ m/s^2，其东南侧为北东向展布的重力梯度带，此梯度带是狼山山前断裂的反映。对应局部重力高异常在剩余重力异常图形成条带状剩余重力正异常 G 蒙-662，由多个单异常组成，$\Delta g_{max} = 21.48 \times 10^{-5}$ m/s^2，推断正异常是前中生代地层隆起所致。其南东侧的负异常 L 蒙-663 是临河中—新生代盆地的反映；北西侧负异常 L 蒙-696 对应中酸性侵入岩分布区。东升庙式海相火山喷流沉积型铅锌矿床与元古宙海相火山喷流沉积岩有关，重力场特征在一定程度上反映了其成矿地质环境		
	磁场特征	1:20万航磁 ΔT 化极等值线图显示，东升庙铅锌矿在北东向展布的弱磁场区，磁场强度为 $-50 \sim 50$nT。弱正磁异常可能为局部磁性物质聚集所致		

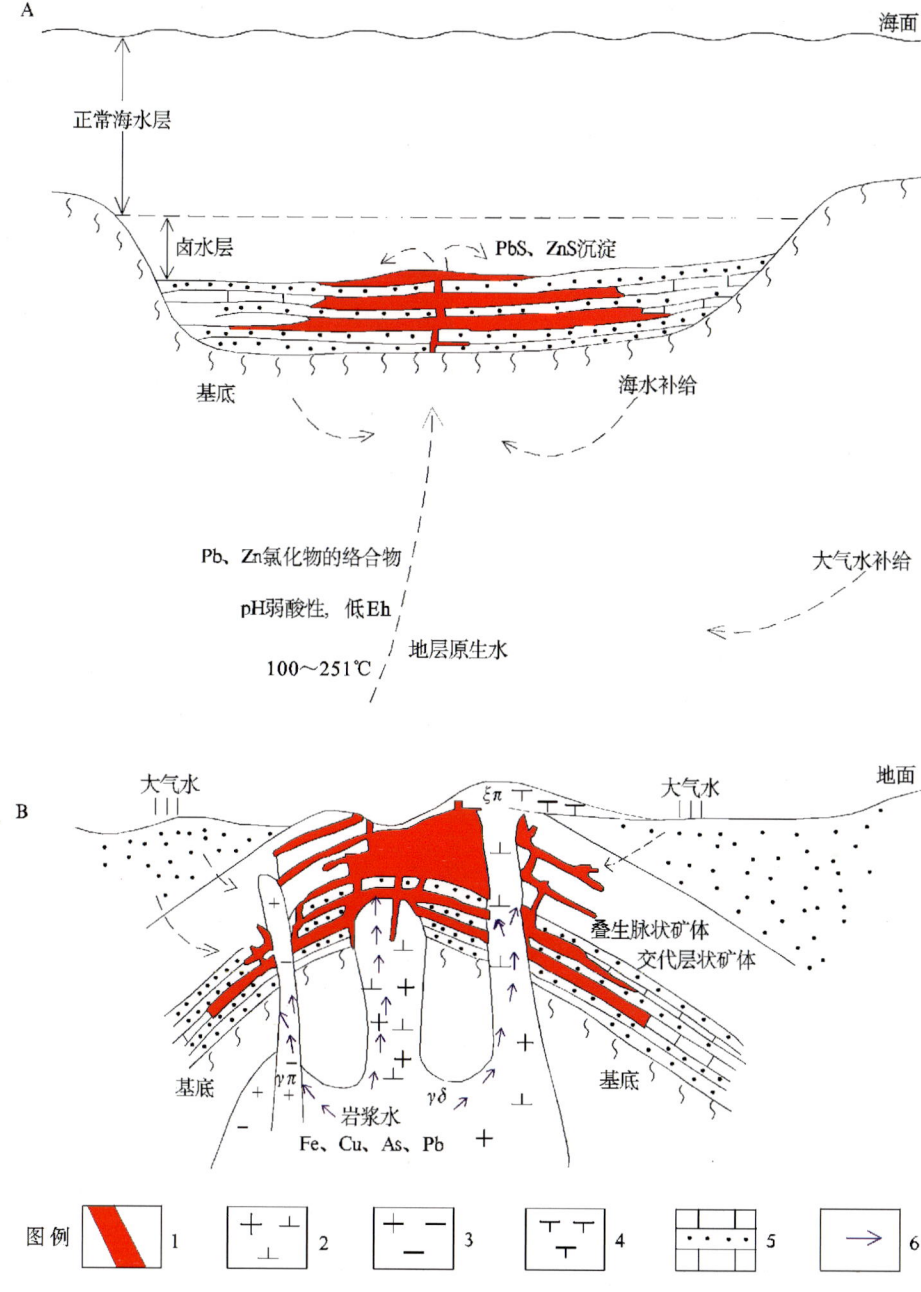

东升庙式海相火山喷流沉积型铅锌矿成矿模式图

A．矿床早期形成阶段；B．矿床晚期叠加改造阶段；1．矿体；2．花岗闪长岩($\gamma\delta$)；3．花岗斑岩($\gamma\pi$)；4．正长斑岩($\xi\pi$)；5．灰岩、砂岩；6．热液运移方向

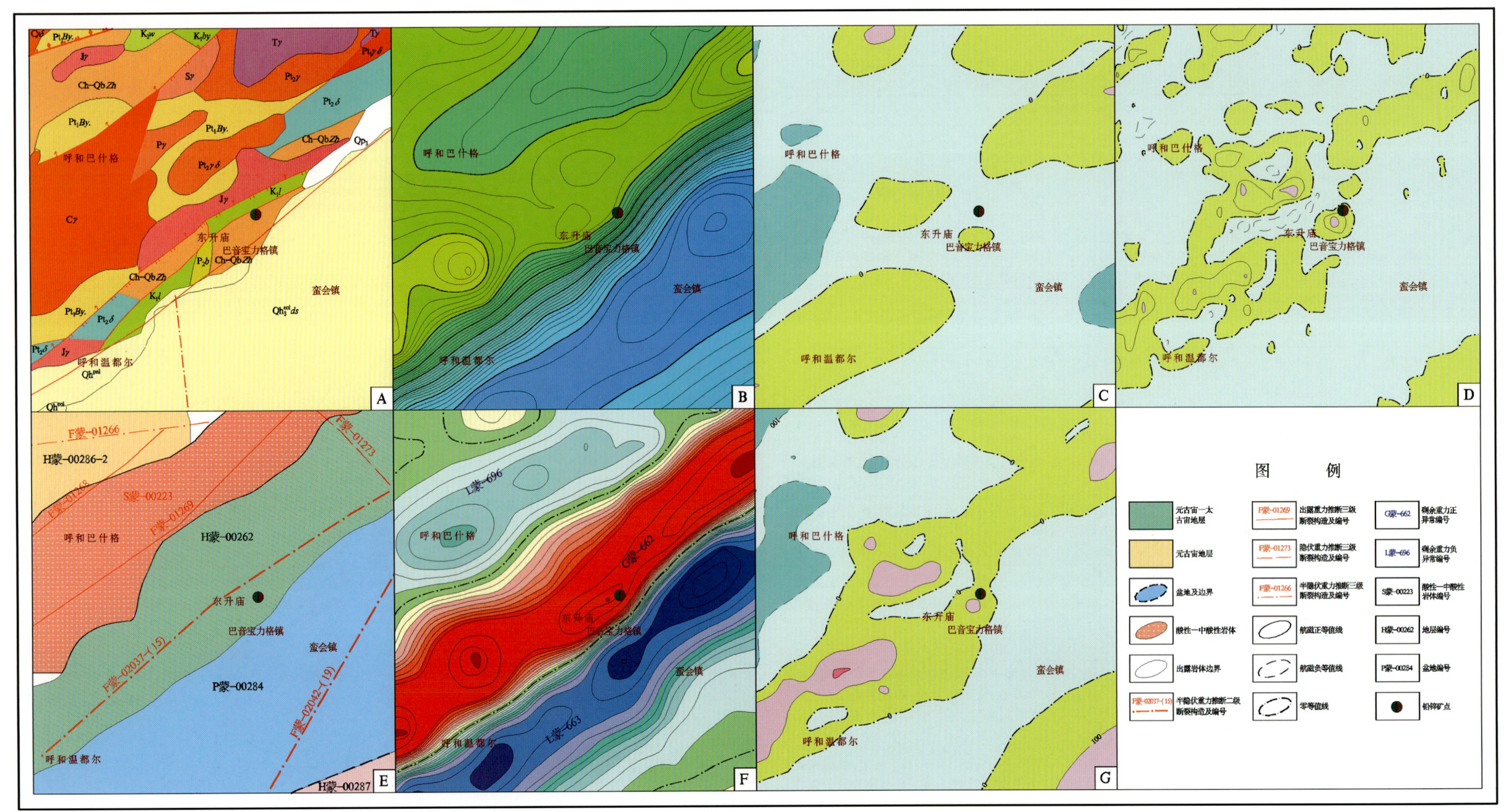

东升庙式海相火山喷流沉积型铅锌典型矿床所在区域地质矿产及物探剖析图

A. 地质矿产图；B. 布格重力异常等值线平面图；C. 航磁 ΔT 等值线平面图；D. 航磁 ΔT 化极垂向一阶导数等值线平面图；E. 重力推断地质构造图；F. 剩余重力异常图；G. 航磁 ΔT 化极等值线平面图

查干敖包式矽卡岩型铅锌矿地质、地球物理特征一览表

成矿要素		描述内容		
储量		锌金属量 349 085t,铁矿石量 1273×10⁴t,银金属量 200t	平均品位	Zn 3.58%,Fe 32.46%
特征描述		矽卡岩型铅锌矿床		
地质环境	构造背景	天山-兴蒙造山系、大兴安岭弧盆系、扎兰屯-多宝山岛弧		
	成矿环境	成矿区带属滨太平洋成矿域(叠加在古亚洲成矿域之上),大兴安岭成矿省,东乌珠穆沁旗-嫩江(中强挤压区)铜、钼、铅、锌、金、钨、锡、铬成矿带,二连-东乌珠穆沁旗钨、钼、铁、锌、铅、金、银、铬成矿亚带		
		区内出露古生代、中新生代地层,其中下中奥陶统多宝山组由一套中酸性熔岩、火山碎屑沉积岩组成,是主要的赋矿层位。区内侵入岩分布广泛,时代有加里东中期、海西中期和印支期—燕山早期,其中燕山期为重要的成矿期。多宝山组和似斑状花岗岩的接触带,是寻找大型铁、锌矿的主要依据和线索		
	成矿时代	燕山早期		
矿床特征	矿体形态	似层状,部分呈脉状		
	岩石类型	中粗粒似斑状花岗岩		
	岩石结构	半自形—他形粒状、自形粒状结构为主,其次有包含结构		
	矿物组合	主要金属矿物:黄铁矿、方铅矿、闪锌矿、自然银、辉银矿等。次要金属矿物:毒砂、磁黄铁矿、黄铜矿、辉铜矿。非金属矿物:次生石英、绿泥石、绿帘石、高岭石、绢云母、方解石、白云石、长石、叶蜡石、萤石等		
	矿石结构构造	结构:自形—半自形粒状结构、他形粒状结构、交代残余结构、碎裂结构、包含结构等。构造:块状构造、角砾状构造、浸染状构造、脉状构造、条带状构造等		
	蚀变特征	矽卡岩化、角岩化		
	控矿条件	赋矿地质体:下—中奥陶统多宝山组和似斑状花岗岩的接触带。控矿侵入岩:中粗粒似斑状花岗岩。控矿构造:北东向、北北东向的逆断层和北西向的平推断层或正断层		
地球物理特征	重力场特征	查干敖包大型矽卡岩铅锌矿床位于局部重力低异常边部,该局部重力低异常最小值 $\Delta g_{min}=-114.59\times10^{-5}m/s^2$。剩余重力异常图上,查干敖包铅锌矿位于似椭圆状 L 蒙-177-1 负异常的边部,$\Delta g_{min}=-7.77\times10^{-5}m/s^2$,根据物性资料和地质资料分析,推断该重力低异常是中—酸性岩体的反映。其东侧的负异常 L 蒙-177-2 呈近南北向展布,与 L 蒙-177-1 走向迥然,异常形态规则,最小值为 $-9.24\times10^{-5}m/s^2$,地表被中新生界覆盖,故此推测此异常为中新生代盆地。矿区北部的正异常 G 蒙-176 规模较大,呈北西西向展布,最大值为 $7.94\times10^{-5}m/s^2$,因异常区地表出露奥陶系、志留系、泥盆系等古生代地层,密度约为 2.69g/cm³,与中酸性岩体及中新生代地层有较大的密度差,故推测该异常为前中生代基底隆起所致。与此类似,矿区南侧为北北东向展布的正异常,地表出露石炭系—二叠系宝力高庙组陆相火山岩及与成矿密切相关的奥陶系多宝山组海相碎屑岩,亦推测为前中生代隆起区。与前述正异常 G 蒙-176 相比,此正异常形态不规则,且异常值较小,可能是后期岩浆侵入活动使得前中生代基底破碎所致		
	磁场特征	从 1:20 万航磁 ΔT 化极等值线图可以看出,查干敖包所在区域为高背景磁场,高磁异常正是区内广泛分布的石炭系—二叠系宝力高庙组陆相中酸性火山岩及中生代中酸性火山岩的体现,在查干敖包矽卡岩型铅锌矿处形成了局部正磁异常,强度为 400nT		

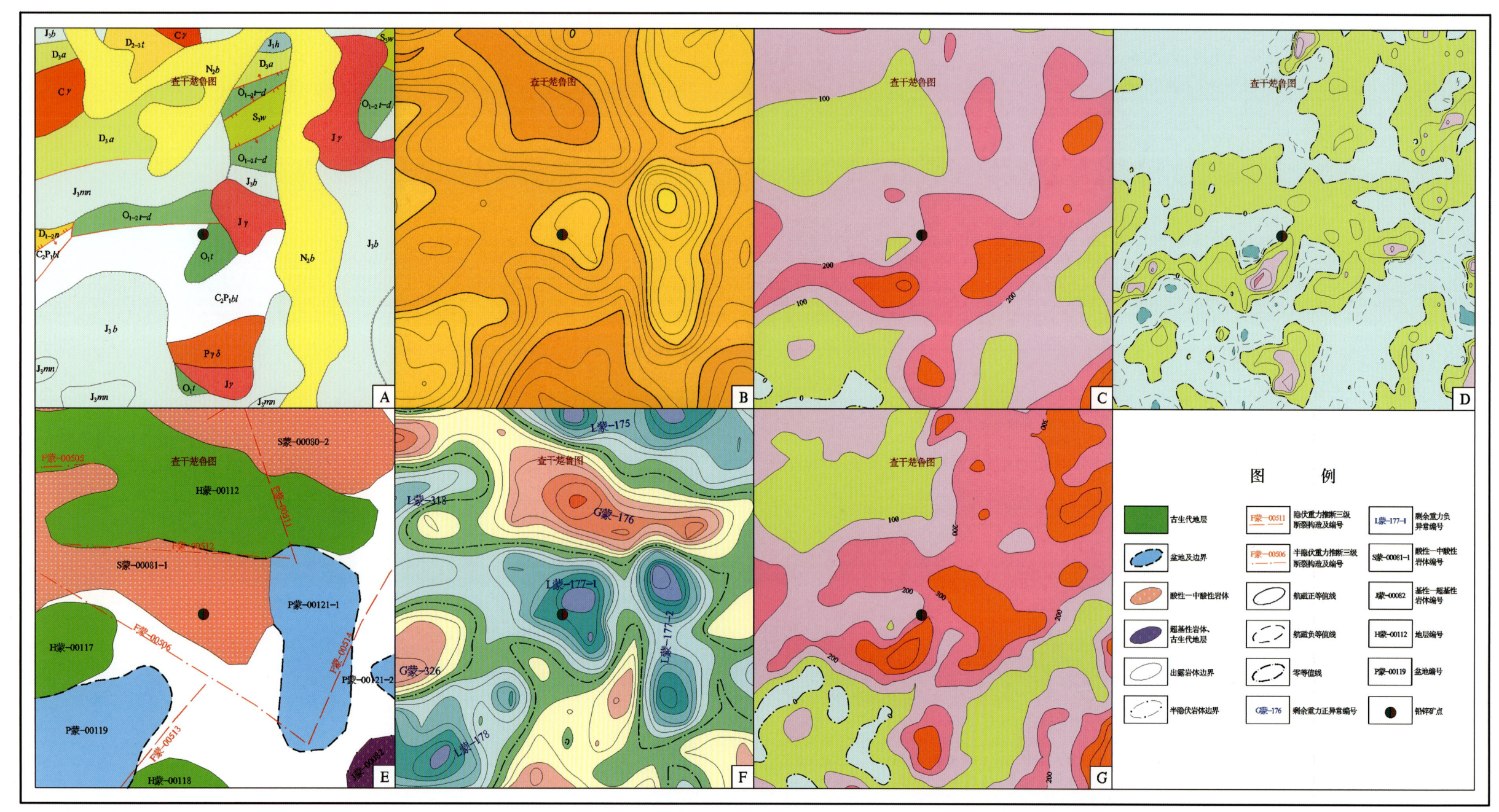

查干敖包式矽卡岩型铅锌典型矿床所在区域地质矿产及物探剖析图

A. 地质矿产图；B. 布格重力异常等值线平面图；C. 航磁 ΔT 等值线平面图；D. 航磁 ΔT 化极垂向一阶导数等值线平面图；E. 重力推断地质构造图；F. 剩余重力异常图；G. 航磁 ΔT 化极等值线平面图

甲乌拉式火山热液型铅锌矿地质、地球物理特征一览表

<table>
<tr><th colspan="2">成矿要素</th><th colspan="3">描述内容</th></tr>
<tr><td colspan="2">储量</td><td>银 3574.397t,铅 509 538.48t,
锌 697 404.55t,铜 56 111.19t</td><td>平均品位</td><td>Pb+Zn 6.88%</td></tr>
<tr><td colspan="2">特征描述</td><td colspan="3">与火山、次火山活动有关的中低温热液脉状铅锌多金属矿床</td></tr>
<tr><td rowspan="4">地质环境</td><td>构造环境</td><td colspan="3">大地构造单元属天山-兴蒙造山系、大兴安岭弧盆系、额尔古纳岛弧</td></tr>
<tr><td>成矿环境</td><td colspan="3">成矿区带属滨太平洋成矿域(叠加在古亚洲成矿域之上),大兴安岭成矿省,新巴尔虎右旗-根河(拉张区)铜、钼、铅、锌、银、金、萤石、煤(铀)成矿带,八大关-陈巴尔虎旗铜、钼、铅、锌、银、锰成矿亚带(Y)</td></tr>
<tr><td>成矿环境</td><td colspan="3">主要出露中侏罗统塔木兰沟组中基性火山岩夹少量火山碎屑岩和上侏罗统满克头鄂博组中酸性火山岩和碎屑熔岩。本区岩浆活动强烈而频繁,主要为海西晚期及燕山晚期。海西晚期以花岗岩类侵入活动为主,燕山晚期以强烈的火山喷发作用和浅成、超浅成侵入活动为主。甲乌拉矿区构造特征既有古生代褶曲又有较发育的断裂构造,同时还有受构造控制的火山、次火山斑岩的活动中心。这些构造现象多数明显地受控于北西向木哈尔断裂带</td></tr>
<tr><td>成矿时代</td><td colspan="3">燕山晚期,130~100Ma</td></tr>
<tr><td rowspan="7">矿床特征</td><td>矿体形态</td><td colspan="3">脉状,具尖灭再现、分支复合、膨缩变化等特点</td></tr>
<tr><td>岩石类型</td><td colspan="3">中生界中侏罗统塔木兰沟组砾岩,灰黑色、黄褐色凝灰质砾岩、含砾粗砂岩、凝灰质砂岩、长英质杂砂岩、粗砂岩、细砂岩、粉砂岩夹泥岩薄层等。长石斑岩、长石石英斑岩</td></tr>
<tr><td>岩石结构</td><td colspan="3">粒状变晶结构</td></tr>
<tr><td>矿物组合</td><td colspan="3">矿石矿物:主要有方铅矿、闪锌矿、黄铁矿、白铁矿、磁黄铁矿、黄铜矿,其次还有磁铁矿、赤铁矿、斑铜矿、毒砂等,少量的铜蓝、白铅矿、菱锌矿、褐铁矿等,含银矿物有硫锑银矿、含银辉铋铅矿、银铅铋矿、银黝铜矿、自然银、辉银矿、碲银矿、含硫铋铅银矿,极少量的自然金微粒。
脉石矿物:石英、绿泥石、伊利石、水白云母、绢云母、辉石角闪石、绿帘石、斜长石、方解石、白云石,个别处还有纤维闪石、重晶石、玻璃质等</td></tr>
<tr><td>矿石结构构造</td><td colspan="3">结构:自形、半自形、他形粒状结构,包含结构,共生结构,交代结构,乳浊状结构,固溶体分解结构,镶边结构。
构造:块状构造、团块状构造、角砾状构造、浸染状构造、脉状构造、细脉状构造等。一般富厚矿段以块状和团块状矿石为主</td></tr>
<tr><td>蚀变特征</td><td colspan="3">硅化(石英脉)、绿泥石化、碳酸盐化、水白云母伊利石化、绢云母化、萤石化</td></tr>
<tr><td>控矿条件</td><td colspan="3">主要矿体均产于塔木兰沟组安山玄武岩中。甲乌拉矿床则受控于甲乌拉断凸,在不同方向构造交会处产生的火山、次火山活动中心决定了甲乌拉矿床的形成,北西西向甲-查剪切构造带是重要的导矿和容矿构造,北北西向、北西向张扭性断裂是良好的容矿空间</td></tr>
<tr><td rowspan="2">地球物理特征</td><td>重力场特征</td><td colspan="3">从布格重力异常图上看,甲乌拉铅锌矿所在区域重力异常总体呈北东东向、北北东向,局部重力异常往往呈椭圆状、等轴状。甲乌拉火山热液型铅锌银矿床位于局部重力高、低等值线密集带上,其东南侧为局部重力高异常,西北侧为局部重力低异常,根据物性资料和地质资料分析,推断重力局部异常是前中生代地层隆起所致,负异常则与密度相对较低的中生代火山-沉积岩及海西期、燕山期的中酸性侵入岩有关</td></tr>
<tr><td>磁场特征</td><td colspan="3">从1:20万航磁 ΔT 化极等值线平面图可知,该矿床处于区域弱正磁场上,强度一般小于 100nT,正磁异常与侏罗系中—强磁性的玄武岩、安山玄武岩有关</td></tr>
</table>

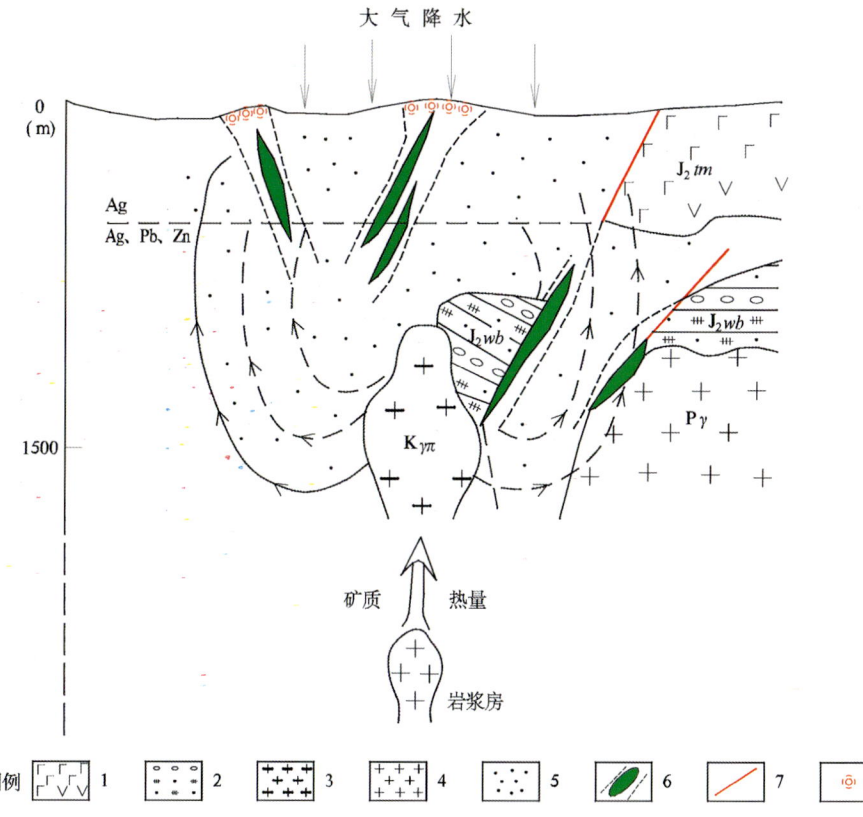

甲乌拉式火山热液型铅锌矿成矿模式图

1.塔木兰沟组(J_2tm):玄武安山岩;2.万宝组(J_2wb);砾岩、含砾杂砂岩;3.白垩纪($K\gamma\pi$):花岗斑岩;4.二叠纪花岗岩($P\gamma$);5.青磐岩化中基性火山岩;6.矿体及蚀变带;7.断裂构造;8.硅化

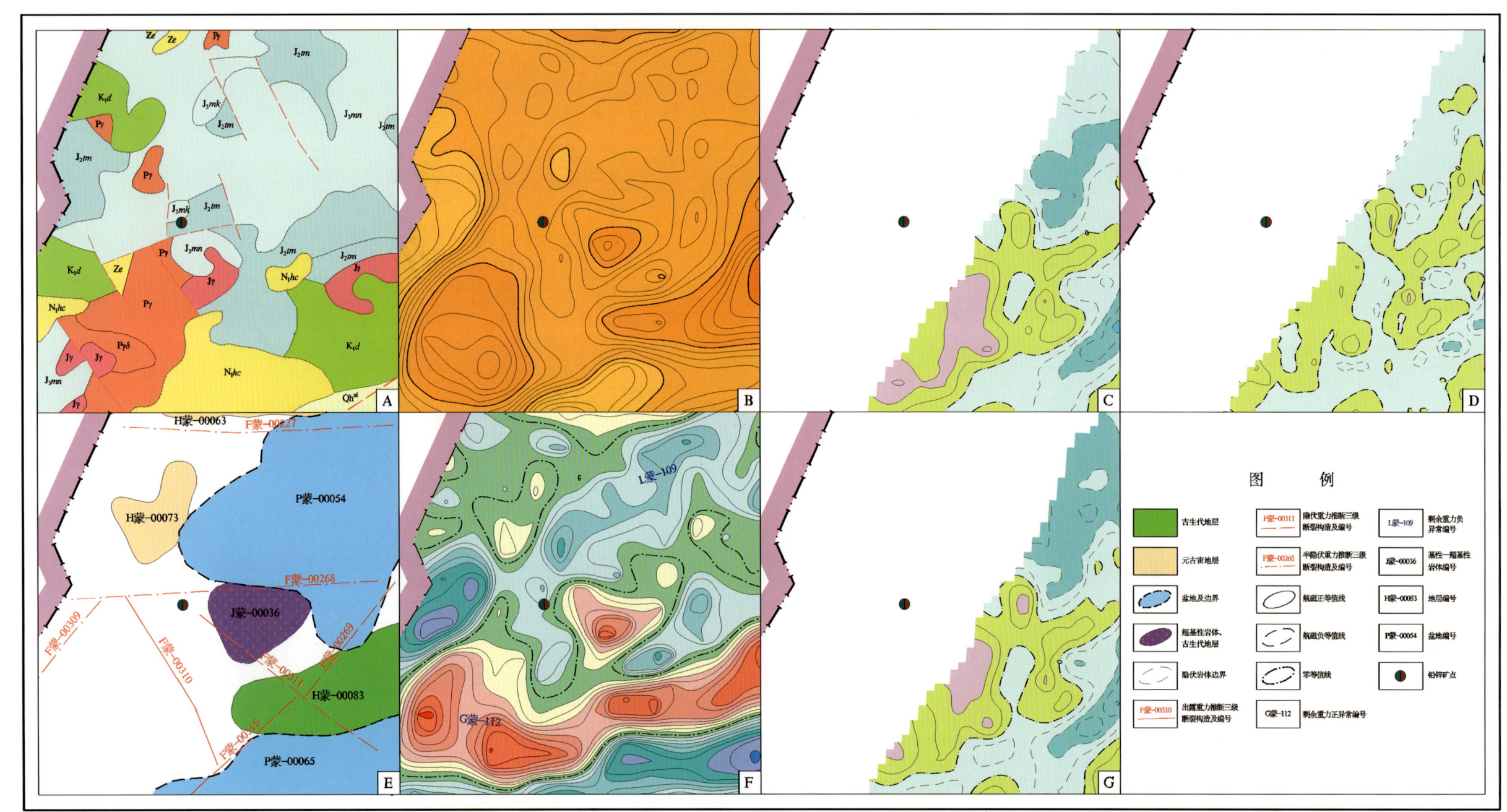

甲乌拉式火山热液型铅锌典型矿床所在区域地质矿产及物探剖析图

A. 地质矿产图；B. 布格重力异常等值线平面图；C. 航磁 ΔT 等值线平面图；D. 航磁 ΔT 化极垂向一阶导数等值线平面图；E. 重力推断地质构造图；F. 剩余重力异常图；G. 航磁 ΔT 化极等值线平面图

阿尔哈达式热液型铅锌银矿地质、地球物理特征一览表

成矿要素		描述内容		
储量		铅金属量 480 415t,锌金属量 698 136t, 银金属量 1339t,硫铁矿矿石量 991.5×10⁴t	平均品位	Ag 155.29×10⁻⁶, Pb 2.07%,Zn 3.00%
特征描述		热液型铅锌银矿床		
地质环境	构造背景	天山-兴蒙造山系,大兴安岭弧盆系,扎兰屯-多宝山岛弧(Pz₂)		
	成矿环境	成矿区带属大兴安岭成矿省,东乌珠穆沁旗-嫩江(中强挤压区)铜、钼、铅、锌、金、钨、锡、铬成矿带,二连-东乌珠穆沁旗钨、钼、铁、锌、铅、金、银、铬成矿亚带(V、Y)。 矿区内构造活动强烈,岩层褶曲构造发育,断裂及岩浆活动频繁。区内出露上泥盆统安格尔音乌拉组岩屑细砂岩、碳质细砂岩,该地层为成矿提供最有利的构造发育空间,地层岩性组合影响容矿断裂构造的发育。矿区内无岩体出露,矿区北东方向2.5km处为印支期宾巴查勒干和燕山早期安尔基乌拉组成的复合岩体。矿床发育在北东东—北东向区域断裂构造北西上盘次级断裂与宾巴查勒干复式岩体侵入倾伏端构造相叠加部位		
	成矿时代	燕山早中期		
矿床特征	矿体形态	矿体形态呈脉状、透镜状、扁豆状,其空间分布具多层状、斜列状、叠瓦状排列等特点		
	岩石类型	上泥盆统浅海相、滨海相火山沉积建造		
	岩石结构	自形—半自形粒状结构		
	矿物组合	矿石矿物:方铅矿、闪锌矿、自然银、辉银矿等。 脉石矿物:绿泥石、高岭石、方解石、石英、萤石等		
	矿石结构构造	结构:自形—半自形粒状结构、他形粒状结构、交代残余结构、碎裂结构、包含结构等。 构造:块状构造、角砾状构造、浸染状构造、脉状构造、条带状构造等		
	蚀变特征	褐铁矿化、铁锰矿化、高岭土化、绢云母化、白云母化、绿泥石化、绿帘石化、硅化(玉髓化)、黄铁矿化、滑石化、碳酸盐化(方解石化)、毒砂矿化、白云石化、萤石化等		
	控矿条件	(1)泥盆系是主要的赋矿围岩,燕山早期黑云母花岗岩体与本区成矿作用的关系密切。 (2)侵入体旁侧泥盆系与北东向主体断裂贯通的成群成组出现的次一级断裂构造是重要的储矿构造		
地球物理特征	重力场特征	阿尔哈达热液型铅锌银矿床位于局部重力高异常边部,异常值在(-100~-98)×10⁻⁵m/s²之间,在剩余重力异常图上,位于正异常 G 蒙-174 北部边部,G 蒙-174 正异常总体呈北东东向展布,由多个椭圆状局部异常组成,最大值为10.11×10⁻⁵m/s²,矿区附近出露泥盆系安格尔音乌拉组(D₃a),其为阿尔哈达铅锌银矿的重要成矿围岩,具有密度高、磁性低的物性特征,故此推测局部重力高为前中生代基底隆起所致,正异常形态不规则,由多个走向多变的局部异常组成。阿尔哈达北部负异常L蒙-173,呈不规则条带状展布,最大值为-5.40×10⁻⁵m/s²,异常区东部地表出露阿尔哈达成矿密切相关的印支期、燕山期花岗岩体,其密度值约为2.55g/cm³,是引起负异常的主要原因。矿区南部的负异常L蒙-175、L蒙-183推测是中新生代盆地和半隐伏花岗岩体的综合反映		
	磁场特征	从1:20万航磁 ΔT 化极等值线平面图可知,该矿床处于正磁背景场上,矿区所在位置磁场强度在 100~200nT 之间。矿区北部的面状正磁异常,最大强度为 500nT,结合物性资料及重力场特征,推测正磁异常是隐伏、半隐伏花岗岩体的反映。而南侧的正磁异常,与前述剩余重力负异常L蒙-175、L蒙-183对应,地表出露磁性不均匀的二叠系—石炭系宝力高庙组火山岩和磁性较高的燕山期花岗岩体,综合分析认为此处磁异常与花岗岩体及古生代火山岩地层有关		

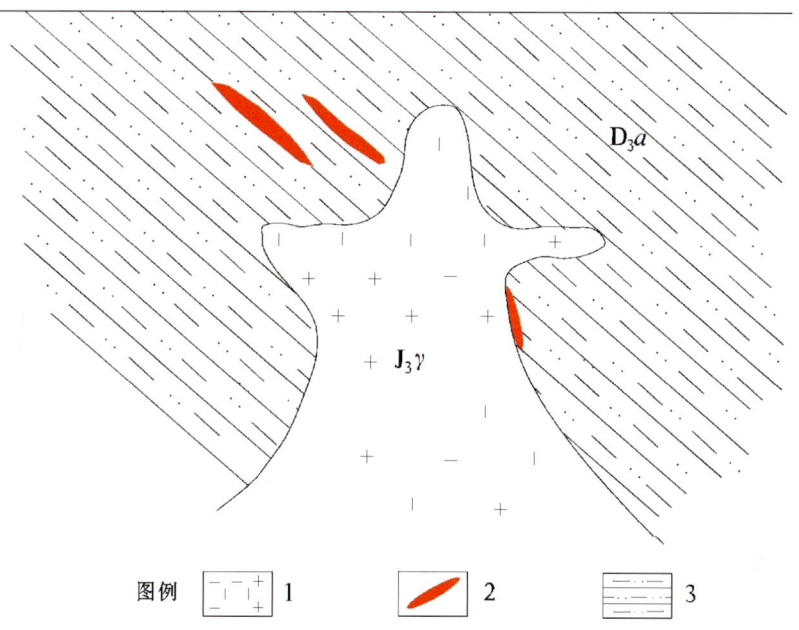

阿尔哈达式热液型铅锌银矿成矿模式图

1.侏罗纪花岗岩($J_3\gamma$);2.Pb、Zn 矿体;3.安格尔音乌拉组(D_3a):黄灰色、黄绿色泥质粉砂岩、板岩、砂岩

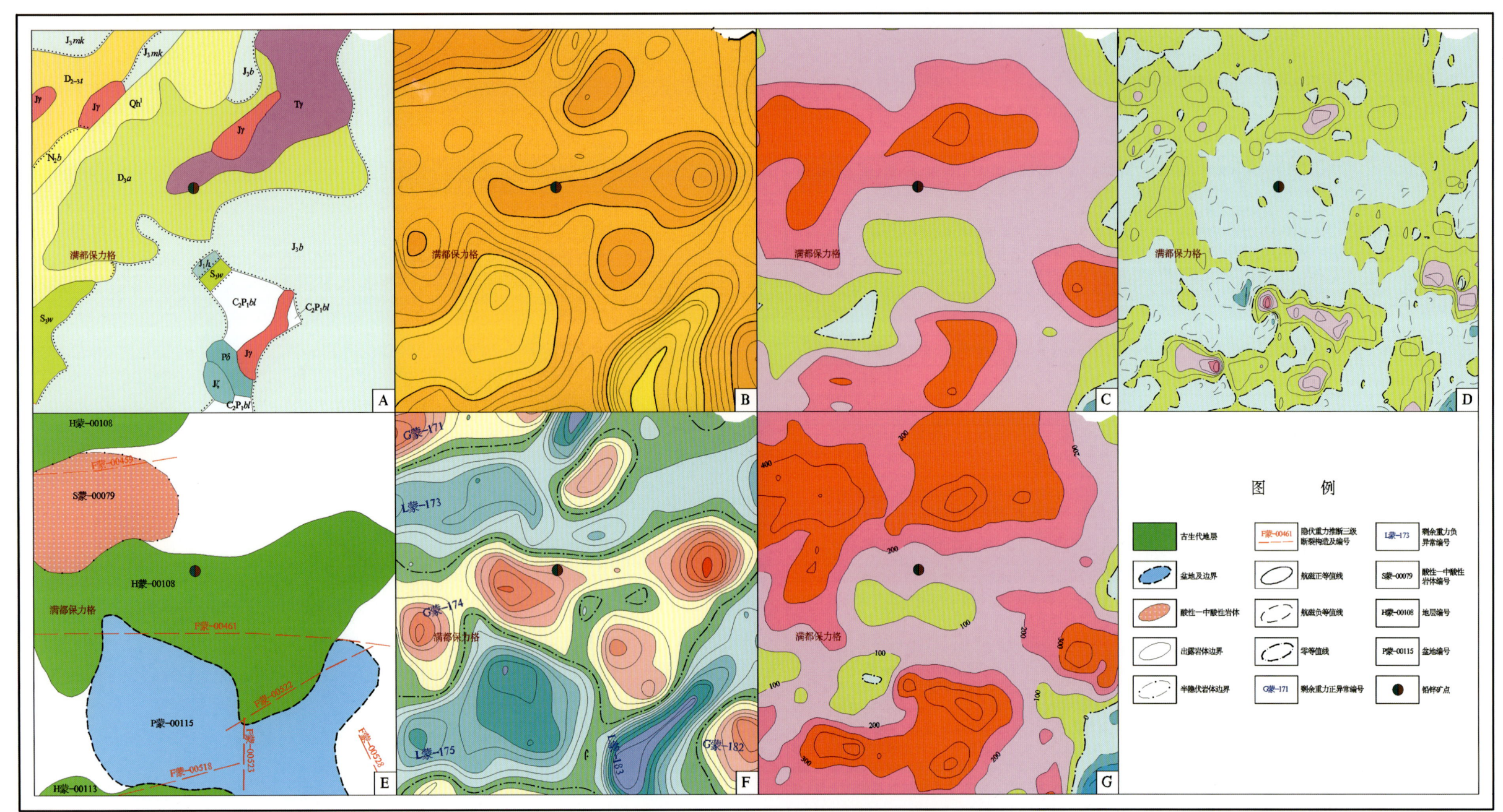

阿尔哈达式热液型铅锌银典型矿床所在区域地质矿产及物探剖析图

A. 地质矿产图;B. 布格重力异常等值线平面图;C. 航磁 ΔT 等值线平面图;D. 航磁 ΔT 化极垂向一阶导数等值线平面图;E. 重力推断地质构造图;F. 剩余重力异常图;G. 航磁 ΔT 化极等值线平面图

长春岭式中温岩浆热液型铅锌矿地质、地球物理特征一览表

成矿要素		描述内容		
储量		铅 18 500.01t,锌 42 204.94t	平均品位	Pb 0.61%,Zn 1.4%
特征描述		次火山热液型铅锌矿床		
地质环境	构造背景	天山-兴蒙造山系,大兴安岭弧盆系,锡林浩特岩浆弧		
	成矿环境	成矿区带属滨太平洋成矿域,大兴安岭成矿省,突泉-翁牛特铅、锌、银、铜、铁、锡、稀土成矿带,神山-大井子铜、铅、锌、银、铁、钼、稀土、铌、钽、萤石成矿亚带(I-Y)。出露地层主要为下中二叠统大石寨组的砂岩、砾岩、粉砂岩、粉砂质泥岩等和中侏罗统万宝组的砂岩、砂砾岩、砂质板岩等。侵入岩为燕山期的脉状闪长玢岩、斜长花岗斑岩等浅成侵入体,是脉状矿体的围岩,亦是成矿母岩。矿区内断裂构造发育,主要有东西向和北东向两组,控制本区矿体的分布,是容矿构造		
	成矿时代	早二叠世		
矿床特征	矿体形态	脉状、网脉状		
	岩石类型	下中二叠统大石寨组变质砂岩、砂砾岩		
	岩石结构	砂状结构		
	矿物组合	闪锌矿、铁闪锌矿、方铅矿、黄铁矿;毒砂、黄铜矿、磁铁矿、褐铁矿、磁黄铁矿等		
	矿石结构构造	结构:半自形—他形粒状、自形粒状结构为主,其次有包含结构、充填结构、溶蚀结构、斑状变晶结构、固溶体分离结构、反应边结构、压碎结构等。 构造:条纹-条带状构造、块状构造、浸染状构造等		
	蚀变特征	近矿围岩蚀变有硅化、绿泥石化、绢云母化及碳酸岩化等		
	控矿条件	区域性东西向构造带与北东向构造带交会部位,矿体产于古生代地层下中二叠统大石寨组砂岩、砾岩的构造裂隙中,燕山期多次阶段岩浆活动,中性—中酸性岩浆演化的晚期偏碱富钠的浅成侵入杂岩体发育的地区,是成矿的有利地段		
地球物理特征	重力场特征	长春岭铅锌矿床位于布格重力异常等值线扭曲部位;在剩余重力异常图上,长春岭银铅锌矿位于剩余重力负异常上,在该剩余重力负异常的北部,地表出露燕山期花岗斑岩,根据物性资料推断该剩余重力负异常是密度值偏低的燕山期花岗斑岩的反映。表明长春岭银铅锌矿床在成因上与燕山期花岗斑岩有关		
	磁场特征	据1:20万航磁 ΔT 化极等值线平面图显示,磁场总体表现为低缓的负磁场		

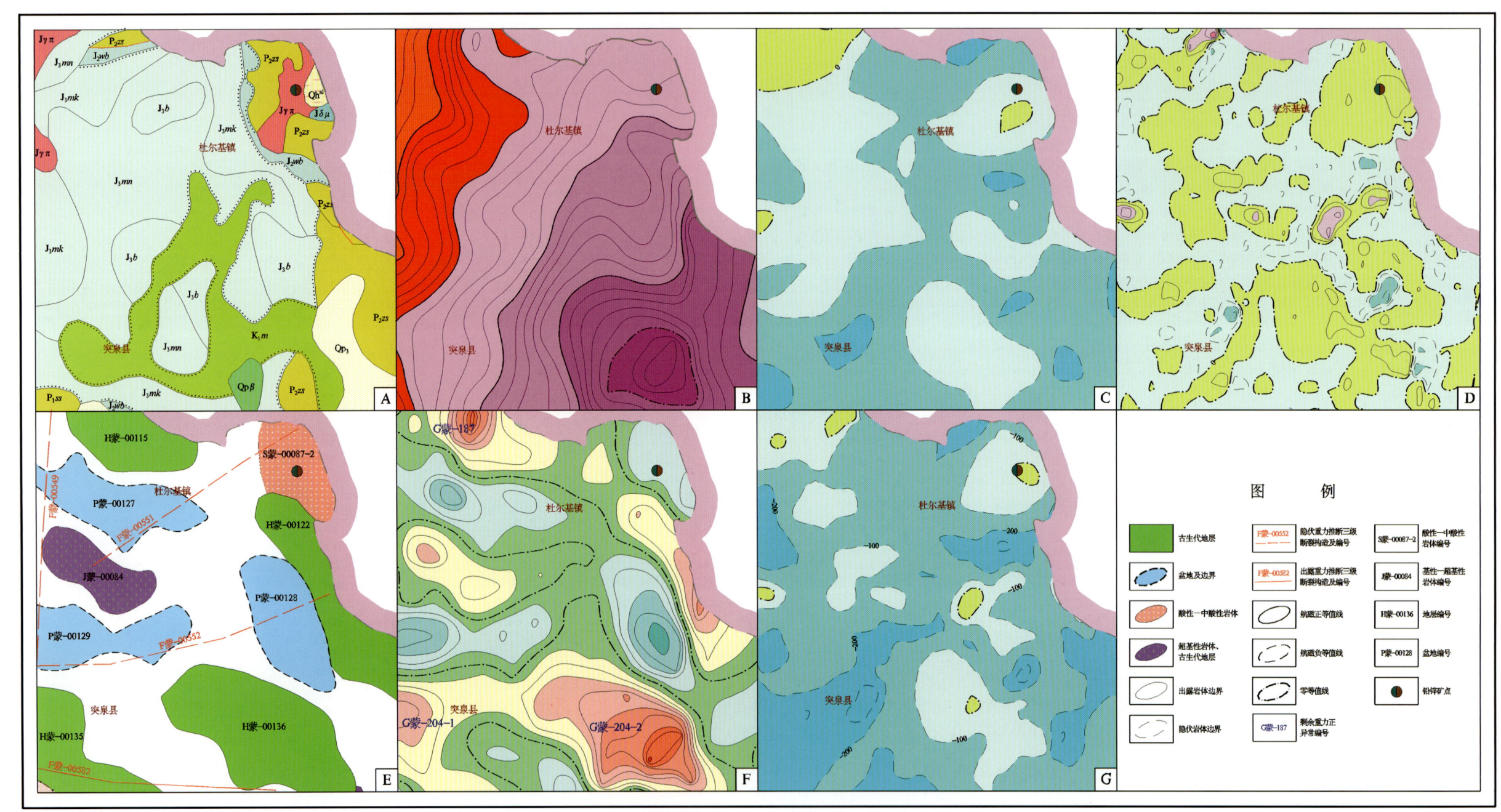

长春岭式中温岩浆热液型铅锌典型矿床所在区域地质矿产及物探剖析图

A. 地质矿产图;B. 布格重力异常等值线平面图;C. 航磁 ΔT 等值线平面图;D. 航磁 ΔT 化极垂向一阶导数等值线平面图;E. 重力推断地质构造图;F. 剩余重力异常图;G. 航磁 ΔT 化极等值线平面图

拜仁达坝式热液型铅锌矿地质、地球物理特征一览表

成矿要素		描述内容		
储量		锌 497 692.13t,铅 39 643.95t	平均品位	Zn 5.57%,Pb 4.11%
特征描述		热液型铅锌矿床		
地质环境	构造背景	天山-兴蒙造山系,大兴安岭弧盆系,锡林浩特岩浆弧		
	成矿环境	成矿区带属滨太平洋成矿域,大兴安岭成矿省,突泉-翁牛特铅、锌、银、铜、铁、锡、稀土成矿带,索伦镇-黄岗梁铁、锡、铜、铅、锌、银成矿亚带(V-Y),拜仁达坝银、铅、锌矿集区。矿区出露宝音图岩群(锡林郭勒杂岩)下岩段黑云母斜长片麻岩,局部见极少量角闪斜长片麻岩、二云片岩透镜体。矿区内岩浆岩分布较广,以海西期石英闪长岩为主,燕山早期花岗岩零星出露,岩浆期后脉岩发育		
	成矿时代	海西期		
矿床特征	矿体形态	脉状、似脉状		
	岩石类型	片麻岩,片麻状石英闪长岩		
	岩石结构	鳞片柱粒状变晶结构、中细粒花岗结构		
	矿石矿物	主要有磁黄铁矿、黄铁矿,其次有毒砂、铁闪锌矿、黄铜矿、方铅矿等		
	矿石结构构造	结构:半自形粒状结构、他形粒状结构、交代结构。构造:浸染状、斑杂状、角砾状、块状构造		
	蚀变特征	硅化、白云母化、绢云母化、绿泥石化、碳酸盐化、高岭土化,其次为绿帘石化和叶蜡石化等。其中与银、铅、锌矿化有关的是硅化、绿泥石化、绢云母化		
	控矿因素	赋矿地质体为古元古界宝音图岩群(锡林郭勒杂岩)黑云斜长片麻岩、二云斜长片麻岩、角闪斜长片麻岩及石炭纪石英闪长岩。矿带和矿体的赋存明显受构造控制。北东向构造控制海西期中酸性侵入岩的分布,同时控制矿带的展布。而北北西向和近东西向构造是矿区内主要控矿构造		
地球物理特征	重力场特征	拜仁达坝铅锌矿床位于北北东向克什克腾旗—霍林郭勒市一带布格重力低异常带的北西侧。该区域不同时期的中酸性侵入岩(海西期、印支期、燕山期)呈北东向带状展布,断续出露。其密度值较低,一般为 2.54~2.60g/cm³,推断该重力低异常带是中一酸性岩浆岩活动区(带)引起的。重力异常低值区表明拜仁达坝银铅锌矿床在成因上与中一酸性岩体有关		
	磁场特征	拜仁达坝银铅锌矿床位于航磁负磁场中,所在处强度约−100nT。其北有一呈北东向的弱正磁异常,该异常与剩余重力正异常对应,异常区内有超基性岩脉及古元古代—太古宙变质岩出露,推断磁力高、重力高异常为超基性岩及古元古代—太古宙变质岩引起		

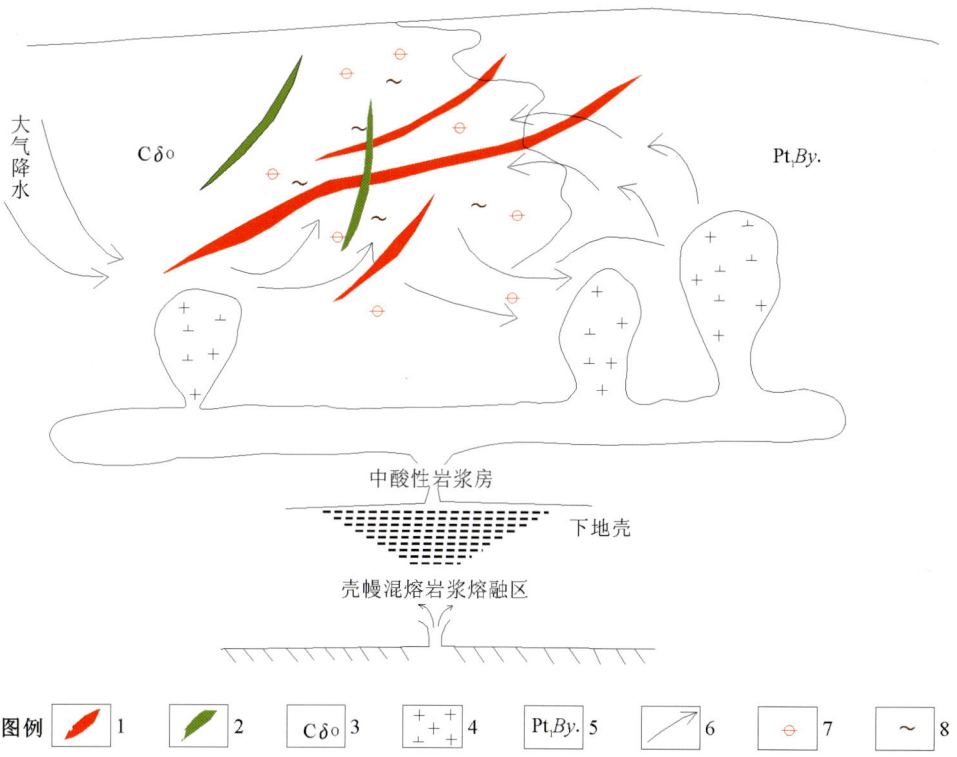

古元古界宝音图岩群(锡林郭勒杂岩)片麻岩、石炭纪石英闪长岩中成矿物质迁移富集程度较高,各成矿物质主要沿近东西向压扭性断裂迁移、充填、沉淀,矿体赋存空间即为断裂。

拜仁达坝式热液型铅锌矿成矿模式图

1.矿体;2.基性岩脉;3.石炭纪石英闪长岩;4.中酸性岩浆;5.古元古界宝音图岩群;6.流体移动方向;7.绿帘石化;8.绿泥石化

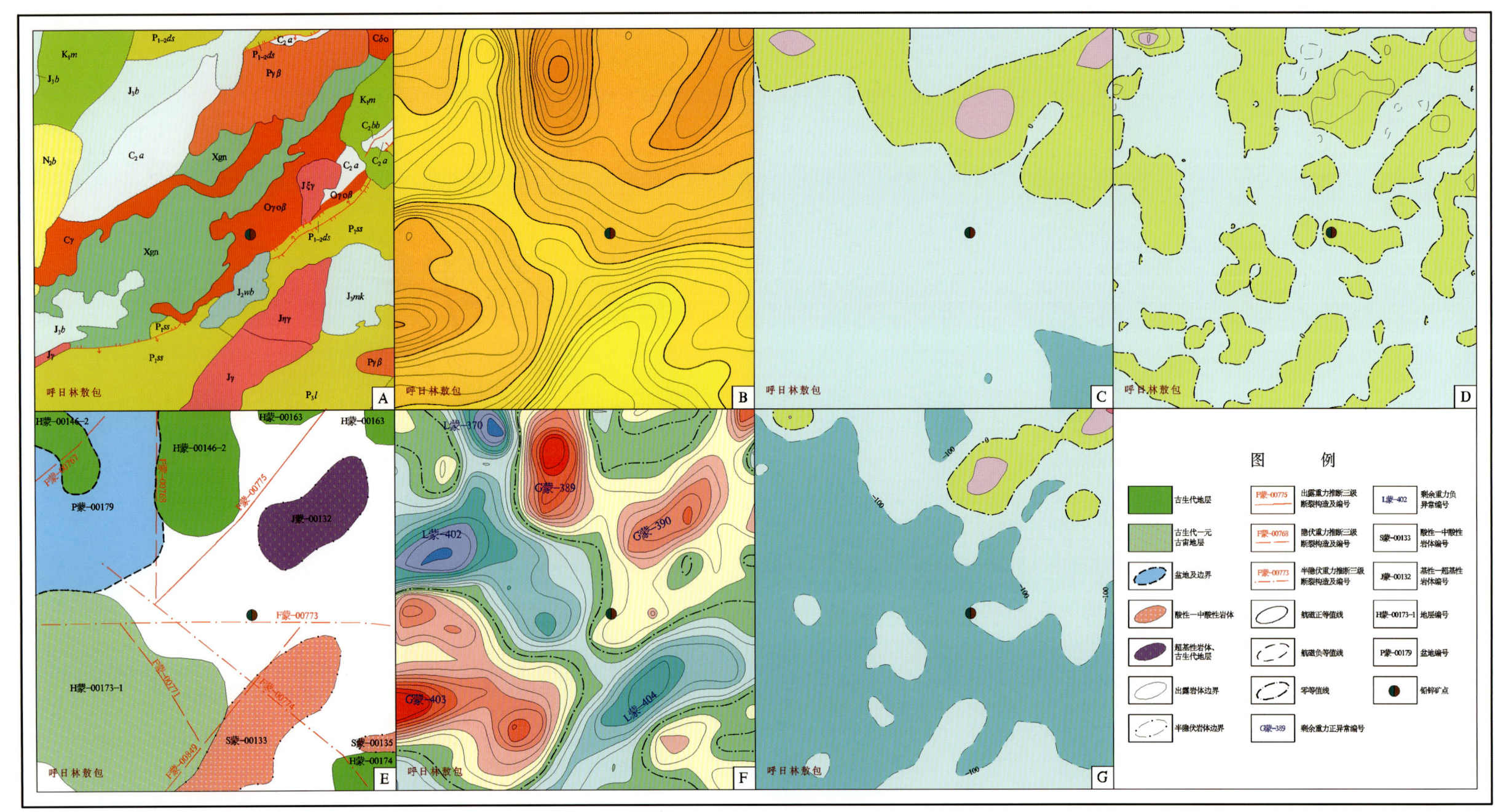

拜仁达坝式热液型铅锌典型矿床所在区域地质矿产及物探剖析图

A. 地质矿产图；B. 布格重力异常等值线平面图；C. 航磁 ΔT 等值线平面图；D. 航磁 ΔT 化极垂向一阶导数等值线平面图；E. 重力推断地质构造图；F. 剩余重力异常图；G. 航磁 ΔT 化极等值线平面图

孟恩陶勒盖式热液型铅锌矿地质、地球物理特征一览表

成矿要素		描述内容		
储量		铅 168 877t，锌 388 398t	平均品位	Pb 0.10%，Zn 0.99%
特征描述		岩浆晚期热液型铅锌矿床		
地质环境	构造背景	天山-兴蒙造山系，大兴安岭弧盆系，锡林浩特岩浆弧		
	成矿环境	成矿区带属滨太平洋成矿域，大兴安岭成矿省，突泉-翁牛特铅、锌、银、铜、铁、锡、稀土成矿带，神山-大井子铜、铅、锌、银、铁、钼、稀土、铌、钽、萤石成矿亚带(I-Y)。矿区见下二叠统滨海相陆源碎屑岩夹碳酸盐岩沉积及中酸性火山碎屑沉积。矿区内岩体主要由黑云斜长花岗岩组成，岩体中常出现中基性脉岩，有辉绿岩和闪长玢岩，先后切穿矿体，是燕山期区域性脉岩的一部分，与黑云斜长花岗岩不属于同源。近东西向断裂及北东向断裂是容矿构造		
	成矿时代	侏罗纪		
矿床特征	矿体形态	脉状、网脉状		
	岩石类型	中二叠世黑云斜长花岗岩		
	岩石结构	花岗结构		
	矿物组合	闪锌矿、方铅矿、深红银矿、黑硫银锡矿、自然银、黄铜矿、黝锡矿、锡石、黄铁矿、磁黄铁矿和毒砂		
	矿石结构构造	结构：结晶结构、包含结构、填隙结构、胶状结构、交代熔蚀结构、固溶体分解结构、碎裂结构等。构造：浸染状构造、网脉状构造、梳状构造、条带状构造、块状构造、角砾状构造、斑杂状构造、球粒状-半球粒状构造、环带状构造、晶洞状构造		
	蚀变特征	绢云母化、锰菱铁矿化、硅化、黄铁矿化、绿泥石化		
	控矿条件	主要为近东西向断裂，其次为北东向断裂		
地球物理特征	重力场特征	孟恩陶勒盖热液型铅锌银矿位于布格重力异常等值线扭曲部位，剩余重力异常等值线图上，孟恩陶勒盖铅锌银矿位于L蒙-205负剩余重力异常上，此异常呈不规则带状，走向由近东西向转为北西向，最小值为-5.90×10^{-5}m/s^2，根据物性资料和地质资料分析，推断该重力低异常是中一酸性岩体的反映，表明孟恩陶勒盖铅锌银矿床在成因上与中一酸性岩体有关		
	磁场特征	从1：20万航磁ΔT化极等值线平面图可知，该区反映$-100\sim0$nT的负磁场，表明该区地质体内磁性矿物含量较少		

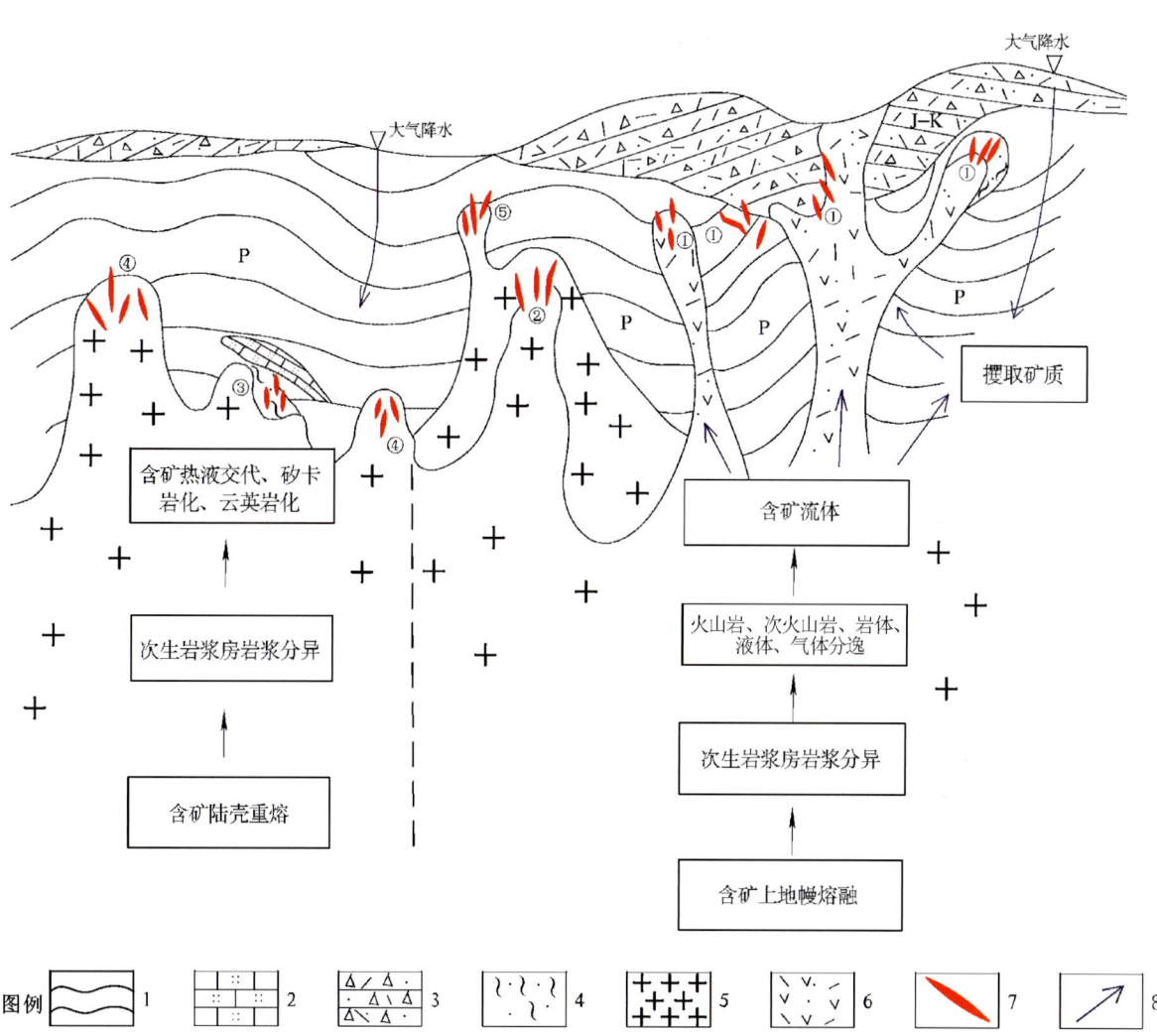

孟恩陶勒盖式热液型铅锌矿区域成矿模式图

1.二叠纪碎屑岩夹中基—中酸性火山岩；2.二叠纪碎屑岩夹碳酸盐岩透镜体；3.侏罗纪—白垩纪火山角砾凝灰岩、熔岩；4.矽卡岩；5.花岗岩；6.英安斑岩、安山玢岩；7.矿床：①大井式(火山岩-次火山岩中)，②孟恩陶勒盖式(岩体内接触带中)，③黄岗式(矽卡岩中)，④宝盖沟式(岩体顶部、接触带中)，⑤胡家店式(岩体顶部、边部)；8.热液及大气水运移方向

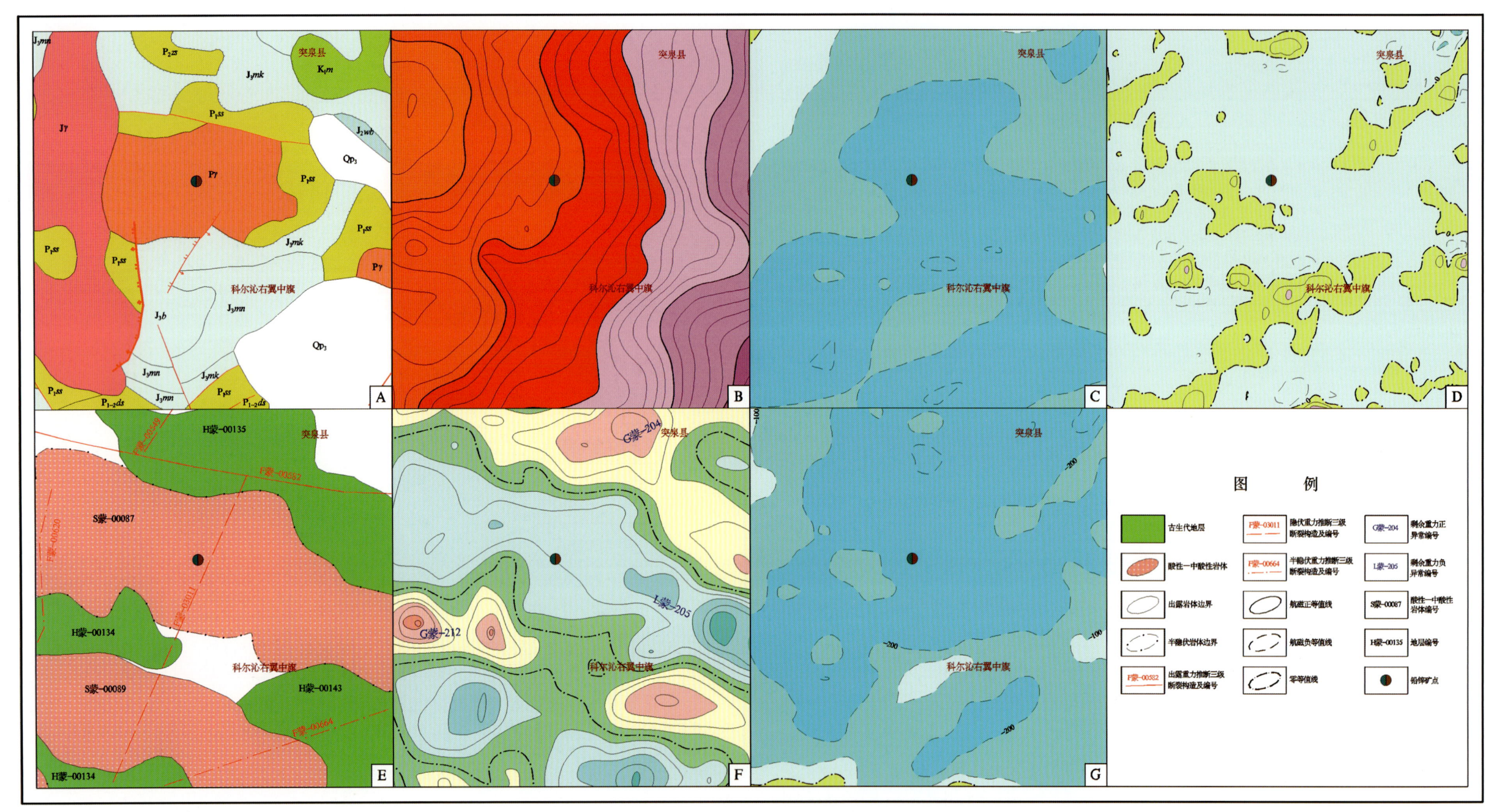

孟恩陶勒盖式热液型铅锌典型矿床所在区域地质矿产及物探剖析图

A. 地质矿产图；B. 布格重力异常等值线平面图；C. 航磁 ΔT 等值线平面图；D. 航磁 ΔT 化极垂向一阶导数等值线平面图；E. 重力推断地质构造图；F. 剩余重力异常图；G. 航磁 ΔT 化极等值线平面图

白音诺尔式矽卡岩型铅锌矿地质、地球物理特征一览表

成矿要素		描述内容		
储量		铅 248 941.40t, 锌 575 186.22t	平均品位	Pb 3.51％,Zn 8.12％
特征描述		矽卡岩型铅锌矿床		
地质环境	构造背景	天山-兴蒙造山系,大兴安岭弧盆系,锡林浩特岩浆弧		
	成矿环境	成矿区带属滨太平洋成矿域(叠加在古亚洲成矿域之上),大兴安岭成矿省,突泉-翁牛特铅、锌、银、铜、铁、锡、稀土成矿带,神山-大井子铜、铅、锌、银、铁、钼、稀土、铌、钽、萤石成矿亚带(Ⅰ-Y)。 矿区出露的地层主要有上二叠统林西组和上侏罗统满克头鄂博组。林西组为一套浅变质海相砂泥质-碳酸盐岩沉积建造。矿区侵入岩分布较广,主要为燕山早期中酸性浅成—超浅成侵入岩		
	成矿时代	燕山早期		
矿床特征	矿体形态	脉状		
	岩石类型	上二叠统林西组结晶灰岩和白色厚层大理岩,与成矿有关的花岗闪长斑岩		
	岩石结构	粒状变晶结构		
	矿物组合	闪锌矿、方铅矿为主,次为黄铜矿、磁铁矿,偶见黄铁矿、磁黄铁矿、毒砂、斑铜矿等。非金属矿物以透辉石-钙铁辉石为主,次为石榴石、硅灰石、绿帘石等		
	矿石结构构造	结构:以半自形、他形粒状结构为主,乳滴状、叶片状结构次之。 构造:斑杂状、细脉浸染状及团块状构造		
	蚀变特征	矽卡岩化和黝帘石化,次为绿帘石化、绿泥石化、碳酸岩化及硅化等,伴随矽卡岩化发生了以铅锌为主,伴有铜、银、镉等的蚀变矿化作用		
	控矿条件	灰岩层,角砾岩筒,褶皱构造,燕山期花岗闪长岩和闪长岩		
地球物理特征	重力场特征	白音诺尔式矽卡岩型铅锌矿位于北北东向克什克腾旗—霍林郭勒市一带布格重力低异常带的东南侧,该重力低异常带是不同时期、不同岩性的中—酸性岩浆岩活动的综合反映,白音诺尔铅锌矿位于局部剩余重力负异常与正异常接触带之正异常一侧,负异常区出露燕山期花岗岩、火山岩(平均密度值为 2.55g/cm³),正异常区对应二叠系林西组、大石寨组(平均密度值为 2.67g/cm³)分布区。可见白音诺尔铅锌矿床在成因上与中—酸性岩体、二叠系有关		
	磁场特征	从 1:20 万航磁 ΔT 化极等值线平面图可知,该区反映−100～0nT 的负磁场,表明该区地质体磁性矿物含量较少		

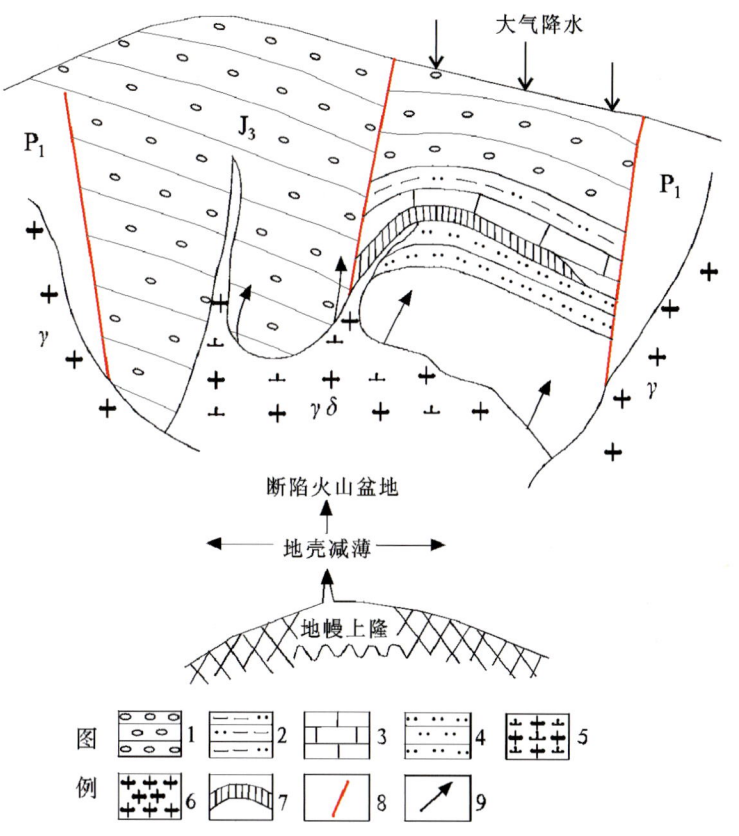

白音诺尔式矽卡岩型铅锌矿成矿模式图

1.砾岩;2.粉砂质泥岩;3.灰岩;4.粉砂岩;5.燕山期花岗闪长斑岩($\gamma\delta$);6.燕山期花岗岩(γ);7.矿体;8.断层;9.热液运移方向

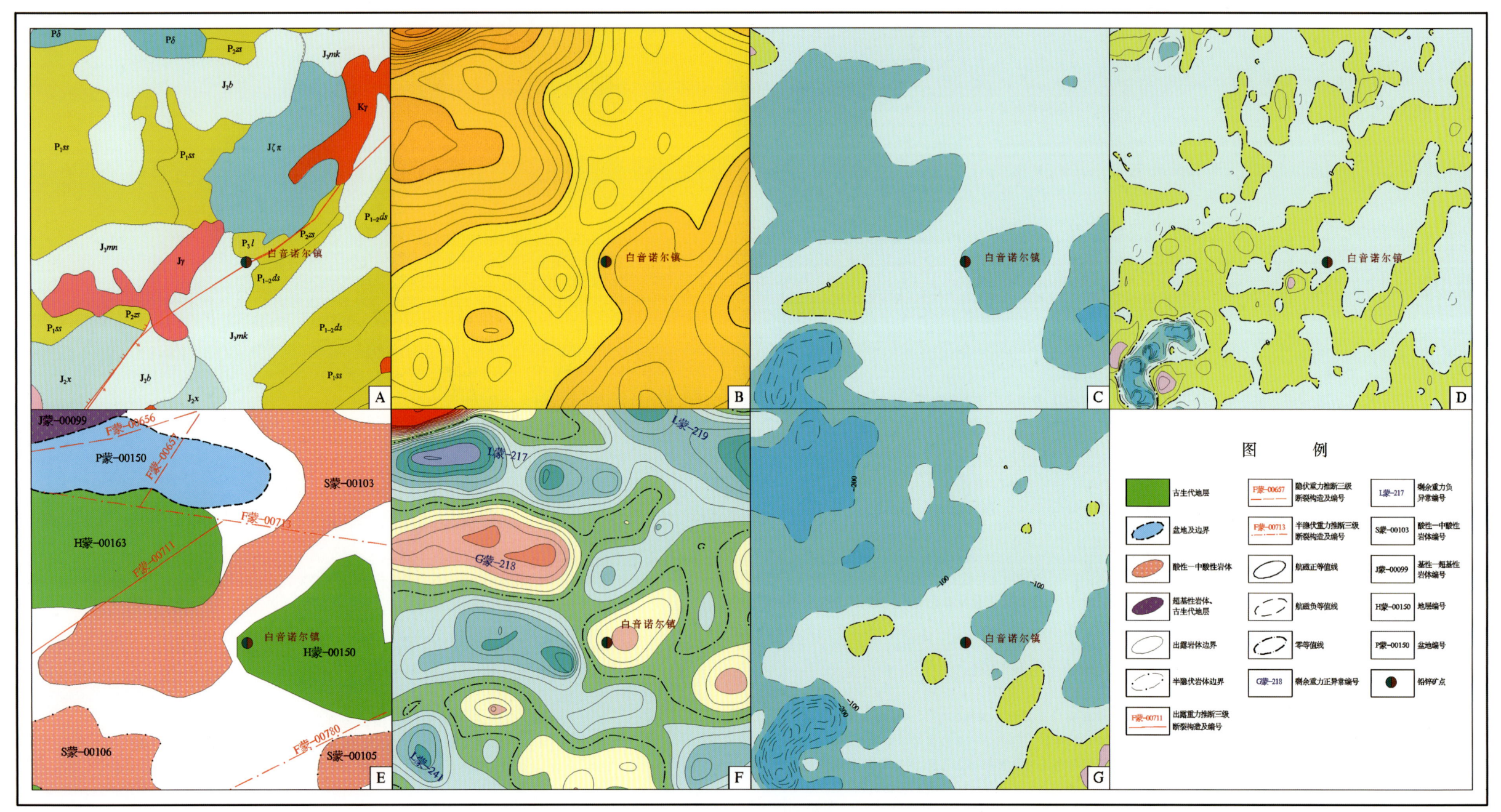

白音诺尔式矽卡岩型铅锌典型矿床所在区域地质矿产及物探剖析图

A. 地质矿产图;B. 布格重力异常等值线平面图;C. 航磁 ΔT 等值线平面图;D. 航磁 ΔT 化极垂向一阶导数等值线平面图;E. 重力推断地质构造图;F. 剩余重力异常图;G. 航磁 ΔT 化极等值线平面图

余家窝铺式矽卡岩型铅锌矿地质、地球物理特征一览表

成矿要素		描述内容		
储量		铅 56 787t,锌 108 943t	平均品位	Pb 1.34%,Zn 1.74%
特征描述		矽卡岩型铅锌矿床		
地质环境	构造背景	天山-兴蒙造山系,大兴安岭弧盆系,温都尔庙俯冲增生杂岩带		
	成矿环境	成矿区带属滨太平洋成矿域(叠加在古亚洲成矿域之上),大兴安岭成矿省,突泉-翁牛特铅、锌、银、铜、铁、锡、稀土成矿带,小东沟-小营子钼、铅、锌、铜成矿亚带(Vm₃Y)。该矿的形成与矿区南部九分地花岗岩体的侵入活动有关。岩体侵入早期,与志留系碳酸盐岩发生接触交代作用形成矽卡岩,同时伴随有铅锌矿化。岩浆演化晚期,由于残余岩浆酸度增加,形成了边缘相石英斑岩,同时残余岩浆中 Pb、Zn 等成矿元素进一步富集,并在构造有利部位充填成矿,形成相对较好的工业矿体,因此岩浆演化晚期是本区的主要成矿阶段		
	成矿时代	燕山晚期		
矿床特征	矿体形态	脉状,扁豆状		
	岩石类型	厚层状大理岩、条带状大理岩,夹含石墨大理岩		
	岩石结构	粒状变晶结构		
	矿物组合	金属矿物主要有闪锌矿、方铅矿、黄铁矿,次有黄铁矿、白铁矿、穆磁铁矿,还有微量方黄铜矿、针铁矿、胶黄铁矿		
	矿石结构构造	结构:他形粒状结构、定向乳滴状结构、压碎结构、包含结构。构造:浸染状构造、脉状构造、块状构造		
	蚀变特征	矽卡岩化、硅化、绿帘石化、绿泥石化、黄铁矿化、绢云母化和碳酸盐化		
	控矿条件	赋矿地质体:燕山期钾长花岗岩及石英闪长岩体与碳酸盐岩围岩的外接触带。控矿构造:北西—北西西向断裂发育,最主要的断裂为少朗川-沙不吐川断裂及与其平行的次级断裂		
地球物理特征	重力场特征	余家窝铺铅锌矿床位于局部重力低异常等值线密集带上。剩余重力异常图上,余家窝铺铅锌矿位于剩余重力负异常的边部,剩余重力负异常极值为 $\Delta g_{min} = -6.96 \times 10^{-5}$ m/s²,异常区地表大面积出露第四系沉积物,小面积出露燕山期中酸性岩体,根据物性资料和地质资料分析,推断该局部剩余重力负异常是中—酸性岩体和中新生代盆地的综合反映。而位于矿区东北部的弱正异常区地表出露与成矿有关的古生代碳酸盐岩		
	磁场特征	从 1:20 万航磁 ΔT 化极等值线平面图可知,余家窝铺铅锌矿床位于环状局部正磁异常带上,其西侧反映区域负磁场,结合重力资料推断是中—酸性岩体的反映,表明地质体磁性矿物含量较少,环状局部正磁异常带与地层和中—酸性岩体接触带有关,说明该矿床是接触交代型铅锌矿床		

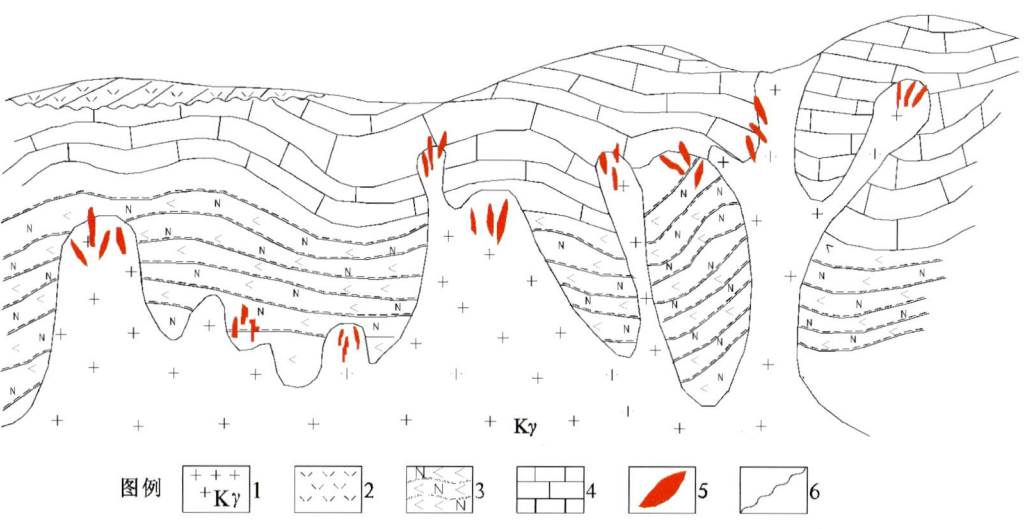

余家窝铺式矽卡岩型铅锌矿区域成矿模式图
1.白垩纪花岗岩;2.流纹岩;3.角闪斜长片麻岩;4.灰岩;5.矿体;6.不整合界线

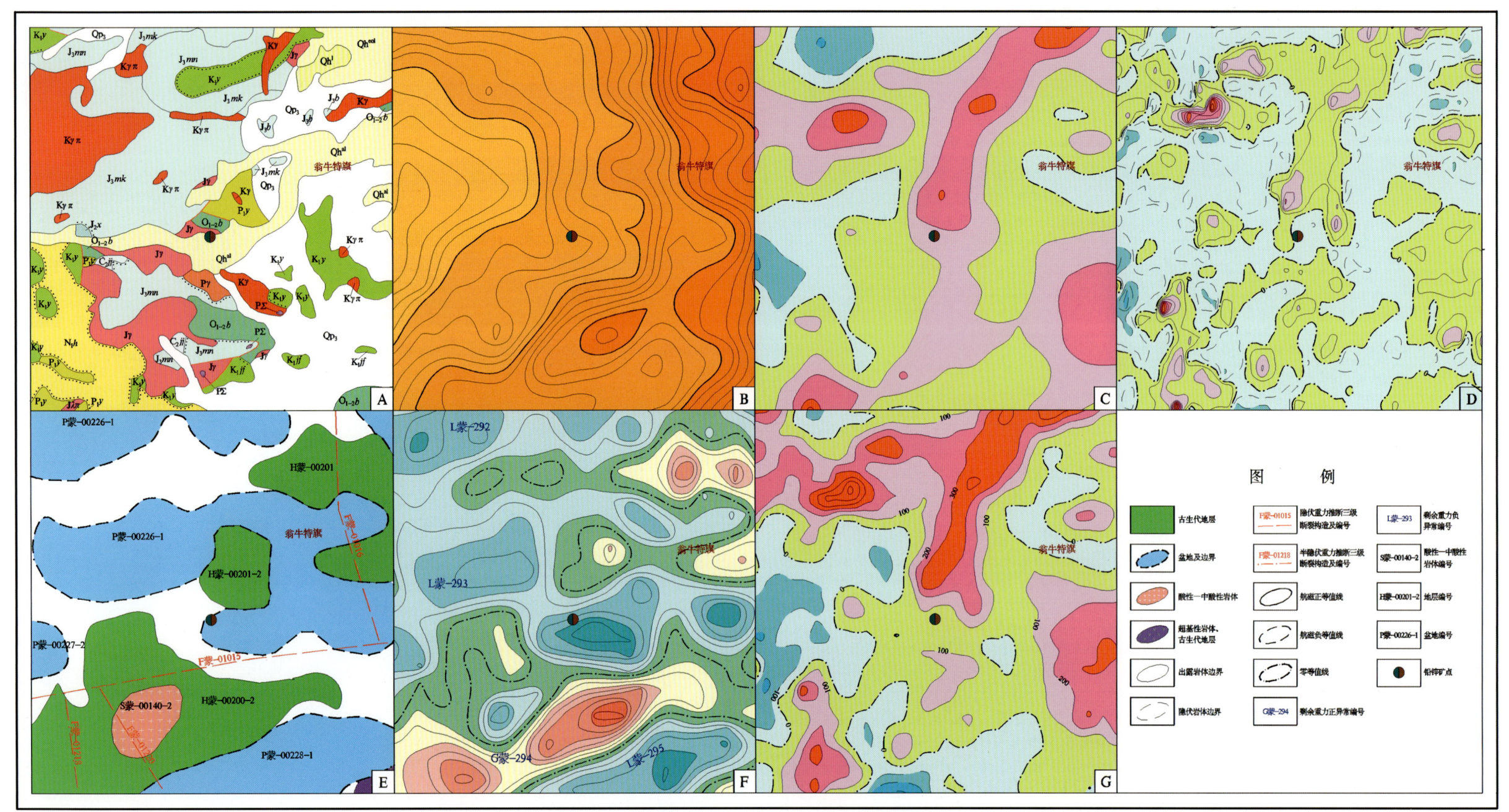

余家窝铺式矽卡岩型铅锌典型矿床所在区域地质矿产及物探剖析图

A. 地质矿产图；B. 布格重力异常等值线平面图；C. 航磁 ΔT 等值线平面图；D. 航磁 ΔT 化极垂向一阶导数等值线平面图；E. 重力推断地质构造图；F. 剩余重力异常图；G. 航磁 ΔT 化极等值线平面图

天桥沟式热液型铅锌矿地质、地球物理特征一览表

成矿要素		描述内容		
储量		铅 4643t,锌 7555t	平均品位	Pb 1.23%,Zn 2.00%
特征描述		中低温热液脉型铅锌矿床		
地质环境	构造背景	天山-兴蒙造山系,大兴安岭弧盆系,温都尔庙俯冲增生杂岩带		
	成矿环境	成矿区带属大兴安岭成矿省,突泉-翁牛特铅、锌、银、铜、铁、锡、稀土成矿带,小东沟-小营子钼、铅、锌、铜成矿亚带(Vm,Y)。 主要控矿因素为断裂破碎带,包括裂隙密集带,尤其是近东西向和北西向的构造。受近东西向构造控制的矿体,沿走向和倾向延伸一般较大;受北西向构造控制的矿体走向延伸不及前者,但常常在局部出现较厚大的矿体		
	成矿时代	燕山期		
矿床特征	矿体形态	脉状,透镜状		
	岩石类型	石英闪长玢岩、辉石安山玢岩、角闪安山玢岩		
	岩石结构	斑状结构,致密块状构造、显微气孔构造		
	矿物组合	金属矿物主要有闪锌矿、方铅矿、黄铁矿,次有黄铜矿、辉银矿、磁铁矿、磁黄铁矿,氧化物有褐铁矿、锰矿、铅矾、孔雀石等。 非金属矿物有石英、方解石、绿泥石、绿帘石、绢云母等		
	矿石结构构造	结构:他形粒状结构、半自形—自形粒状结构。 构造:浸染状构造、脉状构造、团块状构造		
	蚀变特征	硅化、绿泥石化、绢云母化、碳酸盐化、黄铁矿化、萤石化		
	控矿条件	北西—北西西向断裂带与石英闪长玢岩接触带叠加构造拐弯、交叉、分支复合部位		
地球物理特征	重力场特征	天桥沟铅锌矿床位于局部重力低异常等值线密集带上。剩余重力异常面图上,天桥沟铅锌矿位于局部剩余重力低异常的边部,局部剩余重力低异常 $\Delta g_{min}=-6.96\times10^{-5}\,m/s^2$,根据物性资料和地质资料分析,推断该局部剩余重力低异常是中—酸性岩体的反映。表明天桥沟铅锌矿床在成因上与中—酸性岩体有关		
	磁场特征	从1:20万航磁 ΔT 化极等值线平面图可知,天桥沟铅锌矿床位于环状局部正磁异常带上,其西侧反映区域负磁场,结合重力推断是中—酸性岩体的反映。表明地质体磁性矿物含量较少。环状局部正磁异常带与地层和中—酸性岩体接触带有关		

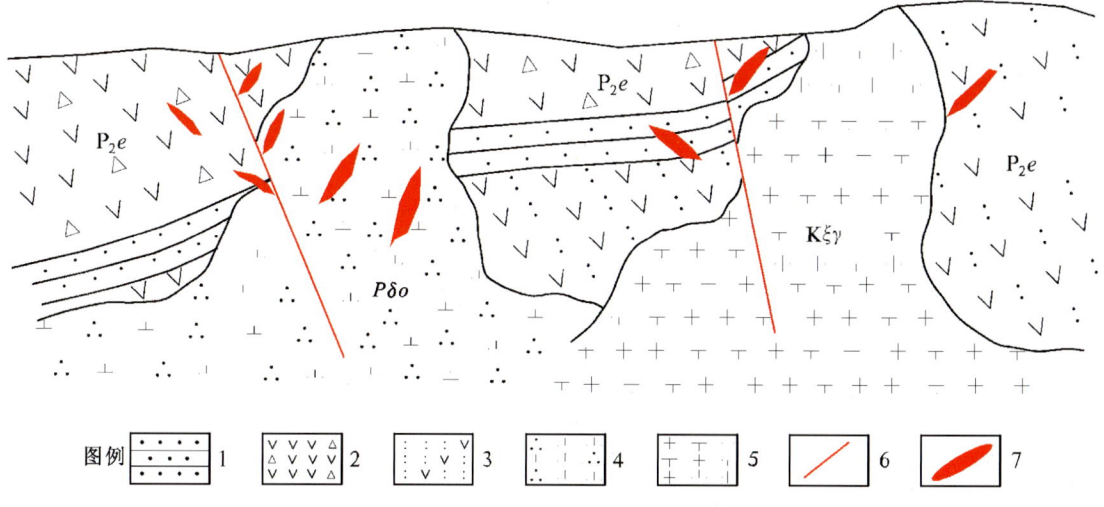

天桥沟式热液型铅锌矿区域成矿模式图

1.砂岩;2.安山角砾岩;3.安山质凝灰岩;4.石英闪长岩;5.正长花岗岩;6.断层;7.矿体

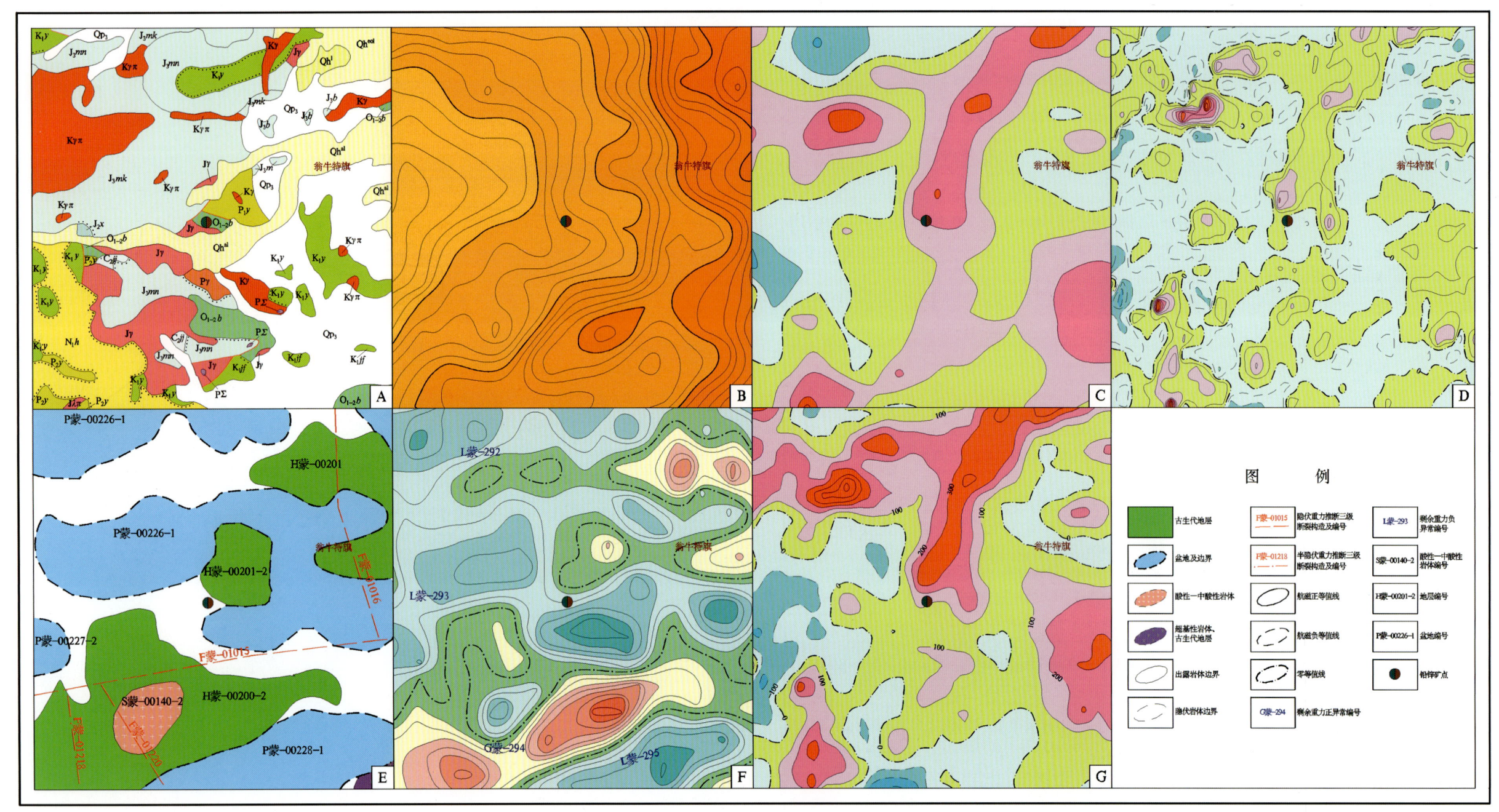

天桥沟式热液型铅锌典型矿床所在区域地质矿产及物探剖析图

A. 地质矿产图;B. 布格重力异常等值线平面图;C. 航磁 ΔT 等值线平面图;D. 航磁 ΔT 化极垂向一阶导数等值线平面图;E. 重力推断地质构造图;F. 剩余重力异常图;G. 航磁 ΔT 化极等值线平面图

比利亚谷式火山岩型铅锌矿典型矿床成矿要素表

成矿要素		描述内容		
储量		铅 368 575.65t,锌 372 474.78t	平均品位	Pb 2.06%,Zn 2.35%
特征描述		次火山热液型铅锌矿床		
地质环境	构造背景	天山-兴蒙造山系,大兴安岭弧盆系,额尔古纳岛弧		
	成矿环境	成矿区带属滨太平洋成矿域(叠加在古亚洲成矿域之上),大兴安岭成矿省,新巴尔虎右旗-根河(拉张区)铜、钼、铅、锌、银、金、萤石、煤(铀)成矿带,八大关-陈巴尔虎旗铜、钼、铅、锌、银、锰成矿亚带(Y)。 矿区出露的地层主要以侏罗纪火山岩为主,零星分布有寒武纪和石炭纪少量陆源碎屑沉积岩。区内岩浆岩主要分布在得尔布干深大断裂的北西侧,主要经历了海西期和燕山期二次岩浆侵入旋回活动。比利亚谷矿区铅锌矿严格受得尔布干深大断裂派生的次一级北西向张性断裂和裂隙控制,中侏罗统塔木兰沟组火山岩中的张性断裂构造,是主要控矿构造		
	成矿时代	中侏罗世		
矿床特征	矿体形态	矿体多呈脉状、透镜体状产出,矿体走向 295°~305°,矿体走向长度为 0.053~1.55km,延深在 280.00~601.26m 之间,厚度一般为 4.54~14.65m		
	岩石类型	上侏罗统塔木兰沟组火山岩		
	岩石结构	凝灰结构		
	矿物组合	闪锌矿、铁闪锌矿、方铅矿、黄铁矿、毒砂、黄铜矿、磁铁矿、褐铁矿、磁黄铁矿等		
	矿石结构构造	结构:半自形—他形粒状、自形粒状结构为主,其次有包含结构、充填结构、溶蚀结构、斑状变晶结构、固溶体分离结构、反应边结构、压碎结构等。 构造:条纹—条带状构造、块状构造、浸染状构造等		
	蚀变特征	硅化、绿泥石化、黄铁矿化、绢云母化、青磐岩化		
	控矿条件	赋矿地质体:侏罗系塔木兰沟组火山岩。 控矿构造:环形构造与北西西向构造		
地球物理特征	重力场特征	比利亚谷铅锌矿床位于局部重力低异常的边部,$\Delta g_{min}=-94.10\times10^{-5}$ m/s²,异常呈不规则状,从异常形态分析,重力低异常由 3 个不同走向的次一级局部重力低异常构成。剩余异常编号为 L 蒙-27,根据物性资料和地质资料分析,推断该重力低异常带是中—酸性岩体的反映。表明比利亚谷铅锌矿床在成因上与中—酸性岩体关系密切		
	磁场特征	从 1:20 万航磁 ΔT 化极等值线平面图可知,该区反映正、负相间的北东向条带磁异常,$\Delta T_{max}=500nT$,$\Delta T_{min}=-100nT$,根据重力场特征及地质出露情况分析,推断条带状正磁异常带是元古宙地层的反映,得尔布尔镇一带的负磁异常带是中—酸性岩体的表现,说明该矿床不仅与火山岩有关,而且还与中—酸性岩体关系密切		

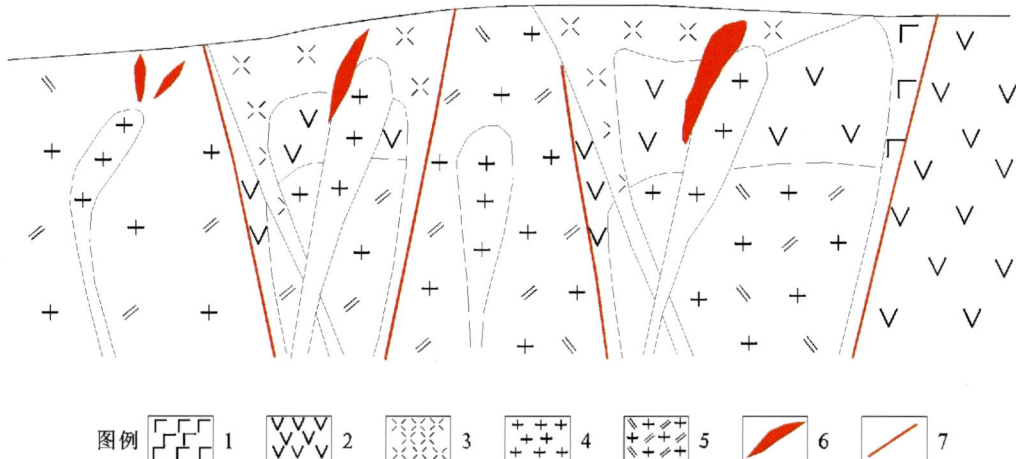

比利亚谷式火山岩型铅锌矿典型矿床成矿模式图

1.中侏罗统基性火山岩;2.中侏罗统次火山岩;3.中侏罗统酸性火山岩;4.燕山期斑状花岗岩;5.燕山期二长花岗岩;6.铅锌矿体;7.断裂

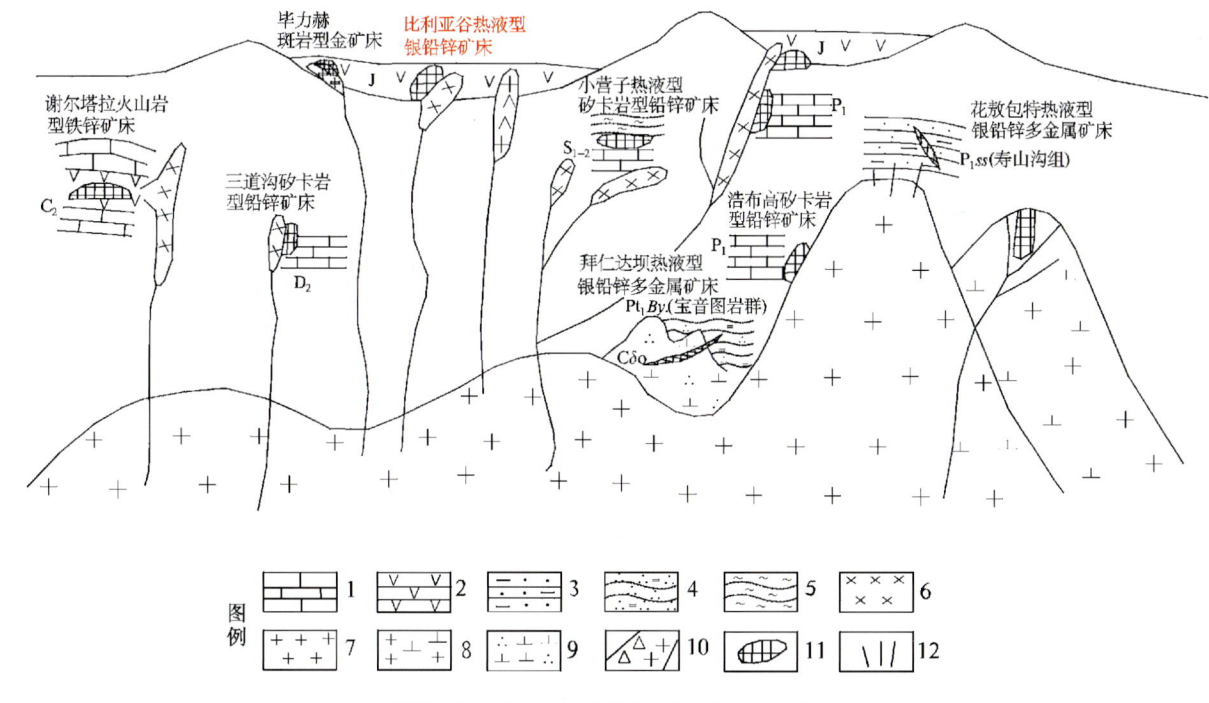

比利亚谷式火山岩型铅锌矿区域成矿模式图

1.大理岩;2.火山岩;3.泥质砂岩;4.石英片岩;5.绿泥片岩;6.次火山岩;7.花岗岩类;8.花岗闪长岩类;9.石英闪长岩;10.隐爆角砾岩筒;11.矿体;12.热液型矿化

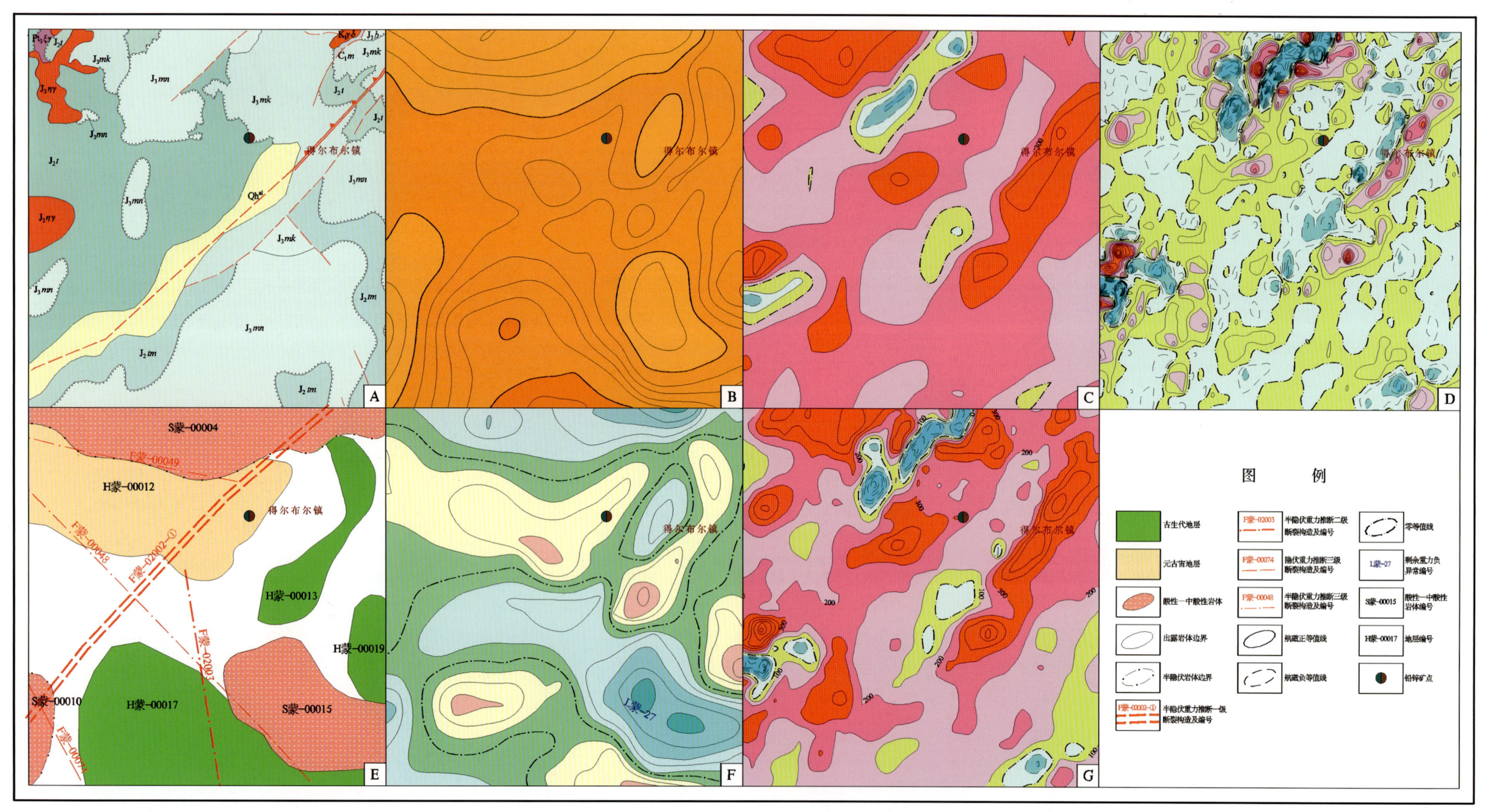

比利亚谷式火山岩型铅锌典型矿床所在区域地质矿产及物探剖析图

A. 地质矿产图;B. 布格重力异常等值线平面图;C. 航磁 ΔT 等值线平面图;D. 航磁 ΔT 化极垂向一阶导数等值线平面图;E. 重力推断地质构造图;F. 剩余重力异常图;G. 航磁 ΔT 化极等值线平面图

扎木钦式火山热液型铅锌矿地质、地球物理特征一览表

成矿要素		描述内容			
储量		铅+锌 356 769t	平均品位		Pb+Zn 2.62%
特征描述		火山热液型铅锌矿床			
地质环境	构造背景	天山-兴蒙造山系,大兴安岭弧盆系,锡林浩特岩浆弧			
	成矿环境	成矿区带属滨太平洋成矿域(叠加在古亚洲成矿域之上),大兴安岭成矿省,突泉-翁牛特铅、锌、银、铜、铁、锡、稀土成矿带,索伦镇-黄岗梁铁、锡、铜、铅、锌、银成矿亚带(V-Y)。矿区出露上二叠统林西组陆相沉积岩,以及中生界满克头鄂博组、玛尼吐组、白音高老组、梅勒图组陆相沉积-火山岩系			
	成矿时代	燕山期			
矿床特征	矿体形态	层状或似层状			
	岩石类型	凝灰岩			
	岩石结构	凝灰结构,局部呈斑状结构			
	矿物组合	矿石矿物:方铅矿、闪锌矿、黄铁矿、辉银矿,偶见黄铜矿。 脉石矿物:长英凝灰物质、玻屑、晶屑、凝灰质角砾以及方解石、石英等			
	矿石构造	角砾状、浸染状、团块状及细脉状构造			
	蚀变特征	围岩蚀变有硅化、黄铁矿化、碳酸盐化。硅化以石英颗粒和细脉状分布于方铅矿、闪锌矿边部及小裂隙中。黄铁矿化呈星点状或微细脉状分布于其他硫化矿物岩石中。碳酸盐化以方解石细脉充填在小裂隙中			
	控矿条件	控矿构造:近东西向断裂构造,地表规模大的硅化破碎带,火山机构。 控矿地层:矿体呈层状或似层状赋存于上侏罗统白音高老组火山岩系中,并隐伏于地表以下300m。 控矿岩体:侵入岩分布零星,主要有燕山期次火山岩——安山玢岩、石英闪长玢岩等呈岩株和脉状产出,与成矿热液的形成及运移有着密切的关系			
地球物理特征	重力场特征	扎木钦铅锌矿床位于局部重力高异常上,$\Delta g_{min}=-72.87\times10^{-5}$ m/s^2,该局部重力高异常走向近南北向,由3个局部异常组成。剩余重力异常图上,位于剩余重力正异常上,根据物性资料和地质资料分析,推断该重力正异常是前中生代基底隆起所致			
	磁场特征	该矿床位于高磁异常区,$\Delta T_{max}=300$nT,该高磁异常区与重力高异常对应,推断高磁异常区是古生代火山岩地层分布区			

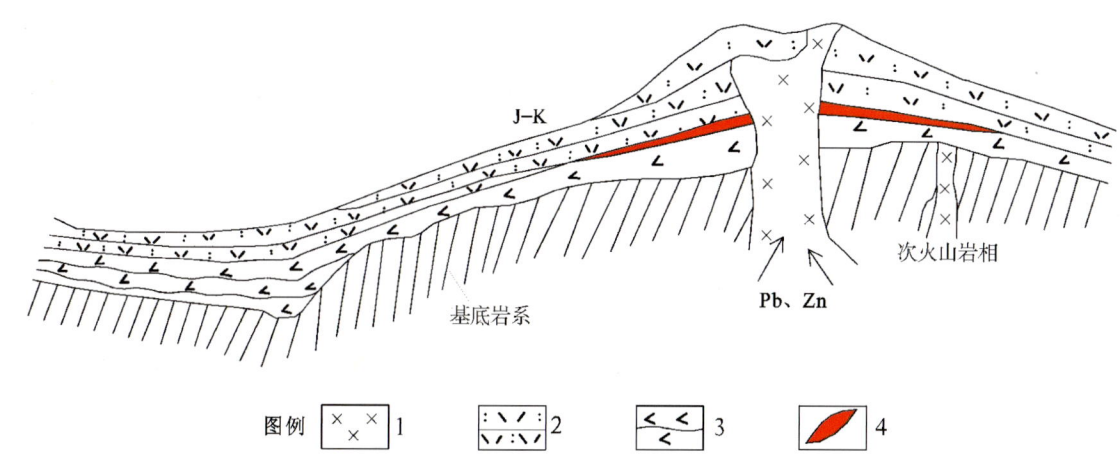

图例 1 2 3 4

扎木钦式火山热液型铅锌矿成矿模式示意图

1.次火山岩;2.流纹质沉凝灰岩;3.角闪片岩;4.含矿体

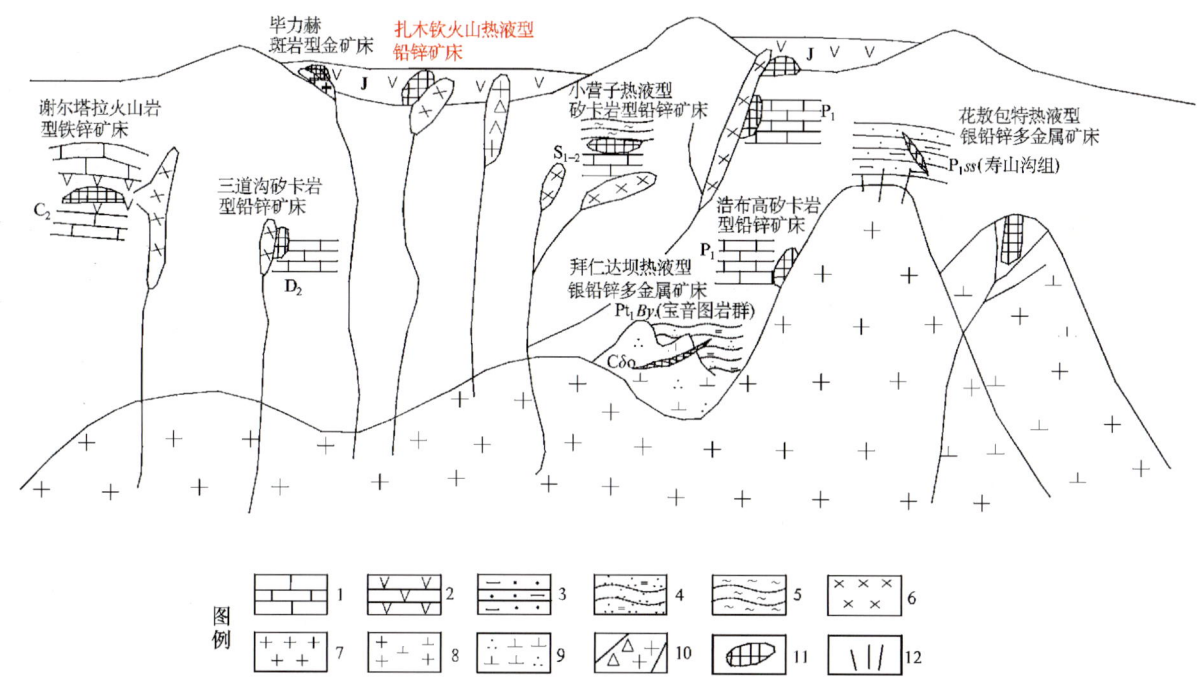

图例 1 2 3 4 5 6 7 8 9 10 11 12

扎木钦式火山热液型铅锌矿区域成矿模式图

1.大理岩;2.火山岩;3.泥质砂岩;4.石英片岩;5.绿泥片岩;6.次火山岩;7.花岗岩类;8.花岗闪长岩类;9.石英闪长岩;10.隐爆角砾岩筒;11.矿体;12.热液型矿化

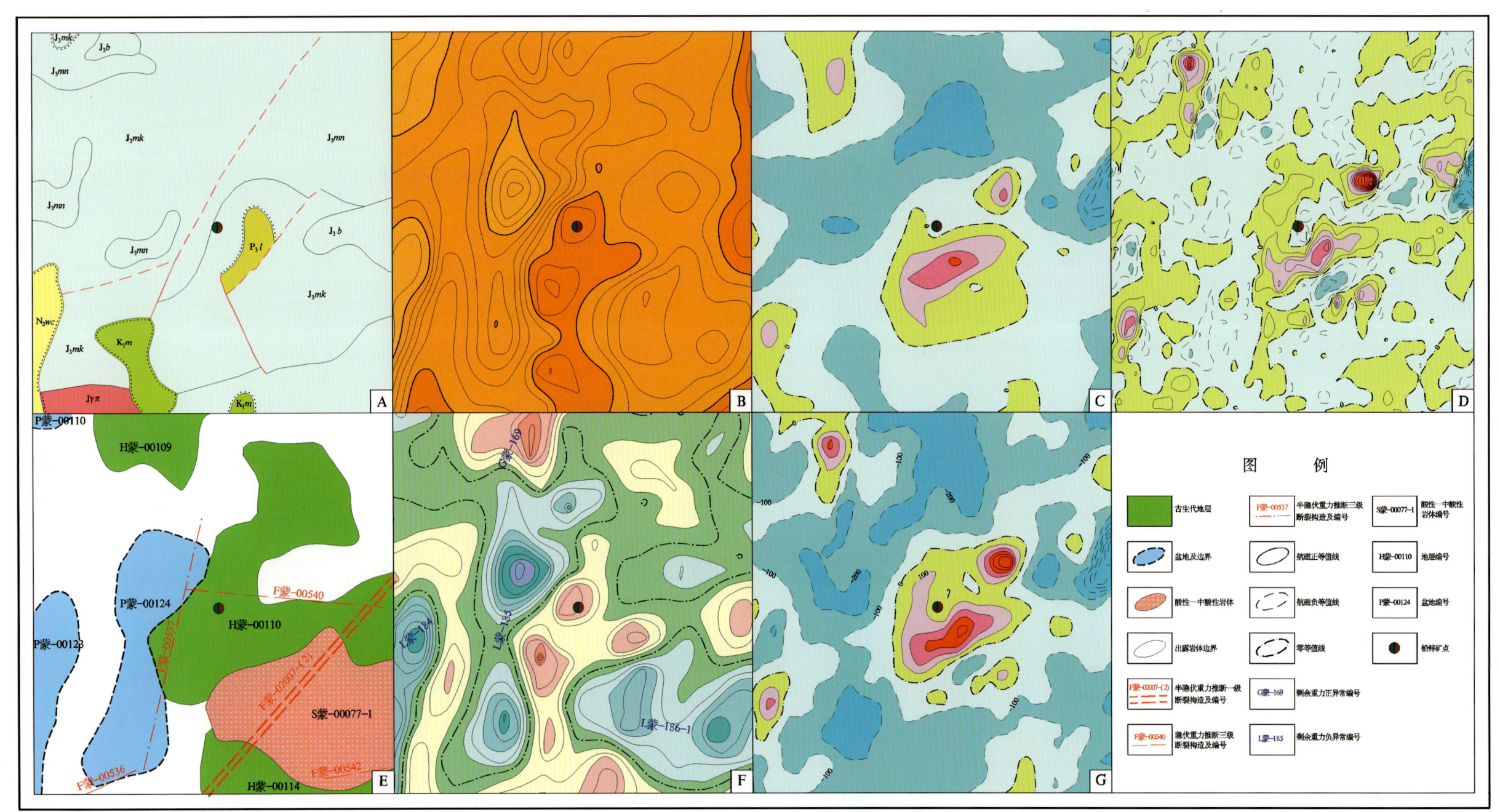

扎木钦式火山热液型铅锌典型矿床所在区域地质矿产及物探剖析图

A. 地质矿产图；B. 布格重力异常等值线平面图；C. 航磁 ΔT 等值线平面图；D. 航磁 ΔT 化极垂向一阶导数等值线平面图；E. 重力推断地质构造图；F. 剩余重力异常图；G. 航磁 ΔT 化极等值线平面图

李清地式热液型铅锌矿地质、地球物理特征一览表

成矿要素		描述内容		
储量		锌 26 534t,铅 27 088t	平均品位	Zn 0.89%～5.55%,Pb 7.384%
特征描述		复合内生型、中—低温热液裂隙充填型铅锌矿床		
地质环境	构造背景	华北陆块区,狼山-阴山陆块(大陆边缘岩浆弧 Pz_2),固阳-兴和陆核(Ar_3)		
	成矿环境	成矿区带属滨太平洋成矿域(叠加在古亚洲成矿域之上),华北成矿省,华北陆块北缘西段金、铁、铌、稀土、铜、铅、锌、银、镍、铂、钨、石墨、白云母成矿带,乌拉山-集宁铁、金、银、钼、铜、铅、锌、石墨、白云母成矿亚带(Ar_{1-2},I,Y)。中太古界集宁岩群大理岩组为铅锌成矿的赋存岩石,矿体主要产于大理岩组内北东向层间破碎带及其派生的北西向断裂内。与铅锌成矿关系密切的岩浆岩主要是燕山期花岗岩及其火山-次火山岩。		
	成矿时代	燕山期		
矿床特征	矿体形态	呈不规则脉状、透镜状、楔形囊状等		
	岩石类型	大理岩、硅化大理岩、铁白云石大理岩、中粒或中粗粒似斑状花岗岩、黑云母钾长花岗岩、石英斑岩、流纹质集块岩、流纹质火山角砾岩、流纹质熔结凝灰岩、流纹岩		
	岩石结构	中粒变晶结构、斑状结构、集块结构、火山角砾结构、熔结凝灰结构、中—中粗粒似斑状结构、花岗结构		
	矿物组合	矿石矿物:黄铁矿、闪锌矿、方铅矿、白铅矿、菱锌矿、褐铁矿、菱锰矿、菱铁矿、赤铁矿、白铁矿、针铁矿、黄铜矿、辉银矿、角银矿、辉锑银矿。脉石矿物:白云石、方解石、石英、铁白云石、锰白云石等		
	矿石结构构造	结构:自形-半自形粒状结构、他形粒状结构、隐晶质(铁锰质)结构、交代残余结构、包含结构、发射状、文象结构、反应边结构。构造:块状构造、蜂窝状构造、胶状构造、角砾状构造、浸染状构造、脉状—网状构造		
	蚀变特征	硅化、铁锰矿化、碳酸盐化、绢云母化、蛇纹石化		
	控矿条件	(1)中太古界集宁岩群大理岩。(2)集宁岩群大理岩组内北东向层间破碎带及其派生的北西向断裂。(3)燕山期花岗岩及其火山-次火山岩,其不仅提供了成矿物质,也是引起矿区内岩石发生蚀变的主要原因		
地球物理特征	重力场特征	李清地铅锌银矿床位于布格重力低异常的边部,$\Delta g_{min}=-162.50\times10^{-5}m/s^2$;剩余重力异常图上亦反映李清地铅锌银矿位于局部剩余重力低的边部,$\Delta g_{min}=-6.51\times10^{-5}m/s^2$,推断该局部重力低异常是隐伏的中生代花岗岩体的反映。表明李清地铅锌银矿与中生代花岗岩体有关		
	磁场特征	从1:20万航磁 ΔT 化极等值线平面图和航磁 ΔT 化极垂向一阶导数等值线平面图可知,该区总体反映区域正磁场,强度在200～400nT之间,根据地质出露情况分析,推断区域正磁场与前寒武系有关		

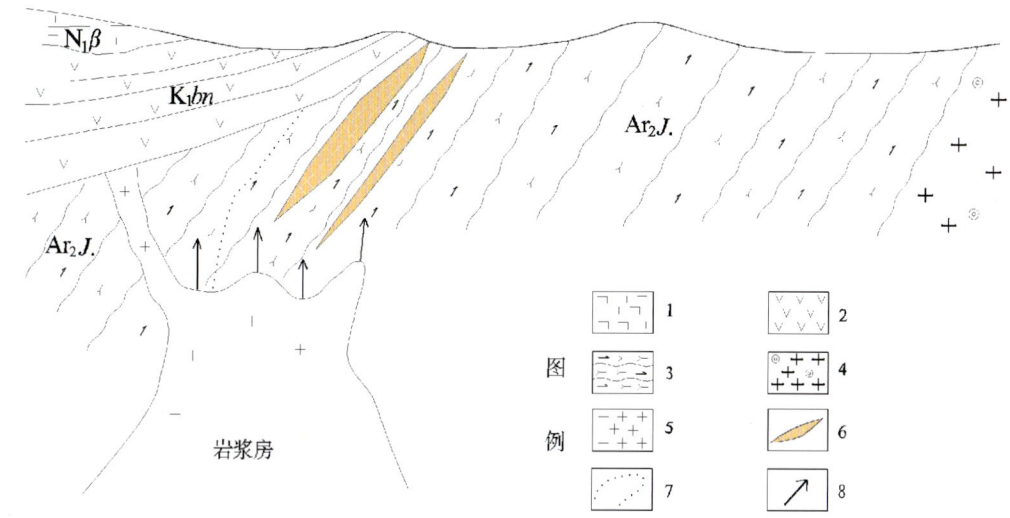

李清地式热液型铅锌矿成矿模式图

1.中新世汉诺坝玄武岩($N_1\beta$);2.下白垩统白女羊盘组(K_1bn);3.中太古界集宁岩群($Ar_2J.$);4.中太古代含榴石花岗岩;5.燕山期花岗岩;6.矿体;7.蚀变界线;8.岩浆热液运移方向

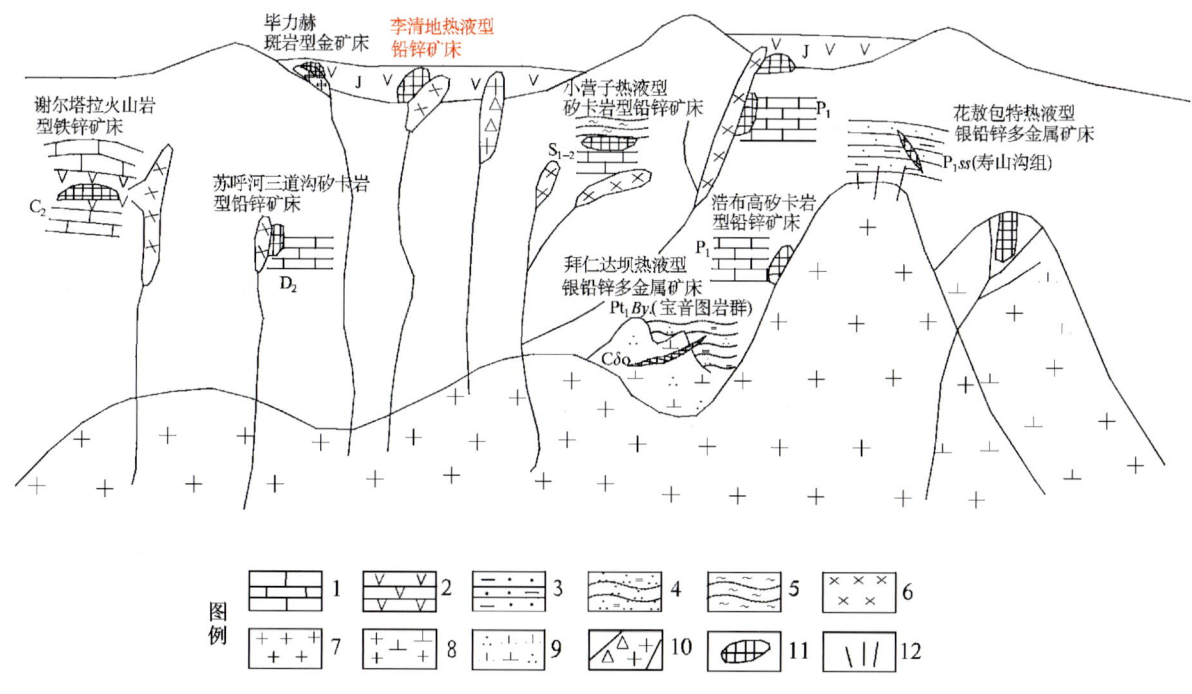

李清地式热液型铅锌矿区域成矿模式图

1.大理岩;2.火山岩;3.泥质砂岩;4.石英片岩;5.绿泥片岩;6.次火山岩;7.花岗岩类;8.花岗闪长岩类;9.石英闪长岩;10.隐爆角砾岩筒;11.矿体;12.热液型矿化

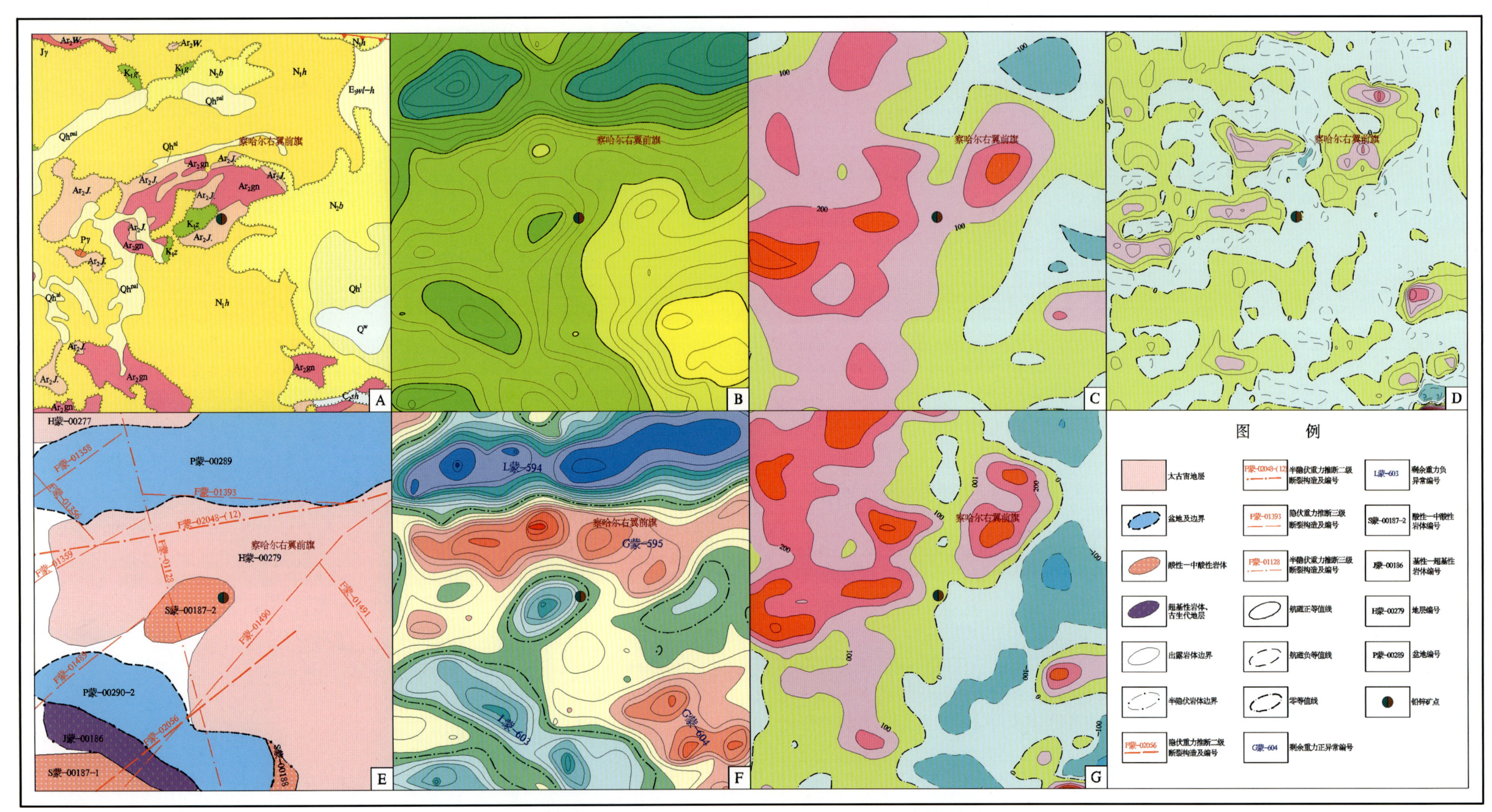

李清地式热液型铅锌典型矿床所在区域地质矿产及物探剖析图

A. 地质矿产图；B. 布格重力异常等值线平面图；C. 航磁 ΔT 等值线平面图；D. 航磁 ΔT 化极垂向一阶导数等值线平面图；E. 重力推断地质构造图；F. 剩余重力异常图；G. 航磁 ΔT 化极等值线平面图

花敖包特式中低温热液型铅锌矿地质、地球物理特征一览表

成矿要素		描述内容		
储量		银 937.96t,铅 $16.88×10^4$t,锌 $25.94×10^4$t	平均品位	$Ag\ 414.00×10^{-6}$,$Pb\ 7.46\%$,$Zn\ 11.45\%$
特征描述		中低温次火山热液型铅锌矿床		
地质环境	构造背景	天山-兴蒙造山系,大兴安岭弧盆系,锡林浩特岩浆弧		
	成矿环境	成矿区带属滨太平洋成矿域(叠加在古亚洲成矿域之上),大兴安岭成矿省,突泉-翁牛特铅、锌、银、铜、铁、锡、稀土成矿带,索伦镇-黄岗梁铁、锡、铜、铅、锌、银成矿亚带(V-Y)。矿区断裂构造发育,火山活动强烈。花敖包特矿区银铅锌矿位于梅劳特断裂北东段,矿体赋存于北西向、北东向及近南北向的构造破碎带中,矿体严格受断裂构造控制		
	成矿时代	晚侏罗世		
矿床特征	矿床形态	板柱状、囊状、脉状、透镜状		
	岩石类型	砂岩、含砾砂岩、细砂岩、粉砂岩,少量泥岩及蚀变含角砾火山碎屑岩		
	岩石结构	砂粒状结构		
	矿物组合	黄铁矿、方铅矿、闪锌矿、毒砂及黄铜矿,次为银黝铜矿、磁黄铁矿、辉锑矿、辉铁锑矿、硫铜锑矿、砷黝铜矿、深红银矿、硫锑铅矿、金红石及铜蓝等		
	矿石结构构造	结构:他形晶粒状、自形粒状、半自形粒状、交代溶蚀、残余、包含及乳浊状等结构。构造:块状、致密块状、脉状、细脉浸染状、团块状、斑杂状、角砾状及条带状等构造		
	围岩蚀变	绿泥石化带—绢云母化、硅化、黄铁矿化带—碳酸盐化		
	控矿条件	北西向、北东向及近南北向的构造破碎带,热液则充填在次流纹岩体附近的裂隙中形成银铅锌矿体		
地球物理特征	重力场特征	花敖包特多金属矿位于布格重力异常等值线的扭曲部位,其北为重力高,$\Delta g_{max}=-78.23×10^{-5}$m/s²,剩余重力异常图亦反映重力正异常,异常编号为 G蒙-199;其南侧表现为等轴状的重力负异常 L蒙-209,根据物性资料和地质资料分析,推断北部重力高异常是由古生代地层引起,南部局部重力低异常为中—酸性花岗岩体的反映		
	磁场特征	从 1:20 万航磁 ΔT 化极等值线平面图可知,该区总体反映区域正磁场,强度在 100～200nT 之间,在该正磁场上叠加有 3 个等轴状局部正磁异常,强度在 600～900nT 之间,根据地质出露情况分析,推断该区域正磁场为古生代地层的反映,等轴状局部正磁异常为中—酸性岩体的表现。表明花敖包特银铅锌矿床在成因上不仅与古生代地层有关,而且与中—酸性花岗岩体有关		

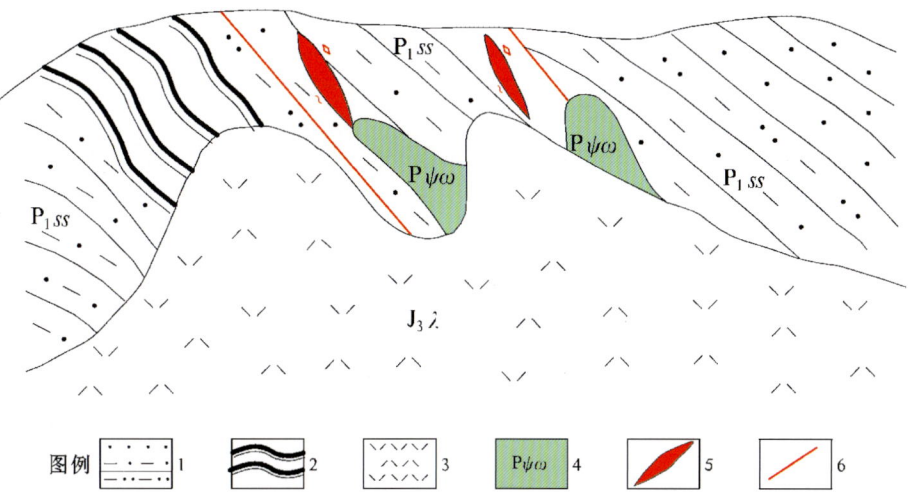

花敖包特式中低温热液型铅锌矿成矿模式图

1.二叠系寿山沟组(P_1ss)砂岩、粉砂质泥岩;2.二叠系寿山沟组(P_1ss)板岩;3.晚侏罗世次流纹岩($J_3\lambda$);4.二叠纪蛇纹岩(原岩为斜辉辉橄岩);5.矿体;6.断裂构造

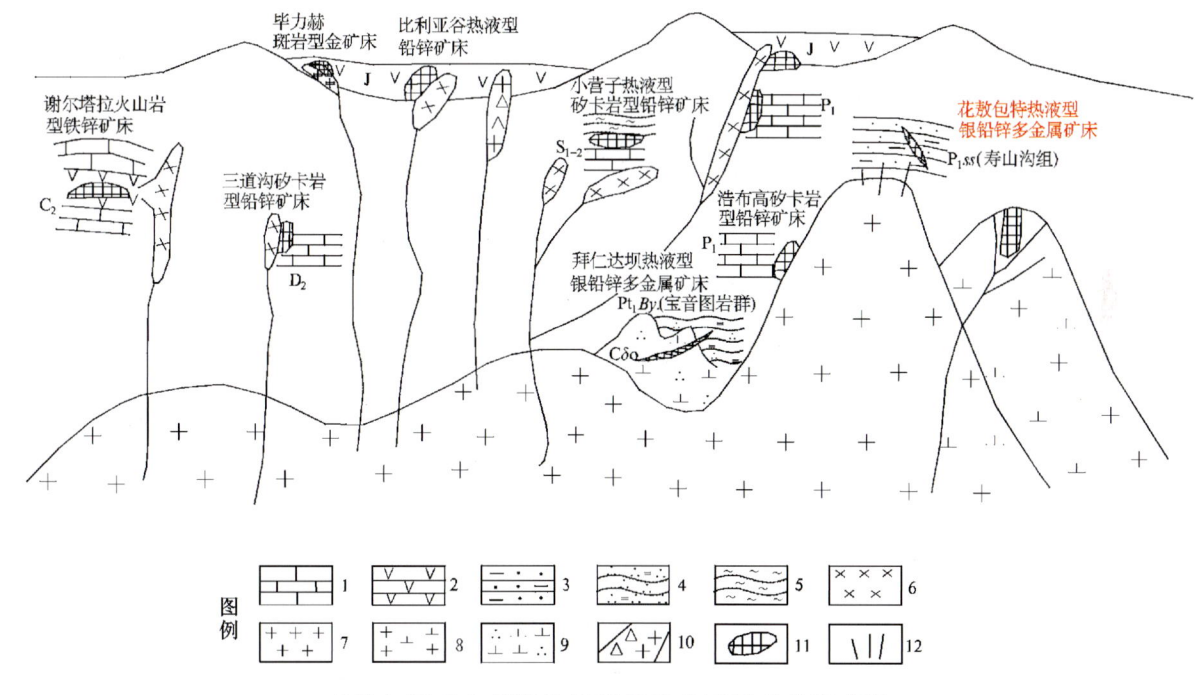

花敖包特式中低温热液型铅锌矿区域成矿模式图

1.大理岩;2.火山岩;3.泥质砂岩;4.石英片岩;5.绿泥片岩;6.次火山岩;7.花岗岩类;8.花岗闪长岩类;9.石英闪长岩;10.隐爆角砾岩筒;11.矿体;12.热液型矿化

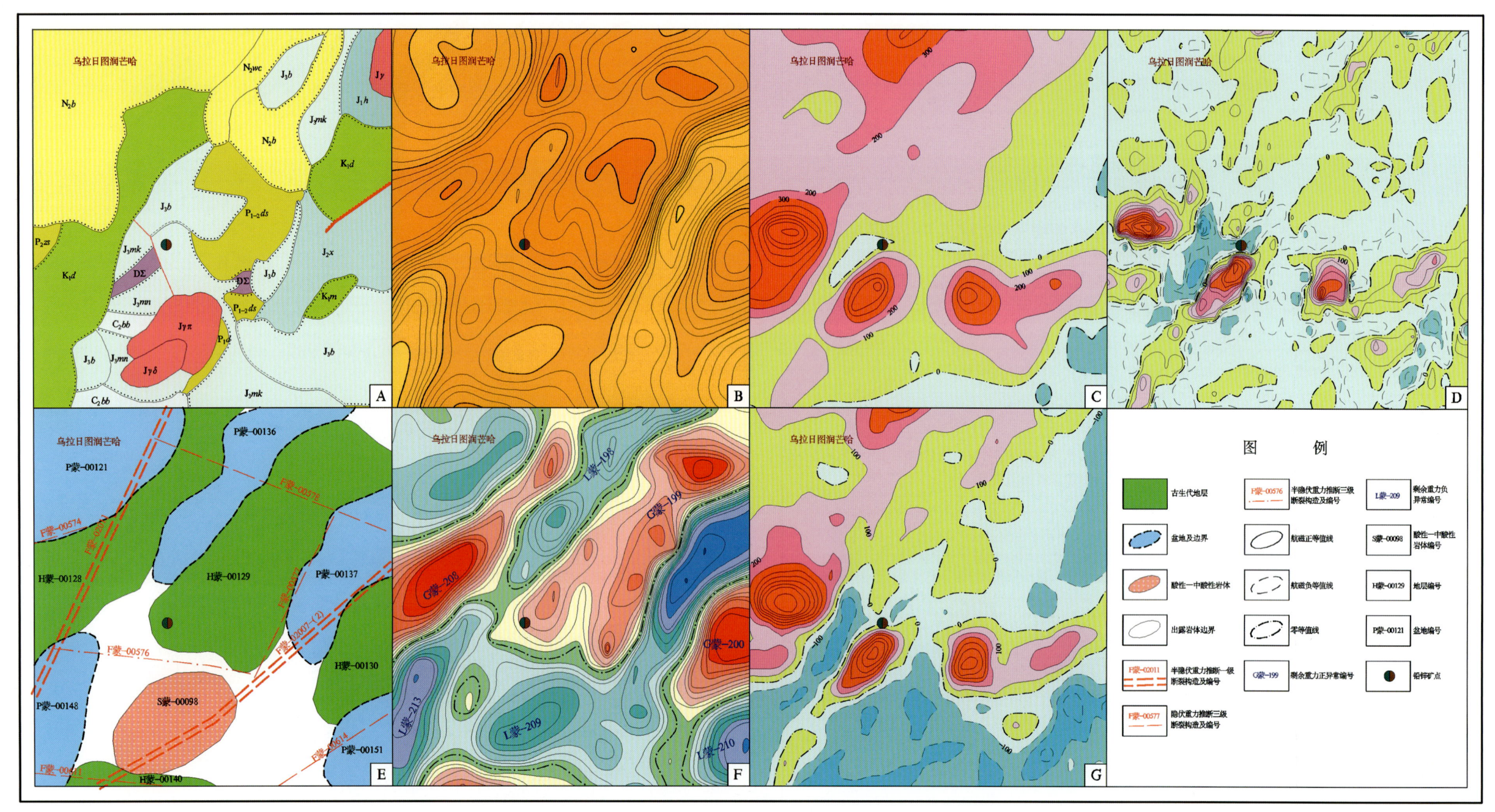

花敖包特式中低温热液型铅锌典型矿床所在区域地质矿产及物探剖析图

A. 地质矿产图；B. 布格重力异常等值线平面图；C. 航磁 ΔT 等值线平面图；D. 航磁 ΔT 化极垂向一阶导数等值线平面图；E. 重力推断地质构造图；F. 剩余重力异常图；G. 航磁 ΔT 化极等值线平面图

代兰塔拉式热液型铅锌矿地质、地球物理特征一览表

成矿要素		描述内容		
储量		铅 28 924.53t,锌 44 295.15t	平均品位	Pb 3.97%,Zn 6.01%
特征描述		热液型铅锌矿床		
地质环境	构造背景	华北陆块区,鄂尔多斯陆块,贺兰山被动陆缘盆地		
	成矿环境	成矿区带属华北成矿省,鄂尔多斯西缘(陆缘坳褶带)铁、铅、锌、磷、石膏、芒硝成矿带。矿区地层发育较全,各时代地层均有不同程度的发育,区内未见岩浆岩出露。矿区位于岗德尔山背斜东翼,断裂构造十分发育,其中以近南北向断裂规模较大,形成时代相对较早,多为向西倾的压性逆断层。北西-南东向断裂最为发育,倾向以南西为主、北东次之,为矿区的主要控矿构造		
	成矿时代	早侏罗世		
矿床特征	矿体形态	矿体呈南东-北西向展布,分南西(倾)、北东(倾)两组,沿走向连续性很差,断续出现。矿体呈似层状、脉状		
	岩石类型	灰岩		
	岩石结构构造	结构:粒状变晶结构。 构造:块状、层状、角砾状构造		
	矿物组合	金属矿物:黄铁矿、闪锌矿、方铅矿,其次有磁黄铁矿及微量黄铜矿、白铅矿、铅矾、菱锌矿、赤铁矿、褐铁矿。 非金属矿物:方解石、白云石、石英及少量重晶石、云母等		
	矿石结构构造	结构:他形粒状结构、定向乳滴状结构、压碎结构、包含结构。 构造:浸染状构造、脉状构造、块状构造		
	蚀变特征	矽卡岩化、硅化、绿帘石化、绿泥石化、黄铁矿化、绢云母化和碳酸盐化		
	控矿条件	控矿地层:下古生界寒武系、奥陶系灰岩。 控矿侵入岩:侏罗纪霓霞正长岩。 控矿构造:近南北向和北西向断裂		
地球物理特征	重力场特征	代兰塔拉铅锌矿床位于哑铃型布格重力高异常带的中间部位,$\Delta g_{max}=-143.31\times 10^{-5}$ m/s^2;剩余重力异常等值线图上,代兰塔拉铅锌矿位于局部剩余重力正异常区的边部,$\Delta g_{max}=8.47\times 10^{-5}$ m/s^2,推断该局部重力正异常是由前中生代地层隆起引起的		
	磁场特征	从1:20万航磁 ΔT 化极等值线平面图可知,该区总体反映区域正磁场,强度在200~500nT之间,推断与前寒武系有关		

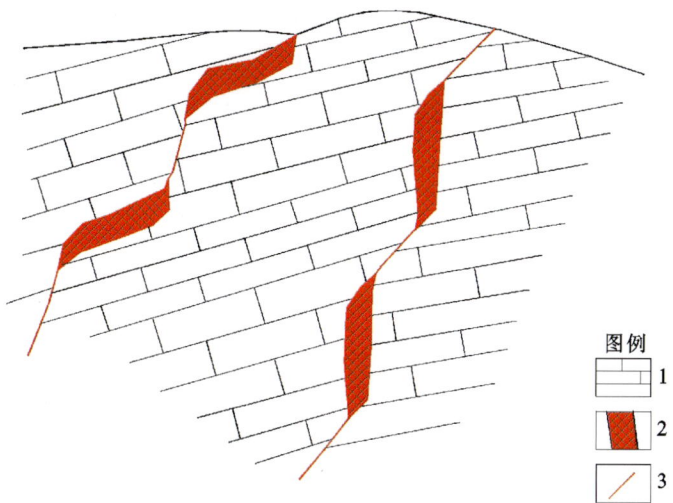

代兰塔拉式热液型铅锌矿成矿模式图
1.浅灰色厚层灰岩;2.Pb、Zn矿体;3.断裂

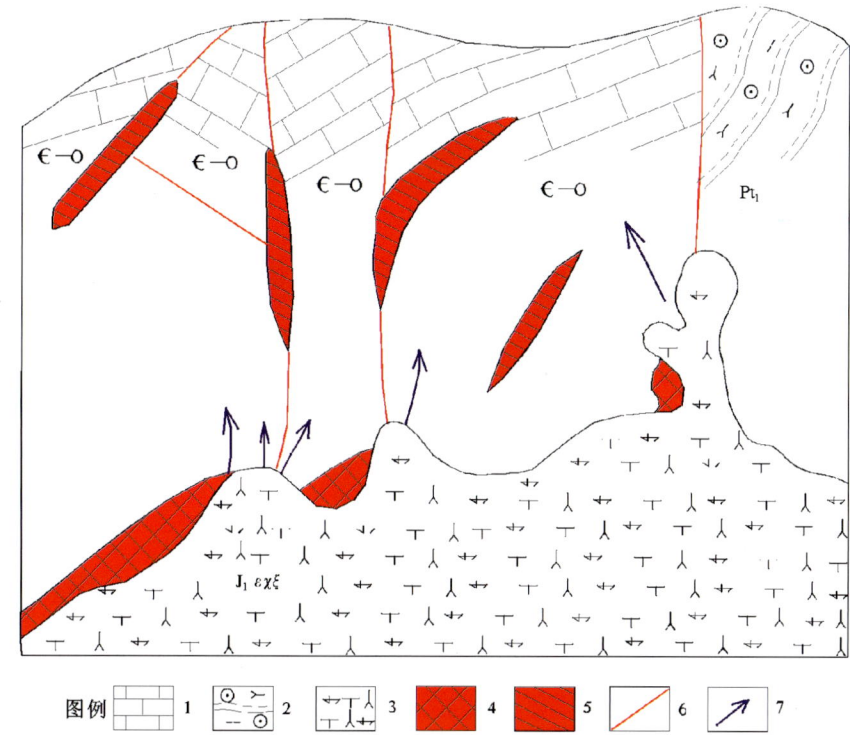

代兰塔拉式热液型铅锌矿区域成矿模式图
1.寒武系—奥陶系灰岩(∈—O);2.中元古界矽线石榴片麻岩(Pt$_1$);3.早侏罗世霓霞正长岩(J$_\varepsilon\chi\xi$);4.矽卡岩型铅锌矿床;5.热液型铅锌矿床;6.断层;7.热液运移方向

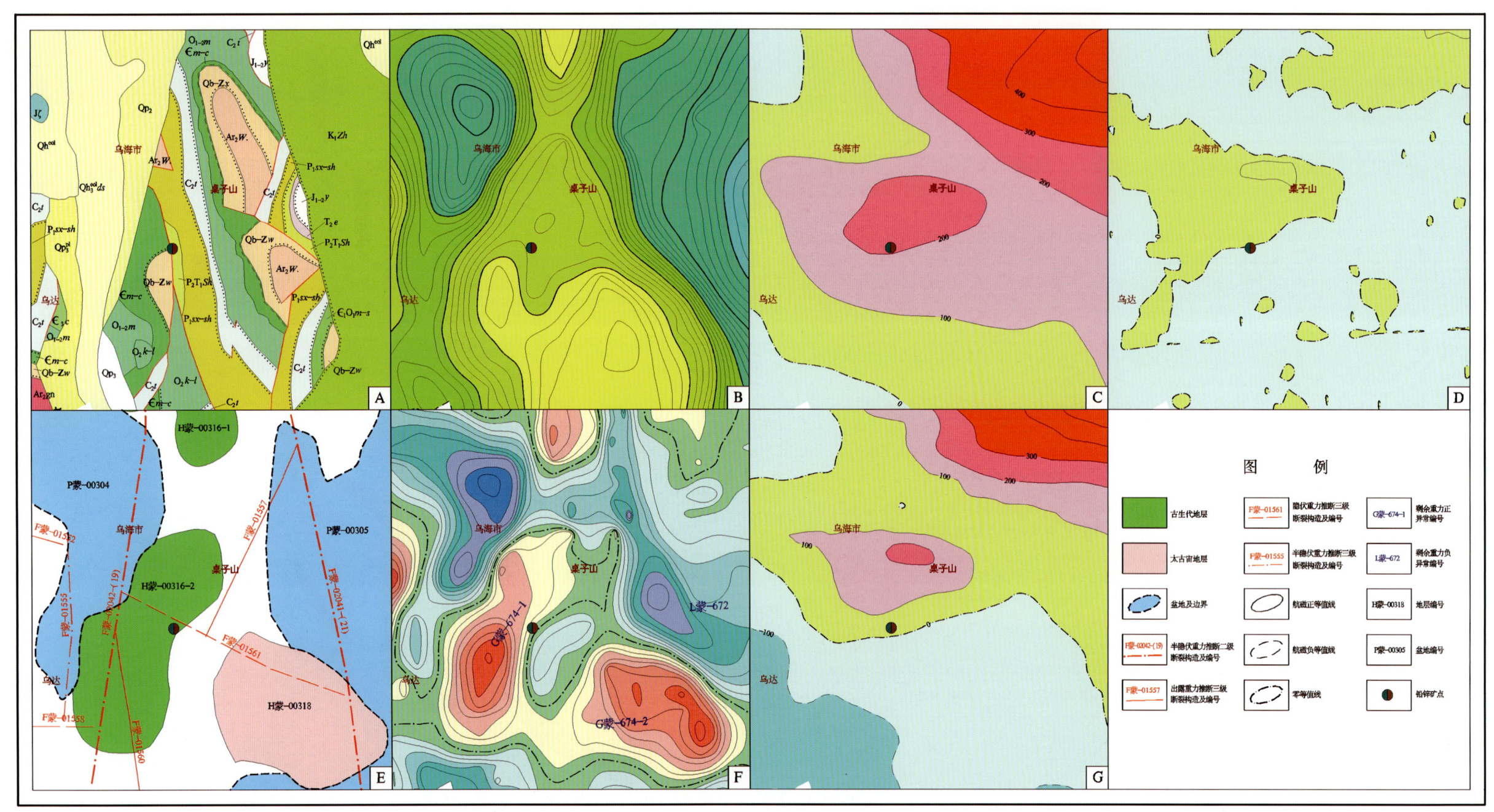

代兰塔拉式热液型铅锌典型矿床所在区域地质矿产及物探剖析图

A. 地质矿产图;B. 布格重力异常等值线平面图;C. 航磁 ΔT 等值线平面图;D. 航磁 ΔT 化极垂向一阶导数等值线平面图;E. 重力推断地质构造图;F. 剩余重力异常图;G. 航磁 ΔT 化极等值线平面图

白云鄂博式沉积型稀土矿地质、地球物理特征一览表

成矿要素		描述内容		
储量		稀土氧化物 $10\ 140.19\times10^4\ t$	平均品位	$0.71\%\sim9.25\%$
特征描述		沉积型稀土矿床		
地质环境	构造背景	华北陆块区,狼山-阴山陆块(大陆边缘岩浆弧),狼山-白云鄂博裂谷		
	成矿环境	成矿区带属华北成矿省,华北陆块北缘西段金、铁、铌、稀土、铜、铅、锌、银、镍、铂、钨、石墨、白云母成矿带,白云鄂博-商都金、铁、铌、稀土、铜、镍成矿亚带。矿区地层为中元古界白云鄂博群变质岩系,周围附近的岩浆岩有超基性岩、基性岩、碱性岩及偏碱性花岗岩等,另外还有基性、碱性岩脉。碱性岩发生了铌、稀土矿化。碳酸盐岩是该矿区最重要的含矿岩系		
	成矿时代	中元古代		
矿床特征	矿体形态	矿体似层状或大的透镜状		
	岩石类型	中元古代哈拉霍疙特组白云质碳酸岩,含磁铁石英岩,含磁铁细晶白云岩夹含磁铁矿粉晶灰岩、中晶灰岩,萤石化细晶白云岩		
	岩石结构	中粗粒结构、中细粒结构、等粒结构		
	矿物组合	含铁矿物:磁铁矿、赤铁矿、镜铁矿、磁赤铁矿等。稀土矿物:氟碳铈矿、独居石、氟碳钙铈矿等。铌矿物:铌铁金红石、铌铁矿、烧绿石、易解石等。共生矿物:萤石、磷灰石、重晶石、白云石等		
	矿石结构构造	结构:粒状变晶结构、粉尘状结构、交代结构、固溶分离结构等。构造:块状构造、浸染状构造、条带状构造、层纹状构造、斑杂状构造、角砾状构造等		
	蚀变特征	萤石化、霓石化、碱性角闪石化、黑云母化、金云母化、磷灰石化等		
	控矿条件	褶皱控矿,向斜,断层		
地球物理特征	重力场特征	白云鄂博稀土矿床位于布格重力高异常上,$\Delta g_{max}=-150.97\times10^{-5}\ m/s^2$,其东部表现为明显的巨大低重力异常带;根据物性资料和地质资料分析,推断该局部重力高异常是由元古宇白云鄂博群及太古宇引起的,巨大低重力异常带为中—酸性岩浆岩带的反映。表明白云鄂博式沉积型稀土矿不仅与元古宇—太古宇有关,而且与中—酸性岩体关系密切		
	磁场特征	由航磁等值线图可知,白云鄂博铁矿床所在处为北西向展布的正磁异常区,磁场强度最高达500nT。航磁异常图是由2km×2km网络化数据编制,数据精度为1:20万,所以异常强度明显减弱,但异常清晰可见		

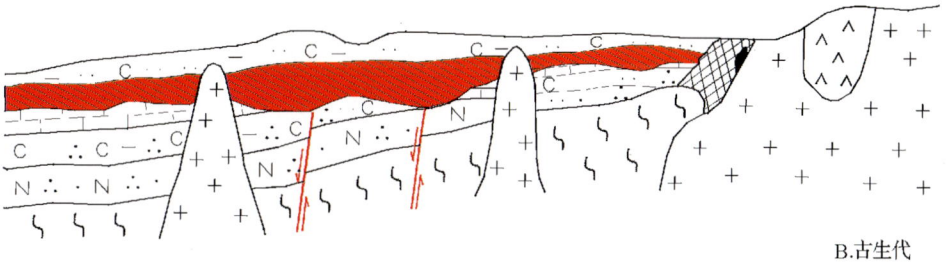

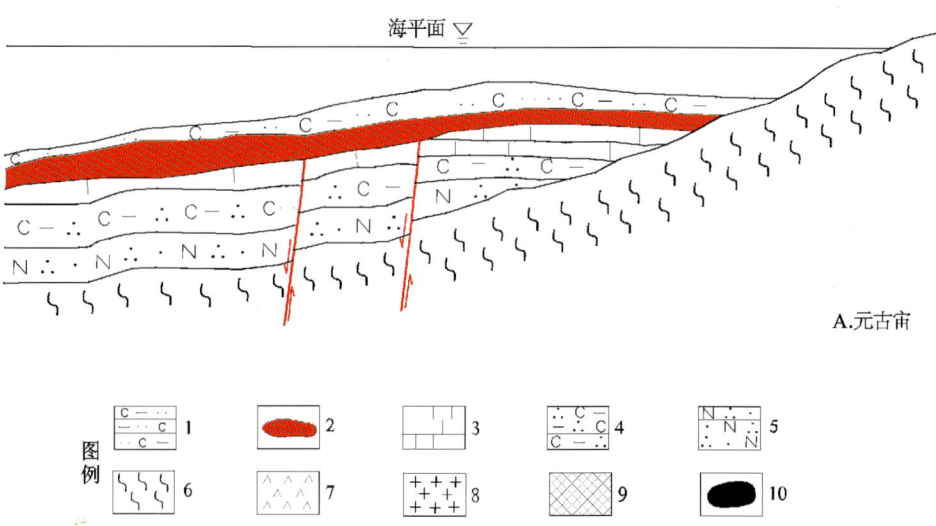

白云鄂博式沉积型铁、铌、稀土矿床成矿模式图

1.比鲁特组;2.铁、铌、稀土矿层;3.哈拉霍疙特组;4.尖山组;5.都拉哈拉组;6.古老基底岩;7.碱性辉长岩;8.花岗岩;9.矽卡岩;10.晚期叠加矿化

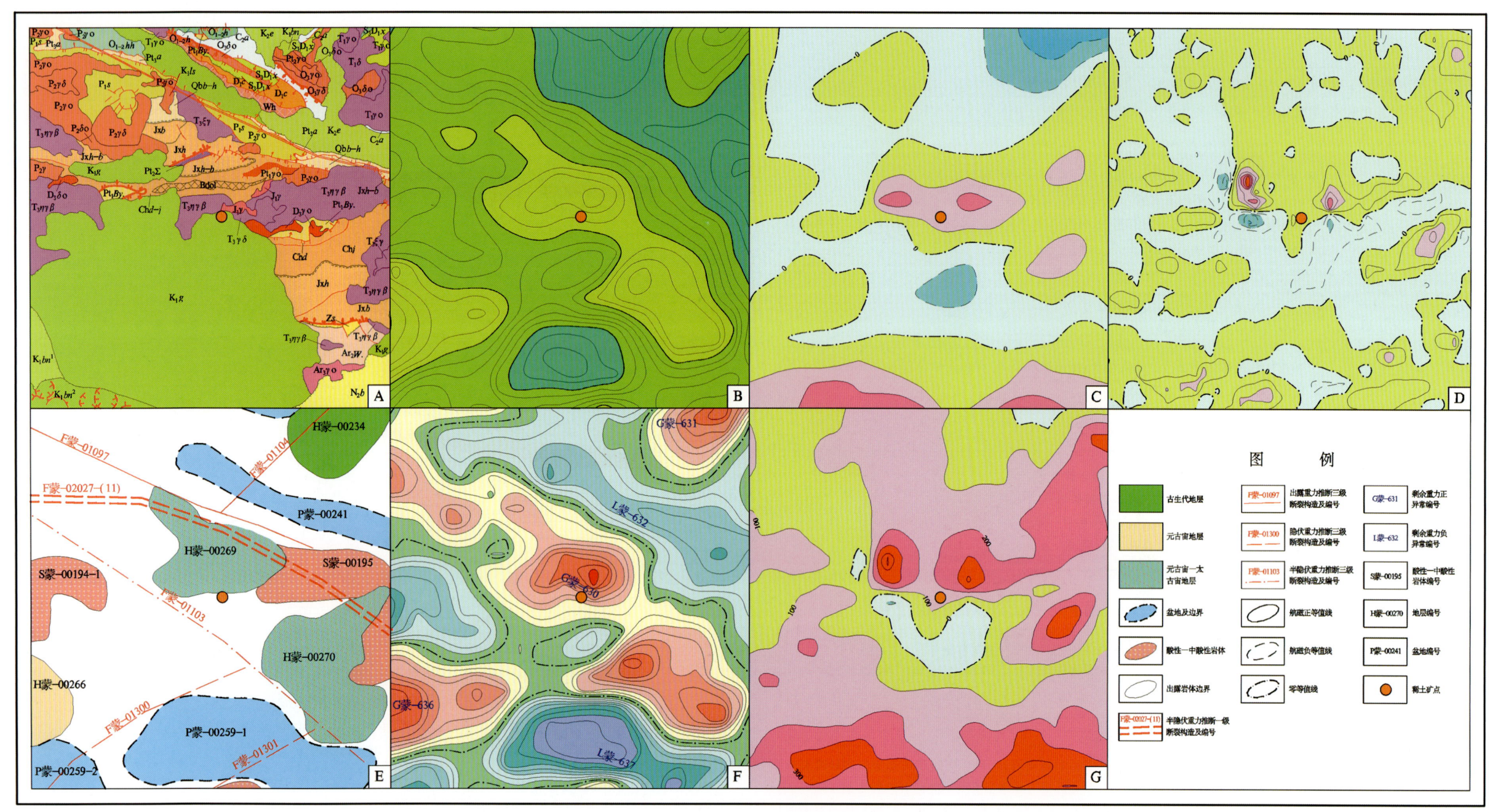

白云鄂博式沉积型稀土典型矿床所在区域地质矿产及物探剖析图

A. 地质矿产图;B. 布格重力异常等值线平面图;C. 航磁 ΔT 等值线平面图;D. 航磁 ΔT 化极垂向一阶导数等值线平面图;E. 重力推断地质构造图;F. 剩余重力异常图;G. 航磁 ΔT 化极等值线平面图

巴尔哲式岩浆晚期分异型稀土矿地质、地球物理特征一览表

成矿要素		描述内容		
储量		$Y_2O_3\ 37.81\times10^4$ t, $Ce_2O_3\ 40.62\times10^4$ t	平均品位	$Y_2O_3\ 37.81\%$,$Ce_2O_3\ 40.62\%$
特征描述		岩浆晚期分异型稀土矿床		
地质环境	构造背景	天山-兴蒙造山系,大兴安岭弧盆系,锡林浩特岩浆弧		
	成矿环境	成矿区带属大兴安岭成矿省,突泉-翁牛特铅、锌、银、铜、铁、锡、稀土成矿带,神山-大井子铜、铅、锌、银、铁、钼、稀土、铌、钽、萤石成矿亚带(I-Y)		
		矿区内出露地层单一,为侏罗系满克头鄂博组下段一套火山碎屑岩及酸性熔岩,构成背斜核部,含矿钠闪石花岗岩体侵入在背斜核部,背斜两翼分布脉岩。矿体即位于缓倾短轴背斜核部,受北北东向和东西向断裂复合控制		
	成矿时代	侏罗纪,全岩Rb-Sr等时线年龄为(127.2~125.2)Ma		
矿床特征	矿体形态	地表出露不连续,一部分出露在矿区西南端,而主要岩体出露在矿区东半部,呈北北东向展布,前者平面呈近圆形,后者平面上呈哑铃状		
	岩石类型	晶洞状、伟晶状、斑状钠闪石花岗岩,强蚀变钠闪石花岗岩,弱蚀变似斑状钠闪石花岗岩		
	岩石结构	半自形晶粒状结构、似斑状结构		
	矿物组合	稀有稀土及放射性矿物:羟硅铍钇铈矿、铌铁矿、锌晶光榴石烧绿石、独居石、锆石。 金属矿物:钛铁矿、赤铁矿、磁赤铁矿、磁铁矿、磁性钛铁矿。 硅酸盐矿物:条纹长石、钠长石、钠闪石、霓石。 其他矿物:石英、萤石、碳硅石、方解石		
	矿石结构构造	结构:半自形晶粒状结构、斑状结构、包含状结构。 构造:主要有稀疏浸染状构造,其次为斑杂状构造		
	围岩蚀变	硅化、角岩化、钠闪石化、钠长石化,也见有萤石化和碳酸盐化		
	控矿因素	东西向巴尔哲扎拉格断裂为碱性花岗岩浆上侵提供通道,区内短轴背斜是岩浆定位的良好空间,良好的封闭条件使岩液不易逸散,发育的岩浆收缩节理裂隙利于矿液的聚积与交代作用		
地球物理特征	重力场特征	巴尔哲岩浆晚期型稀土矿床位于局部重力低异常边部的重力等值线密集带上,其南侧反映轴状局部重力低异常,$\Delta g_{min}=-81.53\times10^{-5}$ m/s^2;在剩余重力异常图上亦反映剩余重力负异常,$\Delta g_{min}=-4.79\times10^{-5}$ m/s^2,根据物性资料和地质资料分析,推断该局部重力低异常是由花岗岩岩体引起。表明巴尔哲稀土矿床在成因上与花岗岩体有关		
	磁场特征	从1:20万航磁ΔT化极等值线平面图看,反映中—酸性岩体的重力低异常与负磁异常对应,强度−100~0nT,在负磁异常周围分布弱磁性环状正磁异常,强度小于100nT,推断与岩体外围的弱磁性地层有关		

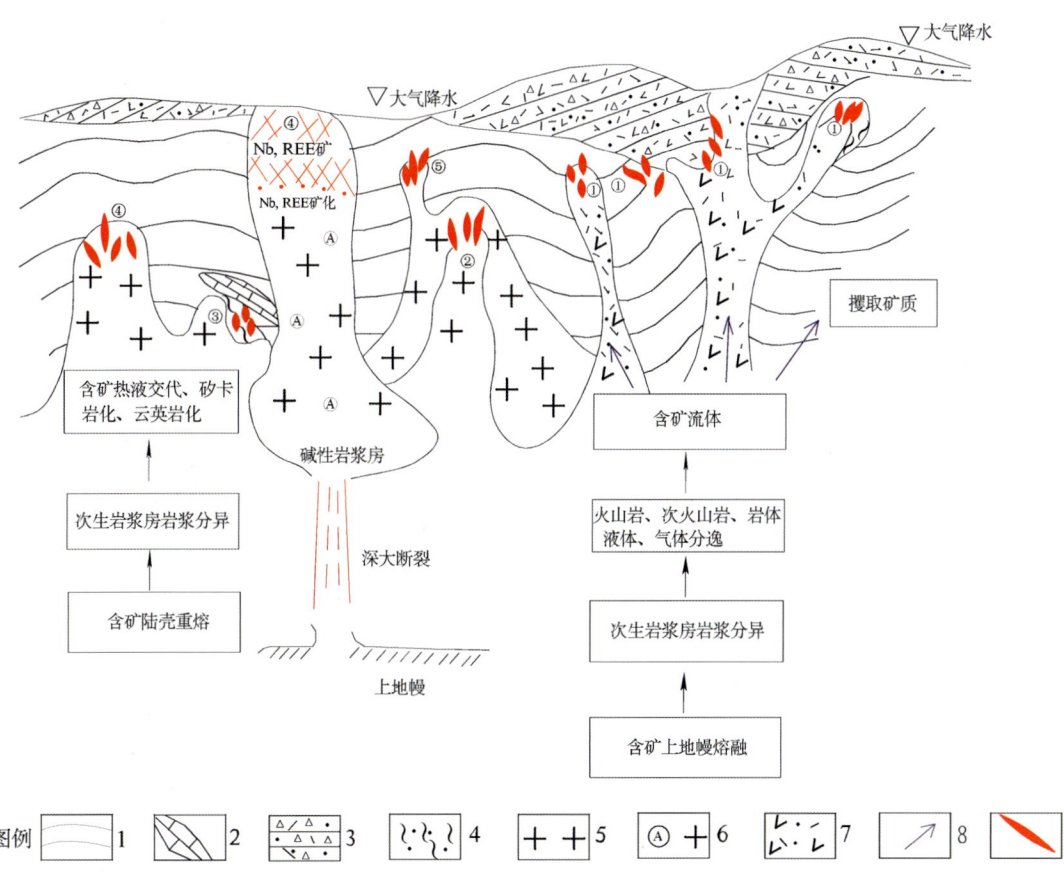

巴尔哲式岩浆晚期分异型稀土矿区域成矿模式图

1.二叠纪碎屑岩夹中基—中酸性火山岩;2.二叠纪碎屑岩夹碳酸盐岩透镜体;3.侏罗纪火山角砾凝灰岩、熔岩;4.矽卡岩;5.花岗岩;6.碱性花岗岩;7.英安斑岩、安山玢岩;8.热液运移方向;9.矿床:①大井式(火山岩-次火山岩中)②孟恩陶勒盖式(岩体内接触带中)③黄岗式(矽卡岩中)④巴尔哲式(碱性岩体)⑤胡家店式(岩体顶部、边部)

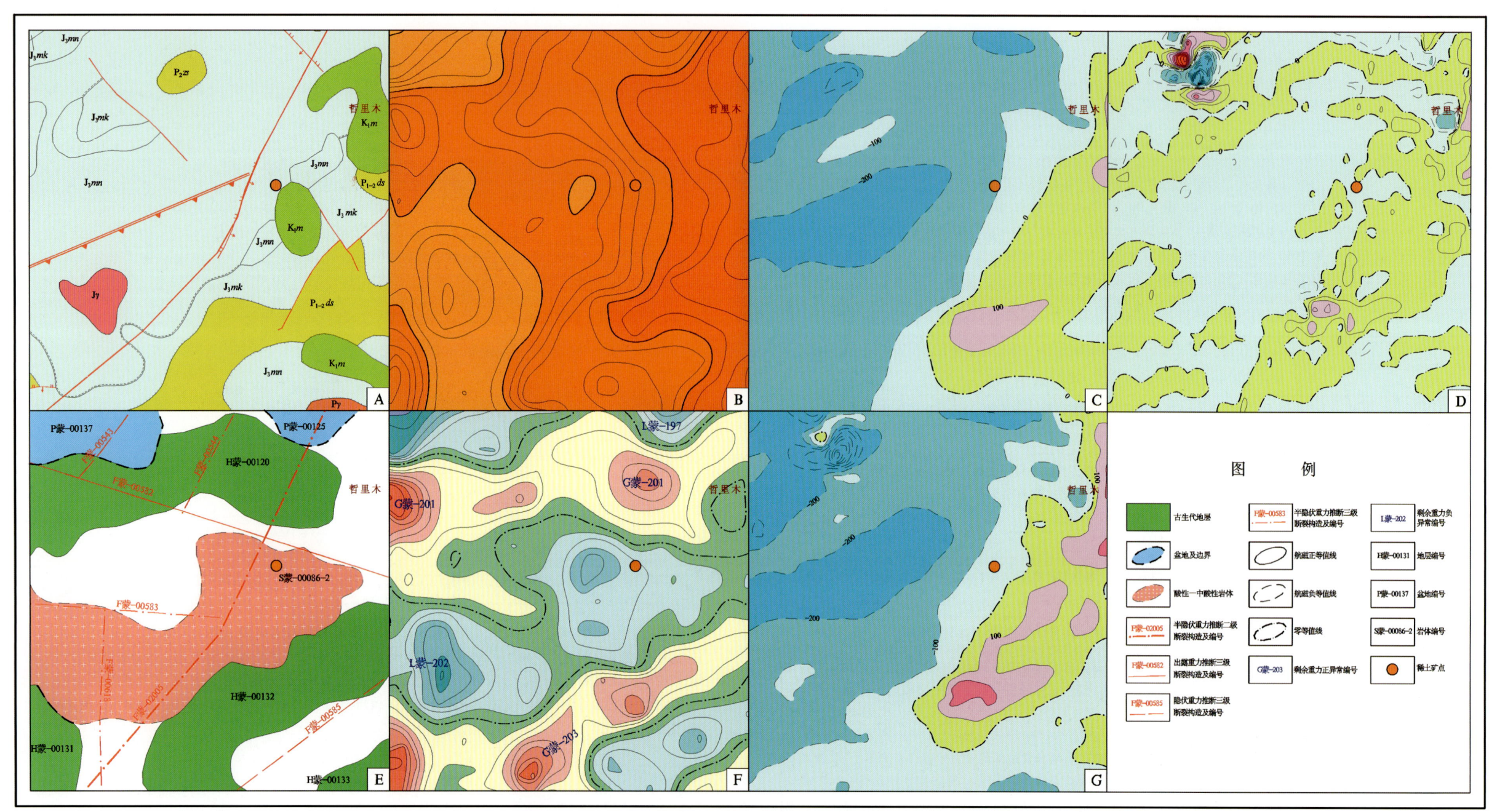

巴尔哲式岩浆晚期分异型稀土典型矿床所在区域地质矿产及物探剖析图

A. 地质矿产图;B. 布格重力异常等值线平面图;C. 航磁 ΔT 等值线平面图;D. 航磁 ΔT 化极垂向一阶导数等值线平面图;E. 重力推断地质构造图;F. 剩余重力异常图;G. 航磁 ΔT 化极等值线平面图

桃花拉山式沉积变质型稀土矿地质、地球物理特征一览表

成矿要素		描述内容		
储量		稀土氧化物约 $2.3×10^4$ t	平均品位	$0.3\%\sim1.15\%$
特征描述		同生沉积后期变质的层控稀有稀土矿床		
地质环境	构造背景	华北陆块区,阿拉善陆块,龙首山基底杂岩带		
	成矿环境	成矿区带属华北(陆块)成矿省,阿拉善(隆起)铜、镍、铂、铁、稀土、磷、石墨、芒硝、盐类成矿亚带,龙首山铜、镍、铁、稀土成矿亚带(Pt,Nh—Z,V)。矿区出露地层主要为前中元古界二道凹岩群中深变质岩系,含矿地层是条带状大理岩夹角闪片岩、薄层状钙质片岩。侵入岩主要有两期,即吕梁期闪长岩和加里东晚期花岗岩		
	成矿时代	古元古代		
矿床特征	矿体形态	矿带东西长达11km,南北宽约60m,目前大致圈出20个矿体,长35~904m,一般长200~500m,平均厚1.4~14.0m,延深一般在200m以下,矿体多为似层状,少数呈透镜状		
	岩石类型	条带状大理岩、角闪片岩、薄层状钙质片岩		
	岩石结构	不等粒花岗变晶结构		
	矿物组合	主要为方解石,有少量绿水云母、磁铁矿、黄铁矿、褐铁矿、磷灰石、铌铁矿、铌铁金红石、独居石等,含稀土独立矿物有独居石、易解石、褐帘石		
	矿石构造	条带状构造、浸染状构造和块状构造		
	围岩蚀变	褐铁矿化、黑云母化、磷酸盐化、钾钠长石化		
	控矿因素	古元古界条带状大理岩夹角闪片岩、薄层状钙质片岩为主要的含矿母岩,矿体受该地层控制。后期的岩浆侵入导致的热液交代,对成矿起到一定的促进作用		
地球物理特征	重力场特征	桃花拉山式稀土矿床位于两个等轴状局部重力高异常的鞍部,局部重力高异常对应剩余重力正异常G蒙-811,极值 $\Delta g_{max}=12.41×10^{-5}$ m/s^2,其南、北两侧剩余重力负异常的编号分别为L蒙-815和L蒙-810号,剩余异常值 Δg_{min} 分别为 $-8.89×10^{-5}$ m/s^2、$-14.91×10^{-5}$ m/s^2。根据物性资料和地质资料分析,推断该剩余重力正异常是元古宙地层的反映,负异常是中—酸性岩体的表现,表明桃花拉山稀土矿床在成因上不仅与元古宙地层有关,而且还与中—酸性岩体关系密切		
	磁场特征	1:20万航磁 ΔT 等值线平面图反映矿区位于 $-100\sim0$ nT 的弱负磁场中		

C. 后期变质变形

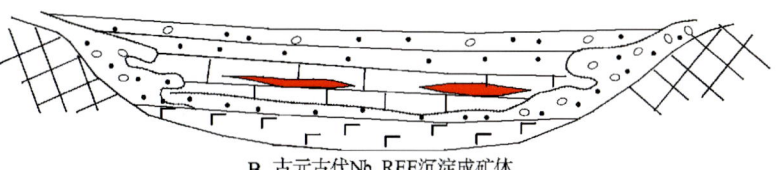

B. 古元古代Nb,REE沉淀成矿体

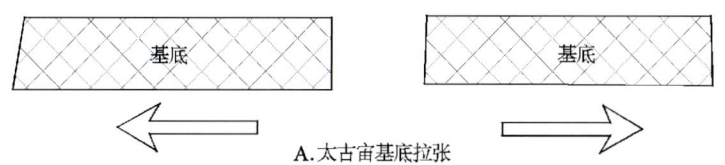

A. 太古宙基底拉张

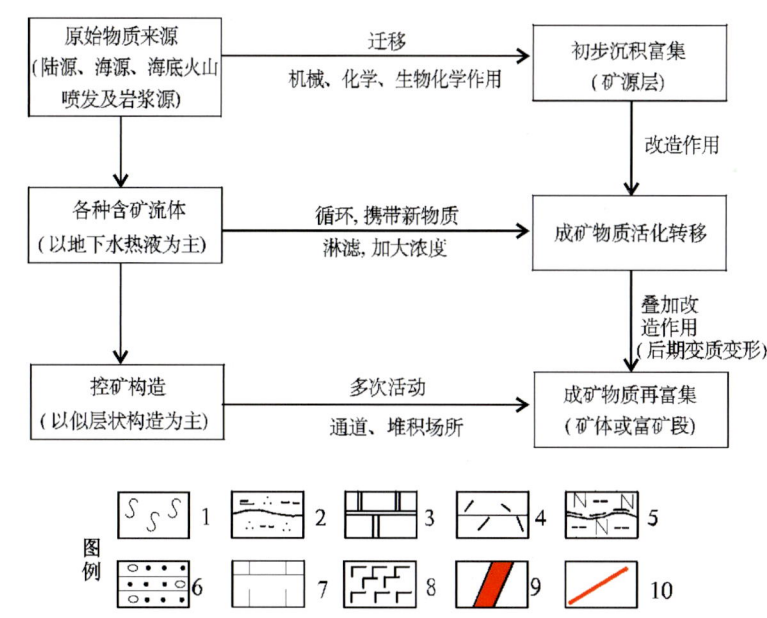

桃花拉山式沉积变质型稀土矿成矿模式图

1.斑状混合岩;2.二云石英片岩;3.大理岩;4.火山岩;5.黑云斜长片麻岩 6.砂砾岩;7.灰岩;8.玄武岩;9 矿体;10.断层

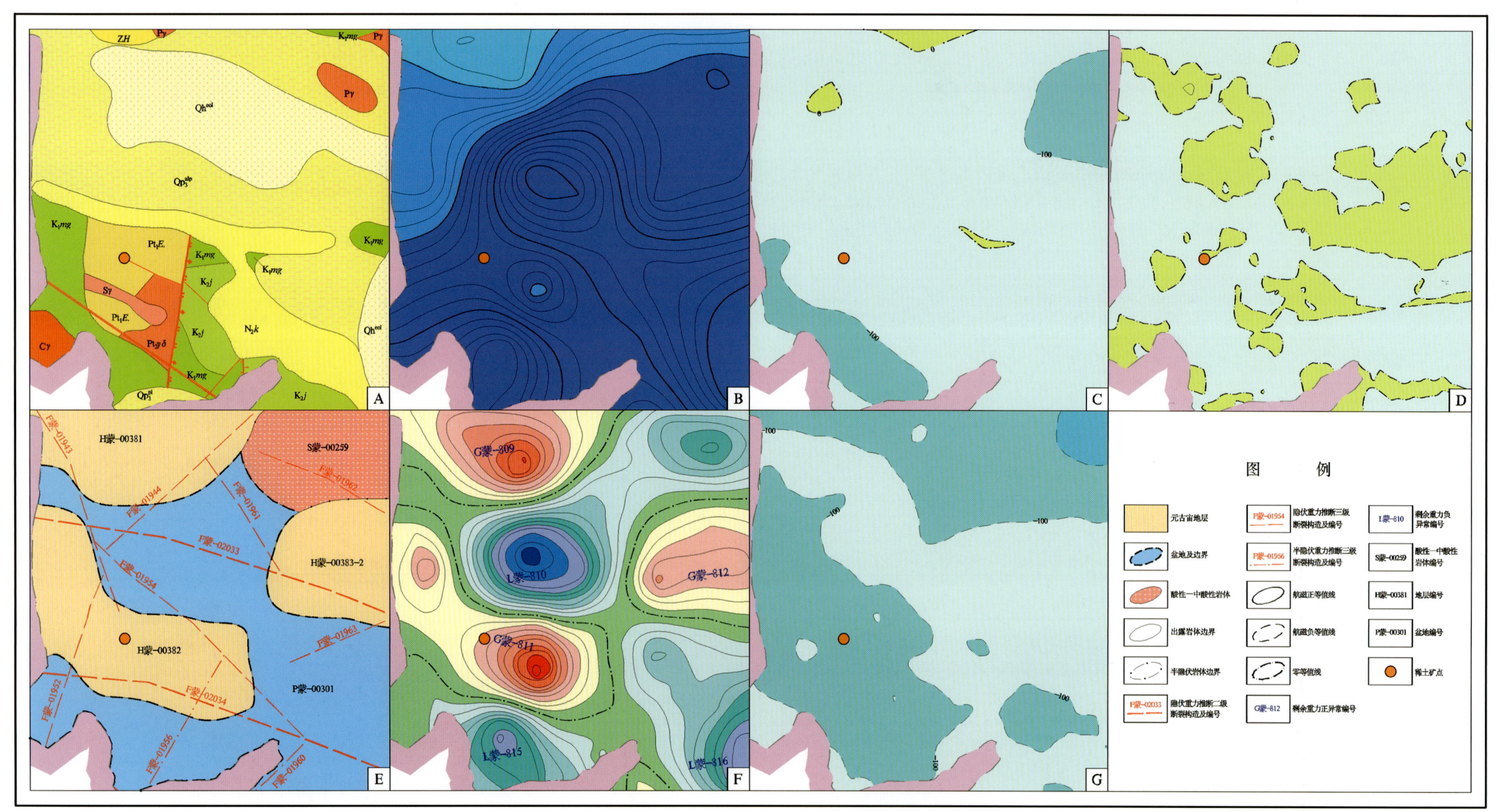

桃花拉山式沉积变质型稀土典型矿床所在区域地质矿产及物探剖析图

A. 地质矿产图;B. 布格重力异常等值线平面图;C. 航磁 ΔT 等值线平面图;D. 航磁 ΔT 化极垂向一阶导数等值线平面图;E. 重力推断地质构造图;F. 剩余重力异常图;G. 航磁 ΔT 化极等值线平面图

三道沟式岩浆晚期分异型稀土矿地质、地球物理特征一览表

成矿要素		描述内容		
储量		稀土氧化物 10 012.3t	平均品位	稀土氧化物 5%
特征描述		岩浆晚期分异交代稀土矿床		
地质环境	构造背景	华北陆块区,狼山-阴山陆块(大陆边缘岩浆弧),固阳-兴和陆核		
	成矿环境	成矿区带属华北成矿省,华北陆块北缘西段金、铁、铌、稀土、铜、铅、锌、银、镍、铂、钨、石墨、白云母成矿带,乌拉山-集宁铁、金、银、钼、铜、铅、锌、石墨、白云母成矿亚带。矿区出露集宁岩群片麻岩组黑云榴石斜长片麻岩,岩浆岩不发育,所见都为中酸性、基性以及超基性的脉岩,以基性脉岩为主		
	成矿时代	新太古代—古元古代		
矿床特征	矿体形态	主含矿带呈两头尖、中间肥大的纺锤形		
	岩石类型	透辉钾长岩、含磷透辉岩、钾长岩、块状磷灰石		
	岩石结构	自形—半自形粒状结构、粗粒—伟晶结构		
	矿石矿物	主要矿石矿物有磷灰石、透辉石、钾长石。磷矿石中富含稀土元素,以铈族稀土为主,呈分散状态赋存于磷灰石中		
	矿石结构构造	结构:伟晶结构。 构造:块状构造		
	围岩蚀变	主要蚀变类型有微斜长石化、钠长石化、透辉石-次闪石化、黄铁矿化、绢云母化、矽卡岩化、碳酸盐化及高岭土化		
	控矿因素	透辉岩、钾长岩脉等赋存于集宁岩群片麻岩组中,受近南北向分布的张裂隙控制		
地球物理特征	重力场特征	三道沟稀土矿床位于集宁市—察右前旗以东的重力高值区,局部重力高走向北东,$\Delta g = -118.78 \times 10^{-5}$ m/s²。在剩余重力异常等值线平面图上亦反映局部剩余重力正异常,局部剩余重力正异常编号为 G 蒙-611,$\Delta g_{max} = 11.28 \times 10^{-5}$ m/s²。根据物性资料和地质资料分析,推断该局部重力正异常是太古宙地层的反映。表明三道沟稀土矿床在成因上与太古宙地层有关		
	磁场特征	从 1:20 万航磁 ΔT 等值线平面图可知,该区反映负磁异常,$\Delta T_{max} = -500$nT,根据物性资料和地质出露推断负磁异常是太古宇集宁岩群的反映		

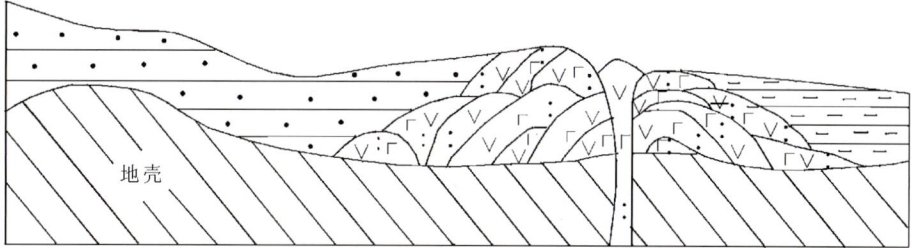

Ⅰ. 中太古代沉积期:沉积泥岩、砂岩及中基性火山碎屑岩,形成了集宁岩群原始沉积,同时伴有铁磷稀土沉积。

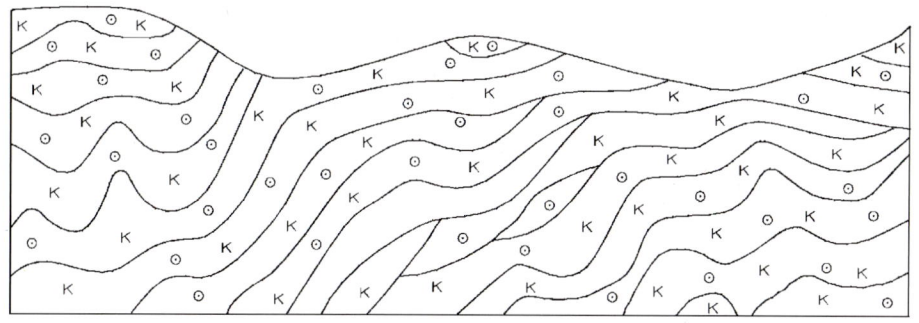

Ⅱ. 新太古代变形变质期:先沉积的岩石经变形、变质达到高角闪岩相、麻粒岩相,有用组分进一步富集。

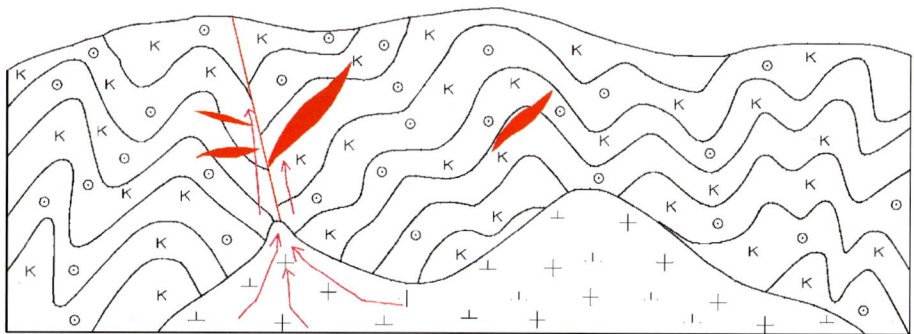

Ⅲ. 新太古代至古元古代成矿期:构造运动强烈,断裂构造发育。富含磷、稀土等有用组分的岩浆沿断裂侵入,并且在局部形成含磷、稀土矿的透辉石伟晶岩脉。

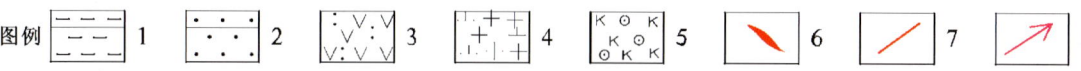

三道沟式岩浆晚期分异型稀土成矿模式图

1.泥岩;2.砂岩;3.中基性火山碎屑岩;4.富含磷、稀土岩浆;5.片麻岩;6.含磷、稀土透辉石伟晶岩脉;7.断层;8.热液运移方向

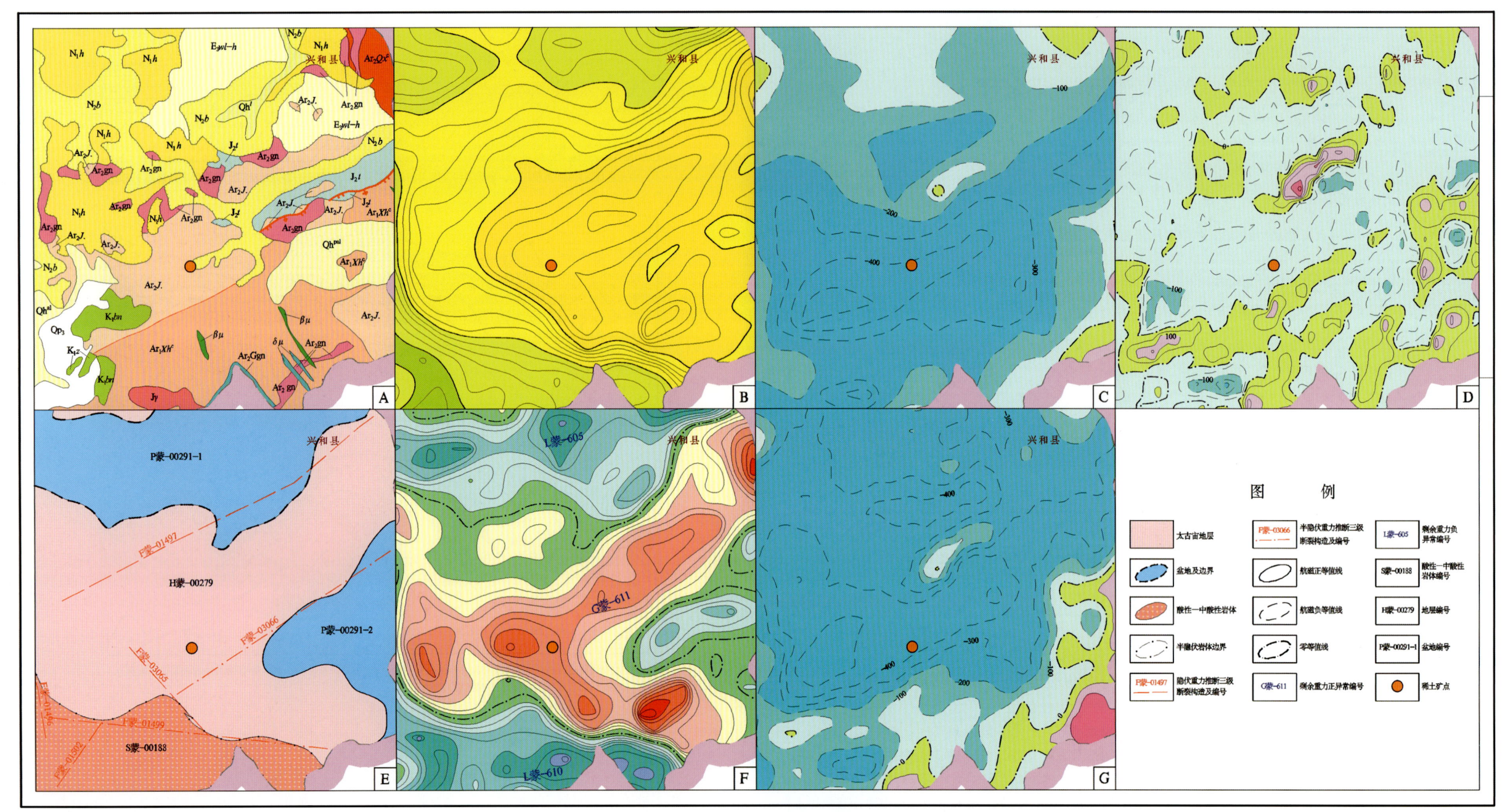

三道沟式岩浆晚期分异型稀土典型矿床所在区域地质矿产及物探剖析图

A. 地质矿产图；B. 布格重力异常等值线平面图；C. 航磁 ΔT 等值线平面图；D. 航磁 ΔT 化极垂向一阶导数等值线平面图；E. 重力推断地质构造图；F. 剩余重力异常图；G. 航磁 ΔT 化极等值线平面图

沙麦式热液脉型钨矿地质、地球物理特征一览表

成矿要素		描述内容		
储量		WO₃资源储量 26 236t	平均品位	WO₃ 0.423%
特征描述		与燕山晚期侵入岩有关的高温热液脉型钨矿床		
地质环境	构造背景	天山-兴蒙造山系、大兴安岭弧盆系、扎兰屯-多宝山岛弧（Pz₂）		
	成矿环境	成矿区带属大兴安岭成矿省，东乌珠穆沁旗-嫩江（中强挤压区）铜、钼、铅、锌、金、钨、锡、铬成矿带，二连-东乌珠穆沁旗钨、钼、铁、锌、铅、金、银、铬成矿亚带（V，Y）。矿区位于大兴安岭-内蒙古-阿尔泰弧形构造带东翼的东乌珠穆沁旗复式背斜轴部，受区域构造的控制，区内地层、侵入岩、构造形迹均呈北东-北北东向展布。海西晚期到燕山期的岩浆岩发育，其中燕山晚期的中粒黑云母花岗岩、似斑状黑云母花岗岩既是成矿期岩体也是含矿母岩。断裂构造发育，以北东向和北西向一对呈共轭关系的张扭性断裂为主，北西向张扭性大断裂是贯穿矿区的主干断裂，既是成矿期断裂也是控矿构造，矿床受断裂构造控制明显		
	成矿时代	晚侏罗世		
矿床特征	矿体形态	脉状—大脉状（脉带）为主，次为扁豆状		
	产状	1号矿脉带：走向北西305°，倾向南西，倾角84°～87°。 2号矿脉带：走向北西，倾向北东，倾角82°～89°。 3号矿脉带：走向北西307°，倾向南西，倾角84°		
	岩石类型	中粒黑云母花岗岩、似斑状黑云母花岗岩及其脉岩是矿体的主要围岩。石英脉、云英岩、云英岩化花岗岩为主要含矿岩石		
	岩石结构	中粒结构、似斑状结构		
	矿物组合	金属矿物以黑钨矿为主，其次为白钨矿、黄铁矿、黄铜矿，少量的斑铜矿、方铅矿等。 非金属矿物以石英、白云母、铁白云母、黑云母为主，钾长石、钠长石、黄玉次之，萤石少量		
	矿石结构构造	结构：伟晶、粗粒、中粗粒、细粒结晶结构，鳞片花岗变晶、残余、骸晶、交代结构，压碎结构等。 构造：块状、交错脉状及网状、斑块状、浸染状、梳状、晶洞构造		
	围岩蚀变	铁白云母化、云英岩化、硅化、黄铁矿化、萤石化、电气石化		
	控矿条件	控矿构造：北西向张扭性断裂构造。 赋矿岩石：晚侏罗世中粒黑云母花岗岩、似斑状黑云母花岗岩		
地球物理特征	重力场特征	沙麦钨矿位于布格重力局部低异常边部，Δg 为 $(-108.00\sim-104.00)\times10^{-5}$ m/s²。在剩余异常图上，沙麦钨矿位于G蒙-324正异常与L蒙-323负异常交接带的零等值线附近，正负异常均为北东走向。G蒙-324的剩余重力极值为 13.19×10^{-5} m/s²，对应于古生代地层；L蒙-323的剩余重力值 Δg 为 -8.13×10^{-5} m/s²，该负异常区地表大面积出露侏罗纪花岗岩及中新生代地层，推断是酸性岩体与盆地的共同反映。根据重磁场特征推测，有近北东向断裂通过矿区。沙麦钨矿位于局部重力低异常边缘，矿床主要受海西晚期到燕山期的花岗岩带及构造挤压隆起带的控制，特别是此隆起构造及其伴生断裂构造为钨矿的富集提供了有利条件		
	磁场特征	航磁 ΔT 等值线图上，正、负磁异常呈条带状交错出现，走向北东向，结合重磁场特征及地质资料，认为中西部正磁异常与剩余重力负异常吻合的区域，反映酸性侵入岩体的存在		

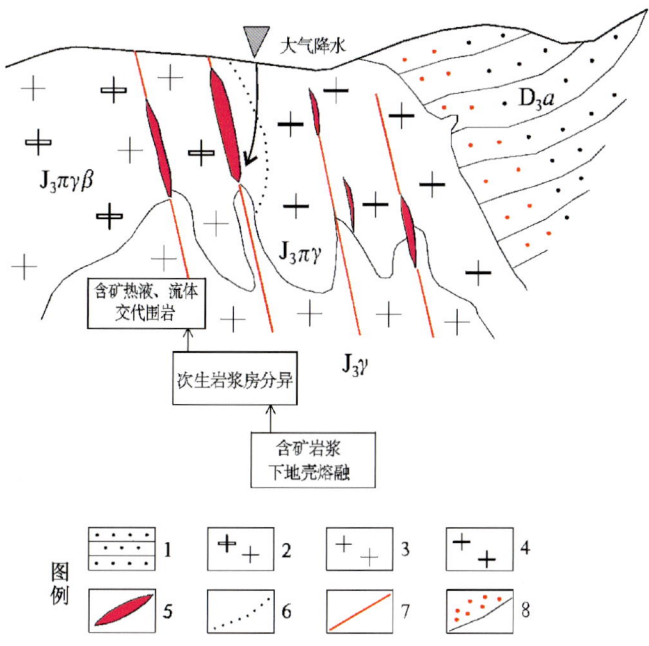

沙麦式热液脉型钨矿成矿模式图

1.砂岩(D₃a)；2.斑状黑云花岗岩(J₃πγβ)；3.花岗岩(J₃γ)；4.花岗斑岩(J₃πγ)；
5.钨矿脉；6.岩相界线；7.断层；8.角岩化

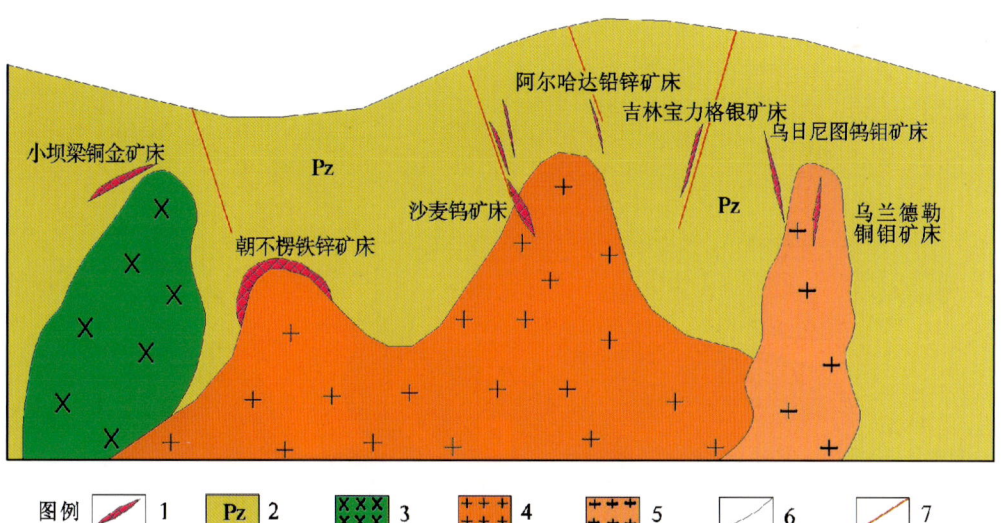

沙麦式热液脉型钨矿区域成矿模式图

1.矿脉；2.古生代地层；3.辉长岩；4.花岗岩；5.花岗斑岩；6.地质界线；7.断层

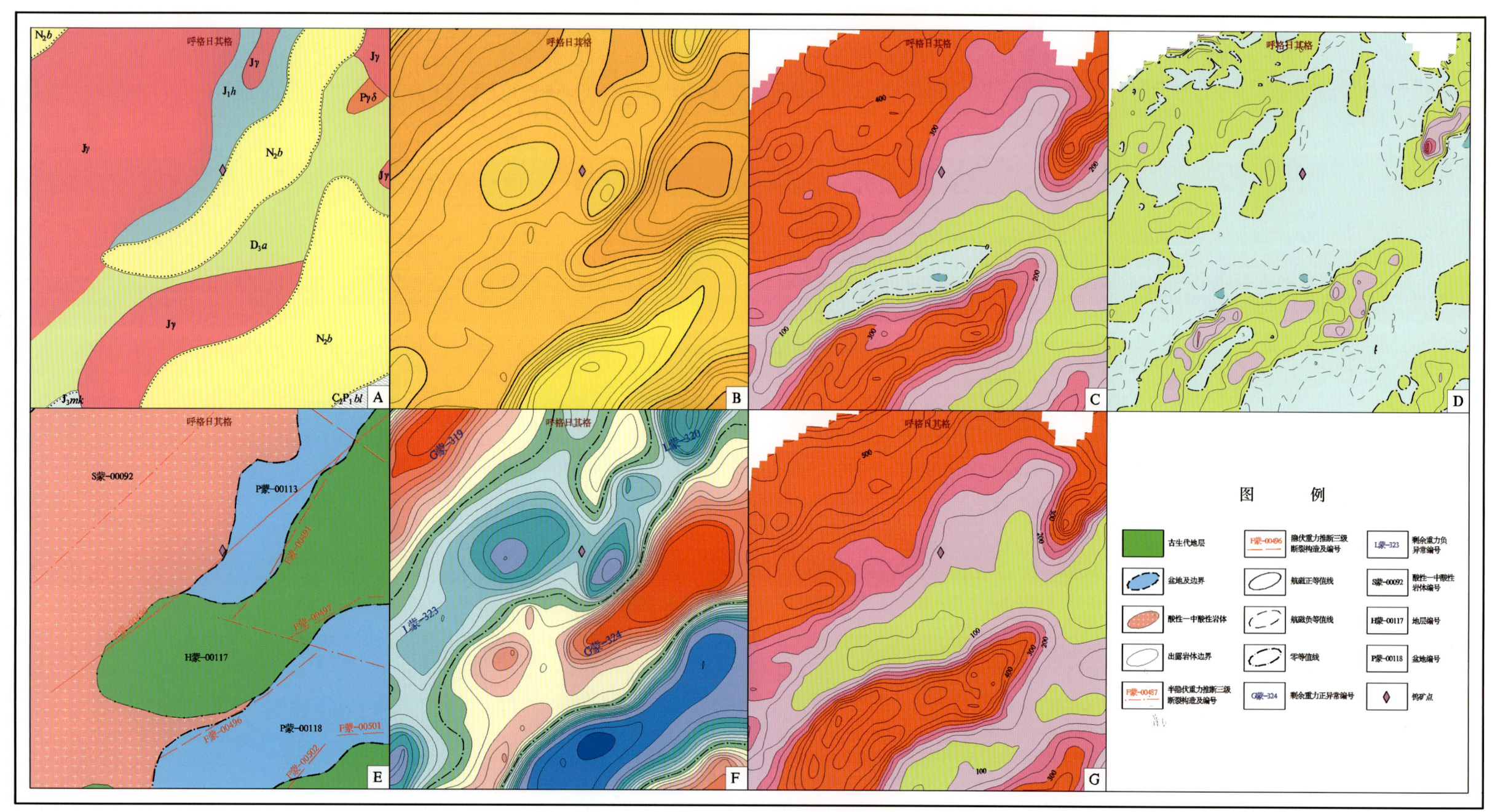

沙麦式热液脉型钨典型矿床所在区域地质矿产及物探剖析图

A. 地质矿产图；B. 布格重力异常图；C. 航磁 ΔT 等值线平面图；D. 航磁 ΔT 化极垂向一阶导数等值线平面图；E. 重力推断地质构造图；F. 剩余重力异常图；G. 航磁 ΔT 化极等值线平面图

白石头洼式热液型钨矿地质、地球物理特征一览表

成矿要素		描述内容		
储量		WO₃资源储量 22 179t	平均品位	WO₃ 0.314%
特征描述		热液型黑钨矿矿床		
地质环境	构造背景	华北陆块区,狼山-阴山陆块,色尔腾山-太仆寺旗古岩浆弧		
	成矿环境	成矿区带属华北成矿省,华北陆块北缘西段金、铁、铌、稀土、铜、铅、锌、银、镍、铂、钨、石墨、白云母成矿带,白云鄂博-商都金、铁、铌、稀土、铜、镍成矿亚带(Ar_3、Pt、V、Y)。矿区出露地层简单,除新生代地层外(Q),均为白云鄂博群呼吉尔图组,二岩段、三岩段为本区脉状钨矿床的主要围岩。岩浆岩出露较少,较大一处分布于矿区南侧,为晚侏罗世二长花岗岩($J_3\eta\gamma$)及花岗斑岩($J_3\gamma\pi$),呈岩基侵入到白云鄂博群中。主体构造为一复式向斜构造,复向斜控制着矿体的空间展布,断裂构造以层间断裂为主,主要发育在向斜的中心部位,是主要的控矿构造		
	成矿时代	燕山期		
矿床特征	矿体形态	矿体呈脉状、楔状		
	岩石类型	晚侏罗世花岗岩类		
	岩石结构	花岗结构、斑状结构		
	矿物组合	金属矿物:黑钨矿为主,其次有黄铁矿、黄铜矿、铁闪锌矿、方铅矿及少量的磁黄铁矿、毒砂、磁铁矿、赤铁矿等。 非金属矿物:以石英为主,萤石、白云母、方解石次之		
	结构构造	结构:半自形—自形状晶粒状结构、他形晶粒状结构、交代结构。 构造:块状构造、浸染状构造、晶洞构造、条带状构造		
	蚀变特征	硅化、云英岩化、黄铁矿化、绢云母化、绿泥石化等		
	控矿条件	钨矿产于次一级背斜核部,轴面走向北北东,复向斜向东侧伏,倾角为20°～25°,复向斜控制着矿体的空间展布,断裂构造以层间断裂为主,发育在向斜中心部位,是主要的控矿构造		
地球物理特征	重力场特征	白石头洼钨矿位于布格重力异常北东向重力梯级带上,Δg为$(-168\sim-166)\times10^{-5}\,m/s^2$,其东侧为相对低值带状区。在剩余重力异常图上,白石头洼钨矿处在正、负重力异常之间的零值线附近,东侧和西南侧分别为L蒙-468-1和L蒙-476负异常区,剩余重力异常极值分别为$-7.86\times10^{-5}\,m/s^2$和$-12.59\times10^{-5}\,m/s^2$,北侧是北东向条带状剩余重力正异常。参考地质资料,东侧和西南侧的负异常区推断为花岗岩引起;北侧剩余重力正异常区推断为老基底隆起。由区域布格重力异常特征可以推断,白石头洼周边存在北东向、北西向断裂,而白石头洼钨矿正好处在近东西向临河-集宁大断裂附近		
	磁场特征	矿区处在正、负磁场变化梯度上,正磁异常呈不规则条带状北东向展布		

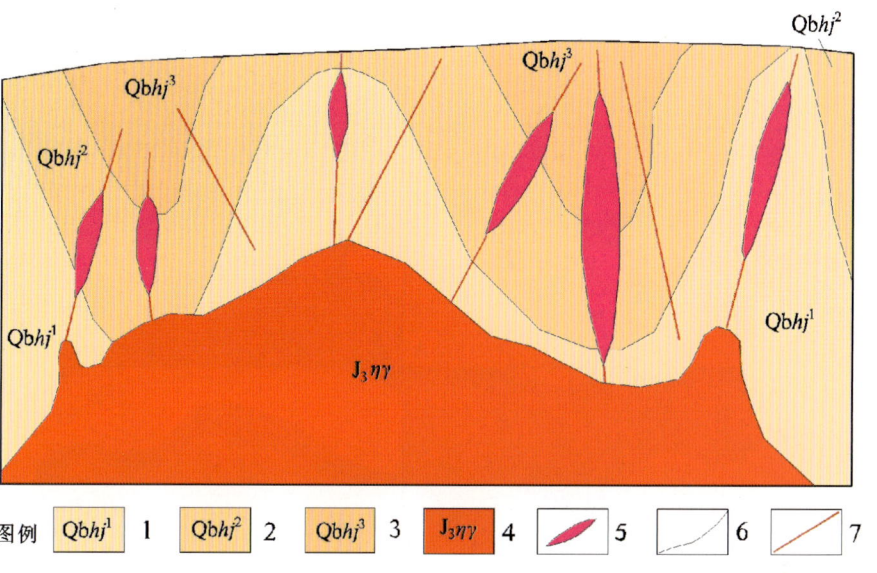

白石头洼式热液型钨矿成矿模式图

1.白云鄂博群呼吉尔图组一岩段;2.白云鄂博群呼吉尔图组二岩段;3.白云鄂博群呼吉尔图组三岩段;4.晚侏罗世肉红色粗粒二长花岗岩;5.钨矿脉;6.地质界线;7.断层

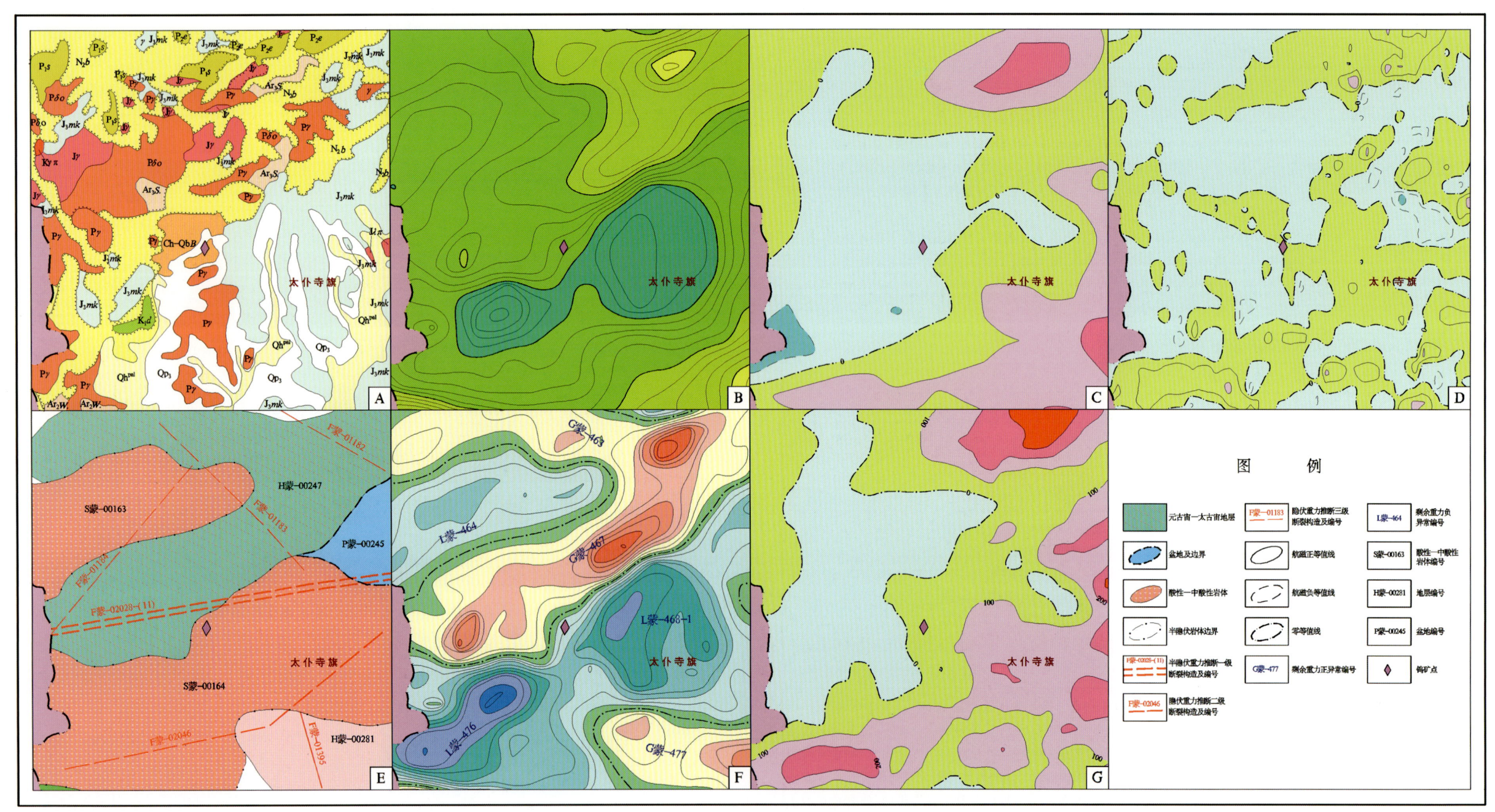

白石头洼式热液型钨典型矿床所在区域地质矿产及物探剖析图

A. 地质矿产图；B. 布格重力异常图；C. 航磁 ΔT 等值线平面图；D. 航磁 ΔT 化极垂向一阶导数等值线平面图；E. 重力推断地质构造图；F. 剩余重力异常图；G. 航磁 ΔT 化极等值线平面图

七一山式热液脉型钨矿地质、地球物理特征一览表

成矿要素		描述内容		
储量		WO₃资源储量13 756.6t	平均品位	WO₃ 0.174%
特征描述		热液脉型钨矿床		
地质环境	构造背景	天山-兴蒙造山系，额济纳旗-北山弧盆系，公婆泉岛弧		
	成矿环境	成矿区带属塔里木成矿省，磁海-公婆泉铁、铜、金、铅、锌、钼、钨、锡、铷、钒、铀、磷成矿带，石板井-东七一山钨、锡、铷、钼、铜、铁、金、铬、萤石成矿亚带。矿区出露主要有志留系，次有零星分布的侏罗系、新近系及第四系松散堆积物。区内岩浆活动主要以燕山期为主，海西期中酸性侵入岩零星分布于矿区边缘。区内断裂构造发育，主要有近东西向、北东向、南北向、北北东向4组，皆为控矿构造		
	成矿时代	燕山期		
矿床特征	矿体形态	脉状，部分透镜状		
	岩石类型	凝灰质变质砂岩、安山岩及少数矽卡岩、大理岩和燕山早期的花岗岩		
	岩石结构	变余砂状结构、斑状结构、似斑状结构		
	矿物组合	矿石矿物：辉钼矿、白钨矿、黑钨矿、锡石、钼铋矿、钼铅矿、辉铋矿。脉石矿物：斜长石、条纹长石、微斜长石、石英等		
	结构构造	结构：自形—他形粒状结构和交代骸晶结构。构造：浸染状、细脉状构造		
	蚀变特征	钠长石化、钾长石化、叶蜡石化、云英岩化、黄玉化、萤石化		
	控矿条件	(1)志留系公婆泉组。(2)矿区位于区域复向斜核部的南翼。断裂构造是本区的主要控矿构造，且以北东向逆断层、南北向正断层为主要的控矿断裂构造。(3)燕山早期侵入岩为本区最发育的侵入岩，七一山花岗岩钨、锡、钼、铋等含量高于维氏值几十倍，说明对成矿十分有利		
地球物理特征	重力场特征	七一山钨钼矿位于布格重力等值线梯级带同向扭曲处，Δg为$(-188.00\sim-184.00)\times10^{-5} m/s^2$，其南部是布格重力低值区，$\Delta g=-194.33\times10^{-5} m/s^2$。在剩余重力异常图上，七一山钨钼矿位于G蒙-844正异常与L蒙-845负异常交接带附近负异常一侧，剩余异常值约为$-2\times10^{-5} m/s^2$。G蒙-844的剩余重力值Δg为$6.4\times10^{-5} m/s^2$，对应于古生代地层；L蒙-845的剩余重力值Δg为$-7.58\times10^{-5} m/s^2$，根据物性参数推测，该负异常连同其西侧负异常是由中酸性岩浆岩带引起，钨钼矿处于此岩浆岩带北部边缘。钨钼矿附近航磁基本无异常显示。由重力场特征推断，区内存在北东向与北西向断裂构造		
	磁场特征	航磁ΔT化极等值线图显示，矿所在区域为低缓的负磁异常区，七一山钨矿处于弱正异常上，其值为0~50nT		

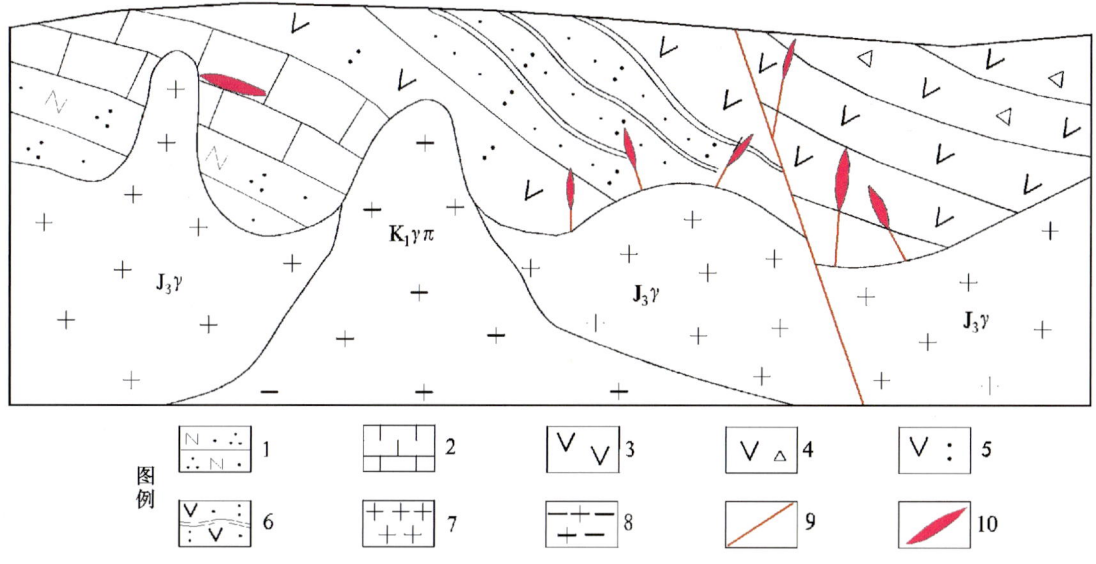

七一山式热液脉型钨矿成矿模式图

1.长石石英砂岩；2.灰岩；3.安山岩；4.角砾安山岩；5.安山质凝灰岩；6.变质凝灰质砂岩；7.晚侏罗世花岗岩($J_3\gamma$)；8.早白垩世花岗斑岩($K_1\gamma\pi$)；9.断层；10.脉状矿体

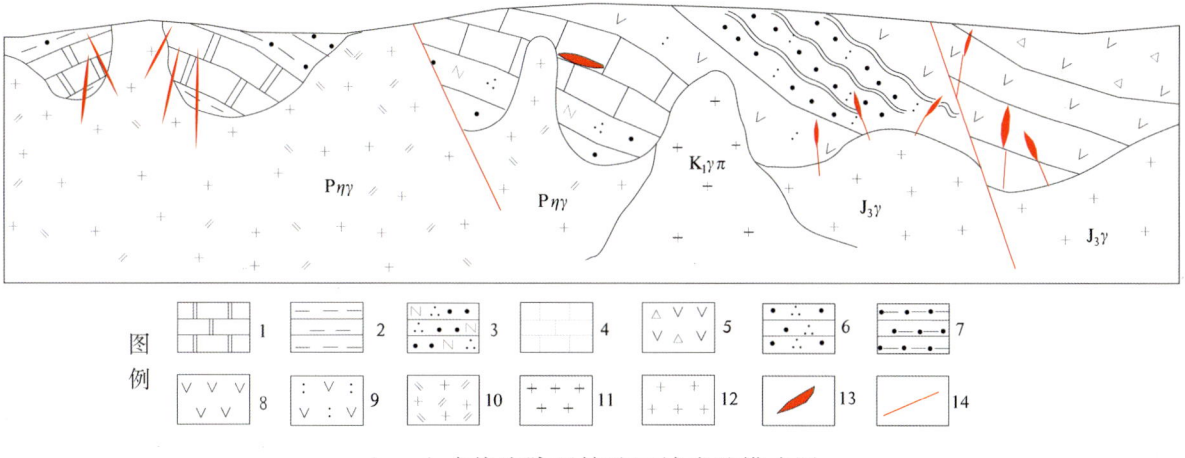

七一山式热液脉型钨矿区域成矿模式图

1.大理岩；2.钙质泥岩；3.长石石英砂岩；4.灰岩；5.角砾安山岩；6.石英砂岩；7.石英粉砂质泥岩；8.安山岩；9.安山质凝灰岩；10.二长花岗岩；11.花岗斑岩；12.花岗岩；13.矿体；14.断层

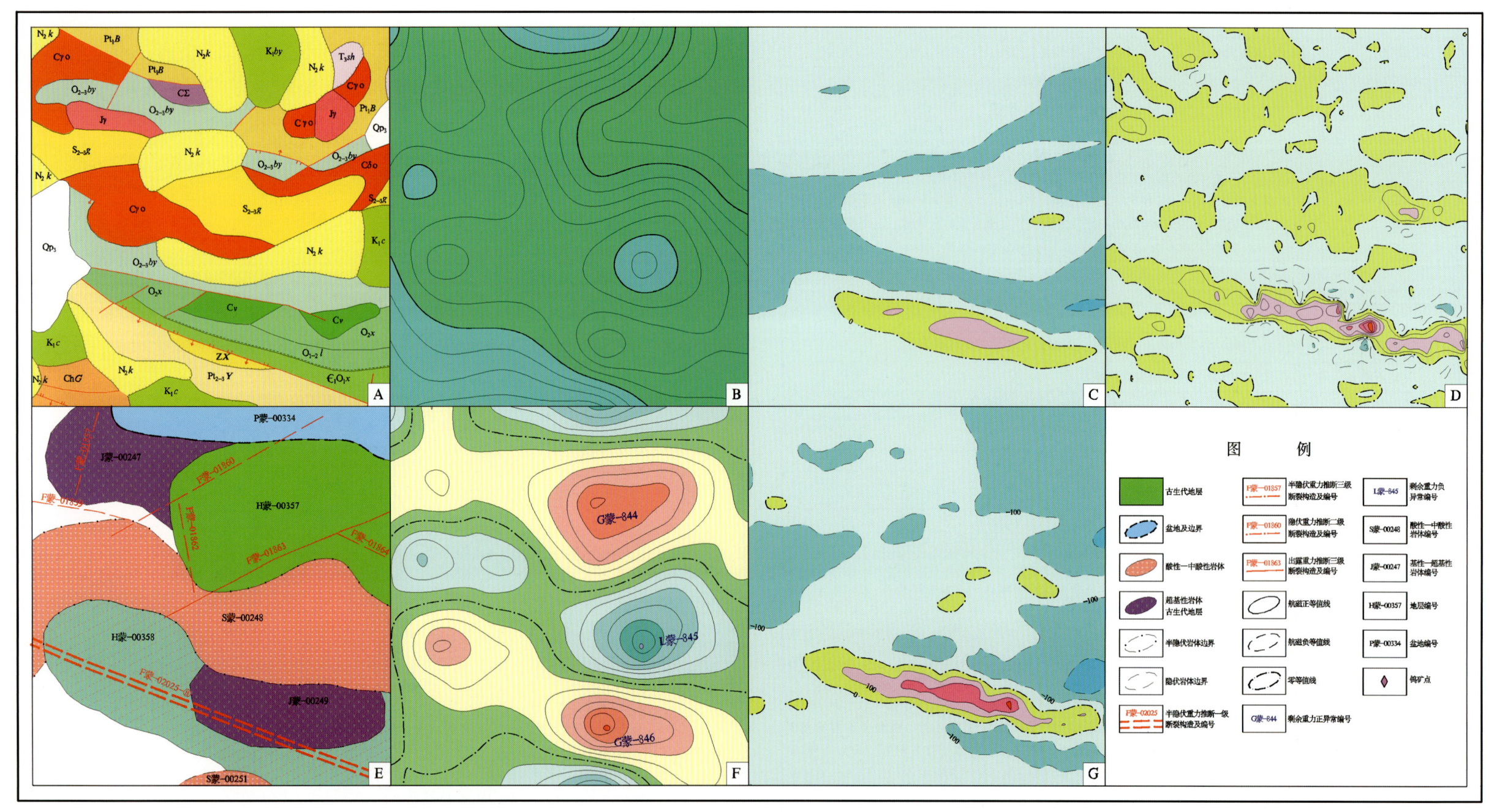

七一山式热液脉型钨典型矿床所在区域地质矿产及物探剖析图

A. 地质矿产图；B. 布格重力异常图；C. 航磁 ΔT 等值线平面图；D. 航磁 ΔT 化极垂向一阶导数等值线平面图；E. 重力推断地质构造图；F. 剩余重力异常图；G. 航磁 ΔT 化极等值线平面图

大麦地式热液型钨矿地质、地球物理特征一览表

成矿要素		描述内容		
储量		WO_3资源储量 330.8t	平均品位	WO_3 2.89%
特征描述		热液型脉状钨矿床		
地质环境	构造背景	天山-兴蒙造山系、松辽地块(断陷盆地 J—K)、松辽断陷盆地		
	成矿环境	成矿区带属吉黑成矿省,松辽盆地石油、天然气、铀成矿区,库里吐-汤家杖子钼、铜、铅、锌、钨、金成矿亚带(Vm、Y)。区内主要出露的岩体为海西期花岗岩,与成矿有直接关系的侵入岩为石英脉及花岗岩类。在矿床西部有一北北西向正断层将矿体切分两段		
	成矿时代	燕山期		
矿床特征	矿体形态	不规则脉状		
	岩石类型	花岗岩		
	岩石结构	花岗结构		
	矿物组合	主要为黑钨矿,次要矿物为方铅矿和黄铁矿		
	矿石结构构造	结构:粒状结构。构造:细脉状构造		
	蚀变特征	云英岩化为主,其次是硅化		
	控矿条件	花岗岩;北西向裂隙控制		
地球物理特征	重力场特征	从布格重力等值线图上看,矿区整体上异常不明显,其异常值在$(-53\sim -30)\times 10^{-5}$ m/s^2之间,大麦地钨矿处于布格重力等值线较为平缓的区域,异常值约为-40×10^{-5} m/s^2。在剩余重力异常图上,大麦地钨矿处于 L 蒙-278 负异常东侧等值线平缓处,异常值不高,约为-3×10^{-5} m/s^2,其周围分布两个正异常和两个负异常,正异常对应为古生代地层,负异常对应中生代盆地与酸性岩体。由区内重力异常梯级带可以推断,矿区内存在北西西向、北东东向断裂及其次级断裂,这在磁异常图上也有所反映。大麦地钨矿位于中生代盆地 P 蒙-00232 东部,其周围的重磁场特征显示此处断裂发育		
	磁场特征	由航磁 ΔT 化极等值线图可知,矿床分布在北东走向条带状正磁异常区,异常值在 100~200nT 之间		

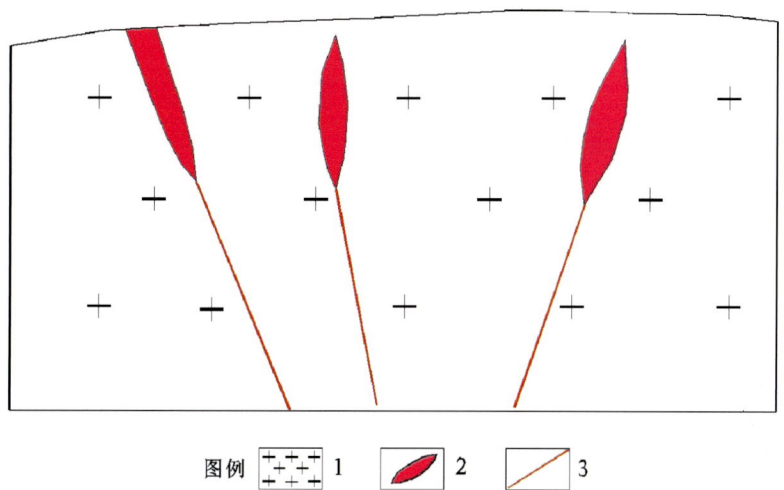

图例 [+ +] 1　[◆] 2　[／] 3

大麦地式热液型钨矿床典型矿床成矿模式图
1.花岗斑岩;2.钨矿脉;3.断层

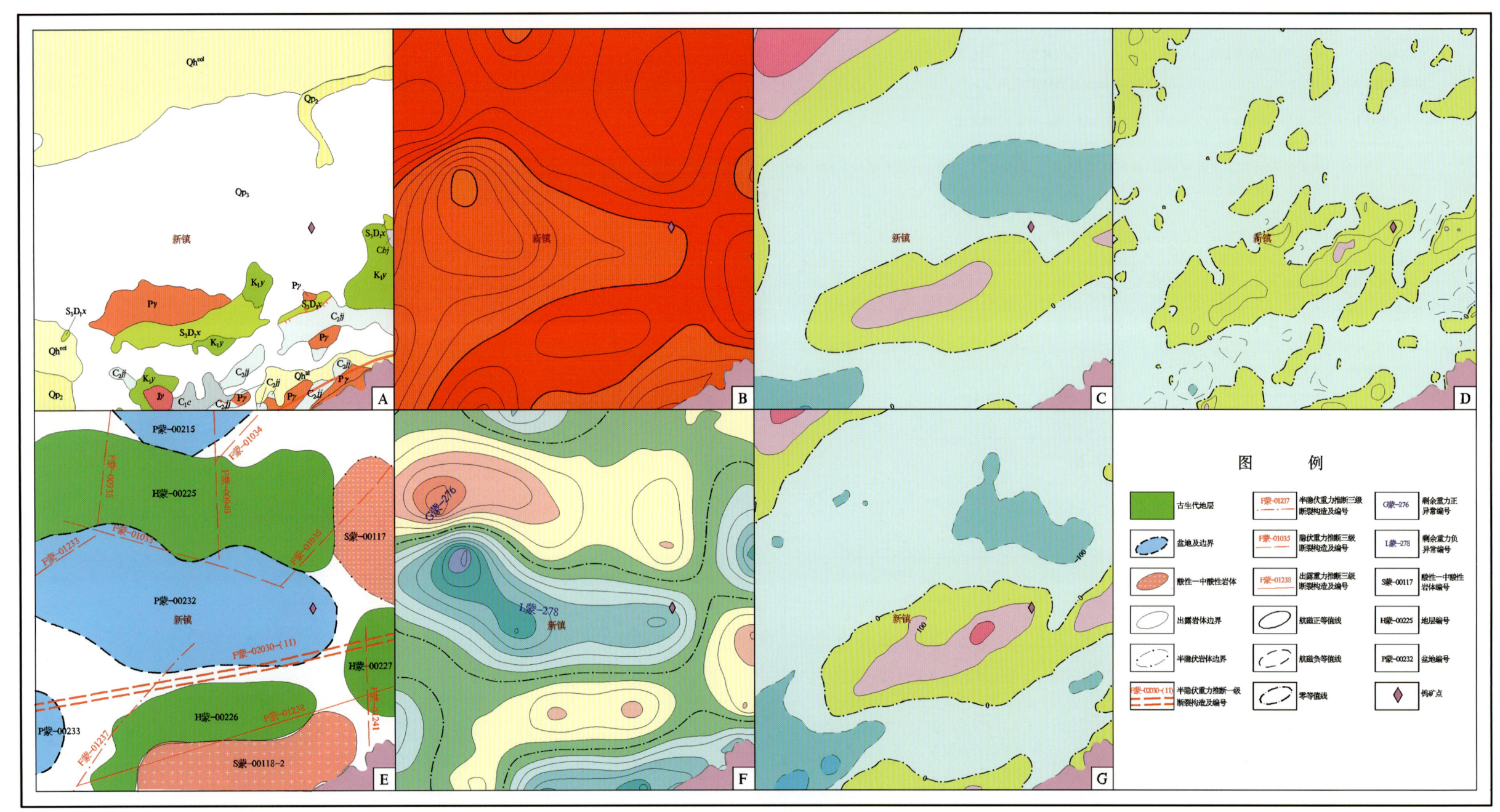

大麦地式热液型脉状钨典型矿床所在区域地质矿产及物探剖析图

A. 地质矿产图;B. 布格重力异常图;C. 航磁 ΔT 等值线平面图;D. 航磁 ΔT 化极垂向一阶导数等值线平面图;E. 重力推断地质构造图;F. 剩余重力异常图;G. 航磁 ΔT 化极等值线平面图

乌日尼图式热液型钨矿地质、地球物理特征一览表

成矿要素		描述内容			
储量		WO_3 资源储量 58 155t		平均品位	WO_3 0.725%
特征描述		热液型钨矿床			
地质环境	构造背景	天山-兴蒙造山系,大兴安岭弧盆系,扎兰屯-多宝山岛弧(Pz_2)			
	成矿环境	成矿区带属滨太平洋成矿域(叠加在古亚洲成矿域之上),大兴安岭成矿省,东乌珠穆沁旗-嫩江(中强挤压区)铜、钼、铅、锌、金、钨、锡、铬成矿带,二连-东乌珠穆沁旗钨、钼、铁、锌、铅、金、银、铬成矿亚带(V,Y)。 矿区内地层出露不全,以古生代地层为主,有下中奥陶统巴彦呼舒组、乌宾敖包组,下中泥盆统泥鳅河组第一岩段、第二岩段和上石炭统—下二叠统宝力高庙组第一岩段、第二岩段。中生代地层有下侏罗统红旗组、下白垩统巴彦花组。矿区岩浆活动强烈,主要集中在海西期和燕山期,其中与钨成矿密切相关的燕山期侵入岩体多为隐伏岩体。区域上构造变动强烈,断裂和褶皱发育,主要为北东向及北西向两组断裂构造,其中北东向为区域性构造,多数地段被闪长玢岩沿断层侵入,北西向断裂为北东向断裂的派生构造			
	成矿时代	燕山期			
矿床特征	矿体形态	脉状、似层状			
	岩石类型	中细粒花岗岩、花岗闪长斑岩			
	岩石结构	中细粒花岗结构、斑状结构			
	矿物组合	辉钼矿、白钨矿、黄铜矿、闪锌矿、辉铋矿、磁铁矿、方铅矿			
	矿石结构构造	浸染状结构、网脉状结构、块状构造			
	蚀变特征	矽卡岩化、硅化、绢云母化、绿帘石化、萤石矿化、黄铁矿化、碳酸盐化			
	控矿条件	下奥陶统乌宾敖包组与侏罗纪—白垩纪中细粒花岗岩、花岗闪长斑岩外接触带,北西向构造裂隙			
地球物理特征	重力场特征	乌日尼图钨矿位于布格重力异常图中椭圆状相对低值异常北部梯度带上,异常走向北东,梯度变化较缓,异常极值约为-163.52×10^{-5}m/s²,重力低异常推断主要由酸性岩浆岩引起。钨矿所在位置的布格重力异常值Δg在-150×10^{-5} m/s²左右。在剩余重力异常图上,乌日尼图钨矿处于负异常北侧梯级带边部,异常值约为-3×10^{-5}m/s²,异常区地表侏罗纪—白垩纪花岗岩较发育,同时出露有古生代及新生代地层,所以认为该剩余重力异常主要由酸性侵入岩引起			
	磁场特征	区内磁异常较为明显,乌日尼图钨矿ΔT处于100~200nT的正异常区,重磁异常特征综合分析,该区有北北东向、北东东向断裂通过			

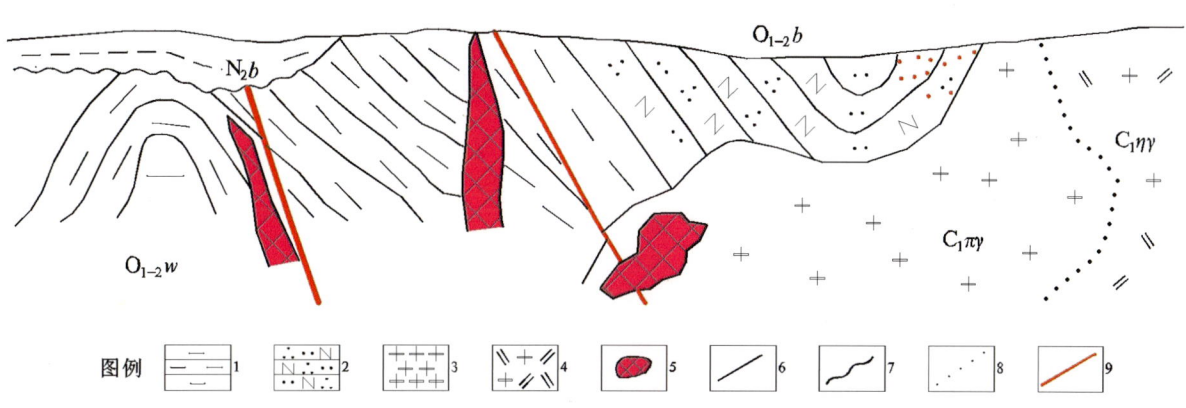

乌日尼图式热液型钨矿成矿模式图

1.泥岩;2.长石石英砂岩;3.斑状花岗岩;4.斑状二长花岗岩;5.钨矿体;6.地质界线;7.角度不整合界线;8.岩相界线;9.断层

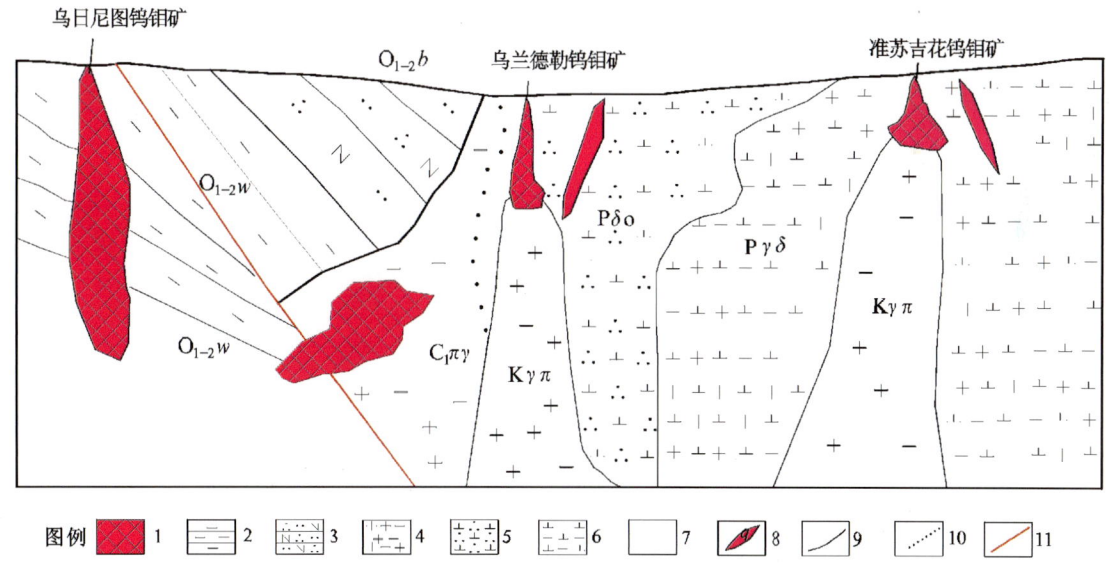

乌日尼图式热液型钨矿区成矿模式图

1.钨矿体;2.泥岩;3.长石石英砂岩;4.早石炭世斑状花岗岩;5.二叠纪石英闪长岩;6.二叠纪花岗闪长岩;7.白垩纪花岗斑岩;8.石英脉;9.地质界线;10.岩相界线;11.断层

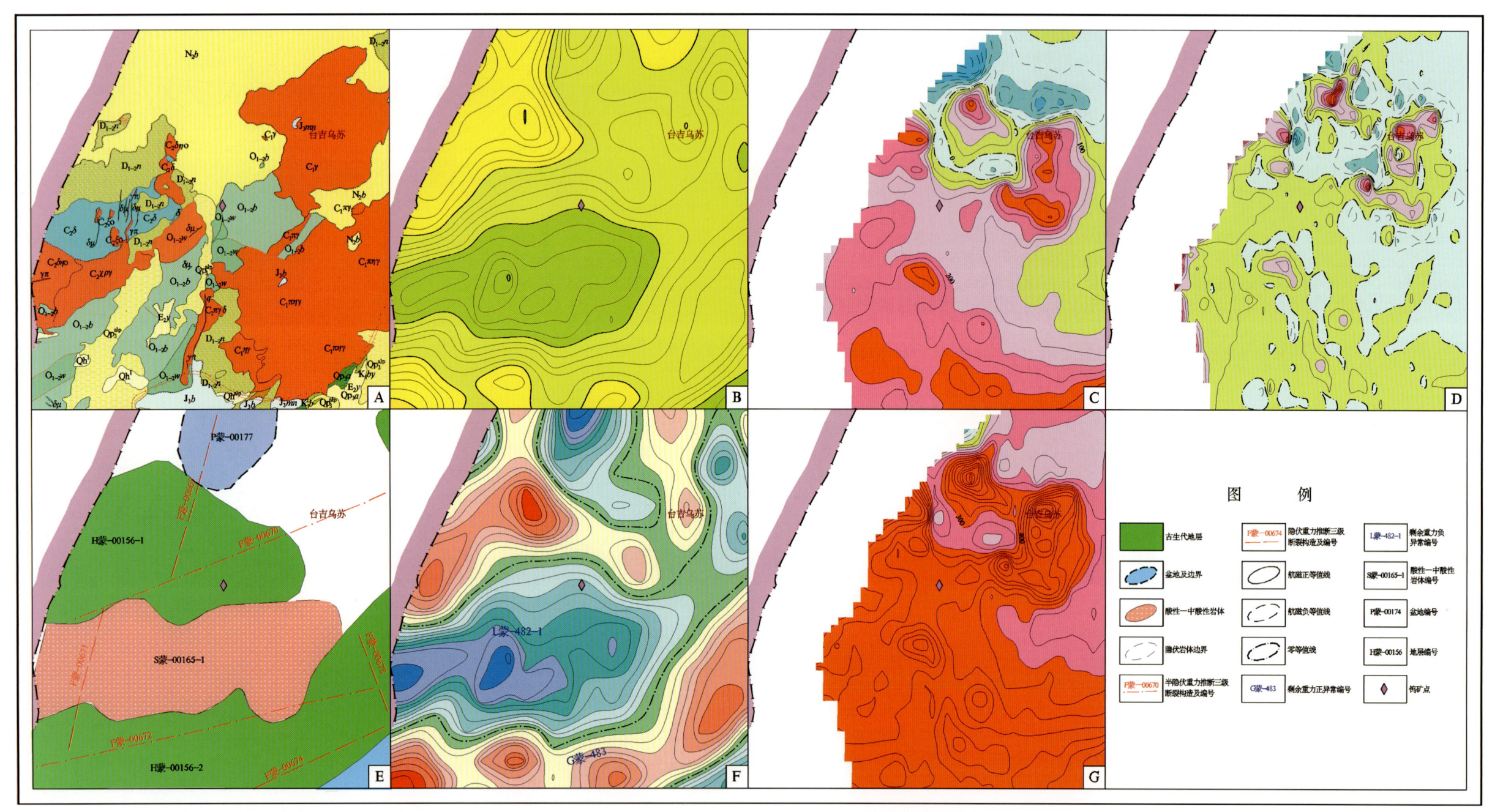

乌日尼图式热液型钨典型矿床所在区域地质矿产及物探剖析图

A. 地质矿产图;B. 布格重力异常图;C. 航磁 ΔT 等值线平面图;D. 航磁 ΔT 化极垂向一阶导数等值线平面图;E. 重力推断地质构造图;F. 剩余重力异常图;G. 航磁 ΔT 化极等值线平面图

阿木乌苏式热液型锑矿地质、地球物理特征一览表

成矿要素		描述内容		
储量		4880.40t	平均品位	0.4%～30.1%
特征描述		低温热液型脉状锑矿		
地质环境	构造背景	塔里木陆块区、敦煌陆块、柳园裂谷（C—P）		
	成矿环境	成矿区带属塔里木成矿省，磁海-公婆泉铁、铜、金、铅、锌、锰、钨、锡、铷、钒、铀、磷成矿带，阿木乌苏-老硐沟金、钨、锑、萤石成矿亚带		
	成矿时代	中二叠世及早白垩世		
矿床特征	矿体形态	脉状、楔状		
	岩石类型	中二叠世英云闪长岩及早白垩世二长花岗岩		
	岩石结构	中粗粒花岗结构		
	矿石矿物	单一锑矿石		
	矿石构造	星散浸染状、斑状、细脉浸染状和块状构造		
	围岩蚀变	以绿泥石化、绿帘石化、绢云母化、碳酸盐化较为普遍，近矿围岩以高岭土化、硅化、褐铁矿化及锗化为常见，其中硅化与成矿关系密切		
	控矿因素	控矿地层：中二叠统金塔组安山岩。 控矿侵入岩：中二叠世英云闪长岩。 控矿断裂：规模最大的两条断裂，以及导矿断裂上控矿断裂形成发展过程中产生的次一级断裂。储矿断裂一般为规模较小的裂隙构造，是沿导矿断裂形成的一组张性羽状裂隙，区内已知锑矿均富集于此类断裂中		
地球物理特征	重力场特征	阿木乌苏锑矿位于局部布格重力高异常的边缘，重力异常宽缓，Δg 为 $(-200.00\sim-198.00)\times10^{-5}\text{m/s}^2$。在剩余重力异常图上，锑矿区位于剩余正异常边缘的零等值线附近，剩余重力正异常极值为 $3.29\times10^{-5}\text{m/s}^2$，通过地质资料推断该正异常区为古生代地层的反映。在矿区北部为宽缓的带状负剩余重力异常，推测为中新生代盆地引起		
	磁场特征	航磁 ΔT 等值线平面图上，阿木乌苏锑矿位于平静的负磁场上		

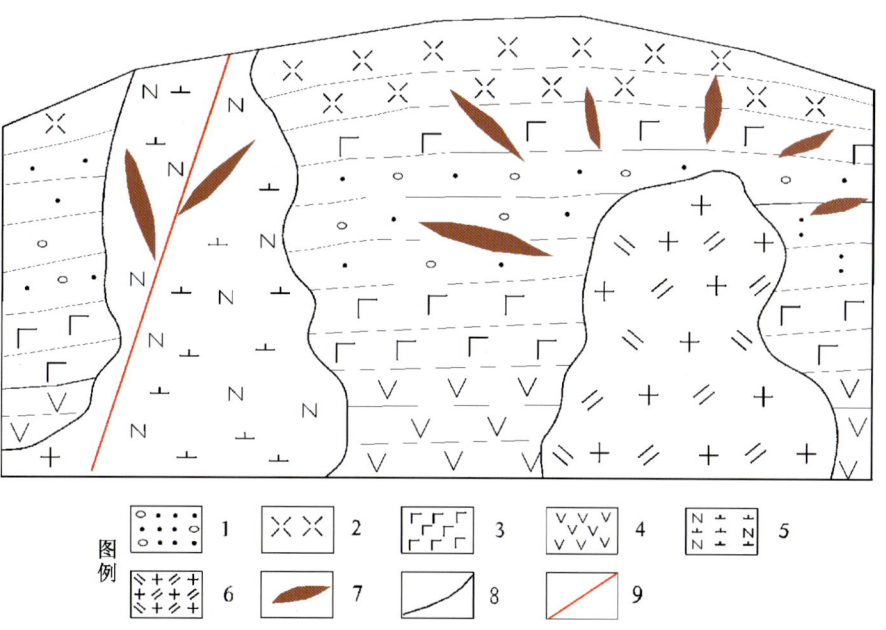

阿木乌苏式热液型锑矿成矿模式图

1.砂砾岩；2.流纹岩；3.玄武岩；4.安山岩；5.英云闪长岩；6.二长花岗岩；7.锑矿体；8.地质界线；9.断层

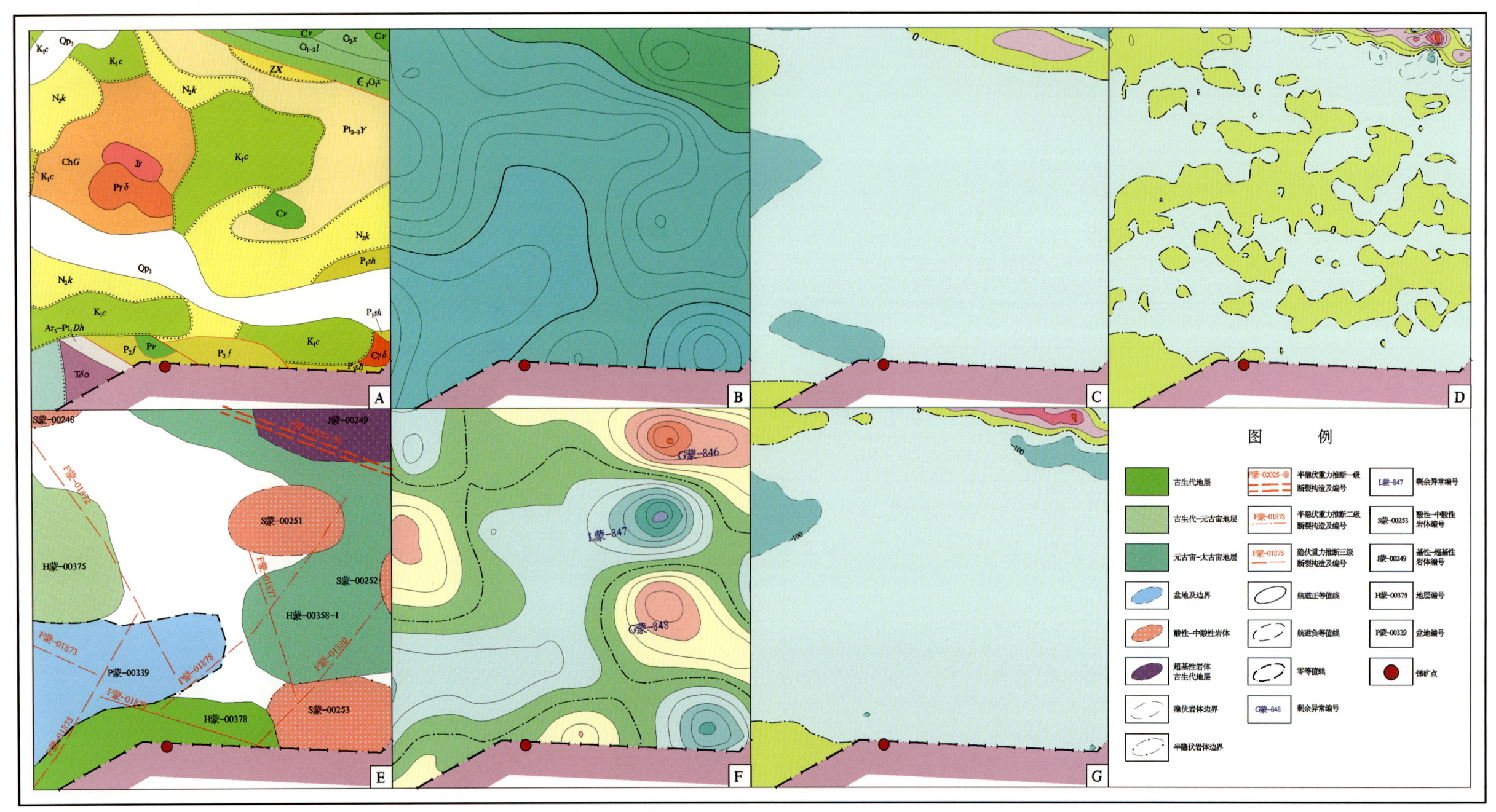

阿木乌苏式热液型锑典型矿床所在区域地质矿产及物探剖析图

A. 地质矿产图；B. 布格重力异常图；C. 航磁 ΔT 等值线平面图；D. 航磁 ΔT 化极垂向一阶导数等值线平面图；E. 重力推断地质构造图；F. 剩余重力异常图；G. 航磁 ΔT 化极等值线平面图